高价值专利培育 指导丛书

助力关键核心技术攻关

专利信息手段十二招

国家知识产权局专利局专利审查协作四川中心◎组织编写

主编◎杨　帆　副主编◎赵向阳　何　如

知识产权出版社

全国百佳图书出版单位

—北京—

图书在版编目（CIP）数据

助力关键核心技术攻关：专利信息手段十二招/国家知识产权局专利局专利审查协作四川中心组织编写；杨帆主编. —北京：知识产权出版社，2023.3

ISBN 978-7-5130-7928-0

Ⅰ.①助… Ⅱ.①国… ②杨… Ⅲ.①科学技术—专利—研究—中国 Ⅳ.①G306.72

中国版本图书馆 CIP 数据核字（2022）第 189766 号

内容提要

本书紧密结合国家战略发展需要，瞄准关键核心技术攻关路径，以现有专利分析方法为基础，以典型"卡脖子"技术领域专利分析成果为脚本，从专利信息情报角度研究形成一套分析方法，提出专利信息支撑关键核心技术攻关"十二招"，为创新主体技术攻关提供思路和启迪，也为知识产权服务从业人员开展相关分析工作提供指导和依据。

责任编辑：程足芬 张利萍	责任校对：王 岩
封面设计：回归线（北京）文化传媒有限公司	责任印制：孙婷婷

助力关键核心技术攻关

——专利信息手段十二招

国家知识产权局专利局专利审查协作四川中心 组织编写

杨帆 主编

出版发行：知识产权出版社 有限责任公司	网 址：http://www.ipph.cn
社 址：北京市海淀区气象路 50 号院	邮 编：100081
责编电话：010-82000860 转 8390	责编邮箱：chengzufen@qq.com
发行电话：010-82000860 转 8101/8102	发行传真：010-82000893/82005070/82000270
印 刷：北京中献拓方科技发展有限公司	经 销：新华书店、各大网上书店及相关专业书店
开 本：720mm×1000mm 1/16	印 张：26.5
版 次：2023 年 3 月第 1 版	印 次：2023 年 3 月第 1 次印刷
字 数：460 千字	定 价：136.00 元

ISBN 978-7-5130-7928-0

丛书编委会

主　任　杨　帆

副主任　李秀琴　赵向阳

本书编写组

主　编　杨　帆

副主编　赵向阳　何　如

撰写人　何　如　吴　昊　赵　娟　王　荣

　　　　　张旭光　刘晓华　唐俊峰　周涯波

　　　　　赵　晶

统　稿　何　如

作者简介

吴　昊，男，副研究员，现任国家知识产权局专利局专利审查协作四川中心办公室副主任。南京大学物理系理学学士，中国科学院半导体研究所理学博士，美国休斯敦大学法律中心访问学者，国家知识产权局骨干人才、外派国际化人才。主导完成多项局级研究课题和省级知识产权服务项目，为多家央企国企和"专精特新"企业制定实施全链条服务方案。

赵　娟，女，副研究员，现任国家知识产权局专利局专利审查协作四川中心电学部副主任。美国约翰·马歇尔法学院访问学者，国家知识产权局国际型审查专家，具有丰富的专利实质审查、PCT国际检索和学术研究经验，发表学术论文近10篇。

王　荣，哈尔滨工业大学工学硕士，副研究员，现任国家知识产权局专利局专利审查协作四川中心机械部交通运输室主任，从事发明专利实质审查、PCT国际申请检索与初审等工作，有丰富的专利审查和检索经验。国家知识产权局第四批骨干人才、专利文献信息人才、新审查员骨干教师、PCT专利审查员、四川中心第一批管理骨干。参与多项局和中心课题研究，有丰富的课题研究和知识产权服务经验。

张旭光，男，高级知识产权师，现任国家知识产权局专利局专利审查协作四川中心电学部云计算室主任。国家知识产权局专利局"骨干人才"，局级培训教师。参与多项局课题和中心自主课题，有丰富的课题研究和知识产权服务经验。

刘晓华，女，副研究员，现任国家知识产权局专利局专利审查协作四川中心电学部商业方法室主任，国家知识产权局骨干人才，国家知识产局审查业务培训局级教师，有丰富的专利审查、课题研究和知识产权服务经验。

唐俊峰，男，三级审查员，现任国家知识产权局专利局专利审查协作四川中心电学部电子工程室主任。国家知识产权局骨干人才，从事专利工作17年，在专利实质审查、复审、PCT、国防专利审查、专利政策制定、传统知识保护等各类岗位积累了丰富经验。在涉及集成电路、人工智能、商业方法等知识产权领域发表多篇论文。多次作为主要研究人员承担局级、四川省和成都市等各类专利研究课题。

周涯波，男，高级知识产权师，现任国家知识产权局专利局专利审查协作四川中心电学部人机交互室主任。国家知识产权局"骨干人才"，参与多项局课题和中心自主课题，有丰富的课题研究和知识产权服务经验。

赵 晶，男，副研究员，现任国家知识产权局专利局专利审查协作四川中心电学部电力工程室主任。国家知识产权局骨干人才，曾赴法国参与知识产权制度以及特色研究项目。目前负责电力、电池、电缆、电机等领域的专利审查管理工作，开展相关领域多项课题研究，发表多篇业务论文。多次赴高校、社区和企业开展知识产权讲座。

序

党的二十大报告指出，要"加快实施创新驱动发展战略，加快实现高水平科技自立自强，以国家战略需求为导向，积聚力量进行原创性引领性科技攻关，坚决打赢关键核心技术攻坚战"。特别是目前，面临世界百年未有之大变局，国内外形势错综复杂，我国如何突破国外技术层层封锁，攻克科研领域长年存在的薄弱环节，成为发展和安全的重要命题。《"十四五"国家知识产权保护和运用规划》中也提出，我国关键核心技术领域高质量知识产权创造不足，要围绕关键核心技术联合攻关加强专利布局和运用。专利信息作为蕴涵技术信息最丰富的载体之一，通过对其进行有效分析能够为关键核心技术的突破路径提供丰富的信息情报。

为此，国家知识产权局专利局专利审查协作四川中心组织相关人员编撰本书。本书首先从国内外已有的关键核心技术突破路径出发，进行全面梳理归纳，将关键核心技术问题攻关路径总结为四个方面：宏观产业政策引导、创新主体协同合作、人才体系建立完善，以及技术研发攻关突破。同时，对现有专利分析方法也进行了汇总梳理，并对其进行归纳总结。试图以高质量的专利数据分析情报，为关键核心技术攻关提供强有力的支撑。

为了得出更具有指导性和针对性的分析方法，本书选取了光刻胶、工业软件、锂电池隔膜、先进封装、轴承钢，以及燃气轮机六个"卡脖子"关键核心技术典型领域，开展实例分析研究。针对上述技术领域，搜集相关技术、成果和产品的专利信息和国内外市场信息，再通过科学的方法对专利信息进行集中整理、加工和专业分析，转化为具有全局性、前瞻性及针对性的竞争情报，为技术研发、产品布局及市场决策提供技术依据，为各类科研活动提供全过程指导和借鉴，为技术创新战略的制定提供客观支撑。

基于上述研究基础，本书针对突破关键核心技术攻关的四条路径，运用适当的专利分析方法，对应提出专利信息助力关键核心技术攻关的四个方面，即"四篇"：始计篇（政策引导）、合纵篇（协同创新）、移花篇（人才聚集），以及谋攻篇（技术攻关），并具体梳理提出"十二招"，形成一套完整的专利信息助力关键核心技术攻关的方法。四个方面"十二招"形成一个有机的体系，根据攻关的不同领域或不同阶段，可以选用其中一个或者几个分析招数，用足用好专利信息手段助力关键核心技术攻关。

参与本书编撰的作者团队中有电学领域的博士，具备扎实的专业基础知识，团队成员均为副高级以上职称，拥有丰富的专利审查经验，参与多项专利分析导航和知识产权服务工作，部分人员还从事过复审和无效审理工作，不仅了解相关领域技术发展态势，也对该领域专利申请质量和专利运用情况具有来自一线的感知。

本书是国家知识产权局专利局专利审查协作四川中心人员基于自身经验积淀，为国家解决关键核心技术攻关问题，从专利分析层面发挥专长、服务社会的有益尝试。希望本书为创新主体技术攻关提供思路和启迪，也为知识产权服务从业人员开展相关分析工作提供指导和依据。

2022 年 10 月

目 录

第一章　关键核心技术攻关方法研究

党的十九大报告明确提出，"创新是引领发展的第一动力，是建设现代化经济体系的战略支撑"。党和国家的重大战略决策为中国科技创新提供了强大动力，创新型国家建设成果丰硕。天宫、蛟龙、天眼、悟空、墨子、大飞机等重大科技成果的相继问世，标志着中国科技事业实现了跨越式发展，自主创新能力显著提升。但是，中国原始创新能力仍旧严重不足。突出问题在于，"我国科技发展水平特别是关键核心技术创新能力同国际先进水平相比还有很大差距，同实现'两个一百年'奋斗目标的要求很不适应"[1]。比如，基础科学研究短板突出，企业对基础研究重视不够，重大原创性成果匮乏，底层基础技术、基础工艺能力不足，工业母机、高端芯片、基础软硬件、开发平台、基本算法、基础元器件、基础材料等瓶颈依然突出，关键核心技术受制于人的局面未得到根本性转变。

2018年发生的中兴事件、2019年发生的华为事件表明，在国际竞争中，一家公司如果没有掌握关键核心技术，没有打造自主可控的产业技术生态体系，终将处处受制于人。中兴和华为事件还表明，在大国博弈中，一个国家无论经济体量有多大，如果没有自主可控的关键核心技术优势，就无法保证经济上的持续强大和政治上的全面强势。习近平总书记明确要求，"在关键领域、'卡脖子'的地方要下大功夫"。关键核心技术是国之重器，是一个国家的最大"命门"，对推动国家经济高质量发展、保障国家安全具有十分重要的意义，必须牢牢掌握在自己手里。

---

[1] 社论：正视不足才能创新自强 [N]. 科技日报，2018-07-18（1）.

1.1 关键核心技术概述

1.1.1 何谓"关键核心技术"

1. 从技术视角出发看"关键核心技术"

从《科技日报》2018 年 4 月 19 日至 7 月 3 日连载的"是什么卡了我们的脖子"系列报道的 35 项"卡脖子"技术来看，技术卡点对应基础科学、技术科学和工程科学，所涉及的基础科学主要集中于物理学和化学，在 35 项"卡脖子"关键核心技术中，两者占比分别为 65.71% 和 60%；技术科学主要集中于材料科学、机械工程和电子、通信与自动控制技术，占比分别为 54.29%，31.43% 和 28.57%。分类结果表明，这些"卡脖子"关键核心技术是基础科学、技术科学和工程科学的结合体，不能机械地对其进行单一归属划分。❶ 由此可见，从科学研究的角度出发，"卡脖子"问题既涉及基础科学的研究，也涉及应用科学的研究。

苏州大学政治与公共管理学院哲学系教授邢冬梅大致按照"四基"的划分类别进行分类：一是核心元器件类，包括芯片、航空发动机短舱、触觉传感器、手机射频器件、激光雷达、高端电容电阻、铣刀、高压柱塞泵、掘进机主轴承、水下连接器、高端焊接电源、医学影像设备元器件等。二是关键基础材料类，包括 ITO 靶材、航空钢材、高端轴承钢、光刻胶、微球、燃料电池关键材料、锂电池隔膜、超精密抛光工艺、环氧树脂、高强度不锈钢等。三是先进基础工艺类，包括光刻机、真空蒸镀机、核心工业软件、航空设计软件等。四是产业技术基础类，包括操作系统、iCLIP 技术、重型燃气轮机、适航标准、核心算法、高压共轨系统、透射式电镜、数据库管理系统、扫描电镜等。以上诸项技术在先进制造业领域中都占据着全产业链的核心基础地位。对上述技术进行综合分析发现具有以下特点：

一是成熟性。作为最新的前沿技术，它们符合严格的技术标准。例如，处于世界领先水平的芯片制造已突破 2 纳米的工艺水准，而内地规模最大的半导体企业中芯国际在 2019 年底实现了 14 纳米工艺制程芯片的量产，相比之下稍显落后。

二是市场性。成熟的技术必然受到市场的广泛认可和接受，据 2016 年的

---

❶ 夏清华. "卡脖子"技术究竟属于基础研究还是应用研究 [J]. 科技中国，2020（10）：15-19.

统计数据显示，全球安卓操作系统所占市场份额已经达到八成以上，而国内还没有属于自己的、既通过市场检验又能将检验结果反馈到技术本身的研发改进活动中的成熟的操作系统。

三是垄断性。关键核心技术一般都掌握在少数头部企业手中，对技术专利的独自占有最终形成技术垄断局面。例如，激光雷达决定着自动驾驶行业的发展水平，而美国 Velodyne 公司作为全球的激光雷达头部企业，导致其他企业对它形成过度依赖。

四是系统性。作为产业链的关键节点技术，其存在不是孤立的而是具有相互依存的关系。例如在芯片制造领域内的光刻机与光刻胶形成工艺与材料间的相互制约，这给技术突破带来极大难度。❶

由此可见，"卡脖子"关键核心技术是在关键性的共性技术范围内的一种成熟的、经过市场检验的系统性的高新技术。"卡脖子"现象的出现是供应方的技术垄断和需求方在较短时间内难以突破的综合表现❷，这就意味着，首先，它达到了技术发展的领先水平，在同类技术产品中具备可广泛适用的最高行业标准，具有先发优势；其次，市场的认可为其改进升级创造了必要的技术环境和应用基础，显示出强积累性；再次，技术垄断意味着市场货源少，一旦断供就会出现"卡脖子"难题；最后，一项成熟的技术具有集群效应，这给后发国家的技术突破增加了很多限制性条件。总之，技术的"卡脖子"现象是多种要素综合作用的结果，可能会在相当长一段时期内持续存在。这种视角主要是从关键核心技术的技术视角出发，关键核心技术被定义为需要通过长期高投入的研究开发且具备关键性与独特性的技术体系，而"卡脖子"技术必须具备关键核心技术的共性特征，它对于整个产业发展的技术瓶颈突破具有关键意义。"卡脖子"技术不只是单一某项技术，而是一系列关键核心技术的"技术体系"或者"技术簇"，其中基础工艺、核心元部件、系统构架与机器设备都归属于这一体系范畴❸。

"卡脖子"技术之所以能够被竞争对手所利用，是因为关键核心技术本身存在较高的对外依存度，基础工艺、关键材料与设备以及技术路线高度依赖于其他企业的供给、其他产业环节的支持或其他国家的出口。企业或者产业

---

❶ 邢冬梅. "卡脖子"技术问题的成因与规避——技术轨道的分析视角 [J]. 国家治理，2020 (12)：21-25.

❷ 汤志伟，李昱璇，张龙鹏. 中美贸易摩擦背景下"卡脖子"技术识别方法与突破路径——以电子信息产业为例 [J]. 科技进步与对策，2021，38 (1)：1-9.

❸ 李红建. 创新：瞄准"卡脖子"技术 [N]. 学习时报，2020-03-04 (4).

在发展过程中，由于技术依存度或对外依存度过高，关键核心技术依然受制于人，便形成了制约一国产业或企业创新发展的"卡脖子"技术。以高端芯片为例，芯片的研发创新过程是基础研究能力与应用开发能力的高度互嵌，需要产学研融通结合，高端芯片的开发与创新过程既需要基础研究，包括数学、物理、化学等多基础学科的综合知识基础，又需要 IC 设计、晶圆制造、封装和测试过程中的多工序协同，以及基于基础理论的研发创新与基于工艺创新的应用开发创新的双元创新能力，如此方能实现高端芯片的研发生产与创新迭代。"卡脖子"技术属于核心技术受制于人的范畴，包括短期受制于人与长期导向下未来布局受制于人两种主要类型。

2. 从国家经济战略与科技战略视角看"关键核心技术"

从国家经济战略与科技战略视角界定"卡脖子"技术，认为"卡脖子"技术不只是关键核心技术范畴，更是决定一国科技发展战略与创新能力的关键技术，其关键的特征在于具备战略性，对保障国家经济安全与科技垄断地位具有突出的作用，兼具技术属性与国家安全属性，是一国参与国际经济竞争过程中兼具经济性、安全性与技术性的"耳目"。❶

无论从哪种视角分析，"卡脖子"关键核心技术都长期与其他国家存在较大技术差距，且技术差距难以在短期内被缩小，技术供给方的垄断程度高，依赖国际贸易的跨国、跨链、跨企合作难以实现技术转移的问题。在国际贸易中，一旦被实行进出口贸易封锁，该类核心技术便成为影响一国产业发展与企业创新生态系统的"卡脖子"技术。

1.1.2 解决关键核心技术的重要性

纵观改革开放以来的发展，中国的技术发展经历了从"跟跑"到"并跑"的迭代史，甚至在某些领域呈现出"开拓者"的势头。然而，自特朗普上台以后，美国奉行单边主义和贸易保护主义，僵化的零和博弈思维使美国陷入了"修昔底德陷阱"思维范式。2018 年中美贸易摩擦加剧，美国以中美贸易逆差为由，一方面向中国出口货物加征关税，另一方面限制向中国进口产品，对技术知识领域进行封锁。中美贸易摩擦名为贸易之争，本质上是科技实力之争。美国指责中国在中美经贸合作过程中对美国进行知识产权盗窃以及强制技术转让，同时又有意压制中国经济崛起，阻止"中国制造 2025"

---

❶ 夏清华，乐毅．"卡脖子"技术究竟属于基础研究还是应用研究 [J]．科技中国，2020 (10)：15-19．

的实现，由此导致贸易摩擦。美国作为世界科技强国，技术水平高、自主创新能力强，掌握着一批关键核心技术的垄断权，并且由于产业发展时间早，作为领域内的先行者已经建立起基于技术的产品生态。美国在技术水平处于一定优势的情况下对我国展开技术封锁，使我国自主创新能力不足、关键核心技术受制于人的问题浮出水面。

2018年中美贸易摩擦中，美国商务部发布公告称，美国政府在未来7年内禁止中兴通讯向美国企业购买敏感产品，受公告影响，中国最大的通信设备上市公司中兴通讯的主要经营活动无法正常进行，暴露出我国巨大的"卡脖子"技术缺口问题。中兴事件充分说明了中美之间存在着一批"卡脖子"技术，一旦美国对这些技术进行封锁，就能"卡住中国的脖子"，使企业经营活动无法进行，产业供应链断开，给国家经济发展造成巨大损失。2019年5月16日，美国商务部以国家安全为由，将华为及其70家附属公司列入管制"实体名单"，禁止美国企业向华为出售相关技术和产品。2020年9月15日，美国对华为的新禁令正式生效。在此之后，台积电、高通、三星及SK海力士、美光等主要元器件厂商将不再供应芯片给华为。这意味着，华为可能再也买不到利用美国技术生产的芯片、存储器。

从安全性角度看，"卡脖子"技术对国家经济安全具有关键性的保障作用；在技术价值方面，"卡脖子"技术对实现产业技术高级化、产业链现代化来说更是不可缺的制胜关键。

进入21世纪，我国科技发展突飞猛进，自主创新能力大幅提升，为经济社会发展注入强劲动力，但同时必须清醒地认识到，我国在某些关键领域依旧存在被其他国家"卡脖子"的情况，导致行业发展处处受制，直接影响到我国经济社会发展目标实现及综合国力提升。此外，在当前复杂严峻的国内外形势下，各类衍生风险不容忽视，这更要求我们严密防范化解各种风险挑战，尽早解决"卡脖子"问题，把技术和发展的主动权牢牢掌握在自己手里。

1.1.3 我国解决"卡脖子"关键核心技术的国家政策

"卡脖子"问题，习近平总书记不止一次提及。早在2013年9月举行的十八届中央政治局第九次集体学习时，习近平总书记针对"有人认为，科技创新对经济社会发展是远水解不了近渴"的问题指出："要采取'非对称'战略，更好发挥自己的优势，在关键领域、卡脖子的地方下大功夫。"习近平总书记曾打过一个生动的比方，供应链的"命门"掌握在别人手里，"那就好比在别人的墙基上砌房子，再大再漂亮也可能经不起风雨，甚至会不堪一击"。而解决这些"命门"和"卡脖子"问题，关键就要靠科技创新。党的十八大以来，习近平总书记把创新摆在国家发展全局的核心位置，高度重视科技创新，扎实推动国家创新驱动发展战略。

国务院于 2015 年 5 月印发部署全面推进实施制造强国战略的文件《中国制造 2025》，这是中国实施制造强国战略第一个十年的行动纲领。在《中国制造 2025》中针对集成电路产业的市场规模、产能规模等提出了具体的量化目标，其中提出 2025 年包括 EDA 的集成电路设计业产值达到 600 亿美元，在全球占比达 35%。

2018 年 1 月，国务院印发《关于全面加强基础科学研究的若干意见》，对全面加强基础科学研究作出部署，该意见要求，要全面贯彻党的十九大精神，以习近平新时代中国特色社会主义思想为指导，深入实施科教兴国战略、创新驱动发展战略，充分发挥科学技术作为第一生产力的作用，充分发挥创新作为引领发展第一动力的作用，瞄准世界科技前沿，强化基础研究，深化科技体制改革，促进基础研究与应用研究融通创新发展，着力实现前瞻性基础研究、引领性原创成果重大突破，全面提升创新能力，全面推进创新型国家和世界科技强国建设。

2019 年 10 月召开的党的十九届四中全会，从国家治理的高度，首次明确提出"构建社会主义市场经济条件下关键核心技术攻关新型举国体制"。这一新型举国体制，是以保障国家安全、提升国家综合竞争力、推动国家发展为最高目标，以现代化重大创新工程聚焦国家战略制高点，在社会主义市场经济条件下，坚持全国一盘棋、科学统筹、集中力量、优化机制、协同攻关的体制安排。

为解决我国基础研究缺少"从 0 到 1"原创性成果的问题，2020 年，科技部、发展改革委、教育部、中科院、自然科学基金委印发《加强"从 0 到 1"基础研究工作方案》，该方案从优化原始创新环境、强化国家科技计划原创导向、加强基础研究人才培养、创新科学研究方法手段、强化国家重点实验室原始创新、提升企业自主创新能力、加强管理服务 7 个方面提出具体措施。

美国接连制裁华为背景下，加快发展自有核心技术的重要性凸显。2020年 8 月，国务院印发《新时期促进集成电路产业和软件产业高质量发展的若干政策》，强调集成电路产业和软件产业是信息产业的核心，是引领新一轮科技革命和产业变革的关键力量。有消息称，对于第三代半导体产业的发展，政府将给予更高的优先权，直到真正实现我国半导体产业的独立自主。

2020 年 9 月，习近平总书记在北京主持召开科学家座谈会，指出一些现实问题：农业方面，很多种子大量依赖国外，一些地区农业面源污染、耕地重金属污染严重；工业方面，一些关键核心技术受制于人，部分关键元器件、零部件、原材料依赖进口……这都是在科技创新领域被卡了脖子，或者受制于人，或者受制于我们自己的技术短板。

2020 年 12 月中央经济工作会议上，习近平总书记发表重要讲话，其中在谈及"增强产业链供应链自主可控能力"和"解决好种子和耕地问题"两大重点任务时，都提到了"卡脖子"一词，会议要求"尽快解决一批'卡脖子'问题""开展种源'卡脖子'技术攻关，立志打一场种业翻身仗"。

《中共中央关于制定国民经济和社会发展第十四个五年规划和二〇三五年远景目标的建议》提出，要"坚持创新在我国现代化建设全局中的核心地位，把科技自立自强作为国家发展的战略支撑"，"把科技自立自强作为国家发展的战略支撑，健全社会主义市场经济条件下新型举国体制，打好关键核心技术攻坚战"。"在事关国家安全和发展全局的基础核心领域，制定实施战略性科学计划和科学工程。瞄准人工智能、量子信息、集成电路等前沿领域，实施一批具有前瞻性、战略性的国家重大科技项目。从国家急迫需要和长远需求出发，集中优势资源攻关包括关键元器件零部件和基础材料等领域关键核心技术"。"十四五"时期是我国推动创新发展的重大战略机遇期和迈向世界科技强国前列的关键开局期。

2021 年 11 月 4 日，中国工业和信息化部等四部门对外发布《智能制造试点示范行动实施方案》，方案提出，到 2025 年建设一批技术水平高、示范作用显著的智能制造示范工厂。

习近平总书记反复强调并深刻指出，"实践反复告诉我们，关键核心技术是要不来、买不来、讨不来的。只有把关键核心技术掌握在自己手中，才能从根本上保障国家经济安全、国防安全和其他安全"。可见，如何解决"卡脖子"技术对我国科学技术以及高新产业健康发展的限制，提升国家科技实力，成为国家层面重点关注的问题。

1.2　各国家（地区）关键核心技术突破路径

近年来，如何突破关键核心技术的"卡脖子"问题，避免国家的重要战略性新兴产业与微观企业在参与国际市场竞争中利益严重受损，成为政策层面关注的重要现实问题。长期以来，在全面深化改革与对外开放的过程中，我国企业在出口导向型的开放型经济制度安排下，一味地通过以市场换技术而非技术驱动市场版图的扩张模式试图实现技术突破，结果导致本土企业关键核心技术的自主创新能力严重缺失。长期依赖外向型开放式创新体系下的跨国"开放式"技术创新联盟、研发国际化等技术创新战略，引致内循环体系下的内生式自主创新能力缺失，制约了我国在战略性新兴产业与面向科技强国建设的未来产业的关键技术、关键设备、关键零部件以及核心材料与工艺等方面的自主创新能力提升。因此，破解"卡脖子"技术的关键创新战略抉择是将全面自主创新战略摆在各类创新战略视野全局中的核心位置❶。

党的十九届五中全会首次把科技创新摆在了各项规划任务的首位进行专章部署，体现了科技工作在全局工作中的重要地位。"十四五"及2021—2035年中长期阶段，我国将进入建设科技强国和社会主义现代化强国的关键时期，科技战略决策日益成为我国促进新发展格局形成的重要力量。基于创新驱动与创新引领战略使我国迈向世界科技强国前列，将成为未来较长一段时期的重要战略转向，而"十四五"时期是我国从科技创新大国迈向世界科技创新强国前列的关键机遇期与战略抉择期。在百年未有之大变局以及"双循环"新发展格局的双重背景下，为了破解"十四五"时期"卡脖子"技术需要，我们基于全新的战略视野引领，从科技体制机制、微观创新主体、创新模式以及人才等方面着力梳理全球各国、各行业的关键核心技术的破解之道。

1.2.1 美国

1. 国家主导，军民融合

无论从新古典经济学视角还是从演化经济学视角来看，政府在促进科技创新中的作用都至关重要。基于新古典分析框架的熊彼特模型认为，靠近技术前沿的国家应该更多采用激励自主创新的制度来促进经济增长❷。

美国的重大科技专项有很强的任务导向性，注重市场化运作，充分发挥军民融合作用。如在"冷战"期间，美国为了在太空探索和导弹防御上全面超越苏联，制定实施"阿波罗计划"，历时11年，在工程高峰期，参加工程

❶ 陈劲，阳镇，朱子钦."十四五"时期"卡脖子"技术的破解：识别框架、战略转向与突破路径 [J]. 改革，2020（12）：5-15.
❷ 曹思未，杨洋.《美国科技创新政策待办事项清单》的内容与启示 [J]. 全球科技经济瞭望，2018，33（11-12）：25-29，64.

的有 2 万多家企业，200 多所大学和 80 多个科研机构，总人数超 30 万人，极大地推动了美国太空探测技术的发展。

1993 年实施了"信息高速公路计划"（NII），2000 年推出了"国家纳米技术计划"（NNI）等一系列重大国家科技专项工程。2009 年美国能源部先后发布了能源前沿研究中心计划与能源创新中心计划。2012 年启动国家制造业创新网络计划，由国防部、能源部、商务部等多部门联合投资 10 亿美元，在全美创建 15 个制造业创新研究中心。2015 年，美国国家卫生研究院设立了精准医学计划，投入 2.15 亿美元，发展个性化医疗。2019 年 2 月 13 日，美国总统特朗普签署一项行政命令，要求联邦机构在研发投入中把人工智能列入优先地位，集中联邦政府资源发展人工智能，同时扩大相关科研人员使用政府数据的权限，一项针对人工智能的科技专项正在进行中。

政府通过立法方式明确科研政策，正确引导、规划科研项目，创建公平、透明的科研环境是美国科技发展战略取得成功的重要因素。美国自建国以来就制定了一系列的促进科技进步的法律法规，1790 年，美国总统签署了第一部专利法，为现代美国专利制度奠定了基础，也使发明人的成果得到了法律的保障，早期专利法的颁布极大地激发了美国人民的创造热情。19 世纪中后期，美国专利制度进入一个新时期，在两次工业革命的推动下，美国经济发生重大变化，专利制度与技术创新日趋紧密，在专利制度的保障下，科技发明与创新层出不穷，大量技术创新深刻作用于社会生产和生活领域，促进了经济部门的巨大变革和社会面貌的改观。此后美国根据经济社会发展需要不断修正专利法，极大地促进了美国科技创新，使得美国成为世界科技创新强国和科技创新中心。

1980 年通过的《专利和商标法修正案》，被广泛认为是对于美国创新者和发明者来说最重要的立法之一，该法案也被称为《拜杜法案》，在更新美国创新政策以应对来自日本的竞争力挑战中发挥了关键作用。《拜杜法案》涉及由联邦政府资助的研究产生的知识产权。法案允许接受联邦资助的大学、企业和非营利组织追求他们创造的创意或产品的所有权，而不是将该技术或发明的权利放弃给联邦政府。从本质上讲，它允许机构和其他受资助者对源自政府资助研究的发明持有专利，使他们能够将这些发明的权利许可给私营部门合作伙伴，然后他们可以将其商业化。通过这种方式，《拜杜法案》为私营部门的发展和联邦政府资助的研发活动的商业化创造了动力，它将技术管理分散到在政府支持下发明产品的大学和企业。多年后，《拜杜法案》继续对美国创新和工业产生重大而持久的影响。自 1980 年颁布以来，该法案为美国带来了超过 1.3 万亿美元的经济增长，在全国创造了超过 420 万个就业机会，并为来自全美各地大学的 11000 多家新创业公司的成功做出了贡献。今天，《拜杜法案》继续鼓励美国企业家精神，帮助增强国家的创新能力。

美国为保持其在世界科技中的领先地位，不断调整科技创新战略及出台相关科技政策。以《美国竞争法》为主要框架和依据，从战略、政策、法律等多方面进行了系统部署，制定了一系列引领全球、具有前瞻性的科技创新战略，并配套建立了人才、资金、知识产权等方面的政策体系。

2. 产学研合作模式的发源地

美国是产学研合作模式的发源地，在 100 年的产学研合作中，产生了很多有特色的合作模式。如：科技工业园模式、企业孵化器模式、高技术企业发展模式、工业—大学合作研究中心及工程研究中心模式等。

(1) 科技工业园区

科技工业园依托高等院校和科研院所，通过创建高新技术企业，使产学研相结合，推动科技创新及区域经济发展，如美国最早的"斯坦福研究园"和波士顿 128 号公路科技园等。

(2) 企业孵化器

该模式致力于培养新成立的高新技术小企业，通过对其提供的一条龙服务，实现成果转化，造就企业家队伍，促进区域社会繁荣发展。

(3) 工业—大学合作研究中心（IUCRC）

IUCRC 是一个建立在大学中的半独立研究单位，能够更充分地配备资源，组织跨单位、跨学科的交叉研究，是政府通过政策引导产学研协同创新的典范。

(4) 工程研究中心（ERC）

ERC 针对工业生产的需求，由大学牵头，联合企业以多种形式参与，同时培养工业生产所需的技术人才。

(5) 高技术企业

主要有 3 类：一是科研人员自己创办企业；二是科研人员将成果有偿转让给企业；三是由科研人员和企业共同组成一个高技术联合体❶。

---

❶ 申绪湘. 民族地区高校产学研合作创新研究：模式·实证·案例 [M]. 上海：上海交通大学出版社，2011.

3. 宽松的移民与留学政策

人才是创新的第一资源，在核心技术领域人才的重要性更为突出。知识经济是当今时代的经济全球化的重要内容，知识经济发展的基础在于高素质人才的存在，科技创新的成功越来越取决于能够吸引人才、利用人才和留住人才，尤其是关键核心技术更需要大量的高层次人才。宽松的移民与留学政策是引进人才的强有力武器，美国吸引了全球优秀的人才，正是依靠优秀的移民人才推动了美国取得科技创新的巨大成就。

4. 企业兼并重组

掌握原创性技术需要强大的技术研发实力和良好的机遇，并不是任何一家企业均具备以上两个条件。但是通过技术引进或兼并重组获得关键技术，也不失为一种策略。企业兼并是现代企业实施扩张战略的常用方式之一，是企业提升竞争力、抢占全球市场的重要手段。例如：辉瑞公司在制药领域的巨大成功，要归功于其对竞争对手的兼并收购、强劲的研发能力和终端营销能力。1992 年，辉瑞公司的抗抑郁化学药舍曲林在美国上市，获得较大成功。为了继续保持其在抗抑郁药时长的优势，辉瑞公司于 2009 年收购惠氏，通过并购惠氏获得了新的抗抑郁化学药文拉法辛及其专利。

5. 重视基础研究

按照《弗拉斯卡蒂手册》的定义，基础研究是一种实验性或理论性的工作，主要是为了获得关于现象和可观察事实的基本原理的新知识，它不以任何特定的应用或使用为目的。基础研究激发了新的思维方式，产生的开创性革命性的思想、概念和应用可能用于其他领域，可以导致更多的研究成果，促进技术革新❶，一些技术研发及技术应用的竞争实质上是基础学科实力的比拼，一些关键核心技术的发展往往要依靠基础研究的积累和突破。世界科技强国发展的轨迹也证明国家竞争力源自其在热点科学研究和新兴前沿领域的战略布局。随着国际科技竞争的日益加剧，强化基础研究成为世界主要科技强国保持国际竞争力的重要战略举措。

（1）大力加强基础研究经费投入

美国在世界科技强国中的领先地位得益于其在基础研究上长期以来的大量投入和对基础研究人才的重视与培养。

---

❶ 徐晓丹，柳卸林. 大企业为什么要重视基础研究？［J］. 科学学与科学技术管理，2020，41（9）：3–18.

1945 年，范内瓦·布什的报告《科学：无尽的前沿》强调了政府在基础研究，特别是长久持续性研究方面的作用，奠定了美国国家科学政策的基础。在该报告的推动下，美国先后成立了著名的海军研究办公室、空军科学研究办公室、陆军研究办公室以及国家科学基金会等主要基础研究资助机构，为美国的基础研究注入了源源不断的动力。1970—2000 年，美国基础研究、应用研究和试验发展经费占研发（R&D）经费比例为 15∶22∶63；进入 21 世纪后，这一比例逐渐调整为 17∶20∶63，基础研究经费所占比例上升。这样稳中有升的投入比例让美国在基础研究领域收获颇丰。以世界科学和科研领域最高奖项的诺贝尔奖为例，美国获奖人数居全球第一，年均获奖者超过 2 位。由于科技上的遥遥领先，美国的国力和科技竞争力至今无人撼动❶。

（2）积极开展基础研究计划

美国科技政策相关机构主要有国家科学技术委员会、白宫科技政策办公室和行政管理与预算局 3 个部门，在制定科技发展规划时常常采取跨部门的形式，如"国家纳米技术计划"横跨国家科学基金会（NSF）、能源部（DOE）、航空航天局（NASA）、国防部（DOD）等 11 个部门。美国政府注重基础研究，特别是高风险性基础研究发展中"点面结合"的方式，一方面全面进行各个学科的支持，保持各个学科的领先地位；另一方面根据国际科学发展形势，以及国家经济社会发展中出现的重大问题，部署重点的科技计划，如 20 世纪 90 年代，面对信息科技革命的到来，美国制定了"网络与信息技术研发计划"等科技计划；近年来美国政府意识到生命科学发展的巨大潜力，先后出台"脑科学计划""精准医学计划"等。❷

2021 年 3 月 19 日，美国国会议员提出《确保美国科学技术全球领先法案（2021 年）》，提出优先投资联邦基础研究，以确保美国竞争力投资计算、网络安全、人工智能（AI）和自主技术、材料和先进制造业、能源和气候以及生物科学等关键领域目标。2022—2031 财年，授权美国能源部（DOE）、美国国家科学基金会（NSF）、美国国家标准与技术研究院（NIST）、美国国家海洋和大气管理局（NOAA）将基础研究经费翻一番。2022—2031 财年，NSF 的授权经费从 92.9 亿美元增长到 162.5 亿美元，增长 74.9%。2022—2031 财

---

❶ 刘启强. 美日两国基础研究发展经验及对我国的启示 [J]. 科技创新发展战略研究，2021，5（6）：10-14.

❷ 钱万强，林克剑，周金定，等. 主要发达国家基础研究发展策略及对我国的启示 [J]. 科技管理研究，2017（12）：37-41.

年，DOE 科学办公室的授权经费从 77.3 亿美元增长到 140.5 亿美元。2021 年 3 月 26 日，美国众议院科学委员会提出《NSF 未来法案》，指出为了应对重大社会挑战并保持美国在创新方面的领导地位，联邦政府必须增加对研究的投资，扩大对 STEM（科学、技术、工程和数学）劳动力的参与，并加强大学之间的合作。2022—2026 财年，《NSF 未来法案》拟为 NSF 拨款的金额从 114.7 亿美元增长到 183.3 亿美元。

2021 年 5 月，美国国会通过了《无尽前沿法案》，提出未来 5 年向国家科学基金会额外拨付 1000 亿美元用于资助若干大学技术中心在人工智能、先进通信技术、先进能源、量子计算和信息系统等 10 个关键领域的基础研究，以及将会采取新的措施确保美国到 21 世纪中叶继续保持世界头号科技强国的位置。以上举措表明美国正在沿用早期科技政策的基本思路，重新以政府力量和出台法案来加强科研和关键领域的基础研究，促成核心领域的重大创新与技术突破，这也预示着美国基础研究将进入一个新的发展高潮。❶

（3）利用国家实验室提升基础研究成果

此外，国家实验室是开展战略性基础研究和前沿技术探索的核心力量。20 世纪 50 年代以后，美国国家科学政策的重大举措除成立美国国家科学基金会，还布局成立了隶属能源部和宇航局的国家实验室体系，开展满足国家战略需求和前沿科技的战略基础和应用研究，为保障美国保持世界科技领先地位、带动前沿技术突破及国防和经济的发展发挥了引领作用。美国能源部国家实验室基础研究实力强大，成立以来获得了 118 项诺贝尔奖，并在此过程中发现了元素周期表中的 22 种；每年在约 1500 种期刊上发表 11000 篇同行评议论文。除了为国家发展提供长期贡献（long-term contributions），能源部国家实验室也能灵活响应国家迫切需求，应对危机。如在 COVID-19（以下简称"新冠感染"）大流行期间，国家实验室成立新冠感染高性能计算联盟，利用世界上最先进的计算能力支持新冠感染的研究，显著提升了解决新冠感染相关复杂问题的能力。

1.2.2 日本

1. 国家战略，政府推动

日本作为世界科技强国，曾为实现国家战略目标，集中优势科技资源、实施

---

❶ 吕凤先，刘小平. 美国加大基础研究投入确保其科学技术的全球领导地位 [J]. 科学观察，2021，16（4）：63-69.

重大科技任务、组织开展联合攻关等。日本政府官方文体中没有提出过"举国体制"这一概念，但其中有"集中资源重点投入战略重点科技"等提法，尤其在支持科技创新实践过程中通过调集各方力量协同攻关，如实施"超大规模集成电路"（VLSI）计划等。

20 世纪 70 年代初，日本政府和企业界一致认为，VLSI 计划将是影响日本信息产业未来命运的关键共性核心技术，必须及早自主发展这项技术，并将其提升到了国家战略的高度。1976 年，由日本通商产业省（现经济产业省）所属的电子综合技术研究所牵头，富士通、日立、三菱、日本电气和东芝 5 家企业联合，成立共同研究所，开始实施为期 4 年的"VLSI 计划"。该计划总投入 737 亿日元（约 46.4 亿元人民币），其中政府投入引导资金 291 亿日元（约 18.3 亿元人民币），约占总成本的 40%。"VLSI 计划"共性技术研发取得 500 多项专利和 1200 多项工业技术所有权，多项成果处于世界领先水平。1970—1985 年，日本电子产业值增长了 5 倍。到 1986 年，日本企业在全球动态随机存取存储器（Dynamic Random Access Memory，DRAM）市场所占份额接近 80%。日本半导体产业的强劲发展直接使得美国芯片产业遭遇了"滑铁卢"。为此，1983—1984 年，美国就日本当时技术的成功多次举行国会听证会，得出结论：在 20 世纪 70 年代，日本最成功的政府政策莫过于"VLSI 计划"。❶

日本"举国体制"的特点首先是，政府对重大科技任务（项目）的支持，既重视基础科学研究，又适应国家发展战略目标或满足社会公众需求，即从科学的、经济的、社会的角度进行综合评价和选择；其次注重"联合与竞争相结合"的协调机制，这是日本企业在有关半导体芯片市场占有率全球领先的关键；最后是借鉴美国国防部高级研究计划局的科研组织模式并公开选拔项目经理，这是日本"ImPACT 计划"的核心和革故鼎新之举，也已经成为日本科研管理创新改革的一种趋势。

2. 官产学研自主协同创新

日本政府十分重视产学研协同创新，长期以来日本政府一个明确的政策倾向就是鼓励产业界、大学和研究机构之间的合作。日本官产学研模式的特点是突出政府的主导地位，为了加强产学研合作研发和促进产学研之间的技术转移，政府专门制定相关法案，如：《科学技术基本法》《大学技术转移促

❶ 金学慧，黎晓东. 日本重大科技任务联合攻关模式对我国构建新型举国体制的启示 [J]. 科技智囊，2021（4）：71-76.

进法》《产业活力再生特别措施法》《知识产权战略大纲》等，这些法律旨在推进科技成果向产业化阶段过渡，强化产学研合作，促进国家创新系统由"模式创新主导型"向"自主创新导向型"转型。

日本官产学研的合作主要模式包括：一是建立科技园。受美国硅谷的影响，日本建立了起点高、产业新、规模大的高技术密集区，著名的筑波大学科技园集聚了日本 1/4 的研究人员，49 家国家实验研究机构和教育机构，250 多家民间研究机构，已成为日本的创新之源。二是技术协作，契约合作研究。日本的大企业常采用向政府、大学或专门研究机构提供研究经费、人才和设备，成果归企业所有的办法，开展尖端重大科研课题的技术协作研究。日本为了推进研究机构与民间企业契约合作研究，最大限度地利用人力、物力进行研究开发。三是一体化合作研究。一体化合作方式是改变原有单位的体制性质和隶属关系，将两个或以上的产学研单位整合为一个规模更大，结构更加合理，功能更加全面的一体化组织。❶

总的来说，日本官产学研合作的主要经验一是政府积极引导，把产学研合作上升到基本国策的高度；二是为合作提供制度化保障；三是发挥中介机构的重要作用。日本科技振兴机构通过开展委托开发、创新技术开发研究、专利化支援等事业，推进日本的产学研合作。

3. 大力引进海外人才

利用猎头引进人才，或通过一些政府的或民间的组织加强与海外人才的联系并引进人才，是日本吸引人才的重要手段。例如：猎头公司在日本引进海外人才方面担当重要的角色。猎头公司在日本多以人才派遣公司的形式存在，他们一方面向求职个人提供就业单位信息，另一方面为企业寻找和提供企业所需的人才。日本的科学资助机构——日本学术振兴会，通过资助更多优秀研究人员来日进行科学研究等，也在吸引人才方面发挥了重要作用。❷

4. 持续资助基础研究

20 世纪 80 年代初期，"技术立国"替代"贸易立国"成为日本国家发展战略，基础研究经费投入快速增长，基础研究由此进入繁荣阶段。20 世纪 80 年代，日本基础研究经费增长率始终保持在 5% 以上，个别年份突破 10%，其

---

❶ 张玉莲. 西部慧谷构想：中西部旅游地区跨越式发展模式初探 [M]. 北京：知识产权出版社，2015.

❷ 李其荣，谭天星，邵元洲，等. 合作与共赢：华侨华人与中国的交流与互动 [M]. 武汉：湖北人民出版社，2014.

中 1988 年基础研究经费增长率达 11.69%，体现了对基础研究的高度重视。日本形成了政府、企业、大学、非营利团体共同支持基础研究的多元投入格局，其中政府和企业是相对独立的投入主体。宏观层面上，基础研究投入中政府所占比重大，企业的基础研究投入虽占一定比例，但在经费上仍小于政府投入。一方面，日本企业对开发研究具有强烈动机，致力于增强产品科技含量和国际竞争力，基础研究仍非企业关注重点；另一方面，政府部门承担相应责任，在社会无力负担或不愿投资的领域进行资助，引导企业、大学、非营利团体等共同加大对基础研究的资助力度。日本科学研究补助资金（JG-SR）是科研工作者进行基础研究的主要资金来源，对特别推进研究、特定领域研究、重点领域研究等方面进行资助，贯彻落实日本紧紧围绕社会经济发展需要及国际科技前沿进行基础研究的发展战略，以及对年轻学者在创新研究方面给予支持，实现研究与教育一体化的科技政策。

　　日本的大学和国立研究机构是主要的基础研究机构。而国立大学和私立大学是日本大学科研的主要力量，国立研究机构包括政府直属研究机构和国立大学附属研究机构。在科学研究过程中，日本政府更多地将经费投入应用导向下的基础研究，同时鼓励企业在基础研究领域积极投入经费。以应用为目的的基础研究提高了日本的自主创新能力，促进企业在产品生产上实现创新突破，取得大量创新成果。进入 21 世纪，日本科技力量突飞猛进，获奖者数量超过同时期的欧洲国家，仅次于美国，打破了百年来欧美国家在诺贝尔科学奖上的垄断。❶

1.2.3　韩国

1. 政府重视，协同攻关

　　韩国官产学研合作模式以共同研究为主，政府注重扶持，政府对产学研合作优先提供经费支持。具体包括产学研共同研究体、建立高等院校科技网、委托开发研究和国外产学研合作等模式。韩国在半导体产业 DRAM 领域实现了从无开始到世界顶尖的突破，且所用时间非常短，其成功离不开产学研联合创新机制。韩国 DRAM 研发经费的投入采用政府和企业共同出资的方式，最初以政府投入为主，后逐步转向企业投入为主。研发团队由以韩国电子通信研究院为首的国家科研机构、韩国半导体领域三家龙头企业牵头组建的联合研究组以及多家大学共同组成。其中，韩国电子通信研究院负责项目管理

❶　周小梅，黄婷婷. 日本基础研究投入多元化趋势及经验借鉴 [J]. 决策咨询，2021（3）：77-80.

与统筹，包括预算分配、评价、人事权等内容，并最终上报科技部；国家科研机构与大学重点开展基础研究；企业作为需求主体与应用主体提交具体技术需求到研发团队，并在技术路线与技术方案的设计中发挥主导作用。鉴于参与的企业既是合作关系，又是竞争关系，在以营利为目的的经营活动中，彼此合作存在一定难度，韩国时任总统还曾批示要求参与企业服从国家科研机构的总体管理，协作研发。这种从国家层面进行资源调配与知识技术创新的方式为韩国赶超先进国家提供了可能性。❶

2. 全球人力资源雇用

以韩国半导体行业的崛起为例，随着韩国企业半导体产业的崛起，美国和日本公司都不愿意和韩国企业进行技术合作。同时，半导体行业产品周期太短，产品更新速度快。因此，如何有效快速地研发新的产品是韩国半导体企业面临的最主要的问题。不管是率先宣布进入半导体行业的三星、大宇还是现代公司，在技术升级的过程中都开始雇用美籍韩裔科学家，即所谓的人力资本的全球雇用。

在刚进入半导体研发领域的时候，三星公司只雇用了少数美籍韩裔科学家组建研发团队从事研发工作。如，三星电子在1983年雇用了5位顶尖的美籍韩裔电子行业工程师从事64KDRAM的研发。随着三星在半导体DRAM领域取得一定市场地位，三星的全球雇用的规模和方式也发生了变化。三星电子逐步在全球范围内设立研发中心并雇用当地的工程师。到2011年，三星电子的雇员中接近25%的是研发人员，并且在全球设立了20个研发中心。除了三星电子，人力资本全球雇用这一策略也被韩国其他大企业所采用。2010年以来，现代汽车和LG电子的外籍员工数都超过了总员工数的25%，其中LG电子的雇用规模超过了65%。❷ 可见，人力资本全球雇用成为韩国半导体企业在研发方面普遍采取的措施。

3. 技术引进

技术引进是提高国民经济发展水平以及本国科学技术能力，通过国际贸易、国际科学技术合作及其他途径吸收国外先进技术的重要方式之一。从国外获得先进技术包括从国外购买专有技术和专利使用权以及技术知识3个方

❶ 金瑛，胡智慧，刘涛，等. 韩国攻克半导体关键技术的组织管理模式及启示 [J]. 世界科技研究与发展，2019，41（1）：97-101.
❷ 刘潋. 人力资本的全球雇佣在产业升级中的作用——以韩国半导体行业为例 [J]. 现代管理科学，2016（3）：109-111.

面。早年的韩国通过将美国的先进技术进行消化吸收再创新，从而逐步成为科技强国。

1.2.4 欧洲

1. 英、法、德产学研合作

英国的产学研合作自始就得到了政府的重视和推动，具有很浓的官方色彩，官产学研合作对推动英国科技创新和经济发展发挥了重要作用。从1975年开始，英国政府开始采取措施加强科学和经济发展的协调问题，为鼓励科技界与产业部门合作，先后实施了"教研公司计划"（TCS，1975年）、"链接计划"（LCRS，1986年）、"院校与企业界的合作伙伴计划"（CBP，1996年）（TCS和CBP于2003年合并成"知识转移合作伙伴计划"）、"法拉第合作伙伴倡议"（FRI，1997年）等，促进了科技研发成果的应用，使合作参与方共同受益。英国的产学研合作创新主要模式有：一是联系计划模式，通过政府的研发基金来调节企业和科研机构的研发行为；二是知识转移合作计划，在企业和科研机构之间增加计划联系人这一角色；三是合作伙伴联盟，先由发起者建立联盟，然后相关企业和科研机构可申请加入联盟。❶

法国产学研合作的主要模式依据其成果转化方式和组建方式，分为转化模式和组织模式两大类，又依据各自不同特点进行细分，总体呈现出多元化、个性化的特征，在法国国家创新体系和区域经济发展中的地位日益重要。法国产学研合作以成果转化方式划分为两种转化模式：①科技衍生企业模式，是指以高校科研转化成果为前提，利用先进设备及技术从事服务或产品生产的公司模式。科技衍生企业模式是法国产学研协同创新的一种重要模式，是将学术成果市场化的一种富有前景的生产模式，发挥着技术扩散的积极效应。②高新技术园模式，是促使产学研相结合、促进科技经济一体化的综合性基地模式。它以高新技术为基础，以开发高技术和开拓新产业为目标，是国家推进经济发展、培育创新型企业、促进科技成果转化的一种重要手段，有利于加快法国实现高新技术产业化和整个社会的持续发展。❷

德国的大学和科研院所重视科研成果的转让，并在全国构建了一个合作

❶ 张红，苗润莲，蔚晓川. 英国官产学研合作模式及其借鉴作用初探［J］. 情报工程，2015，1（1）：49-56.

❷ 郑军，孙翔宇. 法国产学研协同创新的主要模式、特点及启示［J］. 教育与教学研究，2018，32（9）：22-30，125.

创新的网络，形成组织保障。德国的产学研体系主要包括：①双元制教育模式，它是一种由国家立法支持，校企合作共建的办学制度，即学校学理论，企业学实践；②"市场为中心"模式，即企业根据市场需求向高校提出合作项目，学校进行研发，并与企业人员一起完成整个项目，最后双方共同将产品推向市场；③"顾问合作制"模式，其情形是德国很多高校要求教师长期、稳定地担任行业顾问，特别是工科教师，必须担任工厂顾问，企业也随时将信息向顾问传输与开放；④"弗朗霍夫联合体"模式，它的工作重点是创造成果与转移，是欧洲最为知名的非营利性应用技术研究机构；⑤莱布尼兹联合会，该联合会包含80余个科研机构，提供科研基础设施和服务。每个研究机构专攻某一领域，在基础研究与应用研究之间搭建起桥梁。❶

2. 持续推进基础研究

欧盟委员会为促进欧洲的研究和发展，1984年开始实施"欧盟科研框架计划"，它以研究国际前沿和竞争性科技难点为主要内容，是欧盟成员国共同参与的中期重大科研计划，也是迄今为止世界上最大的公共财政科研资助计划。从1984年第一框架计划至2014年第七框架计划执行结束，历时30年，总预算超过530亿欧元。实施欧盟科研框架计划等重大科研计划的欧洲研究理事会成立于2007年，是欧盟基础研究的主要资助机构之一。该机构不预先设定优先领域，而是采取"自下而上"的方式募集研究方案，为卓越项目提供长期经费资助。申请者不限国籍，只要在欧盟境内有依托单位或能够到欧洲开展研究工作即可。

"地平线2020"科研规划于2014年1月31日在英国正式启动，是框架计划的延续。为了突出科技创新的重要地位，这一新的规划并不叫"第八个科研框架计划"，而叫"地平线2020"，其原因一是规划囊括了包括框架计划在内的所有欧盟层次重大科研项目，二是时间上到2020年结束。"地平线2020"科研规划几乎囊括了欧盟所有科研项目，分基础研究、应用技术和应对人类面临的共同挑战三大部分，其主要目的是整合欧盟各国的科研资源，提高科研效率，促进科技创新，推动经济增长和增加就业。该规划还包括向"战略创新议程"项目投资28亿欧元，为中小企业创新投资25亿欧元。欧盟先前的科研计划往往把大笔资金投入医疗、气候变化、环境保护、能源、安全和交通等具有关键社会需求的领域，而"地平线2020"则更为强调基础科学的

---

❶ 李恩璞. 国外发达国家产学研协同创新的主要模式及启示［J］. 天津科技，2022，49（1）：11-14.

研究。在此计划期间，超过 15 万名参与者——包括研究机构、公司和科学家个人——总共获得了近 600 亿欧元（735 亿美元）的研究资金。到 2020 年 12 月完成的项目产生了近 10 万份同行评审出版物和约 2500 份专利申请和商标。研究经费的分配存在显著的地区差异。其中，欧盟三大经济体获得了近 40% 的资金：德国、法国和英国的研究人员总共获得了超过 220 亿欧元的资金。一些相对较小的国家也从中受益。瑞典、丹麦和芬兰总共只占欧盟总人口的 4% 多，总共获得了超过 48 亿欧元的资金，约占总数的 8%。

"地平线欧洲"计划是欧盟 2021 年开始实施的第九期科研框架计划，为期 7 年，总投资额约为 1000 亿欧元——其中 54 亿欧元为新冠肺炎疫情复苏基金，将惠及欧盟 27 个成员国和其他 10 多个国家的上万名科研人员，以及一些致力于应对人类健康、气候变化和数字革命等重大社会挑战的国际合作组织。分析认为，这是欧盟迄今为止"最雄心勃勃的研究和创新计划"。与第八期相比，新一期计划投入资金增加了 25%，重点资助气候变化、癌症、海洋和其他水体、智慧城市、土壤和粮食等基础研究领域。2021—2027 年，欧盟基础研究的主要资助机构欧洲研究理事会（ERC）将为研究人员提供 160 亿欧元的资助，比此前的"地平线 2020"项目多 20% 以上。此外，包括以色列、瑞士和英国等与"地平线欧洲"计划有联系的非欧盟国家预计将提供另外 40 亿欧元左右的资助。尽管英国已经于 2021 年初退出欧盟，但该国科学家、研究机构和公司可以参与"地平线欧洲"项目。

"地平线欧洲"计划的主要目标对于提高欧盟在产业、学术和科技研发方面的竞争优势，强化欧洲在国际竞争中的有利地位具有重要意义，该计划在诸多方面也值得我们学习借鉴。❶

1.2.5 中国

1. "集中力量办大事"的举国体制

科技创新举国体制是依托社会主义制度优势，发挥政府集中决策和主导推动作用，面向国家重大科技创新任务需求，动员国家战略科技力量和稀缺资源向目标领域配置，并开展组织化协同攻关的一种制度安排。同时，也是中国实施重大科技和工程创新的重要组织方式。西方发达国家也普遍采取类似做法组织实施大型科技和工程创新项目。

---

❶ 刘文云，刘莉. 欧盟开放科学实践体系分析及启示 [J]. 图书情报工作，2020，64（7）：136-144.

当前，新一轮科技革命和产业变革对关键核心技术攻坚战的组织方式提出新挑战，从创新的方向和周期角度看，创新重点将更加突出不确定性，更加突出经济社会和全球挑战的紧迫性要求。从创新的风险概率和成本角度看，风险概率和创新成本日渐提高。任何创新都绝不是单一主体可以胜任的，很难靠单打独斗取得突破，科学的组织化程度需要进一步加强，可以说，关键核心技术攻坚告别了"个人英雄时代"，关键核心技术攻坚越来越取决于产业链生态系统的完整性和开放性。

中华人民共和国成立之初，我国科学技术发展面临内外交困的局面。国家经济基础薄弱，科技水平低下，并且受到西方资本主义强国的全面打压和技术封锁，国防能力亟待加强，百废待兴。在这种"一穷二白"的情况下，党中央和国务院提出"优先保证工业和国防工业的基本建设"的战略目标，制定了"重点发展，迎头赶上"的科学事业发展方针，动员和组织全国科学技术力量对国民经济发展需要的重要科学技术任务开展集中攻关，从而探索出科技创新举国体制的中国模式，并在理论研究和应用方面取得了一批具有世界先进水平的创造性成就。改革开放以来，中国科技发展的战略方向转向经济建设，制定了"科学技术要面向经济建设，经济建设要依靠科学技术"的科技发展战略方针。为落实这一方针，国家聚焦制约经济社会发展的重大科学技术问题并集中攻关，初步形成适应社会主义市场经济要求的科技创新体系。❶

改革开放以来，我国在"863"计划、高速铁路、大飞机、超级计算、北斗卫星导航、国产航母、探月工程等重大科技创新中，举国体制不断融入市场、开放等时代元素，实现了新的发展。习近平总书记指出，我国社会主义制度能够集中力量办大事是我们过去取得重大科技创新的法宝，今天我们推进科技创新跨越也要依靠这一法宝。

党的十九届四中全会通过的《中共中央关于坚持和完善中国特色社会主义制度、推进国家治理体系和治理能力现代化若干重大问题的决定》提出，要"加快建设创新型国家，强化国家战略科技力量，构建社会主义市场经济条件下关键核心技术攻关新型举国体制"。十九届五中全会从打好关键核心技术攻坚战和提高创新链整体效能两方面，对健全科技创新新型举国体制进一步进行了部署。党的领导是维护我国科技安全和战略主动的最大优势和根本保证。已故钱学森先生提出组织管理的系统工程思想和总体设计部构想，为

❶ 刘戒骄，方莹莹，王文娜. 科技创新新型举国体制：实践逻辑与关键要义 [J]. 北京工业大学学报（社会科学版），2021，21（5）：89-101.

构建"卡脖子"技术联合攻关的新型举国体制，加快实现顶层设计和战略驱动下自主、协同、开放创新的系统性整合与有机统一提供了重要启示。

从国际科技发展历史进程来看，举国体制的管理框架也同样广泛存在于发达国家的重大科技项目的攻关过程之中。欧美等发达国家和经济体在重大科技攻关组织管理方式上，建立了需求和应用导向的科技创新体制，政府作用主要聚焦于整合创新资源、降低新技术商业化成本和风险、弥合实验室技术与市场商业化应用之间的鸿沟等方面。

2. 以"央企+民企"为主导的双轮驱动创新

（1）充分发挥央企国家队主力军作用

不论是在计划经济时期，还是社会主义市场经济时期，中央企业都是政府有效参与经济建设与治理的重要组织载体，是新时代推动国家治理体系与治理能力现代化的重要微观主体。与发达国家相比，中国特色社会主义市场经济制度的一个突出特点是中央企业、国有企业在整个市场组织中占有较大比重、居于特殊地位，在许多战略性行业以及关系国计民生的重要产业中扮演着龙头企业的重要角色。中央企业作为有效参与科技治理的微观主体，主要体现在中央企业既是具有经济属性的市场组织，又是兼具社会公共属性、承担社会责任的"社会公器"。就经济属性而言，一些中央企业在市场逻辑的驱动下需要承担社会主义市场经济建设中的经济赶超使命，以微观企业层面的高质量发展实现创新引领，带动相关产业乃至整个宏观创新体系的高质量发展。就社会公共属性而言，主要体现为在特殊的国际形势、特定的历史阶段与特定的公共战略导向下，中央企业需要承担契合国家战略性、安全性、民生性的重要产业发展的重大公共创新使命与社会责任。

中央企业比一般性的民营企业更具创新的资源基础，具有集中力量办大事的优势，能够承担长周期的探索性创新，尤其是对于具有较大国家安全战略意义的关键性国家竞争产业（如国防产业、关系国家安全的战略性产业），需要中央企业承担公共创新的内生使命，比如在我国高铁、大飞机、航天航空、核工业等具有重要国家战略意义的产业技术中，中央企业具有一般民营企业不具备的聚集创新资源的优势，以及人才优势和组织优势，能够集中力量实现重大创新突破。产业共性技术具有典型的公共产品与公共技术特征，理应成为国家公共使命主导下国有企业公共创新的重要方向。基础性共用性技术创新的状况决定了国家整体的产业技术水平和技术创新的未来前景，培育世界一流企业需要以一流国有企业的共性技术创新能力作为产业共性技术创新与颠覆性技术涌现的底层支撑。在当前处于百年未有之大变局的时代背景下，就"卡脖子"技术突破与科技治理体系建设而言，依然需要中央企业基于特殊的使命定位承担关键性、战略性、基础性的共性技术研究，并承担起优化科技创新生态系统等科技治理意义上的社会责任。

（2）充分调动民企生力军的作用

非公有制经济是我国社会主义市场经济的重要组成部分，是推动经济持续健康发展的重要力量。党的十九届六中全会通过的《中共中央关于党的百年奋斗重大成就和历史经验的决议》，再次重申了"党毫不动摇巩固和发展公有制经济，毫不动摇鼓励、支持、引导非公有制经济发展"，并提出"党坚持实施创新驱动发展战略，把科技自立自强作为国家发展的战略支撑"。非公有制企业是集聚科技创新要素的重要载体，必须进一步加大政策支持力度，优化创新发展环境，激发非公有制企业创新动力❶。

面向"卡脖子"技术的突破也离不开民营企业。民营企业独特的企业家精神在面向颠覆性技术创新时具备独特的组织优势与动态能力优势。2016年国务院印发的《"十三五"国家科技创新规划》对颠覆性技术进行了长远布局，提出了发展引领产业变革的颠覆性技术的五大重点方向，即以移动互联、量子信息、人工智能为核心构成的新一代数字信息技术，以增材制造、物联网装备、智能机器人为核心构成的智能装备技术，以基因编辑、干细胞、合成生物、再生医学为核心构成的新一代生命科学技术，以氢能、燃料电池为核心构成的新一代能源技术以及以纳米、碳基新材料、石墨烯为核心构成的新材料技术。要在五大引领未来产业发展的重点方向上，加速颠覆性技术创新，并高度重视民营企业中的"独角兽"的重要作用，发挥民营企业在面向未来产业的颠覆性核心技术创新过程中的主导作用，基于市场导向型的创新创业企业家精神来驱动未来产业的技术迭代升级。

在围绕"卡脖子"技术的联合攻关体系中，应以混合所有制改革为契机深入支持民企广泛参与央企、重点高校与科研院所等牵头的关键核心技术联合攻关项目。在部分具备商业化前景的关键领域，大力实施军民融合战略，以项目制的形式推动形成军工央企主导、民营企业参与等融通创新的新模式，组建面向"国有企业+大中小民营企业"的创新联合体，形成面向"卡脖子"技术的强协同与弱耦合的创新生态圈，最终实现国有企业和民营企业之间的

---

❶ 陈劲，阳镇，朱子钦. "十四五"时期"卡脖子"技术的破解：识别框架、战略转向与突破路径 [J]. 改革，2020（12）：5-15.

产业链、创新链、价值链的分工协作体系，建构面向多类创新主体、创新要素与创新机制协同耦合的创新共同体。

3. 聚天下英才而用之

1949 年中华人民共和国成立之初，全国科技人员不超过 5 万人，其中专门从事科研工作的人员仅 600 余人，专门科学研究机构仅有 30 多个，科研设备严重缺乏，基础设施落后，部分科学家流落海外，现代科学技术几乎一片空白。为了尽快吸引留学生回国建设新中国，1949 年 12 月初，"办理留学生回国事务委员会"成立，紧接着周恩来总理代表党中央和人民政府邀请海外留学生回国参加新中国建设，这一战略决策对中国后续取得一系列重大科技创新成果起到了决定性作用。钱学森、华罗庚、朱光亚等一大批日后在各领域做出彪炳史册贡献的伟大科学家破除一切阻碍陆续回到祖国。到 1957 年，归国的海外学者已经达到 3000 多人，占新中国成立前全部海外留学生和学者的一半以上，他们中大多数人成为新中国各个领域科学技术发展的奠基人或开拓者❶。

1.3 关键核心技术可行攻关方法梳理

通过 1.2 节的分析，我们进一步对其进行归纳总结，认为关键核心技术问题攻关可以从 4 个角度入手，本节对关键核心技术问题攻关思路进行梳理。

1.3.1 宏观产业政策引导

现代科学技术的创新，往往涉及多个学科和不同领域，靠单个部门、单个主体实现重大技术突破比较困难，必须通过政府组织和领导，优化统筹集中协调配置资源，把"卡脖子"的清单变成科研任务清单进行布局，在关键核心技术上实现突破。面对关键核心技术自主可控与自主创新能力的突破问题，需要构建新型举国体制，将我国有限的经济社会资源面向关系国家安全与国计民生的重要产业的关键核心技术突破与"卡脖子"技术突破等领域进行充分优化配置，制定相应政策，不断创新体制机制及重大科技专项项目的治理。

识别核心技术是技术创新的前提和基础，首先要利用相关数据信息，聚焦关键性产业创新和产业技术竞争力的形成规律，以全球开放视野分析战略

---

❶ 刘建丽. 百年来中国共产党领导科技攻关的组织模式演化及其制度逻辑 [J]. 经济与管理研究，2021，42（10）：3-16.

性技术研发和知识扩散的特性，研究战略技术主航道和全球产业链结构的演变规律，研判关键性领域我国真实技术能力水平和对外技术依赖度，分析识别产业核心技术新的"变革临界点"和"突破切入点"。从而以系统谋划、分步推进、培育提升、宣传推广的基本思路着力实现关键核心技术的突破与运用。以重大战略性创新工程为抓手，以新型研发机构（国家实验室、国家科技创新中心）为组织载体，引入市场竞争机制，以新型举国体制调动各级政府、全社会、全行业与微观市场组织集中攻关，突破关键核心技术受制于人以及"卡脖子"问题，以新的体制机制实现新型举国体制下各类创新主体的激活效应，实现重大原创性科技成果从 0 到 1 的不断涌现，为当前供应链、产业链与创新链的安全性、引领性、协同性、颠覆性与原创性提供制度支撑与机制支持。

面向国家重大战略需求，全面提升攻坚创新体系的活力和效力，需要高度重视前瞻性的战略研究，进行针对性的创新机制设计，动态优化产学研创新单元的战略布局和协同，完善重大项目知识产权共享分配规则；通过政策设计建立攻坚创新命运共同体，构建充满活力和效力的核心技术攻坚创新体系。

1.3.2 创新主体协同合作

我国要攻克"老大难"核心技术短板的壁垒，在组织体系方面，仍然有很多挑战。例如：创新体系的各研究单元如何面向国家战略任务，形成明确的实质性整合集成机制；如何提升跨单位团队二次有效组合；如何实现跨研究单元合作成果认定、人员考核和激励机制；如何避免重复投入、简单拼凑和碎片化成果堆砌。这需要我们重构有利于"关键核心技术突破"的组织模式和治理机制，形成攻克关键核心技术的强大合力。核心技术的攻坚克难需要形成可持续组织模式，需要重新思考创新体系各个单元的战略定位互补，推动源头性基础研究和前瞻性应用研究的深度契合。推动国家科研机构、研究型高校与创新企业进行面向攻克战略性技术瓶颈的协同攻关，重点培育一批核心技术能力突出、集成创新能力强的创新型领军企业，推动产业链、创新链上下游环节互动合作，在战略性领域的全球技术体系演进中形成有效卡位和及时补位。特别要重视建立高水平试验测试平台，将关键技术突破、样品规模商用和产业生态培育紧密结合，重视提高核心产品与技术的稳定性和可靠性，不断驱动关键核心技术的商用突破进展。在推进过程中，要准确了解各研究单位的研发方向、研发实力和研发成果，进而有效筛选甄别，组织分工和资源整合。

基础性共用性技术创新的状况决定了国家整体的产业技术水平和技术创新的未来前景，培育世界一流企业需要以一流国有企业的共性技术创新能力作为产业共性技术创新与颠覆性技术涌现的底层支撑，需要以中央企业作为共性技术研发与应用创新的主力军，发挥独特的资源集聚优势与基于使命驱动的创新范式进行集体攻关突破。同时，民营企业独特的企业家精神在面向颠覆性技术创新时具备独特的组织优势与动态能力优势，也需要发挥民营企业在面向未来产业的颠覆性核心技术创新过程中的主导作用，基于市场导向型的创新创业企业家精神来驱动未来产业的技术迭代升级。

结合大企业大集团、行业骨干企业、高成长企业、各类示范企业以及"专精特新"企业等各类优势企业培育工作，利用专利信息，遴选并着力培育一批行业地位突出、技术领先、发展潜力大、符合产业导向的企业。

核心技术作为人类最顶端的知识，并非闭门造车所能获得的。掌握核心技术，必须强调合作，协同创新，共同进化。推进产业链上下游协作配套，形成优势产业集聚，加强共性关键技术攻关。促进产学研深度融合，吸引高校、科研院所参与协同创新，突破创新主体间的壁垒，充分释放各主体间"人才、资本、信息、技术"等创新要素的活力，有效汇聚创新资源，从而实现深度合作。同时，引导企业积极参与国际合作与竞争，通过走出去、引进来，实现技术的消化吸收和再创新。

1.3.3　人才体系建立完善

核心技术的攻破，首先要靠人才来支撑。需要我国在人才引入、人才激励和人才发展平台等方面建立体系化长效机制，努力将攻克国家战略"瓶颈"、国际科技前沿"难点"和产业商用需求"痛点"紧密结合，在创新实践中锤炼培养一支核心技术突破的领军人才队伍。一方面，针对核心关键技术突破的高投入、长期性和知识缄默性等特点，需要我们结合技术创新突破的不同阶段建立科学价值、经济价值和社会价值等相结合的多元科技绩效评估机制。要进一步采取针对性政策，让甘于坐冷板凳、潜心关键领域核心技术研究的攻坚科研人员能够获得稳定的预期和支持，建立适应核心技术攻坚的人事制度、薪酬制度。另一方面，要以开阔视野引进全球核心技术领域人才，在更大范围、更广领域、更高层次上吸引包括非华裔在内的全球高端科技人才，以一流研究平台和领军人才吸引更多全球优秀人才，形成具有核心攻坚能力的研究团队群千帆竞发之势。

1.3.4　技术研发攻关突破

要实现突破，需要通过各种手段，提供全过程的技术支撑和信息支撑，降低技术成果研发、生产、运维及实施成本，实现创新投入的"价值最大化"，促进技术创新能力的提升。

1. 监测前沿的科技动向与趋势，进行技术积累

后发国家与企业在攻关初期往往面临初始技术条件劣势与资本劣势的问题，在实现技术积累与进步的目标导向下，会以借助比较优势和后发优势嵌入全球产业链与价值链的形式获取发展机会，主要路径包括技术代工积累与技术引进吸收两种。❶

技术代工是在经济全球化背景下进入国际分工体系、加速产业经济发展的主要方式，也是获取先进技术知识和加快技术进步的重要渠道。技术代工积累型关键核心技术国产替代是指遵循"OEM—ODM—OBM"逆向产品生命周期的路径导向，以加工贸易和代工生产为起点，通过技术积累与迭代提高技术能力并实现核心技术国产替代的过程。这一路径以发挥比较优势、嵌入全球产业链为着力点，强调利用跨国公司长期合作过程中的知识溢出效应获取国际先进技术知识，结合能力提升、规模扩张以及上下游延伸等策略增强在跨国公司主导价值链中的话语权，突破发达国家构筑的先进技术壁垒❷，加速国产技术进步与替代应用。例如，比亚迪在电池代工过程中积累了大量技术知识与能力，为打破跨国企业垄断和实现自主品牌的跨越式发展奠定了坚实基础。技术代工积累型路径主要适用于劳动密集型行业的先进技术。该路径能有效克服后发企业的初始技术劣势，并带来先进技术转移与知识溢出，推动后发国家与企业的技术迭代升级。但由于发达国家跨国企业与代工企业间存在着不对称的能力结构与技术地位，代工企业面临着战略俘获、能力隔离和价值链低端锁定的风险。因此，这一路径要求企业建立多元化技术搜寻渠道和双元学习机制，加强知识溢出效应的利用与技术能力积累，加速国产替代并实现"与狼共舞"。

---

❶ 王昶，何琪，耿红军，等. 关键核心技术国产替代的逻辑、驱动因素与实现路径 [J]. 经济学家，2022（3）：99-108.

❷ 尚涛，郑良海. 国际代工生产中的技术转移、技术积累与产业链升级研究 [J]. 经济学家，2013（7）：62-68.

技术引进是弥补国内技术短板、完善本土产业创新体系的重要手段，也是缩小技术差距和加快国产替代进程的战略选择之一❶。技术引进吸收型关键核心技术国产替代是指遵循"引进—消化—提高"三阶段模型的路径导向，以技术引进为起点，通过消化吸收与逆向工程提升技术能力并实现核心技术国产替代的过程。这一路径以发挥后发优势、嵌入全球价值链为着力点，强调利用技术学习机制提高技术能力与整体创新水平，加快从外围技术向核心技术的突破，推动技术的自主可控与国产替代进程❷。在该路径中，企业可以采用干中学、用中学与研究开发中学动态结合的方式不断积累先进技术知识，降低核心技术研发风险与高不确定性❸，也可以在消化吸收的基础上进行适应性改进，获得更符合国内市场需求、性价比更高、可靠性更强的技术，凭借技术相对优势提高国产化率。以高铁的路基技术为例，由于引进的路基技术难以适应中国复杂的地质与气候条件，国内企业加大对引进技术的适应性改造，在降低技术成本的同时形成了独特的竞争优势，加快了核心技术国产替代进程，并推动了产业链的中高端跃迁❹。

2. 总结吸收已有的技术成果，追赶世界先进水平

国家及企业在积累了一定的技术知识与资本后，面临低端锁定的问题，其核心目标是实现价值链攀升，因此通常会借助资本优势与大规模市场优势实现技术能力升级，主要路径包括技术跨国并购。跨国并购是获取先进技术资源、重构能力基础的重要手段，也是后发国家快速完成国产替代、实现技术追赶的国际化跳板。技术跨国并购型关键核心技术国产替代是指遵循"联接—杠杆化利用—学习"LLL模型的路径导向，以技术跨国并购为起点，通过所有权变更、技术融合与迁移等方式弥补自身核心技术空白与短板，进而实现核心技术国产替代的过程。这一路径以嵌入全球研发网络、获取成熟跨国公司的核心技术资源为着力点，强调充分发挥技术并购的战略杠杆作用，在互补资源整合、知识逆向转移和核心技术融合的基础上构建可持续的核心

---

❶ 汤萱. 技术引进影响自主创新的机理及实证研究——基于中国制造业面板数据的实证检验 [J]. 中国软科学，2016（5）：119-132.

❷ 程磊. 新中国70年科技创新发展：从技术模仿到自主创新 [J]. 宏观质量研究，2019，7（3）：17-37.

❸ MAJIDPOUR M. Technological catch-up in complex product systems [J]. Journal of engineering and technology management, 2016（41）：92-105.

❹ 程鹏，柳卸林，陈傲，等. 基础研究与中国产业技术追赶——以高铁产业为案例 [J]. 管理评论，2011，23（12）：46-55.

技术能力❶，加速技术的跨越发展与国产替代。例如，吉利汽车在并购过程中利用技术融合弥补了自身在变速器技术上的短板，打破了国外企业对变速器核心技术的垄断，实现了该技术的自主可控与国产替代❷。技术跨国并购型路径主要适用于技术密集型行业的核心技术。该路径能有效克服技术与市场双重劣势，跨国企业的关键技术溢出与网络协作也有助于形成本土的核心技术开发能力❸，加速实现对核心技术的国产替代。但这一路径可能面临并购整合失效、再创新动力不足与战略短视等风险，因此要求企业具备一定的国际化资本实力和技术能力基础，且坚持以弥补关键核心技术缺口为并购目标，不断提高资源整合效率❹。

3. 促进成果转化，自主创新驱动

技术封锁是后发国家与企业在跨越期常面临的核心挑战，而自主创新作为后发国家打破技术封锁、把握发展主动权和形成先发优势的重要战略行动，是该时期实现关键核心技术国产替代的主要路径。自主创新驱动型关键核心技术国产替代是指遵循技术颠覆式创新的路径导向，以自主创新为起点，通过持续的研发投入、技术探索与迭代实现创新能力积累与技术知识集聚，通过创新商业化获取发展主动权和竞争优势，为技术自主化开辟新道路并完成核心技术国产替代的过程❺。这一路径以本土技术优势和机会窗口为着力点，强调"以我为主"整合外部技术创新资源和建立自主创新网络，立足自身创新优势对"卡脖子"的核心技术进行重点突破与替代，推动创新价值链重构与攀升。例如，膜生物反应器技术领先企业碧水源通过自主创新攻克了污水处理膜技术难题，并主导制定了行业标准，实现了国产替代与技术赶超，引

---

❶ LEE K, LIM C. Technological regimes, catching-up and leapfrogging: findings from the Korean industries [J]. Research Policy, 2001, 30 (3): 459-483.

❷ 吴先明，苏志文. 将跨国并购作为技术追赶的杠杆：动态能力视角 [J]. 管理世界, 2014 (4): 146-164.

❸ SARANGA H, SCHOTTER A P J, MUDAMBI R. The double helix effect: Catch-up and local-foreign co-evolution in the Indian and Chinese automotive industries [J]. International Business Review, 2019, 28 (5): 101495.

❹ 吴先明，苏志文. 将跨国并购作为技术追赶的杠杆：动态能力视角 [J]. 管理世界, 2014 (4): 146-164.

❺ TALLMAN S, JENKINS M, HENRY N, et al. Knowledge, clusters, and competitive advantage [J]. Academy of Management Review, 2004, 29 (2): 258-271.

领了膜生物反应器技术创新的前沿❶。自主创新型路径适用于技术或知识密集型产业的核心技术。该路径有助于加快实现"卡脖子"技术、关键核心技术与前沿技术的创新突破与国产替代，但由于核心技术复杂性高、创新投入大、创新周期长等问题，可能面临较大的机会成本和失败风险❷。因此要求后发国家具备一定的自主创新能力和完善的创新链，并建立国产替代的全周期管理流程与产业合作生态，通过企业、高校、科研院所、中介机构等多方主体的良性耦合与协同互助打破资源配置与技术管理边界❸，实现核心技术的重要突破与快速替代应用。

❶ YAP X S, TRUFFER B. Shaping selection environments for industrial catch-up and sustainability transitions: A systemic perspective on endogenizing windows of opportunity [J]. Research Policy, 2019, 48 (4): 1030-1047.

❷ 汤萱. 技术引进影响自主创新的机理及实证研究——基于中国制造业面板数据的实证检验 [J]. 中国软科学, 2016 (5): 119-132.

❸ 吕铁, 贺俊. 政府干预何以有效: 对中国高铁技术赶超的调查研究 [J]. 管理世界, 2019, 35 (9): 152-163, 197.

第二章　专利信息分析与运用

2.1　专利及专利信息概述

2.1.1　专利的由来和特点

patent（专利）一词来源于拉丁语 litterae patentes，意为公开的信件或公共文献，是中世纪的君主用来颁布某种特权的证明。对于"专利"这一概念，较为被人们所接受的定义是：专利是专利权的简称。"专利权"是指国务院专利行政部门对提出专利申请的发明创造依法审查合格后，向专利申请人授予的、在规定的时间内，对该项发明创造享有的专有权。在我国，专利权有 3 种类型，即发明、实用新型和外观设计。

专利权具有 3 个显著特点：

1. 垄断性

垄断性也称为专有性或者独占性。为切实保障专利权人的利益，《专利法》第十一条规定："发明和实用新型专利权被授予后，除本法另有规定的以外，任何单位或者个人未经专利权人许可，都不得实施其专利，即不得为生产经营目的制造、使用、许诺销售、销售、进口其专利产品，或者使用其专利方法以及使用、许诺销售、销售、进口依照该专利方法直接获得的产品。外观设计专利权被授予后，任何单位或者个人未经专利权人许可，都不得实施其专利，即不得为生产经营目的制造、许诺销售、销售、进口其外观设计专利产品。"《专利法》第十二条规定："任何单位或者个人实施他人专利的，应当与专利权人订立实施许可合同，向专利权人支付专利使用费，被许可人无权允许合同规定以外的任何单位或者个人实施该专利。"可见，如果某项发明已被授予专利，在该专利的有效期限内，任何人不能擅自对其进行实施行为。

《专利法》第六十五条规定："未经专利权人许可，实施其专利，即侵犯其专利权，引起纠纷的，由当事人协商解决；不愿协商或者协商不成的，专利权人或者利害关系人可以向人民法院起诉，也可以请求管理专利工作的部门处理。管理专利工作的部门处理时，认定侵权行为成立的，可以责令侵权人立即停止侵权行为，当事人不服的，可以自收到处理通知之日起十五日内依照《中华人民共和国行政诉讼法》向人民法院起诉；侵权人期满不起诉又不停止侵权行为的，管理专利工作的部门可以申请人民法院强制执行。进行处理的管理专利工作的部门应当事人的请求，可以就侵犯专利权的赔偿数额进行调解；调解不成的，当事人可以依照《中华人民共和国民事诉讼法》向人民法院起诉。"可见，专利权人对其受专利法保护的创造享有垄断实施权。在没有法定事由发生时，专利权人有权许可或者禁止他人使用其获得的专利权，任何未经专利权人许可而擅自实施受专利法保护的发明创造的行为都属于侵权行为，将受到法律的制裁。

2. 地域性

地域性也称独立原则。它是指任何国家授予的专利权，只能在该国的地域范围或主权管辖地内有效，而对其他国家不发生效力。除非一个国家与他国签订相互进行保护的相关协议，不能理所当然地在他国产生法律效力。不同国家的法律所授予的专利权是相互独立的，不受其他国家的限制，这也是符合各国主权独立原则的前提，因此地域性是对专利权的一种空间限制。

3. 时间性

时间性也称期限性。基于社会公众利益考虑，专利权不可能永久地被垄断或者独占，这样不利于社会的发展以及科学技术的进步，因此专利权具有一定的法律期限。在法定的保护期内，专利权人的专有实施权受法律保障。一旦专利保护期届满，该专利技术便进入社会公众领域，成为现有技术，社会公众均可以实施该项技术，至此原来拥有的专利权自届满日起失效，不再受到法律保护。《专利法》第四十二条规定："发明专利权的期限为二十年，实用新型专利权的期限为十年，外观设计专利权的期限为十五年，均自申请之日起计算。"

2.1.2 专利文献和专利信息

专利文献是承载专利的载体。早在 1611 年，英国人斯特蒂文特自愿在专利申请书中附了一份描述其发明的文件，这是专利文献的雏形。1617 年英国颁布了第 1 号专利说明书。1985 年 4 月 1 日实施新中国第一部专利法《中华人民共和国专利法》后，我国的第一份专利文献是实用新型专利申请说明书。

专利文献主要是指各工业产权局（包括专利局、知识产权局及相关国际或地区组织）在受理、审批、注册专利过程中产生的，记述发明创造技术及权利等内容的官方文件及其出版物的总称。公开出版物包括专利单行本、专利公报以及其他的电子出版物。

专利文献具有数量巨大、定期连续公布，内容广博、覆盖各个技术领域，内容详尽、集多种信息于一体形式，统一规范、便于检索分析等特点。

专利文献包含如下 3 种信息：

1. 专利文献可以传播技术信息

《专利法》第一条规定："为了保护专利权人的合法权益，鼓励发明创造，推动发明创造的应用，提高创新能力，促进科学技术进步和经济社会发展，制定本法。"《专利法》第二条规定："本法所称的发明创造是指发明、实用新型和外观设计。发明，是指对产品、方法或者其改进所提出的新的技术方案。实用新型，是指对产品的形状、构造或者其结合所提出的适于实用的新的技术方案。"可见，专利文献能够提供技术参考，启迪创新思路，还可以避免重复研究。

2. 专利文献可以传播法律信息

《专利法》第六十四条规定："发明或者实用新型专利权的保护范围以其权利要求的内容为准，说明书及附图可以用于解释权利要求的内容。"一件专利申请获得授权之后，其专利权的保护范围以专利文献中的权利要求书内容为准，同时专利文献中的说明书及附图可以起到解释的作用。可见，专利文献可以警示竞争对手，防止侵权纠纷。

此外，专利申请的授权、授权后的无效以及权利的转让等信息也会刊登在专利文献，例如专利公报中，以将专利文献的这些法律状态向社会公众作公示。

3. 专利文献可以提供竞争情报

专利文献中包括各类著录项目。专利文献著录项目是表示各种专利信息特征的项目，著录项目通常用 INID 码 ［Internationally agreed Numbers for the Identification of (bibliographic) Data］来表示，其遵循《ST. 9 关于专利及补充保护证书的著录项目数据的建议》国际标准。发明和实用新型的著录项目主要包括申请人、申请日、发明人、IPC（International Patent Classification，国际专利分类）号所表征的技术主题等内容。对专利文献著录项目进行统计分析，可以使得这些信息具有纵览全局以及预测未来的功能；进一步通过对著录项目以及专利文献本身开展专利分析，可以将上述信息上升为企业经营活动中有价值的情报信息。可见，通过专利文献，可以了解竞争对手，掌握市场动态，预测技术发展趋势。

2.2 专利信息分析方法

专利信息分析是对已经公开的专利文献加以检索，并对检索结果进行清洗筛选，再对专利文献中包括说明书、权利要求书等在内的专利单行本、专利公报中大量零碎的专利信息，如申请人、申请日、国别、技术领域等相关著录项目数据进行提炼、分析、组合、加工，并利用统计学方法和图标展示等技巧使这些信息汇总转化为具有纵览全局、重点突出的附带预测功能的竞争信息，为企业的技术发展、产品定位及服务提升中的决策提供一定的参考。

从分析对象的角度出发，专利信息分析可以分为：时间趋势分析、地域分布分析、申请主体分析、技术构成分析、法律状态分析、运营布局分析、技术功效分析、技术路线分析、重点专利分析以及多项组合分析等。下面对如上各个分析角度逐一详细进行介绍。❶❷

2.2.1 时间趋势分析

趋势与时间序列相关，是专利信息分析中非常重要的基础项目。时间趋势分析是指：对与时间序列相关的专利信息进行发展趋势的分析和研究。灵活运用时间趋势分析可以得到很多有用信息，并直接有助于后续其他分析项目的开展。

通过分析专利申请的逐年分布情况，可以从中看出相关技术总体发展历程的具体发展阶段和现今的发展态势。

1. 发展阶段分析

一项技术在理论上遵循技术引入期、技术发展期、技术成熟期和技术淘汰期4个阶段周期性变化。相对应地，一种专利技术的生命周期通常由萌芽、发展、成熟以及衰退4个阶段构成，参见表2-1。通过分析一种技术的专利申请数量及专利申请人数量的年度变化趋势，可以分析该技术处于生命周期的

---

❶ 杨铁军. 专利分析实务手册［M］. 北京：知识产权出版社，2012.

❷ 马天旗. 专利分析——方法、图表解读与情报挖掘［M］. 北京：知识产权出版社，2015.

何种阶段,进而可为研发、生产、投资等提供决策参考。

表 2-1 专利技术发展阶段

阶段	阶段名称	代表意义
第一阶段	技术萌芽	社会投入意愿低,专利申请数量与专利权人数量都很少
第二阶段	技术发展	产业技术有了一定突破或厂商对于市场价值有了认知,竞相投入发展,专利申请数量与专利权人数量呈现快速上升
第三阶段	技术成熟	厂商投资于研发的资源不再扩张,且其他厂商进入此市场意愿低,专利申请数量与专利权人数量逐渐减缓或趋于平稳
第四阶段	技术衰退	相关产业已过于成熟,或产业技术研发遇到瓶颈难以有新的突破,专利申请数量与专利权人数量呈现负增长

2. 未来发展预测

对专利信息的时间趋势进行分析,可以对其间蕴藏的技术发展水平以及相应的商业价值进行量化揭示,科学反映其发展趋势并且作出合理的预测和推断。

2.2.2 地域分布分析

专利信息中地域分为专利申请的来源地域和目标地域两种。地域分布分析是指:在专利分析样本中按照专利申请人(或权利人)专利优先权国家(表征来源地域)或一定区域(如国内省市代码等,表征目标地域)对专利量(申请量或授权量)进行统计和分析,以了解不同国家或地区对专利技术的拥有量情况,从而研判国家或地区间的技术实力。

专利信息的地域分布分析的对象还可以是与"技术"或"人物"相关的专利数据,也可以是技术、人物、专利类型、法律状态等组合的专利数据,如申请人与技术领域进行组合后,就可以分析某申请人在不同技术领域的专利数据。在对专利数据进行地域层面的归类之后,可通过制作图表来进行申请地域排序分析。需要说明的是,申请地域排序分析图表中的数据除了专利申请量,还可以是授权量、公开量、申请人数量、发明人数量等其他指标。

1. 技术来源分析

一般专利申请人会优先在自己本国申请专利,因此,优先权国在很大程度上反映了专利申请人的国籍;更进一步地,优先权国也反映了技术的来源区域分布情况。

2. 目标市场分析

专利的申请国包括了专利族中所有专利的国别，即反映出专利申请人对不同国家或地区的重视程度。专利申请在某个国家或地区的数量越多，表明其越关注该国家或地区，反映了专利申请人的市场布局战略。

2.2.3 申请主体分析

专利申请主体包括专利申请人（专利权人）以及专利发明人，对申请主体开展分析同样是产业行业分析的重要部分。

1. 申请人分析

通过对专利申请主体中的申请人（专利权人）进行分析，可以得知本产业中国际上领先的竞争者是谁，国内领先的竞争者是谁，相关中国专利的主动权是在外国专利权人手中，还是在中国专利权人手中，谁拥有代表未来发展的先进技术。

通过对申请人的统计、分析，可以了解该领域的重要申请人的情况，以及他们主要的研究发展趋势等。申请人排序的分析对象可以是"技术"或"地域"相关的专利数据，也可以是技术、人物、地域、专利类型、法律状态等相互组合的专利数据。申请人排序分析图表中的专利数据可以是专利申请量、授权量、公开量、发明人数量、引证次数等。对不同专利申请人的专利数量进行排名，可以发现处于行业重要地位的专利申请人，这些专利申请人相对具有较强的专利实力和技术实力，排名越前，表示其申请的专利数量越多、研发实力越强、研发速度越快、新专利产出效率越高。

2. 发明人分析

发明人排序的分析对象可以是"技术"或"人物"相关的专利数据，也可以是"技术""人物""地域"、专利类型、法律状态等相互组合的专利数据，如发明人与技术领域进行组合后，就可以分析某发明人在不同技术领域的专利数据。发明人排序分析图表中的数据可以是专利申请量、授权量、公开量、引证次数等。

发明人排序分析的内容主要为特征点分析，即分析发明人排序特点，并结合商业、技术、政策等其他信息分析特征点出现的原因。

此外，专利申请的发明人可以是一个人，也可以是一个团队。而专利申请人的研发团队是专利申请人实力的保障，研发团队的人员多而有效率，可大大提升专利申请人的专利申请数量和质量。因此，通过专利申请人与发明人的关系矩阵等可以考察其研发团队的水平。在一家公司中，可能会有不同的研发团队，这些团队的研发技术是有差别的，因此，我们可以通过发明人与专利的题目或文摘（体现了技术内容）进行聚类。通过聚类，可以发现某些发明人在技术上具有一定相通性，其被聚集在一个区；不同的技术就可形成多个技术密集区，也就构成了多个技术研发团队，通过对这些团队的专利技术进一步研读，也可以知晓不同的研发团队所在的技术专属领域。

此外，类同于申请人的技术分类趋势，申请人中的多个发明人也会存在相似的变化趋势。例如研发人员的数量增幅表示专利申请人技术力量由弱小到壮大的变化过程，反映出申请人的研发团队变化趋势，作为判断其研发队伍实力变化的条件之一。

3. 重点主体分析

仅仅分析申请主体的申请数量，有时候不足以说明其真正的技术实力。可以通过确定重点专利申请主体，例如重点申请人、重点专利权人、重点发明人、重点发明人团队等，来考察其真实的技术储备情况。例如可以结合专利申请同族专利申请数量、拥有的授权专利数量、拥有专利申请的被引证次数以及手工标引的特定分类，甚至是申请文件的撰写质量等指标来综合考量。

4. 合作关系分析

在对申请主体中的申请人统计分析方面，还有一类常见场景，即对申请人之间的合作关系的统计分析。针对多申请人合作申请的专利，可以进行申请人合作关系的探究。对于专利体系中这一独特现象的研究，有助于更清楚地认识专利体系的自身情况，了解产业间的合作群，发现自己的竞争对手和合作对象。

一般来说，同一领域的不同类型专利申请人可以成为合作伙伴，类似于产学研结合的思路；另一种是产业链的上下游专利申请人，能够很好地进行产品转移；而通过专利申请人分析都能展现出这些关系，因此，可以透析出合作对象。

2.2.4 技术构成分析

对技术构成进行分析，可以帮助产业决策者比较目前发展方向与国际趋势的异同，发现新的发展点和技术趋势。

1. IPC 分类分析

《国际专利分类表》（IPC）是根据 1971 年签订的《国际专利分类斯特拉

斯堡协定》编制的，是目前唯一国际通用的专利文献分类和检索工具，它包含专利技术信息，为世界各国所必备。通过对 IPC 进行统计研究，可以更好地对研发方向进行跟踪。

2. 人工标引分析

由于 IPC 分类号比较固定，在某些技术领域的适用性不强；加之 IPC 分类号的更新滞后于技术发展，为了得到更为准确的分类，需要对专利信息的技术构成进行人工标引分析。

2.2.5 法律状态分析

专利的生命周期伴随着不同的法律状态，包括专利申请状态、专利审批状态、专利授权状态以及专利无效状态等。在不同的法律状态下，专利的效力、实行专利效力的主体均有不同。专利的法律状态在产品引进、产品出口、技术转让、人才引进等方面都有重要的作用。

1. 有效状态分析

对专利申请在审批过程中的不同状态进行分析，包括在审、失效、授权等，可以得到专利的有效状态。

2. 法律诉讼分析

专利法律诉讼包括复审无效后的行政诉讼以及授权专利的侵权诉讼等。被提起无效宣告请求的专利权人一般是专利维权的主体，即同时涉及专利的侵权诉讼。通过法律诉讼分析可以了解市场中主要的竞争主体，掌握专利权人的市场影响力情况。

2.2.6 运营布局分析

专利运营是指专利申请主体，主要是企业申请人，为获得与保持其在市场上的竞争优势而运营专利制度所提供的专利保护手段，进而谋求最佳经济效益，形成企业战略布局的情况。

1. 专利布局分析

对特定申请主体的某项技术相关的专利作统计分析，可以得出该公司的专利布局情况。常见的专利布局模式有围墙式、主+卫星式、地毯式、包绕式、策略式、组合式等。

2. 转让许可分析

专利转让包括专利申请权转让和专利所有权转让。专利许可专利技术所有人或其授权人许可他人在一定期限、一定地区以一定方式实施其所拥有的专利。专利的转让和许可是专利实现其价值的重要表现。通过分析转让和许可情况，可以得到技术转化、技术应用以及成果转移趋势，一定程度上反映技术的运营和实施热度以及未来市场的应用前景。

3. 收购兼并分析

企业之间的收购兼并十分常见，尤其在技术竞争激烈的行业中，很多企业申请人会选择通过收购具有技术优势的其他公司或机构来实现业务范围的扩张或升级。企业收购兼并通常伴随以专利为代表的无形资产的权利转移。因此，从专利的角度对企业申请人的收购兼并行为进行分析，能够在一定程度上发现企业的技术发展战略及其专利策略。

企业收购兼并专利分析通常包括分析多个企业主体之间的关联关系或单一企业主体的收购兼并历史情况。企业收购兼并专利分析的主要图表形式有线性进程图和地铁图。

2.2.7 技术功效分析

专利技术功效分析将专利分解成技术手段和技术效果两个维度，制作成矩阵或图表，一般横轴代表一项技术，而纵轴代表技术效果。矩阵或图表中的单元可以是专利文献号、专利数量、表示专利数量的图示等。通过将一个领域内的专利集合制作成专利技术功效矩阵或地图，可以直观地掌握领域主要技术以及这些技术产生的效果，从而快速地了解领域技术现状、发现技术真空，对指导专利部署有着重要作用。

2.2.8 技术路线分析

专利技术路线图是基于专利文献信息分析描绘某技术领域主要技术的发展路径和关键技术节点，并绘制成图以便使用者查看使用的情报信息。技术路线信息可以从技术链的完整视野提供较为全面的决策信息，而技术路线图可以清晰直观地展现技术路线发展的路径和关键技术节点，具备良好的沟通功能。

2.2.9 重点专利分析

重点专利，又称为重要专利，是一个相对的概念，属于取得技术突破或重大改进的关键技术节点的专利，或是为行业重点关注的、涉及技术标准以及诉讼的专利。重点专利对于借鉴创新思路、启迪研发构思、修正产品方案、梳理技术发展路线、规避诉讼风险等具有重要意义。

重点专利的衡量指标包括专利内部衡量指标和专利外部衡量指标两类。专利内部衡量指标指通过专利文献的著录项目、专利文献具体内容或者通过大数据分析获得的专利各类自身特征指标，包括技术创新程度、权利要求数量、引用在先技术文献、专利被引用频次、专利同族申请、申请人信息、发明人信息、代理机构信息、专利审查以及法律状态信息、专利权维持时间、专利诉讼信息等。专利外部衡量指标指与专利各类外部事件相关的指标，包括技术生命曲线位置、行业标准相关性、竞争对手相关性、技术领导者相关性、产品供货及销售情况、专利实施情况、专利转让情况、专利许可情况、国家政策、政府支持等。

重点专利筛选方法包括人工筛选和模型筛选两种，其中人工筛选适合专利数量较少的情况，通过人工逐件阅读所有专利文献，之后通过人工标引，再根据分析目的筛选出所需要的重点专利；而模型筛选适合专利数量较大的情况，通过从所有重点专利的衡量指标中选择所需指标来建立筛选模型，再使用筛选模型筛选出准重要专利，根据需要再在准重要专利中结合人工筛选确定最终的重要专利。

对专利筛选后获得的重点专利进行分析，可以进一步得到重点专利的技术方案、主要发明点、重点研发团队、重点专利技术特点、专利布局、主要技术发展方向预测等信息。

在产品的研发初期，通过对重点专利的技术方案、主要发明点进行研读分析，可以提供给研发工程师规避现有专利保护范围的思路；同时还可以提供背景技术资料，以对其进行进一步的改进。对重点研发团队、重点专利技术特点进行统计分析，可以得到某申请人的专利布局特点，进而预测其未来主要技术发展、产品分布的方向。通过专利布局分析，可以得到申请人、专利权人以及对应的技术方案的分布情况，了解各专利权人技术方案的可替代性，以降低产品的专利侵权风险。

2.2.10　多项组合分析

对专利信息的时间趋势、地域分布、申请主体、技术构成、法律状态、运营布局、技术功效、技术路线以及重点专利进行组合分析，能够得到多维度、更为丰富的情报信息。多项组合分析包括两两维度组合分析以及更多维度的组合分析。通过专利信息的多项组合分析，可以获得更深入、更精准的分析结果。

比如：不同专利申请主体会在不同时间、不同国家与地区申请专利，从这些专利申请的区域分布情况可以发现专利申请主体进入某个国家或地区的时间、持续时间、关注市场的变化情况，从而考察其关注的重点区域及其市场战略、各市场的技术重点。再者，将专利申请主体、专利区域分布与技术构成三者相结合，可以发现专利申请人在不同国家或地区其技术类别的差别，发现哪几种技术在哪些国家或地区有着较多的专利申请量，表明这几种技术在这些国家或地区有着激烈的竞争或较大的市场，因此需要更多的专利投入和专利保护。地域分布分析还可以包括国家/地区间对比和国内省市间对比；确定领先的国家和区域，可以依据综合时间分析划分出的时间阶段，明确不同技术发展阶段各个国家地区所处位置，结合技术情况明确各自的优势点，进行国家间比较和国内省市间比较，为产业发展布局提出战略性建议。

综上，介绍完专利信息分析方法之后，再研究如何应用专利信息来助力关键核心技术的攻关突破。

2.3 专利信息在关键核心技术攻关中的运用

在本书第一章中介绍了关键核心技术的可行攻关方法包括 4 个方面：宏观产业政策引导、创新主体协同合作、人才体系建立完善以及技术研发攻关突破。专利信息在上述 4 个方面中均可以提供助力，给予支撑。

1. 专利信息助力宏观产业政策引导

专利信息分析是辅助政府部门、科研机构、高新企业进行专利战略布局和关键技术研发路线的有效分析手段之一。其通过对企业内部技术创新态势进行合理评估，从一定程度上掌握企业内外部技术创新状态与发展趋势，精确定位科技研发的重点投入方向，集中优势资源突破关键性问题，有助于为不同层面的科技经济发展战略的制定与部署提供科学依据，为提升自主创新能力、优化实施效果、增强竞争优势提供重要的方向引导与决策辅助。

识别核心技术是技术创新的前提和基础，通过对专利相关信息进行分析有助于快速准确地识别关键核心技术。

2. 专利信息助力创新主体协同合作

利用专利信息，可准确了解各研究单位的研发方向、研发实力和研发成果，进而有效筛选甄别，组织分工和资源整合。具体而言，专利信息能够在以下方面发挥作用：帮助建立分层分级、动态跟踪管理的关键核心技术科技攻关计划清单，遴选国内外研究机构和企业通过"揭榜挂帅"方式承担重大科技专项，辅助选择优势企业（产业技术研究院）牵头组建共性技术平台，推进关键零部件与整机产品的技术协同突破，确定有条件的企业承担国家工程实验室、国家重点实验室、国家工程（技术）研究中心、省实验室、省级重点企业研究院等建设任务等。

3.专利信息助力人才体系建立完善

专利信息承载着技术、法律、经济等多方面的情报，在人才体系的构建中，专利信息可以在人才培养、人才挖掘、人才评价以及人才引进等方面给予助力，为全方位培养人才、引进人才以及用好人才提供支撑。通过专利信息，我们还能够获知哪些技术方向缺乏人才，哪些科研院所具备相应人才培养能力，以及识别特定技术领域的领军人才、团队，从而能够提高人才的利用效率。

4.专利信息助力技术研发攻关突破

通过有效的专利信息分析手段，提供全过程的技术支撑和信息支撑，降低技术成果研发、生产、运维及实施成本，实现创新投入的"价值最大化"，促进技术创新能力的提升。

（1）专利信息分析监测世界最前沿的科技动向与趋势

纵观全球军工百强，如美国波音公司、欧洲空客集团、英国宇航系统公司等，无一不是利用专利进行情报和信息分析的高手。军工行业通过专利分析继承和利用前人的创新成果，巩固和保持自身的科技领先地位已不鲜见。以美国国防部高级研究计划局（DARPA）为例，作为一家以创新和研发前沿高端技术为主旨、面向基础前沿技术的研发投资和项目管理机构，通过对全球科技文献及知识产权进行深度挖掘分析，敏锐察觉出国际上最前沿的科学技术，全面掌握最新技术的发展动向，为美国国防部的技术投资及研发方向提供关键决策支持。DARPA通过长期持续地对目标研究领域的技术现状进行深入研究，逐渐形成以基础研究或技术发展为主轴，在此基础上不断与国家战略需求及军方作战需求对接，将技术以作战人员所需的数量和质量应用于军事系统，创造出高效的武器与保障系统，实现将新技术从实验室或研究环境成功应用于采办计划和作战人员的过程，为美国国防部远期军事技术发展过程中战略制定、决策保障、成果转化提供全过程的信息支撑，最终服务于美国政府及军方的国家创新体系。韩国 DRAM 研究团队在攻关核心关键技术的全过程都在进行技术动向调查，对某领域的技术水平、主要研究技术路线、核心研究团队、各国技术优劣势、未来应用等进行实时监测。项目立项前，国际技术动向调查是项目申请的重要材料，需重点阐述技术发展现状与立项必要性；项目实施过程中，实时监测国际技术最新进展，当外部环境与技术发生重大变化时，采用动态目标策略及时调整技术方向和路线以免重复研究或在错误路线上越走越远；结题阶段，同样针对国际技术动向进行调研，对项目成果进行鉴定，定标其在世界技术水平中所处的位置。

（2）专利信息帮助总结吸收已有的技术成果

利用专利技术信息可以实现对竞争对手研究信息的挖掘。例如，美国乔治亚理工学院的艾伦·波特（Alan Porter）教授采用"技术挖掘"方法，通过对专利信息等技术情报资源进行分析，开发出相应的分析和结果展示工具，以可视化的效果展示竞争对手的研究开发趋势、知识网络以及核心研发人员等因素的分析结果。通过这一分析，可以帮助企业在技术创新过程中明确与竞争对手的战略关系，制定恰当的竞争策略。专利分析还可以挖掘发现关键技术领域。Alan Porter 教授通过对专利信息的"技术挖掘"，展示某项技术涉及的重要专利和具体应用领域，以及在不同国家的部署情况等，可以为企业在全球范围内的技术创新战略提供支持。以国防重大工程载人航天空间站的空间站 GNC 系统、空间机械臂和在轨维修 3 项瓶颈技术的研制为例，在立项论证阶段，项目团队针对 3 个难题涉及的关键技术谱系，以主题词、专利分类号等要素为检索依据，对现有技术进行全面梳理和提炼，充分掌握技术领域的组成及扩张情况、不同技术领域间的关联、技术的应用扩展、技术研究热点与技术渗透，最终采用专用索引数据库检索中外专利文献 3 万余篇，形成代表该领域的技术成果全局状况初步文献数据库并建立分类索引，再经过由知识产权人员和技术人员组成的资深专家队伍的多轮筛选和集中讨论，最终锁定重点专利文献 3028 篇作为重点分析对象，同时结合载人航天空间站的工程应用实践，有重点、有层次地对现有成果发展状态进行持续动态跟踪，得出整体技术现状及发展趋势分析结论，破解了空间站部分关键技术研制难题。

（3）专利信息促进成果转化，持续助推技术攻关

核心技术研发投入巨大，单个国际集成电路巨头一年的新技术和新设备投入往往可以达到百亿美元之巨，而我国相关的一个国家科技重大创新专项

数年来研发资金投入也达数百亿元。关键核心技术难题的复杂程度高、探索周期长，例如一款核心发动机的研发周期往往达到 15～20 年。关键核心技术的商业化突破，需要构建包含上、中、下游研发伙伴协同合作的产业生态，面向商用来推动技术和产品持续市场化。一方面，关键核心技术的高度复杂性往往需要在产业实践中不断试错和测试，积累大量经验数据来持续提高性能；另一方面，关键核心技术需要通过产品转化和大规模应用的解决方案来实现其产业价值，从而进一步支撑技术的深入研发和突破。

理顺从科技研发到成果转化的全链条，才能实现知识共享、转移和价值增值，才能促进创新要素的快速流动、创新资源的优化配置及创新成果的有效转移。应面向全球产业链和价值链促进成果转化，建立核心技术商用生态，找到重大战略需求与单位短期利益的平衡点。

综上可见，专利信息在关键核心技术攻关方面能够起到很好的助力作用，因此，我们需要进一步深入探讨在具体的关键核心技术领域如何利用专利信息助力核心技术攻关。如前文所述，《科技日报》发表的"是什么卡了我们的脖子"系列报道中 4 类 35 项"卡脖子"技术颇具代表性，我们从 4 类技术中选择代表性技术作为后续研究对象，利用专利信息为技术攻关提供指引。

其中，核心元器件类别中的芯片技术，属于当之无愧的信息时代的"国之重器"，一直以来也都是我国的"心病"，近年来美国针对我国企业实施的"实体名单"等一系列限制措施中，芯片企业就是重点针对对象。芯片本身是一种集成电路，限制我国芯片技术发展的主要是集成电路加工技术，其核心制作流程可以简单分为设计—制造—封装，随着后摩尔时代的降临，芯片性能技术提升的重心正在从晶圆先进制程转向先进封装技术，因此，我们选取集成电路先进封装技术进行研究。

关键基础材料类是我国关键核心技术中突出的短板，很多产业的发展都受限于材料制造技术落后，所有的高性能元件都离不开高性能材料。例如轴承作为机械设备中不可或缺的核心零部件，起到支撑机械旋转体、降低运动过程中的摩擦、保证回转精度的作用，被誉为"高端装备的关节"，在高铁、航空航天、精密机床、仪器仪表等高精尖领域有着广泛的应用。轴承钢也被称为"特种钢之王"，它是制造业中使用最广泛、要求最苛刻的钢种之一。和世界上其他制造业强国相比较，在高端轴承制造领域内，我们国家依旧处于比较落后的地位。以高铁上使用的系列轴承为例，应用在国内高速铁路的轴承仍然需要从国外进口。同样地，光刻胶对于芯片制造以及显示面板制造来说至关重要。光刻技术决定了集成电路的集成度，也带来了显示屏的绚丽多彩。光刻胶的成分复杂，工艺技术难以掌握，自主研发的技术难度非常高。另外，我国虽然在新能源产业发展十分迅速，在锂电池的核心材料中实现了正负极材料、电解液的国产化，但高端隔膜仍然大量依赖进口。隔膜是锂离子电池的关键材料之一，是锂电池产业链中最具技术壁垒的关键内层组件，成本占比 10%~20%，在新型基材隔膜技术领域，国内厂商与国外龙头还有一定差距。

在先进基础工艺类中，核心工业软件的长期缺位极大地制约了我国智能制造产业的发展。工业软件是工业技术/知识、流程的程序化封装与复用，能够在数字空间和物理空间定义工业产品和生产设备的形状、结构，控制其运动状态，预测其变化规律，优化制造和管理流程，变革生产方式，提升全要素生产率，是现代工业的"灵魂"。当前，我国汽车、船舶、飞机、工程机械、电子信息等重点制造行业使用的工业软件大多来自 Ansys、西门子、达索、PTC、Autodesk 等国外知名企业，CAD、CAE CAM 等核心工业软件国内企业市场占有率极低。

在产业技术基础类中，燃气轮机技术水平是代表一个国家科技和工业整体实力的重要标志之一，而重型燃气轮机是中型常规航空母舰的主动力，堪称名副其实的国之重器，是国家科技和制造水平的重要体现，被誉为装备制造业"皇冠上的明珠"。我国现已具备轻型燃机（功率 5 万千瓦以下）自主化能力（只是具备技术能力，尚未正式推向商用市场），但重型燃气轮机（功率 5 万千瓦以上）仍基本依赖进口。

我们以光刻胶、工业软件、锂电池隔膜、集成电路先进封装、轴承钢、燃气轮机六种关键核心技术为依托，从专利数据中挖掘有用信息，分析总结，旨在形成一套行之有效的专利信息支撑关键核心技术攻关方法。

第三章　半导体工艺之基：光刻胶

3.1　光刻胶技术概述

3.1.1　光刻胶含义和特点

光刻胶，又称光致抗蚀剂（photoresist），是指通过紫外光、准分子激光、电子束、离子束、X射线等光源的照射或辐射，其溶解度发生变化的耐蚀刻薄膜材料[1]。按照不同的分类标准，光刻胶可以分为不同类型。

按曝光光源以及曝光波长的不同，光刻胶可分为紫外（300~450nm）光刻胶（例如：g线436nm、i线365nm传统光刻胶）、深紫外（160~280nm）光刻胶（例如：248nm KrF光刻胶和193nm ArF光刻胶）、极紫外光刻胶（13.5nm）、电子束光刻胶、离子束光刻胶以及X射线光刻胶等[2][3][4][5][6]。按照曝光前后光刻胶膜溶解性质的变化又可分为正性光刻胶和负性光刻胶：曝光后溶解度增大的为正性光刻胶，即正胶；而溶解度减小的为负性光刻胶，即负胶[7]。按照应用领域，光刻胶可分为印刷电路板光刻胶、显示面板光刻胶及半导体光刻胶等，被广泛用于信息通信、显示等领域[8]。

光刻胶的作用主要体现在光刻工艺中的图像转移。在光刻工艺中，首先

---

[1]　郑金红. 光刻胶的发展及应用 [J]. 精细与专用化学品, 2006, 14 (16)：24-30.
[2]　同[1]。
[3]　穆启道, 曹立新. 光刻技术的发展与光刻胶的应用 [J]. 集成电路应用, 2003, 6 (12)：69-75.
[4]　徐宏, 王莉, 何向明. 半导体产业的关键材料——光刻胶 [J]. 新材料产业, 2018 (9)：35-40.
[5]　崔杰, 翟博涛. 国内外光刻胶发展及应用探讨 [J]. 新材料产业, 2021 (5)：33-35.
[6]　庞玉莲, 邹应全. 光刻材料的发展及应用 [J]. 信息记录材料, 2015, 16 (1)：36-51.
[7]　同[3]。
[8]　袁学玲. 我国半导体光刻胶行业发展现状及对石化产业建议 [J]. 当代石油石化, 2022, 30 (3)：18-39.

将光刻胶旋涂在处理后的基片或其他材料层上，形成一层光刻胶薄膜；然后经历曝光装置的曝光，曝光光线通过一个具有特定图案的掩模版投射到光刻胶上；被光线照射的曝光区域的光刻胶会发生化学变化，根据光刻胶类型（负胶或者正胶）的不同，发生化学变化的部分在随后的显影过程中被保留或被去除；最后，掩模版的图案被转移到光刻胶膜层上；之后经历去胶过程以及后续的蚀刻工艺之后，上述光刻胶的图案将被进一步转移到光刻胶下的材料层上。光刻胶在光刻工艺中的作用就像胶片和摄影一样，是构筑图形的不可或缺的关键材料❶。

光刻工艺是集成电路制造中的核心工艺技术，光刻工艺的线宽极限和精度直接决定集成电路的集成度和可靠性，而光刻胶则是这一核心技术中用到的最为关键的材料。并且，在集成电路制造工艺中，光刻成本往往占到整个制造工艺的35%，耗费时间占整个工艺周期高达60%，光刻胶的质量将直接影响集成电路制造的成本和性能。❷❸❹

3.1.2　光刻胶技术发展情况

作为集成电路制造中的关键材料，光刻胶技术经历了"美国起源—日本称霸—中国崛起"的转移历程❺。1954年，美国柯达公司合成出第一种感光聚合物——聚乙烯醇肉桂酸酯，这是最早应用于电子工业领域中的光刻胶材料；之后随着光刻技术从g线/i线发展到深紫外和极紫外光刻技术，光刻胶材料也经历了相应的发展历程❻。

1. g线/i线光刻胶的诞生与发展

g线/i线光刻胶，也称为紫外光刻胶、传统光刻胶，它主要基于酚醛树脂-重氮萘醌（Novolac-DNQ）体系。其中酚醛树脂为主体树脂，为光刻胶提供成膜性、耐热性及抗刻蚀性能；重氮萘醌为感光材料，为光刻胶提供感光性能❼。

美国柯达公司在20世纪50年代开发出聚肉桂酸乙烯酯和环化橡胶-双叠

---

❶　徐宏，王莉，何向明. 半导体产业的关键材料——光刻胶 [J]. 新材料产业，2018 (9)：35-40.

❷　同❶.

❸　李冰. 集成电路制造用光刻胶发展现状及挑战 [J]. 精细与专用化学品，2021，29 (2)：1-5.

❹　朱宇波，黄嘉晔. 国内外光刻胶产业分析及发展建议 [J]. 功能材料与器件学，2020，26 (6)：382-386.

❺　袁玲玲. 我国半导体光刻胶行业发展现状及对石化产业建议 [J]. 当代石油石化，2022，30 (3)：18-39.

❻　郑金红. 光刻胶的发展及应用 [J]. 精细与专用化学品，2006，14 (16)：24-30.

❼　李冰. 集成电路制造用光刻胶发展现状及挑战 [J]. 精细与专用化学品，2021，29 (2)：1-5.

氮光刻胶体系，光刻胶由此诞生。1972 年半导体工艺制程节点触及环化橡胶-双叠氮体系分辨率极限，采用 g 线、i 线作为曝光光源的分辨率更高的重氮萘醌-酚醛树脂光刻胶体系应运而生。1968 年，日本 TOK 研发出首个环化橡胶系光刻胶，日本 JSR 于 1979 年进入半导体材料业务❶。

2. 深紫外-KrF 光刻胶的诞生与发展

深紫外光由于波长短，衍射作用小，因而具有高分辨率的特点。在 20 世纪 90 年代，光刻技术由 i 线转入深紫外 248nm 时对光刻胶提出了新的挑战。1983 年国际商业机器公司（IBM）研发出 KrF 光刻胶，该光刻胶反应速度极快。1995 年日本 TOK 成功突破 KrF 光刻胶技术，打破了 IBM 的垄断，恰逢工艺节点达到了 i 线光刻的极限。此外，美国半导体行业遭遇重创，光刻机龙头由美国厂商变成了日本厂商；在此环境下，日本 KrF 光刻胶迅速占据市场。

与紫外光刻胶不同的是，深紫外光刻胶均为化学增幅型光刻胶，也称化学放大型光刻胶。化学放大型光刻胶由 IBM 研发，在光刻胶中引入光致产酸剂，其在光的照射下分解出酸，而此酸作为催化剂，催化成膜树脂脱去保护基团（正胶），或催化交联剂与成膜树脂发生交联反应（负胶），成功通过化学方法将光学信号进行放大，降低了曝光所需能量，解决了光刻胶的感光速率问题。❷❸❹

3. 深紫外-ArF 光刻胶的诞生与发展

半导体工艺节点发展到 90nm 时，ArF 光刻技术（193nm）逐步发展为主流技术；而 248nm 光刻胶主体树脂由于含有苯环结构，在 193nm 吸收太高而不能满足新的光刻要求。IBM 设计出 ArF 光刻胶原型，日本厂商则领导其后期研发。与 248nm 光刻胶不同的是，193nm 光刻胶中，成膜树脂不含苯环，没有酚羟基，与光致产酸剂之间不存在能量转移。

2000 年，日本 JSR 的 ArF 光刻胶正式作为下一代半导体 130nm 工艺的抗蚀剂；日本 TOK 也在 2001 年推出了 ArF 光刻胶。目前，ArF 光刻胶已发展为大规模应用中分辨率最高的半导体光刻胶，被广泛应用在 5G 芯片、逻辑芯片

---

❶ 袁学玲. 我国半导体光刻胶行业发展现状及对石化产业建议 [J]. 当代石油石化, 2022, 30 (3)：18-39.

❷ 同❶。

❸ 李冰. 集成电路制造用光刻胶发展现状及挑战 [J]. 精细与专用化学品, 2021, 29 (2)：1-5.

❹ 许箭, 陈力, 田凯军, 等. 先进光刻胶材料的研究进展 [J]. 影像科学与光化学, 2011, 29 (6)：417-429.

等高端芯片领域❶❷。

4. EUV 光刻胶的诞生与发展

随着光刻技术从 193nm 浸没式光刻进入 EUV（极紫外光刻胶），光刻胶不再关注树脂的透光性，取而代之的是与 EUV 光刻技术相关的感光速度、曝光产气控制及随机过程效应。浸没式光刻是指在棱镜和光刻胶之间填充折射率比空气大的介质（例如，高纯度水），增加聚焦深度，使得成像系统具有更大的数值孔径，进而提高分辨率。

2002 年东芝开发出分辨率达到 22nm 的 EUV 光刻胶；2004 年英特尔公司宣布安装了全球第一套商用 EUV 光刻工具，并建立了一条 EUV 掩模试产线，表明该技术已从研发阶段进入试用阶段；2011 年日本 JSR 开发出用于 15nm 工艺的化学放大型 EUV 光刻胶；2019 年台积电宣布采用 N7+工艺的 7nm 芯片量产，这是行业第一次量产采用 EUV 极紫外光刻技术的芯片；2021 年台积电已经使用 EUV 光刻胶量产了 5nm 芯片，并启动了 2nm 工艺的研发❸❹❺。

5. 电子束、离子束以及 X 射线光刻胶的诞生、发展与展望

电子束（Electron Beam，EB）光刻具有波长短、分辨率高（达 30nm）、无须掩模可直写的特点。电子束曝光机朝大功率、多光束方向发展以提高单位曝光速率。在电子束曝光技术发展的同时，电子束光刻胶亦取得长足进步。由于电子束曝光效率低，电子束光刻胶的首要问题是其光敏性。电子束正光刻胶主要为聚甲基丙烯酸甲酯及其衍生物；而电子束负光刻胶主要有甲基丙烯酸缩水甘油醚酯—丙烯酸酯共聚物、氯甲基化聚苯乙烯等。

离子束投影光刻是由气体（氢或氦）离子源发出的离子通过多级静电离子透镜投射于掩模，并将图像缩小后聚焦于硅片上进行曝光和步进重复操作。由于离子质量比电子大，所以散射比电子少得多，具有更高的分辨率。然而，离子束曝光技术还远未成熟，关键技术问题还没有很好的解决方案

X 射线光刻技术具有波长短、焦深长、生产效率高、宽容度大、曝光视场大、无邻近效应、对环境不敏感等优点，有望成为下一代曝光设备。X 射

❶ 袁学玲. 我国半导体光刻胶行业发展现状及对石化产业建议 [J]. 当代石油石化，2022，30（3）：18-39.

❷ 李冰. 集成电路制造用光刻胶发展现状及挑战 [J]. 精细与专用化学品，2021，29 (2)：1-5.

❸ 同❶。

❹ 许箭，陈力，田凯军等. 先进光刻胶材料的研究进展 [J]. 影像科学与光化学，2011，29（6）：417-429.

❺ 郑金红. 光刻胶的发展及应用 [J]. 精细与专用化学品，2006，14 (16)：24-30.

线光刻胶有聚丁烯砜、聚 1,2-二氯丙烯酸等。

3.1.3 光刻胶全球产业分布状况

根据 Report Linker 数据，全球光刻胶市场预计 2019—2026 年复合年均增长率（Compound Annual Growth Rate，CAGR）有望达到 6.3%，至 2023 年突破 100 亿美元，到 2026 年超过 120 亿美元。中国大陆市场增速高于全球，2022 年规模有望超过百亿元，占全球光刻胶市场比例也将持续提升。

虽然我国光刻胶市场巨大，但是国内的光刻胶技术和国外先进技术之间仍然存在较大差距。下面介绍几个全球主要国家和地区的光刻胶产业发展情况。

1. 日本

日本很早便开展光刻技术的研究。1968 年东京应化开发出半导体用负性光刻胶，1972 年再次研制出日本首个正性光刻胶材料。1983 年东京应化用丙烯类共聚物代替聚乙烯醇肉桂酸酯，开发出高精度的液态光刻胶。2004 年 NEC 公司和 Tokuyama 公司联合开发出直径为 0.7nm 的用于纳米结构超高分辨率的电子束曝光光刻胶。日本在 EUV 光刻技术及对应的光刻胶领域技术优势明显。富士胶片、信越、住友等龙头企业在 EUV 光刻胶领域具有重要地位❶。

2. 韩国

2019 年 7 月开始，日本宣布对韩国进行半导体材料的出口限制，包括光刻胶系列。韩国也有少数企业可以生产光刻胶，如东进化学株式会社、锦湖化学株式会社、LG（乐金）化学等。其中，东进化学只供应 KrF 以下等级的部分光刻胶产品，锦湖化学则为 SK 海力士半导体公司供应 ArF Dry 产品和部分 ArF Immersion 产品。韩国本土尚不具备量产 KrF 以上级别光刻胶的能力。尽管韩国三星电子集团和 SK 海力士已经具备 ArF 和 EUV 光刻机设备，但仍需要从日本企业采购大量的光刻胶材料维持生产❷。

3. 欧美

美国有几家公司在包含光刻胶在内的半导体领域处于先进水平。陶氏化学集团成立于 1897 年，可以批量生产市面上全线光刻胶产品。Futurrex 公司成立于 1985 年，主要生产高端光刻胶及其辅助产品。美国的 AMD 公司和英特尔公

❶ 江洪，王春晓. 国内外集成电路光刻胶研究进展 [J]. 新材料产业，2019（10）：17-28.
❷ 朱宇波，黄嘉晔. 国内外光刻胶产业分析及发展建议 [J]. 功能材料与器件学报，2020，26（6）：382-386.

司是早期 EUV 光刻技术的研究主力。阿斯麦是全球的 EUV 光刻机供应商，该公司正在研制 EUV 光源新型光刻机，有望将关键尺寸缩小至 10nm 以下❶。

4. 中国

中国与上述国家和地区在光刻胶技术发展上仍存在较大差距。目前只有为数不多的几家企业可以生产用于低端液晶显示器和中低端集成电路的光刻胶产品。国内主要生产 g 线/i 线以上的光刻胶，2015 年中低端 PCB 光刻胶的产值占比达 90% 以上。北京科华和苏州瑞红是国内光刻胶行业实力较强的企业；除了上述两家企业，浙江永太科技股份有限公司、北京化学试剂研究所、台湾永光化学工业股份有限公司以及京东方（BOE）等也成立子公司进行光刻胶的研发和生产。南大广电建设了 1500m² 的研发中心进行 ArF（193nm）光刻胶的研发和产业化工作。❷❸

我国的光刻胶材料，尤其是 8″和 12″先进光刻胶材料，有 90% 以上均依赖进口。近年来，先进工艺制程用光刻胶国产化发展迅速，一批本土光刻胶公司，包括北京科华、苏州瑞红、深圳容大等相继推出新产品并取得了良好的市场反馈。其中，i 线光刻胶和 248nm 光刻胶中 8″和 12″用产品已经出现少量替代产品，而先进工艺制程的 193nm 和 EUV 光刻胶的 12″用产品仍处于研发阶段。❹❺

3.1.4 主要光刻胶生产企业介绍

3.1.4.1 国外企业

1. JSR

日本光刻胶巨头 JSR 株式会社（JSR，又称捷时雅）成立于 1957 年，成立之初主要从事乳胶生产和销售。1964 年，JSR 开始进入合成树脂领域。由于合成树脂也是光刻胶的主要材料之一，JSR 在 20 世纪 80 年代初开始借由树脂技术切入光刻胶领域，1979 年 4 月开始销售首个光刻胶产品 CIR。之后每次光刻胶技术革新中，JSR 都扮演行业先锋角色。JSR 提供的光刻胶产品涵盖 g 线/i 线、

❶ 朱宇波，黄嘉晔. 国内外光刻胶产业分析及发展建议 [J]. 功能材料与器件学报，2020，26（6）：382-386.

❷ 同❶。

❸ 郑金红. 光刻胶的发展及应用 [J]. 精细与专用化学品，2006，14（16）：24-30.

❹ 李冰. 集成电路制造用光刻胶发展现状及挑战 [J]. 精细与专用化学品，2021，29（2）：1-5.

❺ 顾雪松，李小欧，刘亚栋，等. g-线/i-线光刻胶研究进展 [J]. 应用化学，2021，38（9）：1091-1104.

KrF、ArF（干式/浸没式）和 EUV 光刻胶等，如图 3-1 所示❶。

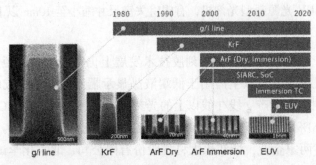

图 3-1 JSR 光刻胶产品

2. 东京应化

日本东京应化工业公司（东京应化，TOK）成立于 1940 年，研究领域包括半导体、液晶显示器等光刻工艺用光刻胶。1968 年、1972 年先后开发出半导体用正胶和负胶，一直走在半导体微加工技术的前列。2006 年，东京应化开始研发 ArF 浸没光刻胶。2019 年，东京应化开启 10nm 以下制程极紫外光刻胶（EUV）研发。东京应化的光刻胶产品覆盖橡胶型负型光刻胶、g 线光刻胶、i 线光刻胶、KrF 光刻胶、ArF 光刻胶、EUV 光刻胶、电子束光刻胶等❷。

3. 富士胶片

富士胶片株式会社（富士胶片）成立于 1934 年，最早致力于感光材料产品的生产。21 世纪，富士胶片充分运用经由照片冲印业务积累下来的光学、化学与信息技术方面的丰富经验，成功在医疗、影像艺术、光学设备和高性能材料等领域成为全球领导者。富士胶片提供的光刻胶产品包括光产酸剂 WPAG 系列，如表 3-1 所示❸。

❶ 来源：JSR 官网。

❷ 朱宇波，黄嘉晔. 国内外光刻胶产业分析及发展建议 [J]. 功能材料与器件学报，2020，26（6）：382-386.

❸ 来源：富士胶片官网。

表 3-1　富士胶片光刻胶产品

产　品	分　子　结　构
WPAG—145	
WPAG—170	
WPAG—199	
WPAG—336	
WPAG—367	

4. 信越化学

信越化学株式会社（信越化学）成立于 1926 年，最初以氮肥料为主营业务，其后向半导体材料领域扩展。1998 年，信越化学实现光刻胶产品的商用化，2007 年开发出最先进的光刻掩模版，2018 年宣布将在硅树脂事业中强化从原料单体至最终产品的生成能力。信越化学 KrF 和 ArF 光刻胶被用于蚀刻半导体电路的光敏材料，厚膜 i 线光刻胶被广泛用于薄膜磁头和 MEMS。

5. 陶氏杜邦

2015 年，陶氏化学（Dow）与杜邦（Dupont）正式宣布达成平等合并协议，2017 年正式完成合并，合并后的公司被命名为陶氏杜邦公司（DowDu-Pont），成为全球最大的化学品公司。在 2019 年，陶氏杜邦成功拆分为 3 个独立公司，即陶氏、杜邦与科迪华。科迪华是由原陶氏农业部门和杜邦农业部门组成新的农业公司；陶氏除农业和电子材料的部门与杜邦功能材料部门组成新陶氏材料科学公司；陶氏的电子材料（包括光刻胶）将与杜邦除农业和功能材料的部门整合形成新的（杜邦）特种产品部门，其提供的光刻胶产品包括：i 线、DUV 光刻胶等❶。

---

❶　来源：陶氏杜邦官网。

3.1.4.2　国内企业

目前，中国半导体光刻胶需求年均增长率高达 20.0%，远高于全球平均 5.6% 的增速。中国光刻胶国产化水平不高，而半导体光刻胶市场份额不足 2%。半导体光刻胶根据分辨率级别从低到高可分为：g 线、i 线、KrF、ArF 及 EUV。其中，ArF 光刻胶为目前大规模应用中分辨率最高的，而 EUV 光刻胶则是未来芯片的主流材料。2020 年我国半导体光刻胶需求量约 11.0 万吨，产量仅为 1.3 万吨。其中，g 线/i 线、KrF 光刻胶的自给率分别为 20% 和 5%；而 ArF 和 EUV 光刻胶全部依赖进口。全球高端光刻胶几乎被日本和美国垄断[1]。

1. 北京科华

北京科华微电子材料有限公司（北京科华）是一家中美合资企业，成立于 2004 年，是一家产品覆盖 KrF（248nm）、i 线、g 线、紫外宽谱的光刻胶及配套试剂的供应商与服务商。北京科华光刻胶产品序列完整，产品应用领域涵盖集成电路（IC）、发光二极管（LED）、分立器件、先进封装、微机电系统（MEMS）等[2]。北京科华提供的光刻胶产品如表 3-2 所示。[3]

表 3-2　北京科华光刻胶产品

KrF 深紫外	i 线/g 线正胶	Thick Film 正胶	lift off 负胶系列	BP 正胶	分立器件负胶
DK1081	C7600	C6111A1	EN3120A1	BP218	BN310
DK1080	C7500	C6350	E3130A	BP212	BN303
DK1088	C7510	C6230	E3260A2/S		BN308
DK1089	C7310	C6124A1	E3502		
DK1087	C8315	CP4800	E3510		
DK2060	C8325	CP4900	E3175/B		
DK3030	C8350	C9005			
DKN1100	C5315				
	EP3200A				

---

❶ 袁学玲. 我国半导体光刻胶行业发展现状及对石化产业建议 [J]. 当代石油石化，2022，30 (3)：18-39.

❷ 来源：北京科华官网。

❸ 来源：北京科华官网。

2. 苏州瑞红

苏州瑞红电子化学品有限公司（苏州瑞红）成立于1993年，主要生产光刻胶、配套试剂、高纯化学试剂等黄光区湿化学品，应用于 FPD（LCD、TP、OLED、CF）、LED、IC 等相关电子行业。苏州瑞红于2013年验收 TFT-LCD 用光刻胶的研发项目。苏州瑞红的光刻胶产品如表3-3所示❶。

表3-3 苏州瑞红光刻胶产品

正性光刻胶/部分	负性光刻胶	配套试剂	其他功能化学品
RZJ-5312H	RFJ-210	显影液	电子束光刻胶
RZJ-5313	RFJ-220	剥离液	
RZJ-T3520	RFJ-230	蚀刻液	
RZJ-5513	RFJ-260	清洗剂	
RZJ-5312	RFJ-210G		
RZJ-3610	RFJ-210B		
RZJ-3600	RPN-1150		
RZJ-2500E			

3. 南大光电

江苏南大光电材料股份有限公司（南大光电）成立于2000年，专业从事先进前驱体材料、电子特气、光刻胶及配套材料三类半导体材料产品的生产、研发和销售。南大光电建有 ArF 光刻胶产品大规模生产线，年产25吨 ArF（干式/浸没式）光刻胶产品，产品性能可以满足 90~14nm 集成电路制造的要求❷。

综上，中国光刻胶技术落后于全球，光刻胶产品，尤其是高端光刻胶产品几乎被日本和美国垄断。其中，半导体光刻胶中国市场份额不足2%，未来芯片的主流材料 EUV 光刻胶则全部依赖进口，光刻胶技术亟待突破。接下来，对光刻胶技术的专利态势进行分析，以期待以专利信息助力光刻胶技术实现突破。

---

❶ 来源：苏州瑞红官网。
❷ 来源：南大光电官网。

3.2 光刻胶技术专利态势分析

利用光刻胶、抗蚀剂、photoresist、resist 等关键词，以及 C08、G03F、H01L 等国际专利分类号（International Patent Classification，IPC）在 incoPat 数据库中检索，得到与光刻胶技术有关专利申请，再对得到的数据进行统计处理。

3.2.1 光刻胶技术全球专利态势分析

经过检索并进行简单同族合并后得到 1958 年至今的光刻胶技术有关全球专利申请量共计 23753 项，对其开展以下分析。

1. 申请趋势分析

光刻胶技术全球专利申请的申请量发展趋势如图 3-2 所示，其中横轴表示专利申请年份，纵轴表示专利申请数量（单位：项）。近两年的专利申请数量下降主要是由于部分专利申请还未到 18 个月的公开期限。

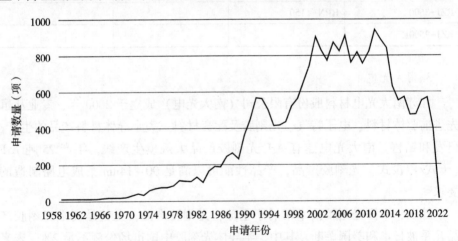

图 3-2　光刻胶技术全球专利申请量发展趋势

由图 3-2 可以看出，从 1958 年开始，光刻胶技术全球专利申请量逐年增加，直至 1991 年达到第一个顶峰，568 项；1992 年开始出现下滑，至 1994 年又开始继续提升，至 2001 年又出现第二个顶峰，911 项，上述波动主要受日本申请量的影响；随后，光刻胶技术持续发展，从 2001 年开始至 2013 年之间连年在 800 项/年上下波动；从 2013 年开始至 2018 年申请量逐年呈下降趋势；之后 2019 年又有小幅上升；而 2021 年及之后申请量的下降主要是由于大部分申请还没有到公开期限所导致。

2. 区域分布分析

通过统计分析光刻胶技术在各个国家或地区的专利申请数量分布情况，可以了解其技术创新活跃情况，从而发现主要的技术创新来源和重要的目标市场分布情况。

（1）技术创新来源地区

光刻胶技术全球专利申请技术来源区域分布情况如图3-3所示。

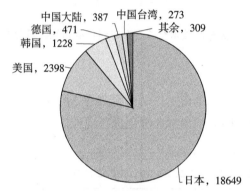

图3-3　光刻胶技术全球专利申请技术来源区域分布情况

由图3-3可以看出，光刻胶技术全球专利申请技术来源区域分布排名第一位的是日本，共计18649项，可见，日本在光刻胶技术来源区域中占据绝对的优势；位于第二位的是美国，共计2398项；位于第三位的是韩国，共计1228项；位于第四位的是德国，共计471项；位于第五位的是中国大陆，共计387项；位于第六位的是中国台湾，共计273项；中国大陆和中国台湾总量为660项。

由光刻胶技术全球专利申请技术来源可以看出，该领域名副其实成为我国的"卡脖子"技术方向之一。

（2）技术目标市场地区

光刻胶技术全球专利申请目标市场区域分布情况如图3-4所示。

由图3-4可以看出，光刻胶技术全球专利申请目标市场区域分布排名第一位的是日本，共计13756项，可见，日本是光刻胶技术最大的目标市场；位于第二位的是美国，共计1920项；位于第三位的是中国台湾，共计1885项；位于第四位的是韩国，共计1775项；位于第五位的是欧专局，共计744项；位于第六位的是中国大陆，共计591项。

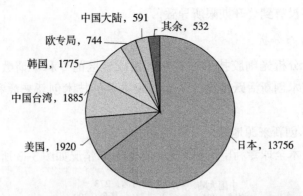

图3-4　光刻胶技术全球专利申请目标市场区域分布情况

3. 申请人分析

光刻胶技术全球专利申请人排名情况如图3-5所示。其中一项专利申请涉及多个申请人的按照多个申请人分别进行统计。

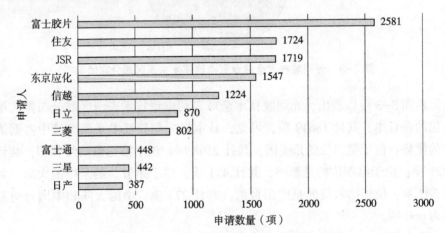

图3-5　光刻胶技术全球专利申请人排名情况

由图3-5可以看出，光刻胶技术全球专利申请中，申请数量排名第一位至第十位的申请人分别是：富士胶片2581项、住友1724项、JSR1719项、东京应化1547项、信越1224项、日立870项、三菱802项、富士通448项、三星442项以及日产387项。

可见，在光刻胶技术方向中，申请量位于前十的申请人中，仅三星一家申请人为韩国企业，其他申请人均为日本企业，进一步显示了日本在光刻胶技术方面的领先优势。

4. 发明人分析

光刻胶技术全球专利发明人排名情况如图 3-6 所示。其中一项专利申请涉及多个发明人的按照多个发明人分别进行统计。

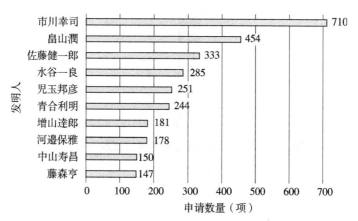

图 3-6　光刻胶技术全球专利发明人排名情况

由图 3-6 可以看出，光刻胶技术全球专利申请中，申请数量排名第一位至第十位的发明人分别是：市川幸司 710 项、畠山澗 454 项、佐藤健一郎 333 项、水谷一良 285 项、儿玉邦彦 251 项、青合利明 244 项、增山達郎 181 项、河邉保雅 178 项、中山寿昌 150 项以及藤森亨 147 项。所有排名前十位的发明人均是来自日本企业，其中，来自富士胶片的发明人有 6 位，分别是排名第三位至第六位、第八位以及第十位的佐藤健一郎、水谷一良、儿玉邦彦、青合利明、河邉保雅以及藤森亨；来自住友的发明人有两位，分别是排名第一位的市川幸司和排名第七位的增山達郎；来自信越和来自东京应化的发明人各有一位，分别是排名第二位的畠山澗和排名第九位的增山達郎。

5. 技术构成分析

国际专利分类（IPC）将与发明专利有关的全部技术内容分类，组成完整的等级分类体系，可以表征技术方向。

按照 IPC 分类号对光刻胶技术全球专利进行构成方向的划分，得出光刻胶技术全球专利申请前十位技术方向情况，如图 3-7 所示。其中一项专利申请涉及多个 IPC 分类号的按照多个技术方向进行统计。

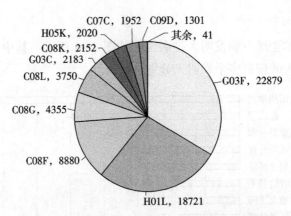

图 3-7　光刻胶技术全球专利申请技术构成情况

光刻胶技术全球专利申请技术构成情况，以及各表征技术方向的 IPC 分类号的具体释义如表 3-4 所示。

表 3-4　光刻胶技术全球专利申请技术构成情况及 IPC 分类号释义

排名	技术方向	技术方向（IPC 分类号）释义	申请数量（项）
1	G03F	图纹面的照相制版工艺	22879
2	H01L	半导体器件	18721
3	C08F	仅用碳-碳不饱和键反应得到的高分子化合物	8880
4	C08G	用碳-碳不饱和键以外的反应得到的高分子化合物	4355
5	C08L	高分子化合物的组合物	3750
6	G03C	照相用的感光材料；照相过程；照相的辅助过程	2183
7	C08K	使用无机物或非高分子有机物作为配料	2152
8	H05K	印刷电路	2020
9	C07C	无环或碳环化合物	1952
10	C09D	涂料组合物	1301

由图 3-7 和表 3-4 可以看出，光刻胶技术全球专利分布较为集中，几乎所有的专利申请均涉及 G03F（图纹面的照相制版工艺）技术方向，其数量 22879 项占所有专利申请总量 23753 项的 96.32%；排名第二位的技术方向是 H01L（半导体器件），数量为 18721 项，占比 78.81%；排名第三位至第五位以及第七位的分别是 C08F（仅用碳-碳不饱和键反应得到的高分子化合物）8880 项、C08G（用碳-碳不饱和键以外的反应得到的高分子化合物）

4355 项、C08L（高分子化合物的组合物）3750 项，以及 C08K（使用无机物或非高分子有机物作为配料）2152 项，均属于其上位 IPC 分类号 C08（有机高分子化合物；其制备或化学加工；以其为基料的组合物）中各下属分支；前十位中其余技术方向分别为：G03C（照相用的感光材料；照相过程；照相的辅助过程）2183 项、H05K（印刷电路）2020 项、C07C（无环或碳环化合物）1952 项，以及 C09D（涂料组合物）1301 项。

3.2.2 光刻胶技术中国专利态势分析

光刻胶技术的中国专利申请量（仅限于在中国大陆的专利申请）经简单同族合并后共计 1878 项，占全球专利申请量 23753 项中的 7.91%。

1. 申请趋势分析

光刻胶技术中国专利申请的申请量发展趋势如图 3-8 所示，其中横轴表示专利申请年份，纵轴表示专利申请数量（单位：项）。近两年的专利申请数量下降主要是由于部分专利申请还未到 18 个月的公开期限。

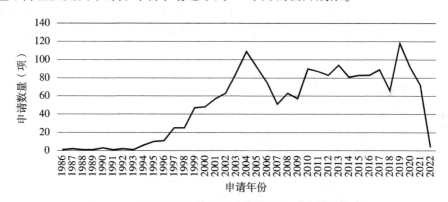

图 3-8 光刻胶技术中国专利申请的申请量发展趋势

由图 3-8 可以看出，我国光刻胶技术专利申请起步较晚，发展较为落后。第一项申请始于 1986 年，从 1993 年开始申请量逐步上升，到 2004 年达到第一个高峰 109 项，之后则开始下降；随着对光刻胶技术的重视程度增加，越来越多的创新主体投入光刻胶的研发，2010—2020 年，申请量均在 80 项上下振荡；由于 2021 年及之后的专利申请仍有部分没有到公开期限，因此这两年的实际申请数量应比此还高。

对比光刻胶全球技术发展来看，我国在光刻胶领域落后世界先进技术超过 20 年，对于世界先进光刻胶技术我国研发实力不足。

2. 区域分布分析

光刻胶技术中国专利申请技术来源区域分布情况如图3-9所示。

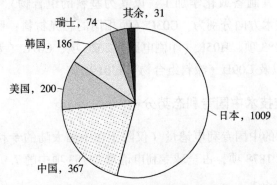

图3-9　光刻胶技术中国专利申请技术来源区域分布情况

由图3-9可以看出，光刻胶技术中国专利申请技术来源区域分布排名第一位的国家是日本，共计1009项；可见，日本在光刻胶技术来源区域中占据绝对的优势；位于第二位的是中国，共计367项；位于第三位的是美国，共计200项；位于第四位的是韩国，共计186项；位于第五位的是瑞士，共计74项。

3. 申请人分析

光刻胶技术中国专利申请人排名情况如图3-10所示。其中一项专利申请涉及多个申请人的按照多个申请人分别进行统计。

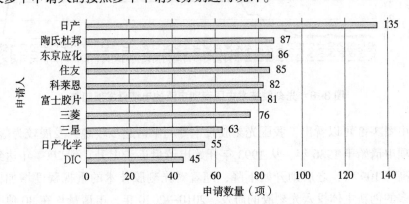

图3-10　光刻胶技术中国专利申请人排名情况

由图3-10可以看出，光刻胶技术中国专利申请中，申请数量排名第一位至第十位的申请人分别是：日产135项、陶氏杜邦87项、东京应化86项、住友 85 项、科莱恩 82 项、富士胶片 81 项、三菱 76 项、三星 63 项、日产化学 55 项以及 DIC 45 项。可见，在光刻胶技术方向中，申请量位于前十的申请人中，仅陶氏杜邦一家为美国企业、科莱恩一家为瑞士企业、三星一家申请人为韩国企业，其他申请人均为日本企业，进一步显示了日本在光刻胶技术方面的领先优势。

与光刻胶技术全球专利申请人比较，中国专利申请人的前十位不包含 JSR 和信越，取而代之的是日产化学和 DIC。

4. 发明人分析

光刻胶技术中国专利发明人排名情况如图 3-11 所示。其中一项专利申请涉及多个发明人的按照多个发明人分别进行统计。

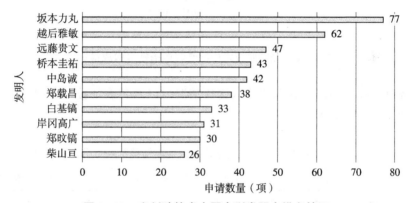

图 3-11　光刻胶技术中国专利发明人排名情况

由图 3-11 可以看出，光刻胶技术中国专利申请中，申请数量排名第一位至第十位的发明人分别是：坂本力丸 77 项、越后雅敏 62 项、远藤贵文 47 项、桥本圭祐 43 项、中岛诚 42 项、郑载昌 38 项、白基镐 33 项、岸冈高广 31 项、郑旼镐 30 项以及柴山亘 26 项。

所有排名前十位的发明人来自三个企业，其中之一是来自日本的日产化学，包括排名第一位、第三位至第五位、第八位以及第十位的发明人坂本力丸、远藤贵文、桥本圭祐、中岛诚、岸冈高广、柴山亘；其中之二是来自日本的三菱，其发明人为排名第二位的越后雅敏；其中之三是来自韩国的海力士，前身为现代电子，现部分专利权转让给了韩国的 SK 集团，包括排名第六位、第七位以及第九位的发明人郑载昌、白基镐以及郑旼镐。

5. 技术构成分析

按照 IPC 分类号对光刻胶技术中国专利进行技术构成的划分，得出光刻胶技术中国专利申请前十位技术方向情况，如图3-12所示。其中一项专利申请涉及多个IPC分类号的按照多个技术方向进行统计。

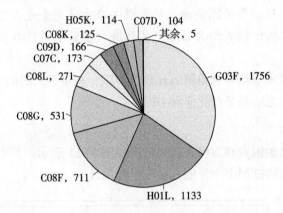

图3-12 光刻胶技术中国专利申请技术构成情况

光刻胶技术中国专利申请技术构成情况，以及各表征技术方向的IPC分类号的具体释义如表3-5所示。

表3-5 光刻胶技术中国专利申请技术构成情况及IPC分类号释义

排名	技术方向	技术方向（IPC分类号）释义	申请数量（项）
1	G03F	图纹面的照相制版工艺	1756
2	H01L	半导体器件	1133
3	C08F	仅用碳-碳不饱和键反应得到的高分子化合物	711
4	C08G	用碳-碳不饱和键以外的反应得到的高分子化合物	531
5	C08L	高分子化合物的组合物	271
6	C07C	无环或碳环化合物	173
7	C09D	涂料组合物	166
8	C08K	使用无机物或非高分子有机物作为配料	125
9	H05K	印刷电路	114
10	C07D	杂环化合物	104

由图3-12和表3-5可以看出，光刻胶技术中国专利分布较为集中，几乎所有的专利申请均涉及G03F（图纹面的照相制版工艺）技术方向，其数量1756项占所有专利申请总量1878项的93.50%；排名第二位的技术方向是

H01L（半导体器件），数量为 1133 项，占比 60.33%；排名第三位至第五位以及第八位的分别是 C08F（仅用碳-碳不饱和键反应得到的高分子化合物）711 项、C08G（用碳-碳不饱和键以外的反应得到的高分子化合物）531 项、C08L（高分子化合物的组合物）271 项，以及 C08K（使用无机物或非高分子有机物作为配料）125 项，均属于其上位 IPC 分类号 C08（有机高分子化合物；其制备或化学加工；以其为基料的组合物）中各下属分支；前十位中其余技术方向分别为：C07C（无环或碳环化合物）173 项、C09D（涂料组合物）166 项、H05K（印刷电路）114 项，以及 C07D（杂环化合物）104 项。

与光刻胶技术全球专利申请技术构成情况比较，中国专利申请技术构成情况前五位及其排名情况一致，后五位中不包含 G03C（照相用的感光材料；照相过程；照相的辅助过程），取而代之的是 C07D（杂环化合物）。

综上，由光刻胶技术的专利信息可以看出：

①专利申请趋势和区域分布：日本是光刻胶专利申请量最大的国家，也是技术来源最多的国家，占全球专利申请 23753 项技术来源的 78.51%，其在集成电路光刻胶领域的技术遥遥领先；其次是美国和韩国；我国大陆地区光刻胶技术起步及发展晚于全球，在此领域技术严重落后，专利申请量十分稀少。

②专利申请人分析和区域分布：日本拥有很多实力强劲的光刻胶生产企业，全球专利申请量排名前十位申请人中，日本企业便占据了九席：富士胶片、住友、JSR、东京应化、信越、日立、三菱、富士通以及日产；唯一一位非日本的申请人是韩国企业三星；且日本申请人不仅在其本国寻求保护，也在全球主要目标市场区域，包括美国、中国台湾等地区进行积极布局；中国的光刻胶专利申请尚未形成体系，实际生成和研发规模仍不足以促进整体产业实现正循环；中国专利申请量排名前十位申请人中并没有源自中国的申请人，而是由日本企业占据七席，另外还有源自美国、韩国和瑞士的申请人各一位；与光刻胶技术全球专利申请人比较，中国专利申请人的前十位不包含 JSR 和信越，取而代之的是日产化学和 DIC。

③专利发明人分析和区域分布：全球专利申请量排名前十位发明人中全部是来自日本的企业，包括富士胶片 6 人、住友 2 人、信越 1 人以及东京应化 1 人。

④专利技术构成：光刻胶技术全球研发主流集中在 G03F（图纹面的照相制版工艺）、H01L（半导体器件）以及 G08F（仅用碳-碳不饱和键反应得到

的高分子化合物）这 3 个技术方向。

3.3 专利信息助力光刻胶技术攻关

利用本书第三章第 3.2 节光刻胶技术全球和中国专利态势分析得到的初步结论，再进一步对光刻胶技术专利信息进行深入分析和研究。

3.3.1 宏观产业政策引导

光刻胶技术全球专利申请的申请量发展趋势、光刻胶技术中国专利申请的申请量发展趋势，以及源自中国申请人的光刻胶技术专利申请的申请量发展趋势如图 3-13 所示。

结合本书第三章第 3.2 节光刻胶技术专利态势分析结果可知，光刻胶技术来源于日本的专利申请共计 18649 项，占全球专利申请 23753 项技术来源的 78.51%；光刻胶技术全球专利申请中，源自中国申请人的专利申请占比为 2.78%，同时在光刻胶技术中国专利申请中，源自中国申请人的专利申请占比 19.54%。

图 3-13 光刻胶技术全球、中国以及源自中国申请人的专利申请量发展趋势

虽然我们在专利申请总量上处于极大的劣势，但是由图 3-13 可以看出，排除近两年由于部分专利申请还未到 18 个月的公开期限导致的申请量下降，2018 年之后，相对全球专利申请和中国专利申请而言，源自中国申请人的专利申请仍呈较为迅速的上升趋势。

通过进一步分析光刻胶技术全球专利申请技术来源区域分布情况可知，日本在光刻胶技术方向起步早，专利布局广泛，申请量远高于其他国家，这与其产业发展和市场占比相匹配。日本在光刻胶技术领域遥遥领先，拥有很多实力很强的企业，既主动布局攻占该领域专利技术高地，同时又防御国外技术进入日本。

通过进一步分析光刻胶技术全球专利申请目标市场区域分布情况可知，日本也是光刻胶技术最大的目标市场，共计13756项，占比57.91%；相较于技术来源的占比，目标市场的占比要小得多，可以看出日本是真正的技术输出国。并且，专利申请数量排名前十位的申请人中，有九位都是来自日本的申请人；专利申请数量排名前十位的发明人中，全部都是来自日本的发明人。

接下来进一步分析，光刻胶技术全球专利申请前十位申请人的申请量发展趋势情况如图3-14所示。

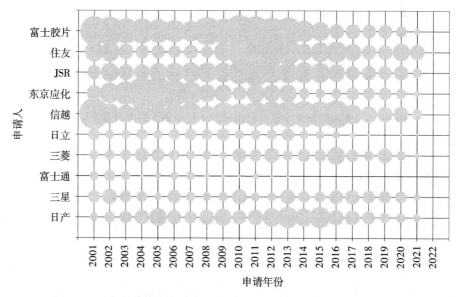

图3-14 光刻胶技术全球专利申请前十位申请人的申请量发展趋势

由图3-14可以看出，光刻胶技术全球专利申请量排名前十位申请人中，前四位的富士胶片、住友、JSR，以及东京应化的申请高峰期均出现在2001年至2015年，但是近几年都呈下降趋势；申请人信越的两个申请高峰期出现在2001年（322项）和2016年（260项），同样近几年也呈下降趋势；申请人日立的年申请量均未突破百项，趋于稳定态势；申请人三菱同日立近似，不过其申请量在2016年突破百项（108项），并且近几年的申请量下降不明显；富士通在 2014 年之后便不再有相关申请；反观日产，分别在 2013 年和 2015 年才达到申请量的峰值（154 项和 153 项）。从近几年的申请趋势上看，住友、JSR、信越的专利申请量储备仍具备一定实力，而富士通和日立则几乎不再涉猎光刻胶技术方向的专利申请。

再进一步分析，光刻胶技术中国专利申请前十位申请人的申请量发展趋势情况如图 3-15 所示。

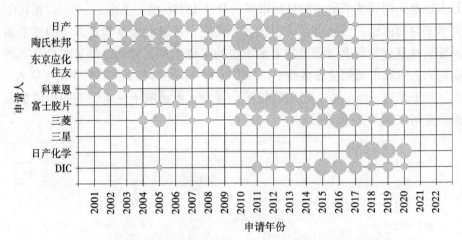

图 3-15　光刻胶技术中国专利申请前十位申请人的申请量发展趋势

由图 3-15 可以看出，光刻胶技术中国专利申请量排名前十位申请人中，2010 年之后，全球专利申请量排名第十位的申请人日产在中国的专利申请量最多；第二名是来自美国的陶氏杜邦；值得一提是科莱恩在 2003 年申请 3 项专利之后便没有新的专利申请，鉴于专利保护期限中发明专利的保护期限最长，为 20 年，其全部专利（128 项）几乎均濒临无效状态。

之后，进一步分析光刻胶技术中国专利申请量中目前处于专利有效状态的专利申请，共计 692 项，占所有中国专利申请 1878 项的 36.85%。其中有效专利中排名前十位的国外申请人情况如下：日产 114 项、富士胶片 44 项、东京应化 40 项、三菱 32 项、陶氏杜邦 30 项、DIC 29 项、三星 25 项、信越 24 项、东丽 16 项，以及 JSR 15 项。

综上，由光刻胶技术的专利信息可以看出：

①光刻胶技术全球专利申请中源自中国申请人的专利申请占比仅为 2.78%，而中国专利申请中源自中国申请人的专利申请占比仅为 19.54%，名副其实是我国"卡脖子"技术之一。

②光刻胶技术的技术来源主要国家和地区包括：申请量具有压倒性优势的日本，其次是美国以及韩国。

③在全球范围内掌握大量光刻胶技术专利申请量、在我国进行专利布局并且获得授权有效专利数量较多的企业包括：日产、富士胶片、东京应化、三菱、三星、信越以及 JSR；此外，陶氏杜邦虽然专利申请量没有排进全球前十名，但是其在中国专利申请量仅次于日产，排名第二，并且有效专利数量排名第五位，同样值得关注；从近几年的申请趋势上看，住友、JSR、信越的专利申请量仍具有一定储备，而全球排名前十位中的富士通和日立则几乎不再涉猎光刻胶技术方向的专利申请。

对光刻胶技术全球专利申请的技术构成进一步分析，得到光刻胶技术全球专利申请前十位技术方向的申请量发展趋势，如图 3-16 所示。

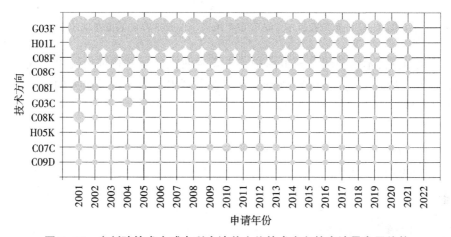

图 3-16 光刻胶技术全球专利申请前十位技术方向的申请量发展趋势

由图 3-16 可以看出，光刻胶技术全球专利申请前十位技术方向的申请量发展趋势基本与技术构成情况相似，在排名前三位的技术方向中，申请量均连年占据主导地位。

接下来，对光刻胶技术全球专利申请中的技术构成进一步分析其功效情况，得到光刻胶技术全球专利申请前十位技术方向的技术功效图，如图 3-17 所示。

由图 3-17 可以看出，光刻胶技术全球专利申请中，主要的功效集中在复杂性、稳定性以及耐热性方面。

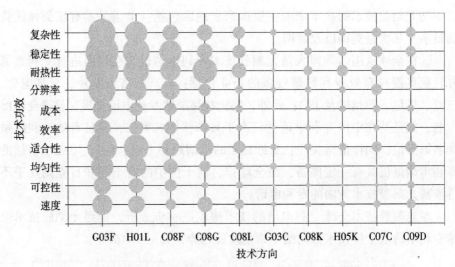

图 3-17　光刻胶技术全球专利申请前十位技术方向的技术功效图

　　光刻胶技术的全球专利申请中，主要发明人的技术构成情况可以表征主流的技术方向。因此，对光刻胶技术全球专利申请前十位发明人的技术构成情况作进一步分析，如图 3-18 所示。

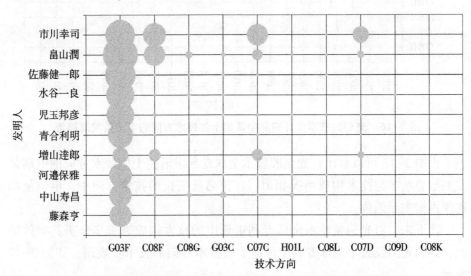

图 3-18　光刻胶技术全球专利申请前十位发明人的技术构成情况

　　由图 3-18 可以看出，光刻胶技术全球专利申请前十位发明人的技术构成情况中排名第一位的技术方向与光刻胶技术全球专利申请相同，是 G03F（图纹面的照相制版工艺）；而光刻胶技术全球专利申请中排名第三位的技术分支 C08F（仅用碳-碳不饱和键反应得到的高分子化合物）则在前十位发明人的技术构成情况中排名第二位；相对于前述两个技术分支，H01L（半导体器件）技术分支的发明人专利产出量则并没有那么集中。

综上，由光刻胶技术的专利信息可以看出：

①光刻胶技术当前的技术研发主流集中在 G03F（图纹面的照相制版工艺）、H01L（半导体器件）以及 G08F（仅用碳-碳不饱和键反应得到的高分子化合物）这 3 个技术分支。

②从技术功效上看，主要的功效集中在复杂性、稳定性以及耐热性方面。

③相对而言，涉及 H01L（半导体器件）技术方向的发明人专利产出量不太集中。

为进一步深入了解国内光刻胶技术的现有情况，以及国内与全球光刻胶技术之间的差异情况，现对由中国申请人申请的中国专利（仅限于在中国大陆的专利申请，以下称为"源自中国申请人的光刻胶技术专利申请"）进行更进一步的分析。上述专利申请经检索和简单同族合并后共计 367 项，占中国专利申请量 1878 项的 19.54%。

源自中国申请人的光刻胶技术专利申请量发展趋势情况如图 3-19 所示。

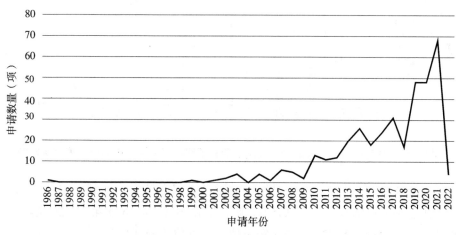

图 3-19　源自中国申请人的光刻胶技术专利申请量发展趋势

由图 3-19 可以看出，我国申请人的光刻胶技术专利申请最早为 1986 年提交的一项，是由北京师范大学申请的发明专利（CN86108059A），发明名称为"聚丁二烯系正型抗蚀剂及合成方法"，涉及一种光刻胶材料及其制备方法；1987—1998 年的十余年间均无申请；1999 年，由长春人造树脂厂股份有限公司和财团法人工业技术研究院联合申请了一项发明专利（CN1303876A），发明名称为"含不饱和键支链的共聚物及其光致抗蚀剂组合物"，涉及一种光刻胶材料及其制备方法；2001—2010 年，每年申请量在 0~6 项分布；自 2010 年开始申请量有了较大增长，从 13 项逐步开始上升；2010 年当年，昆山西迪光电材料有限公司就申请了 13 项专利，涉及 193nm、248nm、深紫外等光刻胶材料；2021 年申请量达到高峰 68 项，其中宁波南大申请 12 项，而由于 2021 年及之后的专利申请仍有部分没有到公开期限，因此这两年的实际申请数量应比此还高。

光刻胶技术源自中国申请人的专利申请数量从 2010 年之后持续增长，2018 年之后涨势更为迅猛，表明国内创新主体对光刻胶技术持有一定的研发热情。

接下来，分析源自中国申请人的光刻胶技术专利申请技术来源省市的申请量发展趋势情况，如图 3-20 所示。

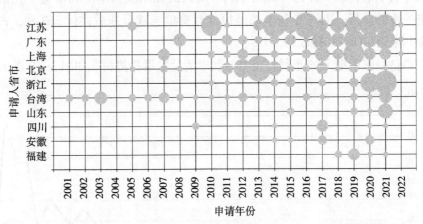

图 3-20　源自中国申请人的光刻胶技术专利申请技术来源省市的申请量发展趋势

由图 3-20 可以看出，光刻胶技术源自中国申请人的专利申请技术来源中，排名第一位的是江苏，共计 96 项，占比 26.16%；位于第二位的是广东，共计 57 项，占比 15.53%；位于第三位至第五位的分别是上海 45 项、北京 40 项以及浙江 39 项，占比分别为 12.26%、10.90% 以及 10.63%；位于第六位的是台湾，共计 29 项，占比 7.90%；再之后分别是山东 11 项、四川 9 项、安徽 7 项以及福建 6 项，后四位占比总和未超过 9.00%。由此可知，江苏、广东、上海、北京、浙江等东部或一线省市，是光刻胶技术的研发热点区域。

由图 3-20 还可以看出，江苏、广东一直以来申请量处于领先地位；北京在 2013 年左右出现过短暂的申请量高峰 23 项，但随后很快便回落，其当年申请均为京东方科技集团有限公司的申请，涉及光刻胶材料；浙江在 2020 年之后的近两年申请量突飞猛进，其申请人包括宁波南大光电材料有限公司、浙江自立高分子化工材料有限公司、浙江理工大学等涵盖企业和高校等多个申请主体，有望成为后起之秀。

进一步分析，源自中国申请人的光刻胶技术专利申请前十位申请人的申请量发展趋势如图 3-21 所示。

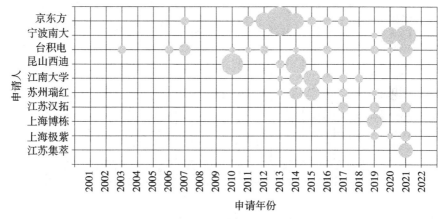

图 3-21　源自中国申请人的光刻胶技术专利申请前十位申请人的申请量发展趋势

由图 3-21 可以看出，光刻胶技术专利申请中，申请数量排名第一位至第十位的中国申请人分别是：京东方 27 项、宁波南大 20 项、台积电 17 项、昆山西迪 16 项、江南大学 14 项、苏州瑞红 13 项、江苏汉拓 8 项、上海博栋 6 项、上海极紫 6 项以及江苏集萃 6 项。可见，在光刻胶技术方向中，申请量位于前十位的申请人中有九位是企业申请人，京东方是半导体显示产品的龙头企业；宁波南大是江苏南大的子公司，专注于先进的光刻胶产品开发检测；台积电是台湾的全球第一家专业集成电路制造服务企业。前十位申请人中唯一的大专院校或科研单位申请人是江南大学，其专利申请共计 14 项，有部分申请是与苏州瑞红的联合申请，涉及 248nm 深紫外光刻胶材料、聚氨酯丙烯酸酯等制备光刻胶的方法。

由图 3-21 还可以看出，源自中国申请人的光刻胶技术专利申请中，排名第一位的申请人京东方仅在 2013 年出现过短暂的申请量高峰 23 项，其之前和之后申请量均较少；而排名第二位的宁波南大在近几年申请量有较大增幅，有望成为后起之秀；排名第三位的台积电申请量一直处于稳定状态，保持着持续的发展；排名第四位的昆山西迪，在 2010 年和 2014 年有较多申请，目前也无新增申请，其后的江南大学和苏州瑞红也仅在 2015 年左右有一定申请；相对而言，申请总量排名略靠后的江苏汉拓、上海博栋、上海极紫以及江苏集萃均在 2019 年及之后开始涉猎光刻胶技术方向，有望成为未来的主要创新主体。

再进一步分析，源自中国申请人的光刻胶技术专利申请前十位技术方向的申请量发展趋势如图 3-22 所示。

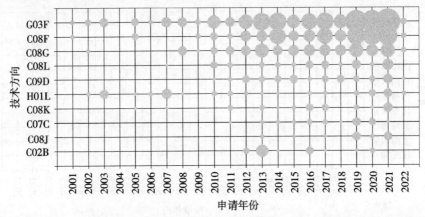

图 3-22　源自中国申请人的光刻胶技术专利申请前十位技术方向的申请量发展趋势

由图 3-22 可以看出，源自中国申请人的光刻胶技术专利申请的前十位技术方向的申请量发展趋势基本与技术构成情况相似，排在前三位的技术方向申请量均连年占据主导地位，排第四位的技术方向近年来申请量略有增加。

源自中国申请人的光刻胶技术专利申请前十位申请人的技术构成情况，如图 3-23 所示。

由图 3-23 可以看出，光刻胶技术前十位中国申请人的中国专利申请在前十位技术方向上各有侧重。中国大陆的申请人，例如京东方、宁波南大、昆山西迪、江南大学、苏州瑞红、江苏汉拓和江苏集萃主要集中在 G03F（图纹面的照相制版工艺）、C08F（仅用碳-碳不饱和键反应得到的高分子化合物），以及 C08G（用碳-碳不饱和键以外的反应得到的高分子化合物）；而来自中国台湾的申请人台积电则更偏重于 G03F（图纹面的照相制版工艺）和 H01L（半导体器件）；此外，上海博栋还集中在 C07C（无环或碳环化合物）。

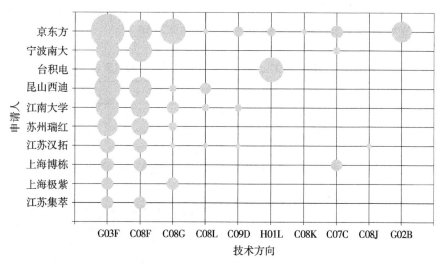

图 3-23　源自中国申请人的光刻胶技术专利申请前十位申请人的技术构成情况

接下来，进一步分析光刻胶技术"建圈强链"，即建成产业集群的基础条件情况。首先，对光刻胶技术的各链主企业的联合申请人的专利信息作进一步分析，得到光刻胶技术链主企业及其联合申请人的专利法律状态，如表 3-6 所示。

表 3-6　光刻胶技术链主企业及其联合申请人的专利法律状态

排名	链主企业	申请数量（项）	联合申请人	授权有效量（项）	变更/受让/许可
1	京东方	27	合肥鑫晟	18	无
2	宁波南大	20	江苏南大	2	5：宁波南大、江苏南大
3	台积电	17	AZ 电子、瑞士科莱恩	6	1：德国默克
4	昆山西迪	16	无	11	5：昆山瑞和、苏州瑞红、昆山西迪
5	江南大学	14	苏州瑞红	7	无
6	苏州瑞红	13	江南大学	3	无
7	江苏汉拓	8	无	1	1：徐州博康
8	上海博栋	6	无	1	无
9	上海极紫	6	无	0	无
10	江苏集萃	6	无	0	无

接下来进一步分析光刻胶的上游产业，即光刻胶的原材料，以及下游产业，即光刻胶的应用的申请人分布情况，如表3-7所示。

表3-7 光刻胶技术上游材料和下游应用的专利申请人情况

光刻胶上下游产业	产业内容	企 业	高 校
上游材料	酚醛树脂、聚甲基丙烯酸甲酯、聚对羟基苯乙烯、马来酰亚胺、聚碳酸酯、聚烯烃砜、聚醚等	湖北固润、上海东大、彤程集团、南通千翼、山东圣泉、北京科华	上海交大、复旦大学、浙江大学、电子科大
下游应用	半导体、集成电路等	中芯国际、台积电、长鑫存储、上海华力、长江存储、北方华创、京东方、上海华虹宏力、联华电子、武汉新芯等	中科院、电子科大、中国电科、清华大学、复旦大学、西安电科、北京大学、浙江大学等

综上，可以看出光刻胶技术"建圈强链"的地区占优势的是江苏和浙江两个省，其拥有的产业链专利申请人分布情况如表3-8所示。

表3-8 光刻胶技术"建圈强链"的专利申请人分布情况

光刻胶建圈强链	上游材料	中游制造	下游应用
江苏	无	昆山西迪、苏州瑞红、江苏汉拓、江苏集萃、江南大学	昆山国显、昆山工研院、长电科技、中国电科、南京大学、南京邮电、华灿光电
浙江	无	宁波南大、浙江自立高分子、新东方油墨、浙江福特新材料、台州新韩电子、浙江大学、浙江理工	华灿光电、浙江大学、杭州士兰、杭州电科、芯盟科技、甬矽电子、中科院、中芯国际

综上，由光刻胶技术的专利信息可以看出：

①光刻胶技术中国申请人的专利申请数量从2010年之后持续增长，2018年之后涨势更为迅猛，表明国内创新主体对光刻胶技术持有一定的研发热情。

②江苏、广东、上海、北京、浙江等东部或一线省市，是光刻胶技术的研发热点区域。结合创新来源省市的申请量发展趋势来看：江苏、广东、浙江是光刻胶技术近几年来活跃度仍然较高的省市；其中，浙江在2021年的申请量（20项）是当年的最高值。

③结合中国申请人的申请量发展趋势来看，来自江苏的企业和高校发展态势最为看好，其创新主体包括企业昆山西迪、江苏汉拓、江苏集萃以及高校江南大学。申请量排第一位的京东方近五年没有光刻胶技术相关申请；相反，宁波南大、江苏汉拓、上海极紫以及江苏集萃均在 2019 年及之后开始涉猎光刻胶技术方向并且近两年持续发展，尤其是宁波南大，目前申请量排名第二（仅次于京东方），其有望成为光刻胶技术未来的主要创新主体。

④国内申请人的研发热点各有不同。除 G03F（图纹面的照相制版工艺），较多集中在 G08F（仅用碳－碳不饱和键反应得到的高分子化合物），我国大陆的申请人几乎不涉及 H01L（半导体器件）领域，这可能与创新主体的主营范围相关，光刻胶技术的大陆申请人没有像我国台湾地区的申请人台积电一样涉及半导体、集成电路制造，而更多是涉及光电材料；不同的光刻胶材料成分中，昆山西迪还涉及 C08L（高分子化合物的组合物）、上海博栋还涉及 C07C（无环或碳环化合物），上海极紫则集中在 C08G（用碳－碳不饱和键以外的反应得到的高分子化合物）。

⑤由光刻胶技术中国省市分布情况以及前十位中国申请人的专利申请情况可以看出：江苏省具有"建圈强链"——建成产业集群的基础条件，其创新主体包括企业昆山西迪、江苏汉拓、江苏集萃、苏州瑞红以及高校江南大学，具备一定技术储备；从研发热点上看，其主要技术方向集中在不同材料，各有千秋，可以形成优势互补；浙江省在 2010 年才开始有光刻胶技术相关的专利申请，晚于江苏、北京、上海、广东，但是在 2021 年其申请量（20项）已达到中国申请人中的最高值；浙江省的创新主体包括宁波南大，目前申请量排名第二（仅次于京东方），其有望成为光刻胶技术未来的主要创新主体。

3.3.2 创新主体协同合作

不同的创新主体的研发重点各有侧重，可以通过协同合作寻求进一步的发展。利用本书第三章第 3.2 节光刻胶技术全球和中国专利态势分析得到的初步结论，以及第 3.3.1 节宏观产业政策引导部分得到的分析结果对光刻胶技术专利信息再次进行深入分析和研究。

光刻胶技术全球专利申请前十位申请人的技术构成情况，以及光刻胶技术中国专利申请前十位申请人的技术构成情况分别如图 3-24 和图 3-25 所示。

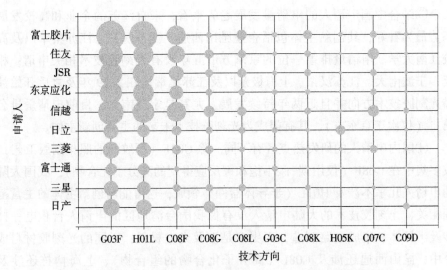

图3-24 光刻胶技术全球专利申请前十位申请人的技术构成情况

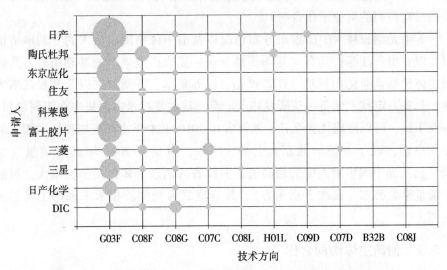

图3-25 光刻胶技术中国专利申请前十位申请人的技术构成情况

由图3-24和图3-25可以看出,光刻胶技术全球和中国专利申请前十位申请人的研发重点各有不同,在寻找潜在合作对象时可以结合实际合作需求来选取合适对象。

综上,由光刻胶技术的专利信息可以看出:

①在光刻胶技术潜在的合作对象中,除了来自日本的富士胶片、住友、JSR、东京应化、信越、日立等,还有来自韩国的三星、来自美国的陶氏杜邦以

及来自瑞士的科莱恩。

②光刻胶技术国内企业或高校主要包括：京东方、宁波南大、台积电、昆山西迪、江南大学、苏州瑞红、江苏汉拓、上海博栋、上海极紫以及江苏集萃，均可以作为相互合作的对象。

③可以结合申请人的技术构成选取适合自己需求的申请人作为潜在的合作对象。

接下来分析源自中国申请人的光刻胶技术专利申请的申请人类型分布情况，如图 3-26 所示。

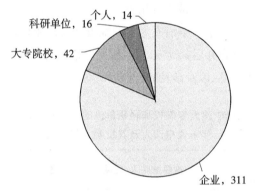

图 3-26　源自中国申请人的光刻胶技术专利申请的申请人类型分布

由图 3-26 可以看出，源自中国申请人的光刻胶技术专利申请中，企业申请占据绝大多数，为 311 项；大专院校和科研单位分别仅有 42 项和 16 项，个人申请有 14 项。可见，在光刻胶技术方向中，与集成电路产业相同，更适合具有研发实力的企业参与，大专院校和科研单位涉猎较少，而个人则更难步入其中。但是中国申请人中大专院校和科研单位的占比要比全球申请人中占比更高。

大专院校和科研单位主要包括：江南大学 14 项、上海交大 2 项、东北林大 2 项、中山大学 2 项、北师大 2 项、华中科大 2 项、浙江理工 2 项、上海应用技术学院 2 项以及东南大学 1 项；还有中科院系，包括中科院长春应化所黄埔先进材料研究所（黄埔材料）3 项、中科院兰州化学物理研究所 1 项、中科院天津工业生物技术研究所 1 项以及中科院理化技术研究所 1 项等。

个人申请主要包括：邵杰 2 项，刘同生、刘志明、史强、孙安顺、宋芳以及徐伟鹏各 1 项。个人申请中存在与企业的联合申请。

综上，由光刻胶技术的专利信息可以看出：

①产学研协同创新中涉及光刻胶技术研究的企业包括：位于江苏、广东、

上海、北京、浙江等东部或一线省市的京东方、宁波南大、昆山西迪、江苏汉拓、上海博栋等。

②产学研协同创新中涉及光刻胶技术研究的大专院校和科研单位包括：江南大学、上海交大、东北林大等；还有中科院系，包括中科院长春应化所黄埔先进材料研究所、中科院兰州化学物理研究所、中科院天津工业生物技术研究所以及中科院理化技术研究所。

3.3.3　人才体系建立完善

大专院校和科研单位一直被视为培养科技骨干人才的基地。对源自中国申请人的光刻胶技术专利申请中，申请人为大专院校和科研单位的专利申请进一步检索和分析，经简单同族合并后共计60项。按照申请量排序的前十位的申请人分布情况、其主要发明人/团队以及涉及的合作申请对象的情况，如表3-9所示。

表3-9　源自中国大专院校和科研单位的光刻胶技术专利申请的
前十位申请人及其发明人等情况

申请人	专利数量（项）	主要发明人/团队（专利数量）	合作申请
江南大学	14	刘仁（13）、刘敬成（13）、刘晓亚（13）、穆启道（9）、郑祥飞（9）、李虎（8）、纪昌炜（6）、孙小侠（5）、刘秋华（4）、李治全、卢杨斌、徐文佳	苏州瑞红
中科院	7	于天君、冯淼、年福伟、庞浩、廖兵、曾毅、李嬛、李桃、汪慧怡、王丽娜、王璐、田敬东、罗业燊、胡盛文、蒙业云、陈金平、韦代东、黄建恒、刘建飞、刘新宇	中科院广州化学、韶关技术创新与育成中心、南雄中科院孵化器
黄埔材料	6	刘亚栋（4）、季生象、李小欧、顾雪松、吴敏铭、潘锦铖、郑爽、黎迈俊、农美凤	
上海交大	2	张亚非、胡南滔、陶焘、魏浩、万霞、印杰、姜学松、林宏、王庆康、锻冶诚	日立
东北林大	2	刘志明、吴鹏、王海英、张霄、李志国、顾顺友	刘志明
中山大学	2	王小妹、杨翰、马志平、伍雪芬、封亮廷、梁智昊	
北京化工	2	张硕、戚金鑫、章宇轩、聂俊	
北师大	2	刘娟、王力元、余尚先	

续表

申请人	专利数量（项）	主要发明人/团队（专利数量）	合作申请
华中科大	2	乐强、刘亚男、孟凡玲、甘棕松、田斯丹、罗亮、骆志军	
浙江理工	2	张勇、胡辉冯、姚菊明、张秀梅、杨舒雅、陈天涯	

综上可知，作为培养人才主要机构的国内的大专院校和科研单位中涉及光刻胶技术研究的包括江南大学、中科院、黄埔材料、上海交大、东北林大等；作为潜在骨干人才的国内大专院校和科研单位中涉及光刻胶技术的发明人包括刘仁、刘敬成、刘晓亚、穆启道等；个人申请的发明人同样可以作为潜在的骨干人才，主要包括邵杰、刘同生、刘志明等；从技术方向上看，目前在高分子化合物技术方向及其下属分支上有部分人才储备，但在半导体器件领域中人才缺口更为严重。

接下来，再分析源自中国大专院校和科研单位的光刻胶技术专利申请的申请量发展趋势情况。从申请趋势上可以看出专利申请随时间的数量变化，能够更准确地识别潜在人才培养基地和潜在的骨干人才。首先，看一下源自中国大专院校和科研单位的光刻胶技术专利申请前十位申请人的专利申请量发展趋势，如图3-27所示。

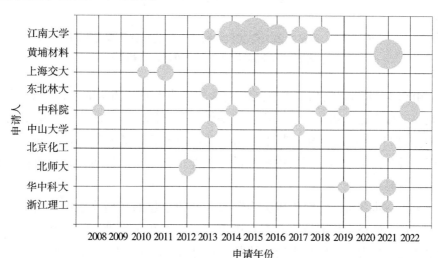

图3-27　源自中国大专院校和科研单位的光刻胶技术专利申请前十位申请人的专利申请量发展趋势

由图 3-27 可以看出，申请数量最多的是江南大学，其申请主要分布在 2013 年至 2018 年，而中科院的申请分布时间最为广泛，从 2008 年至 2022 年陆续都有申请；黄埔材料、北京化工、华中科大以及浙江理工这几所大专院校和科研单位也均在近三年有专利申请，尤其是黄埔材料，其 6 项专利申请均为 2021 年提交；相反，上海交大、东北林大、中山大学和北师大在近五年都没有相关专利申请。

再看一下源自中国大专院校和科研单位的光刻胶技术专利申请前十位发明人的专利申请量发展趋势，如图 3-28 所示。

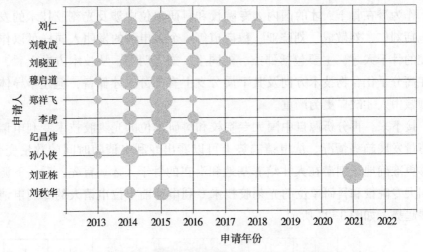

图 3-28 源自中国大专院校和科研单位的光刻胶技术专利申请前十位发明人的专利申请量发展趋势

由图 3-28 可以看出，来自江南大学的发明人及其团队的刘仁、刘敬成、刘晓亚、穆启道、郑祥飞、李虎、纪昌炜、孙小侠，以及刘秋华的申请同样集中在 2013 年至 2018 年，其中发明人刘仁的申请数量最多且时间分布最为广泛。排名前十位的发明人中唯一的一位非江南大学的发明人是刘亚栋，来自黄埔材料。

再进一步分析，源自中国大专院校和科研单位的光刻胶技术专利申请前十位申请人的技术构成情况和源自中国大专院校和科研单位的光刻胶技术专利申请前十位发明人的技术构成情况，分别如图 3-29 和图 3-30 所示。

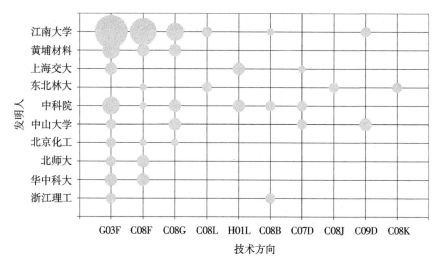

图3-29 源自中国大专院校和科研单位的光刻胶技术专利申请前十位申请人的技术构成情况

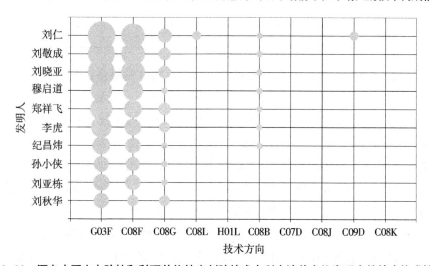

图3-30 源自中国大专院校和科研单位的光刻胶技术专利申请前十位发明人的技术构成情况

综上可知，源自中国大专院校和科研单位的光刻胶技术专利申请的技术构成中排前前三位的技术方向分别是：G03F（图纹面的照相制版工艺）、C08F（仅用碳-碳不饱和键反应得到的高分子化合物），以及C08G（用碳-碳不饱和键以外的反应得到的高分子化合物）。

接下来，再分析源自中国大专院校和科研单位的光刻胶技术专利申请的发明人的专利的法律状态，可以进一步看出其专利有效性情况，如表3-10所示。

表 3-10　源自中国大专院校和科研单位的光刻胶技术专利申请的
发明人及其专利法律状态

大专院校科研院所 发明人	专利数量 （项）	有效专利 （项）	转让/变更 专利数量（项）	受让人/变更后 权利人
刘仁	13	7	0	
刘敬成	13	6	0	
刘晓亚	13	6	0	
穆启道	9	3	0	
郑祥飞	9	4	0	
李虎	8	3	0	
纪昌炜	6	2	0	
孙小侠	5	1	0	
刘亚栋	4	3	3	黄埔材料
刘秋华	4	2	0	

由表 3-10 可以看出，发明人刘仁的有效专利数量最多，为 7 项，而孙小侠的有效专利最少，为 1 项；刘亚栋的专利涉及转让，受让人是黄埔材料。

接下来，对源自中国大专院校和科研单位的光刻胶技术专利申请中申请数量最多的江南大学作进一步分析，可以得出，江南大学的光刻胶技术的专利申请的发明人团队较为集中，包括：刘仁、刘敬成、刘晓亚、穆启道、郑祥飞、李虎、纪昌炜、孙小侠、刘秋华以及李治全，其专利申请趋势集中在2013—2018 年；技术方向集中在 G03F（图纹面的照相制版工艺）、C08F（仅用碳-碳不饱和键反应得到的高分子化合物），以及 C08G（用碳-碳不饱和键以外的反应得到的高分子化合物）；发明人刘仁和李治全的专利申请的技术方向还包括 C08L（高分子化合物的组合物）、C09D（涂料组合物），以及 C09J（黏合剂）。

再进一步分析可知：江南大学的 14 项专利申请中，刘仁教授所带领的团队参与了其中 13 项，且其中有 8 项是与苏州瑞红的共同申请（苏州瑞红与江南大学共合作申请 9 项，合作申请的发明人均包括刘敬成、刘晓亚和穆启道，均参与 9 项；刘仁参与 8 项、郑祥飞参与 7 项等）。

除了大专院校和科研单位，由于发明人个人也可以同时作为申请人进行专利申请，因此个人申请的发明人同样也是潜在的科技骨干人才。进一步分析源自中国申请人的光刻胶技术专利申请中，申请人为个人的情况，如表 3-11 所示。

表 3-11　源自中国个人的光刻胶技术专利申请的发明人及其专利法律状态

个人发明人	专利数量（项）	有效专利数量（项）	转让/变更专利数量（项）	受让人/变更后权利人
邵杰	2	0	0	
刘同生	1	0	1	宋秉让
刘志明	1	1	0	
史强	1	0	0	
孙安顺	1	1	1	黑龙江格兰德化工有限公司、黑龙江吉地油田服务股份有限公司
宋芳	1	1	1	威海创科新材料技术有限公司、张朝威
徐伟鹏	1	1	1	重庆智菱油墨科技有限公司
杨建	1	0	0	
焦荣	1	0	0	
石泰山	1	0	0	

通过进一步分析可知，作为潜在骨干人才的光刻胶技术专利申请的个人申请发明人包括：邵杰、刘同生、刘志明等。从申请趋势上看，表 3-11 所列的发明人中，刘同生申请时间较早，在 2003 年，且其专利已不再有效，其余发明人的申请时间均在 2011 年之后，尤其是邵杰、史强和石泰山，其申请时间在 2019 年之后。从法律状态上看，目前拥有光刻胶技术相关有效专利的个人申请的发明人包括：刘志明、孙安顺、宋芳、徐伟鹏；涉及专利转让/变更的发明人有刘同生、孙安顺、宋芳以及徐伟鹏，其变更后的受让人/权利人包括个人，也包括企业。

接下来，从光刻胶技术构成角度进一步分析全球专利申请的技术构成和源自中国申请人的专利申请的技术构成之间的对比，如表 3-12 所示。

表3-12　光刻胶技术全球专利申请和源自中国申请人的专利申请的技术构成情况

排名	全球申请人		中国申请人	
	技术构成	专利数量（项）	技术构成	专利数量（项）
1	G03F	22879	G03F	314
2	H01L	18721	C08F	189
3	C08F	8880	C08G	128
4	C08G	4355	C08L	51
5	C08L	3750	H01L	50
6	G03C	2183	C09D	44
7	C08K	2152	C08K	39
8	H05K	2020	C07C	22
9	C07C	1952	G02B	20
10	C09D	1301	C07D	19

由表3-12可以看出，相对于全球专利申请技术构成及其发展趋势来看，我国光刻胶技术在G03F（图纹面的照相制版工艺）、C08F（仅用碳-碳不饱和键反应得到的高分子化合物）、C08G（用碳-碳不饱和键以外的反应得到的高分子化合物），以及C08L（高分子化合物的组合物）中，即有机高分子化合物技术方向有部分人才储备，但在H01L（半导体器件）技术方向的人才缺口较为严重。

综上，由光刻胶技术的专利信息可以看出：

①作为培养人才主要机构的国内大专院校和科研单位，涉及光刻胶技术研究的包括：江南大学、中科院、黄埔材料、上海交大等，其中黄埔材料、中科院在近两年仍存在专利申请。

②作为潜在骨干人才的涉及光刻胶技术的发明人包括：刘仁、刘敬成、刘晓亚、穆启道等；其中拥有有效专利较多的是刘仁、刘敬成和刘晓亚；近两年申请量较多的是刘亚栋；只有刘亚栋存在专利转让情况。

③江南大学的专利申请中，主要研究团队包括刘仁教授，其与江苏瑞红有多件共同申请，而穆启道则是苏州瑞红的总工程师；江南大学与苏州瑞红在光刻胶技术上存在着联合研发。

④作为潜在骨干人才的个人申请涉及光刻胶技术的发明人包括：邵杰、史强和石泰山；目前拥有有效专利的个人申请发明人包括：刘志明、孙安顺、

宋芳以及徐伟鹏。

⑤从技术构成上看，目前在高分子化合物技术方向及其下属分支上有部分人才储备，但在半导体器件领域人才缺口更为严重。

分析了源自中国大专院校和科研单位以及个人申请的光刻胶技术专利情况之后，接下来分析源自中国企业的光刻胶技术专利情况。源自中国申请人的光刻胶技术专利申请的发明人排名及其具体情况如表3-13所示。

表3-13　源自中国申请人的光刻胶技术专利申请的发明人排名及其具体情况

发明人	专利数量（项）	专利所属申请人	有效/在审/失效专利（项）	技术构成
冉瑞成	25	江苏汉拓、昆山西迪、苏州华飞	14/5/6	C08F、C08L、G03F
毛智彪	23	宁波南大、江苏南大	2/20/1	C08F、G03F、C07C
许从应	21	宁波南大、江苏南大	2/19/0	C08F、G03F、C07C
顾大公	21	宁波南大、江苏南大	1/19/1	C08F、G03F、C07C
马潇	20	宁波南大、江苏南大	2/17/1	C08F、G03F、C07C
沈吉	18	昆山西迪、苏州华飞	13/0/5	C08F、C08L、G03F
刘仁	13	江南大学、苏州瑞红	7/0/6	C08F、G03F、C08B
刘敬成	13	江南大学、苏州瑞红	6/0/7	C08F、G03F、C08B
刘晓亚	13	江南大学、苏州瑞红	6/0/7	C08F、G03F、C08B
陈鹏	13	宁波南大、江苏南大	2/10/1	C08F

由表3-13可以看出，排名前十位的发明人均来自三个企业和一所大专院校，第一个企业是江苏汉拓（江苏汉拓光学材料有限公司），包括排名第一位的冉瑞成，该发明人所有专利申请中还包含昆山西迪（昆山西迪光电材料有限公司）和苏州华飞（苏州华飞微电子有限公司）这两个公司的申请，由于时间上有差别，有可能是由于人才流动所致；第二个企业是宁波南大（宁波南大光电材料有限公司和江苏南大光电材料有限公司），包括排名第二位至第五位以及第十位的发明人：毛智彪、许从应、顾大公、马潇及陈鹏；第三个企业是昆山西迪以及苏州华飞，其发明人包括排名第六位的沈吉；唯一的一所大专院校是江南大学，其申请部分涉及与苏州瑞红电子化学品有限公司的联合申请，包括排名第七位至第九位的发明人：刘仁、刘敬成以及刘晓亚。

综上，由光刻胶技术的专利信息可以看出：

①我国已有光刻胶技术的高端人才包括但不限于：江苏汉拓的冉瑞成，宁波南大的毛智彪、许从应、顾大公、马潇及陈鹏，还有昆山西迪的沈吉，还有来自江南大学（与苏州瑞红联合申请）的刘仁、刘敬成以及刘晓亚。这些发明人的研发领域所涉及的材料组分各有不同。

②发明人冉瑞成先后在申请人苏州华飞、昆山西迪以及江苏汉拓间流动。发明人沈吉则先后在苏州华飞和昆山西迪间流动。

③发明人毛智彪、许从应、顾大功、马潇以及陈鹏的在审专利申请数量较多，后续有望成为有效专利。

分析了国内的光刻胶领域专利申请的发明人情况后，接下来我们进一步分析全球光刻胶领域专利申请的发明人情况，以提供全球光刻胶领域的技术人才分布情况。

结合本书第三章第3.2.1节"发明人分析"部分，可知光刻胶技术全球专利申请发明人排名情况。所有排名前十位的发明人均来自日本企业，其中，来自富士胶片的发明人有六位，来自住友的发明人有两位，来自信越和东京应化的发明人各有一位。进一步分析光刻胶技术全球专利申请的发明人排名及具体情况，如表3-14所示。

表3-14 光刻胶技术全球专利申请的发明人排名及其具体情况

发明人	专利数量（项）	专利所属申请人	技术构成
市川幸司	710	住友	G03F、C08F、C07C
畠山潤	454	信越	G03F、C08F、C07C
佐藤健一郎	333	富士胶片	G03F
水谷一良	285	富士胶片	G03F
儿玉邦彦	251	富士胶片	G03F
青合利明	244	富士胶片	G03F
增山達郎	181	住友	G03F、C08F、C07C
河邊保雅	178	富士胶片	G03F
中山寿昌	150	东京应化	G03F
藤森亨	147	富士胶片	G03F

进一步地，可以分析光刻胶技术全球专利申请前十位发明人的申请量发

展趋势情况，结合近几年的申请量情况来判断其技术研发能力，进而挖掘合适的人才。通过分析可知，总申请量最多的市川幸司近几年的申请量仍保持第一，可以成为人才引进的潜在目标，其次是畠山潤、佐藤健一郎、水谷一良以及藤森亨。而儿玉邦彦、青合利明、增山達郎、河邉保雅以及中山寿昌近十年来申请量逐渐减少为0，在人才引进时应予以留意。

进一步分析光刻胶技术中国专利申请中来自国外发明人的排名及其具体情况，如表3-15所示。

表3-15 光刻胶技术中国专利申请中来自国外发明人的排名及其具体情况

发明人	专利数量（项）	专利所属申请人	技术构成
坂本力丸	77	日产化学	G03F、C08G、C09D
越后雅敏	62	三菱	G03F、C08G、C07C
远藤贵文	47	日产化学	G03F、C08G、C09D
桥本圭祐	43	日产化学	G03F、C08G、H01L
中岛诚	42	日产化学	G03F、C08G、C07C
郑载昌	38	海力士、现代电子	G03F、C08F、C08G
白基镐	33	海力士、现代电子	C08F、G03F、C08G
岸冈高广	31	日产化学	G03F、C08G、C07C
郑旼镐	30	海力士、现代电子、SK集团	C08F、G03F、C08G
柴山亘	26	日产化学	G03F、C08G、C09D

由表3-15可以看出，光刻胶技术中国专利申请中来自国外发明人的前十位所属的申请人均为企业；在技术构成中各发明人的研发重点各有不同，在人才引进时可以结合实际研发需求来引进合适人选。

进一步分析光刻胶技术中国专利申请中来自国外发明人的专利法律状态，如图3-31所示。

由图3-31可以看出，光刻胶技术中国专利申请的国外发明人中，除了郑载昌和白基镐，其他发明人仍有有效专利，郑旼镐的有效专利数量较少。在人才引进时，以上信息应作为重要参考。

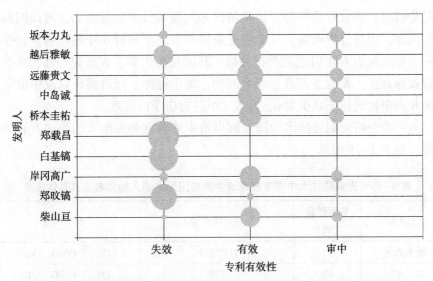

图 3-31　光刻胶技术中国专利申请中来自国外发明人的专利法律状态

　　考虑到仅仅参考专利申请数量信息过于单一，接下来对光刻胶全球专利中的重点专利进行筛选和进一步分析。重点专利的筛选标准为：光刻胶相关的专利处于未失效法律状态且同族专利申请在 3 项以上（包括 3 项）。其中，专利的法律状态包括专利审批过程中的提交后待审状态、授权有效状态、驳回失效状态、撤回状态等；在审批授权之后，专利的法律状态包括授权有效状态、期限届满失效状态、未缴费失效状态、无效复审状态、法律诉讼状态、无效失效状态等；而未失效状态指提交后仍处于待审状态、授权有效状态等的专利仍处于有效状态、有可能后续处于有效状态的情况。同族专利是指基于同一优先权文件，在不同国家或地区，以及地区间专利组织多次申请、多次公布或批准的内容相同或基本相同的一组专利文献。按照上述筛选标准，对光刻胶相关的全球专利进行检索并经简单同族合并后共得到 5804 项专利申请。光刻胶技术全球重点专利申请前十位发明人的申请量发展趋势如图 3-32 所示。

　　由图 3-32 可以看出，光刻胶技术全球重点专利排名前十的发明人均来自日本，除渡边武、金生刚以及荻原勤，其余的发明人均在 2019 年后仍存在光刻胶技术相关的重点专利申请，相对而言，较晚开始进行重点专利申请的发明人是市川幸司。

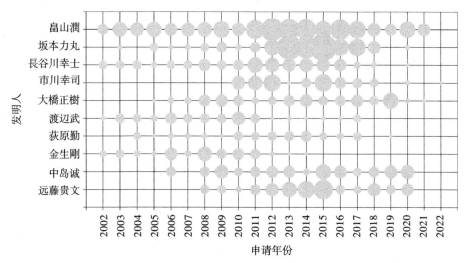

图 3-32 光刻胶技术全球重点专利申请前十位发明人的申请量发展趋势

进一步分析，光刻胶技术全球重点专利申请前十位发明人的技术构成在 G03F（图纹面的照相制版工艺）以及 H01L（半导体器件）这两个技术方向较为集中，而此外，排名前三位的技术方向中的最后一个则各有不同：畠山润、市川幸司、長谷川幸士以及大橋正樹涉及 C08F（仅用碳−碳不饱和键反应得到的高分子化合物），而坂本力丸、中島诚以及远藤贵文则涉及 C08G（用碳−碳不饱和键以外的反应得到的高分子化合物）。

接下来进一步分析光刻胶技术全球重点专利申请前十位发明人的具体情况，如表 3-16 所示。

表 3-16 光刻胶技术全球重点专利申请前十位发明人的具体情况

排名	重点专利发明人	专利数量（项）	主申请人	其他申请人	团队其他主要成员	专利布局国家/地区
1	畠山润	321	信越	松下、三星、Central Glass	長谷川幸士、大橋正樹、原田裕次	日本、美国、韩国、欧专局、德国
2	市川幸司	201	住友	无	增山達郎、山口訓史、嶋田雅彦、鈴木雄喜	日本、中国、韩国、比利时、欧专局
3	長谷川幸士	121	信越	无	畠山润、提箸正義、金生剛、渡辺武	日本、韩国、欧专局、德国、美国

续表

排名	重点专利发明人	专利数量（项）	主申请人	其他申请人	团队其他主要成员	专利布局国家/地区
4	大橋正樹	112	信越	无	畠山潤、長谷川幸士、金生剛、大沢洋一	日本、韩国、欧专局、德国
5	坂本力丸	74	日产化学	无	远藤贵文、西卷裕和、桥本圭祐、染谷安信	中国
6	渡辺武	57	信越	三井化学	金生剛、畠山潤、荻原勤、長谷川幸士	日本
7	金生剛	53	信越	三井化学、IBM	渡辺武、長谷川幸士、大橋正樹、大澤洋一	日本
8	荻原勤	51	信越	IBM	郡大佑、上田貴史、渡辺武、種田義則	日本
9	中岛诚	46	日产化学	无	柴山亘、菅野裕太、武田谕、若山浩之	中国
10	远藤贵文	45	日产化学	无	坂本力丸、西卷裕和、桥本圭祐、藤谷德昌	中国

由表 3-16 可以看出，光刻胶技术全球重点专利申请的发明人均来自日本企业，且部分企业的重点专利是与其他企业的联合共同申请，专利的布局国家和地区也各有不同。这些信息在引进海外高端人才时应予以参考。

进一步分析重点专利的转让以及许可情况。分析发现，仅发明人畠山潤有 36 项专利涉及转让，受让人均为信越，原因是美国申请早期的先发明制所带来的个人申请后转让为公司申请所致。由于上述重点专利都为发明人所在公司申请人的职务发明，因此并不涉及许可事项。发明人金生剛的 53 项重点专利中，有 52 项专利由信越单独申请或信越与三井化学联合申请，仅有 1 项所属申请人是 IBM，该项专利（JP2016515219A）目前处于授权有效状态，这也是金生剛的最后一项与光刻胶相关的专利申请。发明人荻原勤有所不同，其 51 项重点专利中，有 47 项所属申请人均是信越，其余 4 项重点专利的所属申请人均是 IBM，这 4 项专利中，有两项（JP4491283B2 和 JP4367636B2）申请于 2004 年，其余两项（JP6196165B2 和 JP2016515219A）申请于 2014 年，并且最后一项（JP2016515219A）是与金生剛作为共同的发明人；发明人荻原勤 2014 年之后还有与光刻胶相关的专利申请，所属申请人均为信越。

接下来对光刻胶技术全球重点专利申请拥有量最多的前两位发明人畠山润和市川幸司作进一步的分析和对比。分析可知，畠山润和市川幸司两位发明人的技术构成大体相同，但是申请趋势存在不同：畠山润在2002年便开始在各个技术方向申请重点专利，而市川幸司在2006年才开始涉及。但是，虽然市川幸司起步较晚，但是其发展势头迅猛，已然成为光刻胶专利技术中的后起之秀。在专利布局趋势中，畠山润及其所在的信越更为看重日本、美国以及韩国市场；而市川幸司及其所在的住友则更为看重日本、中国台湾、韩国以及最近几年才有布局的比利时市场。

综上，由光刻胶技术的专利信息可以看出：

①在人才引进时可以寻找全球领先的发明人作为领军人才的候选，重点关注住友、信越、富士胶片、东京应化等申请人的研发团队，领军人才包括但不限于：市川幸司、畠山润、佐藤健一郎、水谷一良等。

②在人才引进时参考专利申请态势以及目前的有效专利情况，全球申请量较多的发明人中，儿玉邦彦、青合利明、增山達郎、河邊保雅以及中山寿昌近十年来申请量逐渐减少为0，郑载昌、白基镐在中国的专利均已失效，郑旼镐在中国的专利几近失效，在人才引进时应予以规避。

③可以结合发明人的技术构成选择适合自己需求的发明人作为引进的目标对象。

④可以通过分析重点专利来发掘重要的发明人，以作为潜在的领军人才；还可以通过对比不同重点申请人的重点专利数量、技术构成趋势以及专利布局趋势来寻找更为合适的领军人才。

3.3.4 技术研发攻关突破

通过对比光刻胶技术全球专利申请前十位申请人的申请量发展趋势以及全球前十位技术方向的申请量发展趋势情况可以看出：光刻胶技术全球专利申请主要技术方向为G03F（图纹面的照相制版工艺）、H01L（半导体器件）以及C08F（仅用碳-碳不饱和键反应得到的高分子化合物），其申请数量和近几年的申请情况均较其他技术方向具有绝对的领先优势。

通过对比光刻胶技术全球专利申请前十位申请人的技术构成和光刻胶技术全球专利申请前十位发明人的技术构成情况可以看出：光刻胶技术全球专利申请的前十位申请人、前十位发明人的技术构成均集中在G03F（图纹面的照相制版工艺）以及C08F（仅用碳-碳不饱和键反应得到的高分子化合物）；

相对于前两个技术方向，H01L（半导体器件）技术方向的发明人专利产出量则并没有那么集中。

综上可知：光刻胶的前沿技术仍掌握在日本申请人手中，尤其是日本企业日产、富士胶片、东京应化、三菱、信越以及 JSR 中；全球的研发热点技术方向以及重点申请人的研发热点技术方向涉及 G03F（图纹面的照相制版工艺）、H01L（半导体器件）以及 G08F（仅用碳-碳不饱和键反应得到的高分子化合物）这 3 个技术方向。

接下来，为了进一步深入把握技术发展情况，再着重分析光刻胶技术全球重点专利申请前十位技术方向的申请量发展趋势，如图 3-33 所示。

由图 3-33 可以看出，光刻胶技术全球重点专利申请的主要技术方向仍较为集中，分别集中在 G03F（图纹面的照相制版工艺）、H01L（半导体器件）以及 C08F（仅用碳-碳不饱和键反应得到的高分子化合物）。

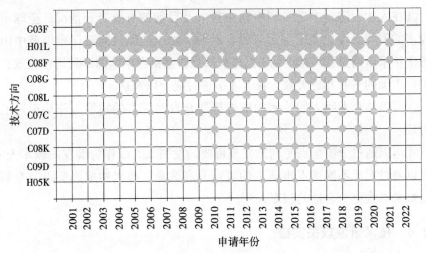

图 3-33　光刻胶技术全球重点专利申请前十位技术方向的申请量发展趋势

为跟踪最新的科技发展情况，可以参考最新公开的重点专利情况。部分最新公开的重点专利如表 3-17 所示。

表 3-17　光刻胶技术全球重点专利申请中最新公开的专利信息

发明名称	申请人	公开（公告）号
感放射线性树脂组成物、图案形成方法及单量体化合物的制造方法	JSR	TW202134292A

发明名称	申请人	公开（公告）号
COMPOSITION, RESIST UNDERLAYER FILM, AND RESIST PATTERN-FORMING METHOD	JSR	US20210286267A1
Resist composition and resist pattern forming method	东京应化	JP7069367B2
RESIST COMPOSITION AND RESIST PATTERN FORMING METHOD	东京应化	JP2021092788A
ACTINIC RAY-SENSITIVE OR RADIATION-SENSITIVE RESIN COMPOSITION, RESIST FILM, PATTERN FORMING METHOD, AND METHOD FOR MANUFACTURING ELECTRONIC DEVICE	富士胶片	US20210271162A1
CURABLE COMPOSITION FOR IMPRINTING, METHOD FOR PRODUCING CURABLE COMPOSITION FOR IMPRINTING, CURED PRODUCT, PATTERN PRODUCING METHOD, AND METHOD FOR MANUFACTURING SEMICONDUCTOR ELEMENT	富士胶片	US20210232049A1
底层组成物及图案化方法	罗门哈斯	TW202210549A
有机金属前驱物、极紫外光阻前驱物以及处理光阻层的方法	台积电	TW202214664A
Positive resist materials and pattern formation methods	信越	JP2022042967A
RESIST COMPOSITION AND METHOD FOR PRODUCING RESIST PATTERN	住友	JP2021096476A

　　光刻胶主要生产厂商代表着市场主流产品，而其作为申请人开展的专利布局，一定程度上表征了其技术发展的重点及方向。因此，接下来进一步分析光刻胶技术全球重点专利数量，排名前十位的申请人分别是：富士胶片834项、信越718项、东京应化658项、JSR424项、住友383项、三星220项、日产198项、三菱110项、希普利85项以及陶氏杜邦81项，除了日本，还包括韩国（三星）以及美国（希普利、陶氏杜邦）的企业申请人。

　　进一步分析光刻胶技术全球重点专利数量排名前两位的申请人富士胶片和信越的情况，通过对比可以看出，两位申请人的技术构成大体相同，排名前三位的分别是：G03F（图纹面的照相制版工艺）、H01L（半导体器件）以及C08F（仅用碳-碳不饱和键反应得到的高分子化合物）。相对而言，信越在排名第三位的技术方向C08F申请的专利数量更多一些。此外，两位申请人申请趋势有所不同，以技术方向G03F为例，富士胶片的申请峰值出现在2012年前后，之后申请量逐渐减少；而信越的峰值有两处，分别在2011年和2016

年，且在此期间其申请量一直保持高位，有充足的专利储备。在专利布局趋势中，富士胶片更看重中国、日本、韩国以及美国市场，而信越则更为看重日本、美国、中国台湾以及韩国市场。

专利信息的法律状态同样可以提供很多有价值的信息。其中法律状态变化包括：权属变化、有效性变化、许可等其他情况。部分光刻胶技术全球重点专利申请的法律状态如表 3-18 所示。

表3-18　部分光刻胶技术全球重点专利申请的法律状态

发明名称	申请人	公开（公告）号	法律事件	无效请求人/原告	受让人	被许可人	许可类型	当前法律状态
一种阻焊油墨或光刻胶用光敏性组合物	北京英力	CN10333877765B	转让；许可		江苏英力	江苏英力	独占许可	期限届满
感光印刷版和光刻胶用的合成树脂	本溪轻化工	CN1303121C	许可			本溪瑞事达	独占许可	未缴年费
光致抗蚀剂脱膜剂组合物	东进世美	CN1219241C	许可；权利人变更			北京东进世美肯	普通许可	期限届满
用于负化学增强型抗蚀剂的脱膜剂组合物	东进世美	CN1161449C	许可；权利人变更			北京东进世美肯	普通许可	未缴年费
光敏热固性树脂组合物	太阳油墨	CN1028535C	许可；无效复审	田村化研		太阳油墨（苏州）	普通许可	期限届满
Method of making a positive photosensitive lithographic printing plate	爱克发，柯达	EP1464487B2	无效复审；转让；侵权诉讼	Ipagsa Industrial；Agfa-Gevaert	爱克发，柯达，三菱，PA-KON			期限届满
ANTICORROSIVE AGENT AND USE THEREOF	弗劳恩霍	EP1625184B1	转让；复审决定；诉讼；异议	BASF				无效撤销

续表

发明名称	申请人	公开（公告）号	法律事件	无效请求人/原告	受让人	被许可人	许可类型	当前法律状态
A developable bottom antireflective coating and chemical amplification method and technique for colored in plant resist	东电	JP2017507372A	转让；诉讼					授权有效
Salt, acid generator, resist composition and method for producing resist pattern	住友	US11378883B2	转让					授权有效
PHOTOSENSITIVE RESIN COMPOSITION, METHOD FOR FORMING RESIST PATTERN, AND METHOD FOR PRODUCING PLATED FORMED PRODUCT	JSR	US20220146932A1	转让					在审

由表3-18可知，专利的法律事件主要包括三大类，每一大类还包括不同的情况：

①有效性变化：包括专利申请后授权、驳回、驳回后复审以及授权后无效等；

②权属变化：包括权利人变更、转让等；

③其他情况：许可，包括普通许可和独占许可以及侵权诉讼、异议等。

由于专利具有地域性，只在授予其专利权的国家或地区有效，而在其他国家和地区原则上不发生效力。因此，没有进入中国的全球重点专利可以作为我国对相关技术开展技术研发攻关的重要参考；其中，重点专利选取了PCT（Patent Cooperation Treaty，专利合作条约）申请，同时进入美国、欧洲、日本以及韩国的国家阶段，但至少目前没有进入中国国家阶段的、已经在其他国家或地区获得了授权的发明专利。摘取其中一部分，如表3-19所示。

表3-19 光刻胶技术全球重点授权专利中未进入中国的专利信息

发明名称	申请人	公开（公告）号
Photosensitive transfer material, method for producing the wiring circuit and method of manufacturing a touch panel	FUJIFILM	JP6685461B2
Photosensitive resin composition cured film, laminate, method for producing cured film, and semiconductor device	FUJIFILM	KR102266086B1
Dielectric film forming composition	FUJIFILM	US10563014B2
Resin composition and a method of forming resist pattern	JSR	JP6519672B2
Pattern-forming method and composition	JSR	US10691019B2
Composition for film formation, film, resist underlayer film-forming method, production method of patterned substrate, and compound	JSR	US11003079B2
SEMICONDUCTOR RESIST COMPOSITION, AND METHOD OF FORMING PATTERNS USING THE COMPOSITION	SAMSUNG	KR102211158B1
Photoresist compositions, intermediate products, and methods of manufacturing patterned devices and semiconductor devices	SAMSUNG	US10551738B2
Photoresist composition for deep ultraviolet light patterning method and method of manufacturing semiconductor device	SAMSUNG	US10983434B2
ACID GENERATOR COMPOUNDS AND PHOTORESISTS COMPRISING SAME	DOW	KR102019692B1
Block copolymers and pattern treatment compositions and methods	DOW	US10042255B2
Silsesquioxane resin and oxaamine composition	DOW	US10990012B2
RESIST MULTILAYER FILM-ATTACHED SUBSTRATE AND PATTERNING PROCESS	IBM	KR102011579B1
Method to improve adhesion of photoresist on silicon substrate for extreme ultraviolet and electron beam lithography	IBM	US10312087B2
Tunable adhesion of EUV photoresist on oxide surface	IBM	US10551742B2

由于专利具有时间性，专利权受法律保护具有一定的时间期限，一旦有效期届满，权利自动终止。因此，全球以及中国已失效的重点专利可以作为我国对相关技术开展技术研发攻关的重要参考。摘取光刻胶技术中国专利申请中由国外申请人申请的授权专利，由于期限届满导致的一部分失效重点专

利如表 3-20 所示。

表 3-20　光刻胶技术中国专利申请中的国外申请人失效重点专利

发明名称	申请人	公开（公告）号
低释气性光刻胶组合物	IBM	CN102143981B
金刚烷衍生物、其制造方法以及光致抗蚀剂用感光材料	出光兴产	CN101027281B
抗蚀图案的形成方法及显影液	德山	CN102414625B
感光树脂组合物和使用该感光树脂组合物的干膜抗蚀剂	东进世美肯	CN1784633B
化学增幅型正型光致抗蚀剂组合物	东京应化	CN1680875B
感光性组合物、由该组合物形成的固化膜以及具有固化膜的元件	东丽	CN101784958B
新型树枝状聚合物类正性光刻胶树脂及其制备方法与应用	东南大学	CN103980417B
抗蚀覆盖膜形成材料、抗蚀图案形成方法、电子器件及其制造方法	富士通	CN101135849B
形成抗蚀图案的方法、半导体器件及其生产方法	富士通	CN101226335B
光阻剂组成物及形成半导体器件的图案的方法	海力士	CN101216669B
交联聚合物、有机抗反射涂层组合物及形成光刻胶图案的方法	海力士	CN1637601B
改性环氧丙烯酸酯、光阻组合物及其制备方法和透明光阻	京东方	CN104086748B
形成抗蚀剂下层膜的组合物	日产	CN101641644B
感光性树脂组合物、使用该组合物的感光性元件、光致抗蚀图形形成方法及印刷电路板制造方法	日立	CN101185028B
感光性树脂组合物、使用其的感光性元件、抗蚀图形的形成方法和印刷线路板的制造方法	日立、上海交大	CN102395924B
抗蚀剂组合物	三菱	CN1942825B
感光树脂组合物、由它制成的薄膜面板及其制备方法	三星、住友	CN1808273B
单体，聚合物，光致抗蚀剂组合物和形成光刻图案的方法	陶氏杜邦	CN102603701B
感光性树脂组合物	旭化成	CN101646978B
适合于酸生成剂的盐和含有该盐的化学放大型正性抗蚀剂组合物	住友	CN101086620B

　　最后，通过筛选出仍在有效期内的重点专利，一方面可以给予研发创新以启迪，同时，国内企业在运用时也应当予以规避。摘取部分专利的主要信息，如表 3-21 所示。

表 3-21　光刻胶技术中国专利申请中的国外申请人有效重点专利

发明名称	申请人	公开（公告）号
感光性树脂组合物、绝缘膜、保护膜以及电子设备	住友	CN101529332B
正型感光性树脂组合物、树脂膜的制造方法、半导体装置和显示元件及其制造方法	住友	CN101833244B
抗蚀剂下层膜用组合物及其制造方法	JSR	CN101133364B
放射线敏感性树脂组合物、层间绝缘膜和微透镜的形成	JSR	CN101154041B
抗蚀剂图案的形成方法	东京应化	CN101099114B
正型抗蚀剂组合物及抗蚀图案的形成方法	东京应化	CN101107567B
用于 EB 或 EUV 平版印刷的化学放大负性抗蚀剂组合物和图案化方法	信越	CN102221780B
化学放大正性抗蚀剂组合物和图案形成方法	信越	CN102221783B
正型感光性树脂组合物、抗蚀图形的制造方法以及电子部件	日立	CN102132212B
感光性树脂组合物，以及使用了该组合物的感光性元件、抗蚀剂图案的形成方法和印刷线路板的制造方法	日立	CN102272676B
干膜抗蚀剂用保护膜和感光性树脂叠层体	三菱	CN107111235B
光刻用共聚物及其制造方法、抗蚀剂组合物以及基板的制造方法	三菱	CN104159937B
光敏半导体纳米晶和包含其的光敏组合物及其用途	三星	CN1655057B
蚀刻剂组合物和薄膜晶体管阵列板的制造方法	三星	CN1821872B
含有具有环结构的高分子化合物的正型感光性树脂组合物	日产	CN101467100B
正型感光性树脂组合物和拒液性被膜	日产	CN102741752B
超低曝光后烘烤光致抗蚀剂材料	IBM	CN102308258B
用于反射硬掩模层的组合物及形成有图案材料特征的方法	IBM	CN1646989B
抗蚀剂组合物及其使用方法	IBM	CN1877447B
包括含光致生酸剂的端基的聚合物、光刻胶及制备方法	陶氏杜邦	CN103665254B

综上，由光刻胶技术的专利信息可以看出：

①前沿技术多数仍掌握在日本申请人手中，尤其是日本企业日产、富士胶片、东京应化、三菱、信越以及 JSR。

②全球的研发热点技术方向以及重点申请人的研发热点技术方向涉及 G03F（图纹面的照相制版工艺）、H01L（半导体器件）以及 G08F（仅用碳-碳不饱和键反应得到的高分子化合物）这 3 个技术方向。

③专利的不同法律事件会带来不同的法律后果，进而导致专利处于不同的法律状态。而这些法律状态会给我们在进行前沿科技探索时带来启迪。比如，通过专利许可情况，可以了解申请人的技术转化、应用和推广的情况，也可以反映其技术运营和实施的热度情况。

④由于专利具有地域性，只在授予其专利权的国家或地区有效，而在其他国家和地区原则上不发生效力。因此，没有进入中国的全球重点专利可以作为我国对相关技术开展技术研发攻关的重要参考。

⑤由于专利具有时间性，专利权受法律保护具有一定的时间期限，一旦有效期届满，权利自动终止。因此，全球以及中国已失效的重点专利可以作为我国对相关技术开展技术研发攻关的重要参考；通过筛选出仍在有效期内的重点专利，一方面可以给予研发创新以启迪，另一方面国内企业在运用时也应当予以规避。

3.4 小结

综上，由光刻胶技术的专利信息可以看出：

作为关键核心技术的光刻胶，其"卡脖子"形势严峻：光刻胶技术全球专利申请中源自中国申请人的专利申请占比仅为 2.78%，而中国专利申请中源自中国申请人的专利申请占比仅为 19.54%。光刻胶技术的技术来源主要国家和地区包括：申请量具有压倒性优势的日本，其次是美国以及韩国；在全球范围内掌握大量光刻胶技术专利申请量、在我国进行专利布局并且获得授权有效专利数量较多的企业包括：日产、富士胶片、东京应化等；此外，陶氏杜邦虽然专利申请量没有排进全球前十名，但是其在中国专利申请量仅次于日产，排名第二，并且获得有效专利数量排名第五位，同样值得关注。从近几年的申请趋势上看，住友、JSR、信越的专利申请量仍具有一定储备，而全球排名前十位中的富士通和日立则几乎不再涉猎光刻胶技术方向的专利申请。

光刻胶技术的主流技术方向：集中在 G03F（图纹面的照相制版工艺）、H01L（半导体器件）以及 G08F（仅用碳-碳不饱和键反应得到的高分子化合物）这 3 个技术方向；相对而言，涉及 H01L（半导体器件）技术方向的发明人专利产出量并没有那么集中。

光刻胶技术的可能突破路径：国内创新主体对光刻胶技术具有一定的研

发热情；江苏、广东、上海、北京、浙江等东部或一线省市，是光刻胶技术的研发热点区域；结合创新来源省市的申请量发展趋势来看，江苏、广东、浙江是光刻胶技术近几年来活跃度仍然较高的省市。而申请量排在第一位的申请人京东方近五年没有光刻胶技术相关申请；相反，宁波南大、江苏汉拓、上海极紫以及江苏集萃均在 2019 年及之后开始涉猎光刻胶技术方向并且近两年持续发展，尤其是宁波南大，目前申请量排名第二（仅次于京东方），其有望成为光刻胶技术未来的主要创新主体。国内申请人的研发热点各有不同，除 G03F（图纹面的照相制版工艺），较多集中在 G08F（仅用碳-碳不饱和键反应得到的高分子化合物），中国大陆的申请人几乎不涉及 H01L（半导体器件），这可能与创新主体的主营范围相关，光刻胶技术的中国大陆申请人没有像中国台湾申请人台积电一样涉及半导体、集成电路制造，更多涉及光电材料。

光刻胶技术潜在合作对象：除了来自日本的企业富士胶片、住友、JSR等，还有来自韩国的三星、来自美国的陶氏杜邦以及来自瑞士的科莱恩；光刻胶技术国内企业或高校主要包括京东方、宁波南大、台积电、昆山西迪、江南大学等，均可以作为相互合作的对象；可以结合申请人的技术构成选择适合自己需求的申请人作为潜在的合作对象。

光刻胶技术产业链条集群：江苏省具有"建圈强链"——建成产业集群的基础条件，其创新主体包括企业昆山西迪、江苏汉拓、江苏集萃、苏州瑞红以及高校江南大学，具备一定技术储备；从研发热点上看，其主要技术方向集中在不同材料，可以实现优势互补；浙江省在 2010 年才开始有光刻胶技术相关的专利申请，晚于江苏、北京、上海、广东，但是在 2021 年其申请量（20 项）已达到中国申请人中的最高值；浙江省的创新主体包括宁波南大，其有望成为光刻胶技术未来的主要创新主体。

光刻胶技术产学研用协同企业包括：位于江苏、广东、上海、北京、浙江等东部或一线省市中的京东方、宁波南大、昆山西迪、江苏汉拓、上海博栋、上海极紫以及江苏集萃；大专院校和科研单位包括：江南大学、上海交大、东北林大、中山大学、北师大、华中科大、浙江理工、上海应用技术学院以及东南大学；还有中科院系，包括中科院长春应化所黄埔先进材料研究所、中科院兰州化学物理研究所、中科院天津工业生物技术研究所以及中科院理化技术研究所。

光刻胶技术潜在骨干人才：作为培养人才主要机构的国内大专院校和科

研单位，涉及光刻胶技术研究的包括江南大学、中科院黄埔材料、上海交大等；作为潜在骨干人才的发明人，涉及光刻胶技术研究的包括刘仁、刘敬成、刘晓亚、穆启道等；从技术方向上看，目前在高分子化合物技术方向及其下属分支上有部分人才储备，但在半导体器件领域人才缺口更为严重。

光刻胶技术国内高端人才：包括但不限于江苏汉拓的冉瑞成、宁波南大的毛智彪、许从应、顾大公以及来自江南大学（与苏州瑞红联合申请）的刘仁、刘敬成、刘晓亚等。这些发明人的研发领域所涉及的材料组分各有不同；发明人冉瑞成先后在申请人苏州华飞、昆山西迪以及江苏汉拓间流动、发明人沈吉则先后在苏州华飞和昆山西迪间流动；发明人毛智彪、许从应、顾大公、马潇以及陈鹏的在审专利申请数量较多，后续有望成为有效专利。

光刻胶技术海外领军人才：重点关注住友、信越、富士胶片等申请人的研发团队，高端人才包括但不限于市川幸司、畠山潤等；人才引进时注意参考专利申请态势以及目前的有效专利情况，全球申请量较多的发明人儿玉邦彦、青合利明、增山達郎、河邊保雅以及中山寿昌近十年来申请量逐渐减少为 0，郑载昌、白基镐在中国的专利均已失效，在人才引进时应予以规避；可以结合发明人的技术构成选择适合自己需求的发明人作为引进的目标对象；可以通过分析重点专利来发掘重要的发明人，作为潜在的领军人才；还可以通过对比不同重点申请人的重点专利数量、技术构成趋势以及专利布局趋势来寻找更为合适的领军人才。

光刻胶技术科技前沿动态：前沿技术多数仍掌握在日本申请人手中，尤其是日本企业日产、富士胶片、东京应化等；全球的研发热点技术方向以及重点申请人的研发热点技术方向涉及 G03F（图纹面的照相制版工艺）、H01L（半导体器件）以及 G08F（仅用碳 - 碳不饱和键反应得到的高分子化合物）这 3 个技术方向。

光刻胶技术现有专利资源：在进行前沿科技探索时专利的不同法律状态可以给予启迪。比如，通过专利许可情况，可以了解申请人的技术转化、应用和推广的情况，也可以反映其技术运营和实施的热度情况。利用专利具有地域性特点，没有进入中国的全球重点专利可以作为我国对相关技术开展技术研发攻关的重要参考。利用专利具有时间性特点，全球以及中国已失效的重点专利可以作为我国对相关技术开展技术研发攻关的重要参考。通过筛选出仍在有效期内的重点专利，一方面可以给予研发创新以启迪，另一方面国内企业在运用时也应当予以规避。

　　光刻胶技术创新成果保护运用：在研发时，研发人员可以参考已有专利信息，包括已失效和仍有效的专利。但是应注意，如果已失效专利是由于审批过程中被驳回，或授权之后被无效，则一定程度上代表上述专利不满足《专利法》规定的授权要求；在申请保护时，授权专利需要满足新颖性和创造性的要求，因此既要规避已有专利布局，同样需要规避所有已失效和仍有效的专利，同时又要相对于现有技术具有明显的改进。

第四章　工业制造的大脑：工业软件

4.1　工业软件技术概述

德国工程院、弗劳恩霍夫协会和西门子公司等最早于 2013 年联合发起了第四次工业革命，即工业 4.0。随后由德国政府列入《德国 2020 高技术战略》中所提出的十大未来项目之一，旨在提升制造业的智能化水平，建立具有适应性、资源效率及基因工程学的智慧工厂，在商业流程及价值流程中整合客户及商业伙伴。其技术是利用物联信息系统将生产中的供应、制造、销售信息数据化、智慧化，最后实现快速、有效、个人化的产品供应。

2015 年 5 月，我国正式印发了《中国制造 2025》，部署全面推进实施制造强国战略。中德双方签署的《中德合作行动纲要》中，有关工业 4.0 合作的内容第一条就明确提出工业生产的数字化就是"工业 4.0"。

工业 4.0 驱动新一轮工业革命，核心特征是互联。互联网技术降低了产销之间的信息不对称，加速了两者之间的相互联系和反馈。工业 4.0 代表了"互联网+制造业"的智能生产，由此通用电气（GE）公司推动了"工业互联网"。

工业互联网的本质是通过工业互联网平台将设备、产线、供应链上下游有机结合起来，形成数据和产业联动，既可提升产业效率，又能实现服务体系智能化。工业软件可使工业流程数字化，打通各环节物理界限，对海量数据进行处理和应用。因此，工业互联网是工业 4.0 的重要组成部分，而工业软件是工业互联网的核心。

工业软件是工业技术/知识、流程的程序化封装与复用，能够在数字空间和物理空间定义工业产品和生产设备的形状、结构，控制其运动状态，预测其变化规律，优化制造和管理流程，变革生产方式，提升全要素生产率，是现代工业的"灵魂"。现代化工业离不开工业软件全过程自动化、数字化的研发、管理和控制，工业软件是提升工业生产力和生产效率的手段，是制造业精细化和产业基础高级化发展的技术手段保证，是推动智能制造、工业互联网高质量发展的核心要素和重要支撑。

工业软件是工业技术/知识和信息技术的结合体，其中工业技术/知识包含工业领域知识、行业知识、专业知识、工业机理模型、数据分析模型、标准和规范、最佳工艺参数等，是工业软件的基本内涵。

2012年以来，制造业进入了新旧动能加速转换的关键阶段，全球工业软件产业稳步增长，2020年全球工业软件市场规模达到4358亿美元，较2019年增长6.11%。2014—2020年，全球工业软件市场规模增长率均超过5%，近年来呈现加速增长趋势，具体情况如图4-1所示❶。

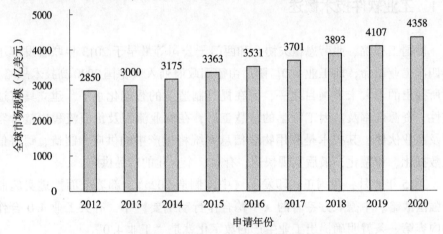

图4-1 全球工业软件市场规模变化

4.1.1 工业软件的功能类别

工业软件强调从硬件逐步打通软件，其核心是智能制造，而精益生产是智能制造的基石，软件和工业数据是其关键大脑。工业软件的内核是工业的积累，是将工业所涉及的物理、化学、力学、材料学等专业知识以及设计、制造、工艺的积累，用程序的形式表现出来。以计算流体动力学软件CFD为例，在CFD软件层面模拟风洞实验，涉及流体力学、空气动力学、材料学等多个学科的知识及实验积累。如果没有这个软件，要完成一个风洞实验，首先需要建设一个风洞，其次还要生产模型机，模型样机的设计方案需随着实验数据进行修改，这意味着每一次实验修改都要重新生产一个模型样机。而有了CFD这样的工业软件，只需要在电脑上输入试验参数就可以得出最终的

---

❶ 中国工业技术软件化产业联盟. 中国工业软件产业白皮书（2020）[Z]. 2020.

试验结果，大大节约了时间和成本。

根据使用场景、功能和用途，工业软件通常分为研发设计类、生产制造类、运维服务类和经营管理类；有的也分为研发设计类、生产控制类、经营管理类及嵌入式软件类。

研发设计类软件，主要用于提升企业在产品设计和研发领域的能力和效率，比如 CAD、CAM 软件。这类软件是开发技术门槛最高的工业软件类别。

生产控制类软件，主要用于提高企业产品质量和生产制造的能力，比如 MES 软件。

经营管理类软件，主要用于提升企业的管理水平和运营效率，比如 ERP、CRM 软件。

嵌入式软件，主要用于控制硬件设备的工具。

工业软件及工业 App 分类如表 4-1 所示。

表 4-1　工业软件及工业 App 分类

0 级分支	1 级分支	2 级分支
工业软件及 App	研发设计类	计算机辅助设计（CAD）
		计算机辅助分析（CAE）
		计算机辅助工艺规划（CAPP）
		产品数据管理（PDM）
		产品生命周期管理（PLM）
		电子设计自动化（EDA）
	生产制造类	可编程逻辑控制器（PLC）
		分布式数控（DNC）
		集散控制系统（DCS）
		数据采集与监控控制系统（SCADA）
		生产计划排产（APS）
		环境管理体系（EMS）
		制造执行系统（MES）
	运维服务类	资产性能管理（APM）
		维护维修运行管理（MRO）
		故障预测与健康管理（PHM）

续表

0 级分支	1 级分支	2 级分支
工业软件及 App	经营管理类	企业资源计划（ERP）
		财务管理（PM）
		供应链管理（SCM）
		客户关系管理（CRM）
		人力资源管理（HRM）
		企业资产管理（PDM）
		知识管理（KM）

4.1.2 工业软件的发展情况

当前，全球工业软件产业生态系统呈现出国家参与度高、寡头垄断市场格局，上下游之间密切嵌合，智能化、云化、集成化发展态势明显，行业巨头通过并购称霸全球等特点。

1. 国家主导

21 世纪以来，欧美发达国家将工业软件发展上升为国家战略，出台了一系列政策措施重点扶持。2009 年，美国竞争力委员会发布《美国制造业——依靠建模和模拟保持全球领导地位》白皮书，将建模、模拟等高性能计算视为维系制造业竞争力的重要支撑；2011 年，美国推出高端制造合作伙伴计划 AMP，重点发展围绕数值模拟技术的软件工具和应用平台；2020 年 7 月，美国工业互联网联盟首次发布《工业数字化转型》白皮书，认为云计算、物联网、超链接等关键技术与高效的创新流程是企业数字化转型的重要驱动因素；2021 年 4 月，拜登宣布 1800 亿美元规模的科技研发计划，重点支持量子计算、人工智能、先进半导体制造等前沿领域发展。此外，德国政府出台《高技术战略 2020》《信息通讯技术 2020》等政策措施，鼓励工业软件产业发展与项目创新；法国政府将工业软件研发课题列为国家关键技术项目，并积极参与欧盟框架下的信息科技计划（IST）和尤里卡框架下的 ITEA 计划。

日本和韩国在信息技术产业领域各具优势，近年来也加入大力支持工业软件发展行列。2021 年日本发布《制造业白皮书》，推动企业深化数字化转型；2020 年 7 月，韩国政府发布"材料、零部件和设备 2.0 战略"，意在大幅扩充关键战略产品的供应链管理，打造尖端产业世界强国❶。

2. 寡头垄断格局

寡头垄断市场结构主要来自三方面。一是技术本身的门槛高。一个高端芯片，动辄包含上百亿晶体管，其中涉及极其复杂的仿真、验证算法。二是市场容量的壁垒。电子信息产业中越前端的产业规模越小，越后端的规模越大，核心工业软件处于产业前端，其市场容量很大程度上限制了后来竞争者。三是使用习惯导致存在用户黏性。用户的使用习惯和操作熟练度使得用户不容易接受新的工业软件，用户从成熟的核心工业软件切换到新的软件工具要付出较高的学习成本，因此核心工业软件的使用存在用户黏性。因此，在市场容量不大、存在较高技术壁垒和产品用户黏性且被寡头垄断的领域，想要挤入赛道打破垄断格局抢占市场份额的难度极大。

核心工业软件种类繁多、流程复杂，即使行业巨头也很难通过单打独斗做到全链通吃，并购是行业巨头称霸全球的重要手段。国外工业软件巨头绝大多数经历了多次并购重组而得以发展壮大，这也是其之所以能够为客户提供完整产品系统能力的主要原因。如 Dassault（达索）公司在大量收购后往往推出对应的产品品牌，扩充自身产品线，在 PLM、CAD、CAE、工业仿真技术、平台打造等方面均积累了优势，能够支持从项目前阶段、具体设计、分析模拟、组装到维护在内的全部工业设计流程，工业软件产品功能强大、市场份额领先、客户基础广泛，成为工业软件巨头❷。

3. 国产工业软件市场占有率极低，关键领域和环节技术产品严重受制于人

当前，我国汽车、船舶、飞机、工程机械、电子信息等重点制造行业使用工业软件大多来自 Ansys、Siemens（西门子）、Dassault（达索）、PTC、Autodesk 等国外知名企业，CAD、CAE、CAM 等核心工业软件国内企业市场占有率极低。《中国工业软件产业白皮书（2020）》披露，在国内市场上，很多工业软件细分领域都是国外企业产品占据主导地位。国内市场前十大供应商中，我国企业均不足半数。从 CAE、CAD、PLM、SCM 等细分领域来看，在 CAE 领域，中外企业数量比是 0∶10；在 CAD 领域，中外企业数量比是 3∶7；在 PLM 领域，中外企业数量比是 2∶8；在 SCM 领域，中外企业数量

❶ 郭朝先，苗雨菲，许婷婷. 全球工业软件产业生态与中国工业软件产业竞争力评估［J］. 西安交通大学学报（社会科学版），2022（2）：22-30.

❷ 郭朝先，苗雨菲，许婷婷. 全球工业软件产业生态与中国工业软件产业竞争力评估［J］. 西安交通大学学报（社会科学版），2022（2）：22-30.

比是4∶6。尽管在 MES 和 ERP 领域，中外企业数量比达到7∶3，但是在其高端市场部分仍由外国企业产品所垄断，如以 Siemens、Dassault、SAP、Oracle 等企业产品为主。甚至有调研发现，国内有些用户企业在创建初期使用国产 ERP 软件，但当企业发展到一定规模时，因国产软件功能难以支撑业务需求，转而将国产 ERP 软件替换成 SAP 的产品，出现了"逆国产化"现象。

对30余家知名工业软件供给侧企业和28家头部工业软件需求侧企业的调研结果显示，95%的研发设计类工业软件依赖进口，国产可用的研发设计类产品主要应用于工业机理简单、系统功能行业复杂度低的领域。生产控制类工业软件相对较好，国内企业产品国内市场占有率可以达到50%，但在高端市场中不占优势。总体而言，国内市场上，我国工业软件中只有 ERP、CAD、CAE、CAPP 的渗透率超过了50%，其他工业软件的渗透率大多低于30%，外资企业产品占主导状况的形势仍然比较严峻。❶

4. 与国外主流工业软件技术差距大

国外主流工业软件企业普遍都有30年以上技术工艺积累沉淀，部分头部企业甚至超过了50年。国内绝大多数工业软件企业成立时间都不足20年，多数都是在近10年内成立的，有相当一部分是近期因为国家政策重视和资本市场驱动而成立的。在工业软件功能丰富性、仿真模型积累、研发人员数量、研发投入，以及用户数量等方面，国内工业软件与国外企业存在巨大差距。

国产研发设计类软件核心技术薄弱，几何建模引擎技术、约束求解技术、三维渲染引擎等内核缺失，缺乏全流程的数字集成电路设计软件，产品性能指标与国外同类产品存在较大差距。在 CAE 软件领域，关键技术自主可控程度较低，新兴系统级设计与仿真软件整体水平与国外差距不大，但专用 CAE 产品在覆盖度、成熟度、易用性等方面相比国外软件仍有较大差距；在 EDA 软件领域，国内厂商以提供点工具为主，仅有华大九天一家可以提供面板和模拟集成电路全流程设计平台。国产控制类软件功能单一，难以形成全流程的控制解决方案，生产优化控制功能与国外先进产品有较大差距，产品技术水平整体偏低，不能充分满足企业用户对于高效安全生产控制的要求。

---

❶ 赵满满. 摸清家底，全球工业软件的"中国版图" [EB/OL]. (2021-03-08) [2022-08-14]. https://www.sohu.com/na/454762969_434604.

5. 国家长期投入过低，软件培育意识不足

工业软件领域没有得到国家足够的重视，长期投入过低。另外工业企业一直存在"拿来主义"的思想，为了经济效益宁愿低价使用国外软件，甚至可能使用盗版软件。举例来说，从"十五"到"十二五"的15年间，根据统计数据，国家对CAD/CAE等核心工业软件投入资金不超过2亿元。而全球最大的CAE仿真软件公司Ansys在2019年一整年的研发投入为2.98亿美元，约为21亿元人民币，是我国15年投入的十倍之多。因缺少资金支持，国产工业软件企业更无法和强大的国外公司竞争[1]。

面对制造业加速数字化转型时代大趋势，作为工业巨头的西门子、达索系统、施耐德等工业巨头，21世纪以来，加快推进工业技术工艺软件化步伐，通过大量收购工业软件公司，进一步强化其数字化制造软件支撑能力。多年来，国内电子信息、装备制造、冶金、化工、建材、生物医药、建筑等领域重点龙头企业普遍不具备技术工艺软件化思维，缺乏将自己的先进技术工艺软件化封装意识，长期抱着"自己开发不如买、国外软件功能强大好用、国内工业软件不好用"等意识，使得国内制造企业技术工艺创新普遍建立在国外工业软件基础之上，技术工艺赶超国外企业存在天花板。

6. 基础研究与实际应用联系不紧密，产学研用未有效联动

工业软件离不开工艺技术、仿真算法模型的基础性研究，这些都不是制造企业和纯软件企业独自所能完成的。目前，我国技术产业发展和基础研究存在极为严重的脱节情况，造成了极大的研究资源浪费。例如，产业端对部分技术工艺、算法模型等基础研究攻关需求十分紧迫，但高校等科研机构个别研究人员已有很好研究积淀，因产研信息不对称，找不到产业化途径，技术成果被束之高阁；企业端部分技术工艺、算法模型等基础研究攻关已经有很大突破，但高校等研究机构还存在大量研究人员重复研究，甚至研究出的成果跟企业已经应用的技术还存在较大的代际差。另外，"高校教授愿意参加企业实践、企业研发人员能回高校讲台"，国外这种研究机构和企业之间人才自由流动机制，使得国外产业研究和基础研究能够深度协同起来。尤其是工业软件的开发，不是简单的技术攻关能完成的，需要基础研究、工程实践、应用体验三方面的经验积累[2]。

---

❶　肖源. 我国工业软件突围路径探析 [J]. 国家治理，2022（7）：57-59.
❷　陆峰. 推动工业软件突围的路径和方式 [J]. 中国工业和信息化，2022（2/3）：60-64.

7. 贸易战背景下，美国不断加大技术封锁，严重影响我国工业安全

近些年来，在中国制造业转型升级、建设制造强国的过程中，美国频频利用技术封锁阻碍我国科技发展和产业转型。2018 年中兴国际被美国 Cadence 公司断供 EDA 软件；2019 年，华为被美国公司 Synopsys、Cadence、Mentor 断供 EDA 软件；2020 年哈工大、哈工程被禁用"工科神器"MATLAB；2022 年 3 月 12 日，美国设计软件 Figma 宣布封禁大疆公司账号；2022 年 8 月，美国政府继《芯片和科学法案》后，针对中国芯片产业又制定了新的限制，对 GAAFET（全栅场效应晶体管）结构集成电路所必需的 ECAD 软件实施新的出口管制。

俄乌战争中，美国对俄罗斯的制裁涉及贸易、金融、科技、体育、艺术、生活等方方面面，其中科技领域内的工业软件科技巨头 Autodesk（欧特克）宣布在俄罗斯暂停运营旗下的全系列 CAD 软件。这也给中国在工业软件领域的安全敲响了警钟。

中美贸易摩擦加剧，美国对于芯片、工业软件、设备器件、技术服务等的对华出口限制越来越严格，对国内工业生产造成较大影响。特别是我国 EDA 等核心工业软件依旧主要依靠进口，如果境外厂商因美国政府限购而停止对我国 EDA 供货和提供技术支持，国内关键领域的工业生产可能受到严重影响。

随着国内智能制造产业的快速发展和国际环境的变化，我国对发展核心工业软件越来越重视，支持力度越来越大。近年来，相继出台了《新时期促进集成电路产业和软件产业高质量发展的若干政策》（国发〔2020〕8 号）、《工业互联网创新发展行动计划（2021—2023 年）》（工信部信管〔2020〕197 号）、《关于加快推动制造服务业高质量发展的意见》（发改产业〔2021〕372 号）等政策文件，均提出要加快发展工业芯片、工业软件、工业互联网，大力培育工业软件企业及产业生态❶。

4.2 工业软件专利态势分析

4.2.1 专利申请趋势分析

全球范围内工业软件产业相关专利申请趋势情况如图 4-2 所示，在 20 世纪 70 年代，随着计算机技术的发展，科学计算开始应用于实现工程、业务等

---

❶ Chunsheng. 工业软件巨头解读：西门子是一家软件公司，达索是一家"3D 体验"公司［EB/OL］.（2021-02-26）［2022-08-14］. https：//zhuanlan. zhihu. com/p/234265437.

领域的信息处理自动化，20 世纪 90 年代前属于工业软件产业的初步发展期，专利申请量较少；从 20 世纪 90 年代开始，随着个人 PC 普及以及在各行各业的应用，全球工业软件相关的专利申请量开始逐年增长，从 2010 年开始，随着移动互联网、物联网、工业互联网、工业 4.0 概念的提出，工业软件的申请量开始迅猛增长，表明全球工业软件相关技术在工业互联网领域开始蓬勃发展，从 2016 年开始每年的申请量都超过了 10000 件，在 2019 年申请量达到顶峰，2020 年申请量略有下降，2018—2020 年 3 年的年增长率分别为 6.4%、6.4% 和-0.4%，三年年平均增长率为 4.1%。

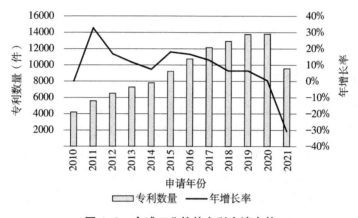

图 4-2　全球工业软件专利申请态势

　　图 4-3 展示了中国工业软件产业相关专利申请趋势情况，相比于全球，国内工业软件产业起步较晚，20 世纪末工业软件产业才得到初步的发展，专利申请量较少，每年的专利申请量不超过 100 件；从 2000 年开始，随着计算机和互联网在全国范围内的普及，全国工业软件产业相关专利申请量开始缓慢增长，2010—2011 年，全国工业软件产业相关专利增长速度出现了短暂的加快，从 2012 年以后，专利申请量增长速度减慢，直到 2015 年，全国工业软件产业相关专利增长速度又出现明显的加快，表明国内工业软件相关技术开始蓬勃发展；2020 年全国工业软件专利申请量达到了峰值，最高年申请量超过了 10000 件，2018—2020 年 3 年的年增长率分别达到了 6.4%、6.5% 和 3.1%，3 年年平均增长率为 5.3%，增长趋势基本与全球的增长趋势相同，说明我国在 2010 年以后在工业软件领域逐步追上了全球的发展脚步。

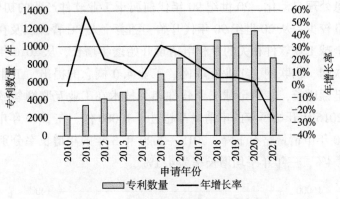

图4-3 中国工业软件专利申请态势

4.2.2 技术分支情况

专利申请量技术分支占比如图4-4所示，生产制造领域的专利申请量最多，占总申请量的58%，可见全球范围对该领域研发以及技术改进的重视程度较高。研发设计与经营管理的专利申请量次之，占比均在20%左右。运维服务的专利申请量占比最少，仅占2%。可以看出，全球工业软件在运维服务领域中的应用发展比较薄弱。其中上述各分支下申请量排名靠前的下属重点分支有 PLC、DCS、CAD、MES、CAE、APS、PDM、ERP。

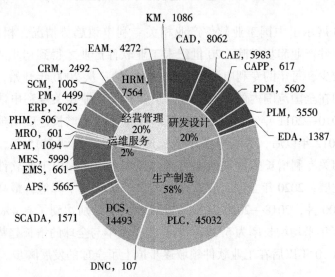

图4-4 全球工业软件各技术分支专利申请量占比

中国各技术分支的专利申请量与全球的情况大体相当，生产制造领域的专利申请量最多，占总申请量的69%，经营管理和研发设计的专利申请量占比分别为16%和14%，而运维管理领域的专利申请量最少，占比1%。因此，可以看出，中国作为世界第一的制造业大国，国内相较于全球，对于生产制造领域的应用更加重视，但在经营管理、研发设计和运维管理领域中的发展在全球处于弱势阶段。

4.2.3　区域分布情况

工业软件的专利区域分布情况如图4-5所示。中国的专利申请数量最多，专利申请数量为88787件，占全世界总量的约2/3；美国仅次于中国，但是专利数量上不到中国的1/5，其申请数量仅为16823件；排名全球第三、第四、第五位的分别是韩国、日本和欧专局，申请数量分别为4820件、2919件和2910件。可以看出，中国和美国在专利数量上远远领先于其他国家/地区。从专利数量上来讲，中国和美国在工业软件领域的技术创新上具有较高实力。排名第六位的是印度，其专利申请量达到了1475件，其后依次为俄罗斯、澳大利亚、巴西、墨西哥、乌克兰、加拿大，其专利申请量均在1000件以内，说明在工业软件领域的创新能力并不突出。

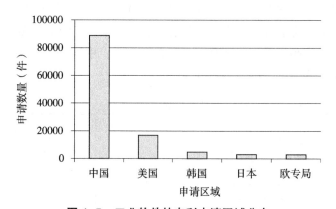

图4-5　工业软件的专利申请区域分布

对全球专利申请量排名前五位的国家的专利数量进行对比，并且对比各个国家在每个一级技术分支的申请量，情况是：中国不仅在专利申请总量上占据优势，而且在各个一级技术分支的申请量也比较大，相比之下，中国在生产制造领域明显强于其他领域；美国则是在研发设计、经营管理以及运维服务领域发展较好，而在生产制造领域的发展相对薄弱；韩国在研发设计、生产制造和经营管理领域的发展程度相差不大，分布比较平均，而在运维服务方面比较薄弱；日本的专利申请大部分集中在研发设计领域，生产制造与经营管理方面也具有一定的实力，但是在运维服务方面投入较少；而拥有德国、法国、英国等老牌工业大国的欧洲专利局在生产制造领域、研发设计和经营管理领域具有一定的实力。从一级技术分支的维度进行分析，在4个技术分支中，中国和美国的专利数量排在第一位和第二位。在研发设计领域，排在第三至第五位的分别是日本、韩国和欧洲专利局；在生产制造领域，中美之后的排列顺序分别是韩国、欧专局和日本；在运维服务领域，韩国和欧专局的实力相差不多，而日本则比较薄弱；在经营管理领域，排在第三位的韩国相对于日本和欧专局具有一定的领先优势。

除了中国，全球主要国家和地区专利申请量都在减少，这说明主要国家和地区已经进入技术成熟发展阶段，后期的技术改进和创新已经进入深度应用化阶段。我国的相关专利申请量还在不断上升，这说明我国相关产业技术处于发展活跃期，因此我国产业应加紧在各个领域的布局，在技术爆发的阶段迅速开展产业和技术布局，尤其是需要加快高端产品技术和市场的开拓。

4.2.4 创新主体情况

工业软件的全球重点企业创新主体如图4-6所示，在全球范围内，专利排名前几位的企业包括：中国国家电网（1107项），美国的IBM（418项），中国浙江大学（394项），美国的高通（314项），中国华为（287项），中石化（247项），德国西门子（247项）。

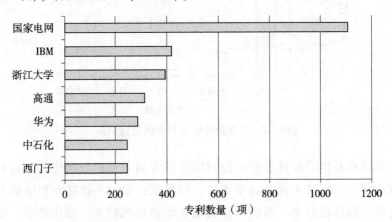

图4-6 全球的重点企业创新主体

这些企业在工业软件技术分布上的专利布局各有不同，中国国家电网工业软件专利申请布局主要集中在 DCS、PLC、SCADA、EAM 领域，IBM 工业软件专利申请布局主要集中在 EAM、CAPP 领域，浙江大学工业软件专利申请布局主要集中在 DCS 领域，高通工业软件专利申请布局主要集中在 APS 领域。

全球范围内中国申请人除了前述几名，还有多所高校也在工业软件领域有较多的研究，包括华南理工大学、北京航空航天大学、上海交通大学和华中科技大学等。

4.3 专利信息助力工业软件技术攻关

工业软件中生产控制类工业软件相对较好，国内企业的产品在国内市场占有率可以达到50%。而研发设计类工业软件95%依赖进口，国产可用的研发设计类产品主要应用于工业机理简单、系统功能行业复杂度低的领域。本书以研发设计类工业软件作为研究对象，探讨专利信息在此类关键核心技术攻关中可以发挥的作用。

4.3.1 宏观产业政策引导

国家应统筹工业软件的发展方向，把工业软件的发展放到与航空、航天、兵工、船舶等行业同等重要的地位，发挥国家体制的优越性，彻底改变中国制造业重硬轻软、过度依赖国外软件的现状。在制定产业政策时，应了解全球主流技术的发展趋势，了解我国的技术研发现状，从而确定关键技术攻关的正确方向，引导企业、高校扎根工业领域，注重工业数据积累，联合开发面向产品全生命周期和制造全过程各环节的核心工业软件，逐步破解工业软件受制于人的局面。

由前所述，研发设计类工业软件申请量靠前的包括 CAD、CAE、PDM、PLM、EDA 等，分别应用于工业设计制造的各个方面。以下针对 CAD、CAE、PDM 和 EDA 软件进行分析，为宏观产业政策引导提供数据参考。

4.3.1.1 CAD 技术发展情况

CAD 是一款自动计算机辅助设计软件，可以用于二维制图和基本三维设计，通过它无须懂得编程，即可自动制图，因此它在全球广泛使用，可以用于土木建筑、装饰装潢、工业制图、工程制图、电子工业、服装加工等领域。

CAD 全球的专利申请量态势如图 4-7 所示，总体呈现稳步上升趋势，并于 2019 年达到申请量的高峰。从技术生命周期来看，参与该项技术研发的创新主体也呈现出稳步增长的趋势。2020—2021 年，申请量和研发人数有略微回落，一部分原因在于受疫情影响，各公司缩减了研发投入，此下降情况是否继续延续有待进一步观察。总体情况是，参与的人数越多，申请量越大，表明该项技术还处于技术生命周期的上升期到成熟期。

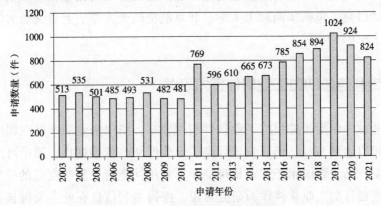

图 4-7　CAD 全球专利申请趋势

图 4-8 所示为 CAD 主要技术原创国。由图 4-8 可以看出，日本、中国、美国在该领域的专利申请量排在前三位，其中日本 CAD 专利申请量超过 6000 件，排名全球第一。排名第二和第三位的中国、美国，分别占据 CAD 全球申请量的 17%、9%，也是 CAD 工业软件的主要技术原创国。

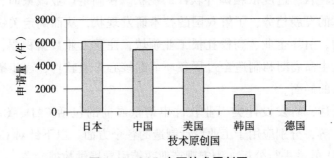

图 4-8　CAD 主要技术原创国

外国在华的有效和在审专利数量排名如图 4-9 所示，在中国市场，外国在中国的专利申请数量排名第一的是美国，远远超过排在第二名的日本。第三至第五名分别是法国、德国和韩国，说明全球主要的技术原创国均在中国进行了专利布局。

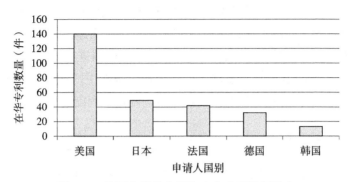

图4-9　外国在华的有效和在审专利数量排名

中国、日本和美国在 CAD 技术领域的申请趋势对比如图 4-10 所示，可以看出，虽然日本总的申请量排名第一，但是大部分是早期申请的，在 2007年之后一直处于下滑的趋势，且申请量远远落后于中国和美国，说明日本在CAD 方面的后续研发劲头不足，没有形成系统性核心技术，研究没有持续精进，近年来已不占优势。中国在 CAD 领域专利申请总体呈逐年增长趋势，于2009 年和 2011 年分别超过日本和美国，并在 2016 年至 2020 年进入飞跃快速增长期，目前申请量高居第一位。美国在 CAD 领域专利申请总体呈缓慢增长趋势。

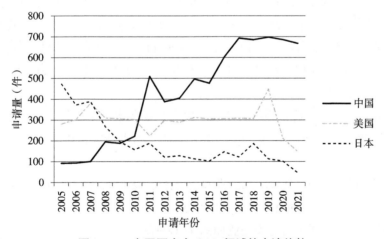

图4-10　主要国家在 CAD 领域的申请趋势

从 CAD 巨头企业在全球的市场占有量来看，达索、欧特克、西门子、参数技术四大 CAD 巨头在全球的市场占有率达到了 72%，而在中国市场的占有率更是达到了惊人的 88%。

外国企业在华的有效和在审专利总量排名如图4-11所示，相对其他外国企业、达索系统、西门子等公司在中国申请的CAD相关专利最多，并且有效专利数量也较多，另外，美国的欧特克公司也在中国进行了大量的专利布局，上述公司主导着CAD的技术发展。巨头公司积极在中国进行专利布局，反映出CAD技术在中国的重要程度以及技术市场的热点程度。

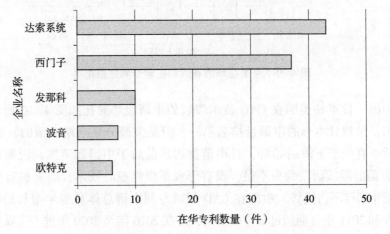

图4-11 外国企业在华的有效和在审专利总量排名

针对上述企业的专利进行专利技术热点分布分析可以看出，各个巨头公司的CAD相关专利主要涉及的热点技术功效为数据处理系统中的计算机，该技术热点的专利主要涉及对各种3D模型进行设计处理的计算机设备。此外，各巨头公司的CAD相关专利还涉及构建模型、设计模型、相关的用户界面、图形展示、数据存储等相关热点技术。

改进性能方面，降低系统复杂性、提高自动化水平是该技术长期重点关注的问题。此外，提高确定性、提高效率也是专利申请文件中着力解决的技术问题。

从前面分析的CAD领域的企业排名来看，达索系统、西门子、欧特克具有较强的技术实力，拥有一定的垄断地位。

中国在CAD领域的龙头企业如图4-12所示。

从图4-12中可以看出，国家电网在CAD领域的专利申请量排名第一，此外，清华大学、南京航空航天大学（南航）、北京航空航天大学（北航）、西北工大等高校在CAD工业软件领域也有较大的申请量。由图4-12可以看出中国CAD重点申请人较多地分布在中国各大高校，说明中国各大高校为国内 CAD 领域研究的主力军。

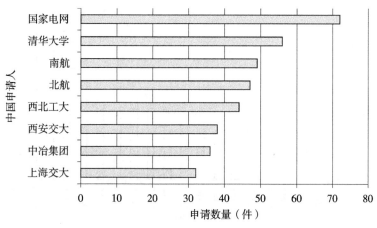

图 4-12 CAD 中国申请人排名

在单纯的申请量方面，中国并不落后于美国，而真正的差距则体现在重点专利的数量上，因此应依据被引用次数、同族情况等确定重点专利技术的数量。incoPat 商业数据库中的合享价值度则从专利有效性、专利稳定性，以及技术先进性等更多的维度综合衡量技术专利价值，本书直接采用价值度计算相关的重点技术差距度，以价值度在 8～10 分作为重点专利统计相应专利数量。CAD 重点技术的差距度 $C = (2277-1584) / 2277 = 0.3$，研发机构数量中国为 2513 家，美国为 1673 家，中国比美国多 800 多家。

4.3.1.2 CAE 技术发展情况

CAE（Computer Aided Engineering，计算机辅助工程），指用计算机辅助求解分析复杂工程和产品的结构力学性能，以及优化结构性能等，把工程（生产）的各个环节有机地组织起来，其关键就是将有关的信息集成，使其产生并存在于工程（产品）的整个生命周期。CAE 软件可作静态结构分析、动态分析；研究线性、非线性问题；分析结构（固体）、流体、电磁等。CAE是用计算机辅助求解复杂工程和产品结构强度、刚度、屈曲稳定性、动力响应、热传导、三维多体接触、弹塑性等力学性能的分析计算以及结构性能的优化设计等问题的一种近似数值分析方法，CAE 软件的主体是有限元分析（FEA，Finite Element Analysis）软件。

CAE 全球申请趋势如图 4-13 所示，CAE 的专利申请量一直在持续增长中，研发人员数量和申请的数量均在增长，很明显，CAE 正处在技术生命周期的上升期。

图 4-13 CAE 全球专利申请趋势图

CAE 技术领域的专利申请趋势如图 4-14 所示，申请量排名前三位的国家中，中国的专利申请总体呈逐年增长趋势，并在 2014 年至 2019 年进入飞跃快速增长期，美国的专利申请总体呈逐年缓慢增长趋势，日本的专利申请量一直很平稳，增长率较小，申请量也较少。日本虽然申请总量大，但大部分申请是在 21 世纪初以前，近十几年申请量下滑严重，被美国和中国甩在身后。

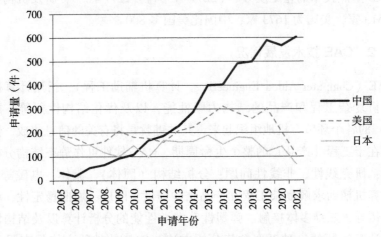

图 4-14 主要国家 CAE 的专利申请趋势

图 4-15 所示为 CAE 领域专利申请量排名靠前的企业名单，从中可以看出，达索系统在 CAE 领域的专利申请量最大，其次是西门子，此外，利弗莫

尔、欧特克在该领域也有较大的申请量。

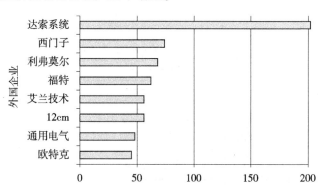

图 4-15　外国企业在中国有效和在审专利数量排名

从专利数量上可以看出，达索、西门子等巨头公司在 CAE 领域具有很强的技术实力，而国内的两家企业虽然在市场份额上与达索和西门子可以一较高下，但是没进入申请量的前十，在对 CAE 产品的知识产权保护方面还是有较大的差距。

针对上述重点企业的专利进行专利技术热点分布分析可以看出，与各个巨头公司的 CAD 相关专利的热点技术功效分布不同，各个巨头公司在 CAE 相关专利布局方面没有明显主要技术热点，各巨头公司的 CAE 相关专利分别涉及电路仿真、几何模型构建仿真以及加工工艺的仿真和模拟等热点技术。

中国企业在 CAE 领域专利申请排名如图 4-16 所示，国内企业重庆长安在 CAE 领域的专利申请量排名第一，此外，奇瑞、中国一汽、江铃汽车等企业在 CAE 工业软件领域也有较大的申请量，可以看出中国 CAE 重点申请人较多地分布在中国各大汽车企业。另外，部分高校在 CAE 领域也在发力研究。

从地域来看，江苏、北京、广东、上海、安徽、湖北等多个地方的申请量都较大，这些地方也多与汽车制造相关。

CAE 领域中国 CAE 重点技术的差距度 $C = (1446-1153)/1446 = 0.2$。研发机构数量中国为 655 家，美国为 848 家，中国比美国少近 200 家。

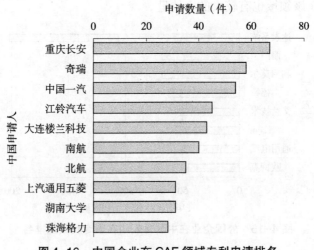

图4-16　中国企业在 CAE 领域专利申请排名

4.3.1.3　PDM 技术发展情况

PDM（Product Data Management，产品数据管理），是一门用来管理所有与产品相关的信息（包括零件信息、配置、文档、CAD 文件、结构、权限信息等）和所有与产品相关的过程（包括过程定义和管理）的技术。通过实施PDM，可以提高生产效率，有利于对产品的全生命周期进行管理，加强对于文档、图纸、数据的高效利用，使工作流程规范化。

PDM 制造过程数据文档管理系统，能够有效组织企业生产工艺过程卡片、零件蓝图、三维数模、刀具清单、质量文件和数控程序等生产作业文档，实现车间无纸化生产。

PDM 全球专利申请趋势如图4-17所示，PDM 申请总体在缓慢增长，除了 2011 年，其余年份较为平稳，每年保持较小幅度的增长，没有出现明显衰退的迹象，但也没有出现井喷式增长。从技术生命周期来看，从事研发的机构人员数量也较为稳定，表明此项技术对于市场的吸引力不如 CAD 和 CAE。

图4-18所示为 PDM 主要技术原创国，可以看出，美国在该领域的专利申请量最多，其专利申请量达到 3856 件，占据 PDM 全球申请量的 44%，表明美国是 PDM 工业软件的主要技术分布国家，属于该技术的重点国家；PDM 申请量排名第二和第三位的中国、日本，分别占据 PDM 全球申请量的 23%、22%，也是 PDM 工业软件的主要技术分布国家。

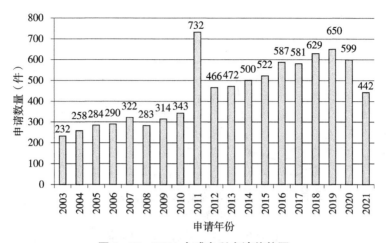

图 4-17　PDM 全球专利申请趋势图

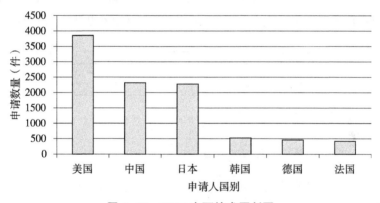

图 4-18　PDM 主要技术原创国

　　与 CAD 和 CAE 的情况不同的是，中国的 PDM 专利申请量大幅低于美国，说明美国在 PDM 领域的技术控制力是压倒性的，中国在这方面的研发还处于初始阶段，短时间内难以与美国抗衡。

　　图 4-19 所示为美国、中国和日本在 PDM 技术领域的申请趋势，可以看出，美国、中国在 PDM 领域最近 10 年专利申请总体呈增长趋势，其中中国申请量增长速度比美国要快，在 2020 年中国的申请量开始超越美国。日本每年的申请量一直维持在 100 多件，近来有略微下降的趋势。

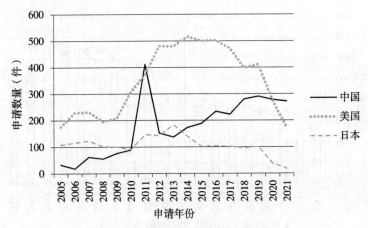

图4-19　PDM主要国家申请趋势

图4-20所示为PDM领域的企业（大学）专利申请排名，斯伦贝谢在PDM领域的专利申请量最大，此外，西门子、加州大学在该领域也有较大的申请量。

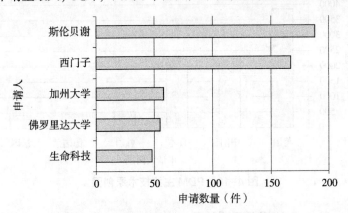

图4-20　PDM企业（大学）专利申请排名

中国在PDM领域的申请人排名如图4-21所示，西安电子科大在PDM领域的专利申请量排名第一，此外，北航、华为、北邮等高校及企业在PDM工业软件领域也有较大的专利申请量。

PDM领域中国的省市均没有投入太多的研发，仅江苏省在2011年有超过10件申请，其余年份各省份仅有个位数的申请，因此PDM在中国的技术积累明显还不够。

PDM领域中国PDM重点技术的差距度 $C = （1759 - 677）/1759 = 0.62$。研发机构数量中国为451家，美国为1114家，中国比美国少近700家。

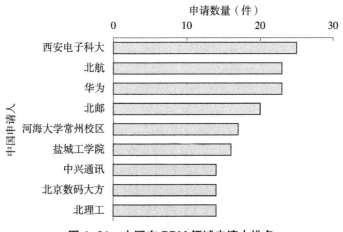

图 4-21　中国在 PDM 领域申请人排名

4.3.1.4　EDA 技术发展情况

EDA（Electronic Design Automation，电子设计自动化）是指利用计算机辅助设计（CAD）软件，来完成超大规模集成电路（VLSI）芯片的功能设计、综合、验证、物理设计（包括布局、布线、版图、设计规则检查等）等流程的设计方式。EDA 被誉为"芯片之母"，是电子设计的基石产业。拥有百亿美元的 EDA 市场构筑了整个电子产业的根基，可以说"谁掌握了 EDA，谁就有了芯片领域的主导权"。

EDA 全球申请趋势如图 4-22 所示，EDA 领域每年的申请量不大，呈现波动性上升趋势，上升幅度也较小，近几年每年的申请量不到 150 件。研发机构和人员的数量没有明显的增长，总体处于较低水平，与 CAD、CAE 等600~800 家的研发机构数量相比，EDA 只有 120 家研发机构，从侧面反映出该领域的研发难度和所需投入度。

EDA 的申请人与申请量的情况类似，随着年份的变化起伏波动也较大，申请人数量在最近几年内还是有较为明显的增长，尤其是 2021 年增长到 2013 年以来的最高值，突破 150 个。可以认为该项技术的生命周期处于成熟的阶段。

申请量方面，中国和美国遥遥领先世界其他国家，呈现出并驾齐驱之势。图 4-23 所示为 EDA 全球主要国家专利申请量分布，其中中国 EDA 专利申请量达到 818 件，占据 EDA 全球申请量的 59%，表明中国是 EDA 工业软件的主要技术分布国家，属于该技术的重点国家；EDA 申请量排名第二的美国，占据 EDA 全球申请量的 23%，也是 EDA 工业软件的主要技术分布国家。除了中美两国，其他国家和地区的申请量较少，跟中美不在一条水平线上。

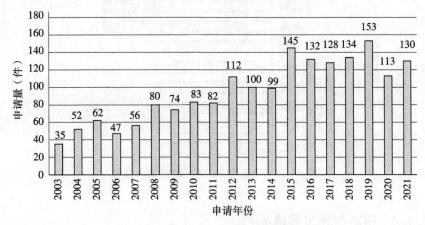

图 4-22 EDA 全球申请趋势

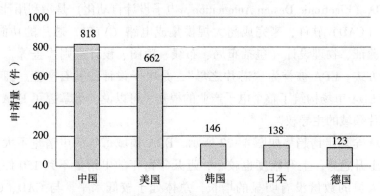

图 4-23 EDA 全球主要国家专利申请量分布

中美作为最主要的两个技术原创国，申请趋势上呈现的状况略有不同，中国总体处于上升阶段，而美国的申请量虽然有一定起伏，但总体较为平稳。中美两国申请趋势对比如图 4-24 所示。

重点企业方面，由图 4-25 所示的美国在 EDA 领域的企业排布可以看出，铿腾电子（楷登电子）在 EDA 领域的专利申请量最大，此外，新思科技、明导国际等在该领域也有较大的申请量。其中铿腾电子是一个专门从事电子设计自动化（EDA）的软件公司，由 SDA Systems 和 ECAD 两家公司于 1988 年兼并而成，自 2004 年起，铿腾电子已成为全球最大的电子设计技术、程序方案服务和设计服务供应商之一，其解决方案旨在提升和监控半导体、计算机系统、网络工程和电信设备、消费电子产品以及其他各类型电子产品的设计，主要产品为用于设计电子电路的软件。

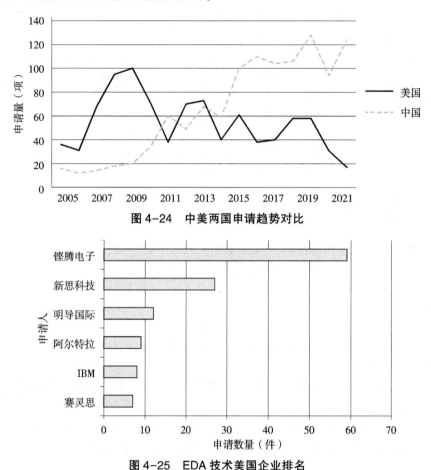

图 4-24　中美两国申请趋势对比

图 4-25　EDA 技术美国企业排名

Synopsys（新思科技）于 1986 年成立，由曾就职于通用电气公司的 Aart de Geus 及其团队成立，主要产品有逻辑综合工具 DC 和时序分析工具 PT，也是行业公认的全球第一 EDA 软件工具领导厂商。

Mentor Graphics（明导国际）于 1981 年成立，后在 2017 年被德国西门子以 45 亿美元收购，2021 年改名为 Siemens EDA。它的主要方向在 EDA 软件/硬件、PCB 设计工具。

在中国市场，仅铿腾电子和新思科技两家就分别占据了全国三成左右的市场，而市场占有率第三的明导国际（已被西门子收购）也占据有 17% 的市场，三家巨头企业合计占领了全国 77% 的市场。而中国本土企业北京华大九天则只有 6% 的市场占有率。

各个巨头公司的 EDA 相关专利主要涉及的热点技术功效为电子电路设计中的集成电路设计。此外，各巨头公司的 EDA 相关专利还涉及电路仿真、电路布线、逻辑元件设计、图像界面交互等相关热点技术。

图 4-26 所示为中国在 EDA 领域的申请人排名，北京华大九天在 EDA 领域的专利申请量排名第一，此外，中科院微电子所、浪潮集团、清华大学等申请人在 EDA 工业软件领域也有较大的申请量。

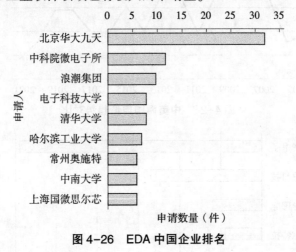

图 4-26　EDA 中国企业排名

地域方面，北京、上海、江苏、广东成为 EDA 专利申请的主力地区，但每个地区的申请量都不太大。

EDA 领域中国 EDA 重点技术的差距度 $C = (537-280) /537 = 0.48$。研发机构数量中国为 564 家，美国为 334 家，中国比美国多 230 家。

4.3.1.5　选择攻关技术方向

对前文介绍的工业软件再进一步总结梳理，针对重点申请人的技术方向进行研究。

重点申请人的技术分支申请量参见图 4-27，西门子排在所有申请人的第一位，其在 4 个领域的申请量都较多。从总体上看，前面几位重点申请人的布局都较为广泛和平均，在 PDM、CAE、CAD 和 EDA 领域都有所涉猎。而靠后的申请人则侧重点比较明显。丰田专注于 CAE，铿腾电子则主要研发 EDA。

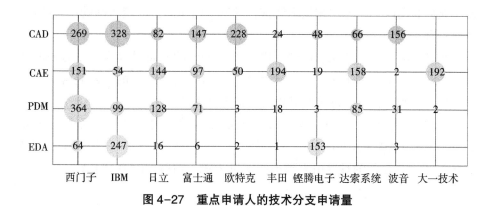

图 4-27　重点申请人的技术分支申请量

申请人数量变化趋势如图 4-28 所示，CAD 的研发申请人的数量一直处于领先位置。CAE 的人数近几年增长迅速，即将超过 CAD 的人数。

从全球申请趋势，技术生命周期，重点申请人的技术分支、申请趋势，不同技术分支的申请人数变化可以看出：CAD、CAE、PDM 和 EDA 的申请量呈持续增长趋势，处于技术生命周期的上升期或成熟期，主要经济体在该领域的研发和申请量较大，领域龙头企业在中国的申请量排名靠前，技术研发的热点较多。因此可以认定 CAD、CAE、PDM 和 EDA 属于研发设计类工业软件的主流技术方向。

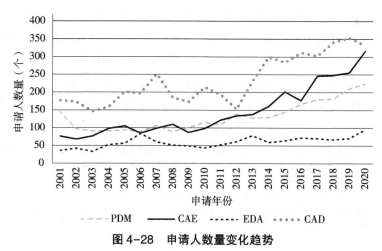

图 4-28　申请人数量变化趋势

CAD、CAE、PDM、EDA 领域的专利申请量排在前面的基本是中美两国，美国在这几个领域都具有垄断性的技术优势，客观分析中美两国在各项指标上的差距，有助于准确了解中国在技术攻关上的可行性和攻关的优选方向，便于充分利用已有的人才和技术储备，发挥举国体制，制定正确的产业政策，从而早日实现攻关突破。

在确定的 CAD、CAE、PDM、EDA 四个主流的研发设计类技术方向的基础上，通过比较技术差距度、技术和人员储备情况、中国的研发趋势、产业链的集群度和完整性等确定出其中可行的突破路径。

技术差距方面，与该技术领域实力最强的美国进行比较，差距度如图 4-29 所示。CAD 重点技术的差距度为 0.3，CAE 为 0.2，PDM 为 0.62，EDA 为 0.48。因此攻关的难度由大到小依次为 PDM、EDA、CAD 和 CAE。

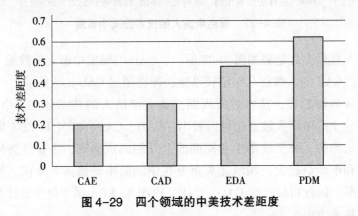

图 4-29　四个领域的中美技术差距度

图 4-30 示出了中美两国在研发机构数量方面的对比，CAD 和 EDA 领域中国研发机构数量分别比美国多约 800 家和 230 家。而 CAE 和 PDM 领域中国的研发机构数量分别比美国少约 200 家和 700 家。说明 CAD、EDA 的市场需求更大，中国机构的研发热情较高，投入的人力、物力也较多。相对而言，CAE 和 PDM 的市场需求较小，尤其是 PDM，中美之间的研发机构数量差距非常大，中国在该领域还没有足够的力量投入研发。

图 4-31 示出工业软件四个领域的中国申请趋势对比，从技术储备和研发趋势来看，四种软件的申请量都呈上升趋势，其中 CAD 和 CAE 的增长幅度相当，处于四种软件的前列，并且 CAD 的申请数量一直保持在最高位。说明CAD 领域的技术储备是四种软件里最充足的，并且 CAD 的研发势头一直处于最前列。

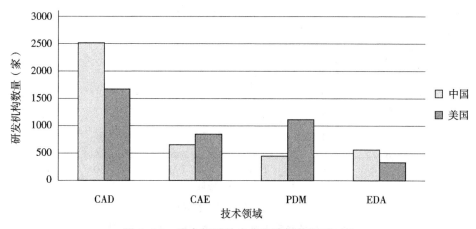

图 4-30 四个领域的中美研发机构数量对比

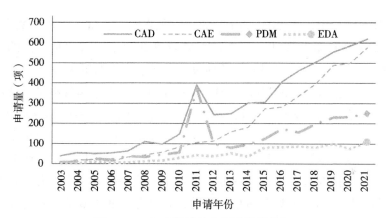

图 4-31 四个领域的中国申请趋势图

通过图 4-32 所示的国内外申请人在华有效专利数量对比，可以看出国外申请人的某项技术的集中度，通过计算外国申请人的专利数量和总的中国专利数量的比值，判断该项技术是国外占优还是国内占优。CAD、CAE、PDM、EDA 领域国外申请人有效专利占比分别为 25%、23%、31% 和 31%。

产业集群度方面：江苏、北京、广东和上海在 CAD 领域的申请量较大，申请的技术涵盖了该领域的所有技术分支，且研发比较连续。因此 CAD 领域在上述四个省市的产业集群度较好。

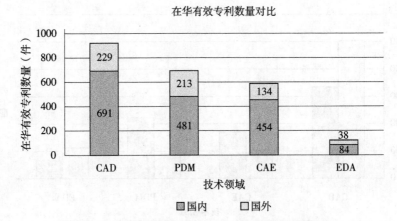

图 4-32　国外和国内申请人在华有效专利数量对比

总体来说，中国在 PDM、EDA 的技术积累较差，EDA 的申请数量最少，PDM 的研发机构数量最少，两者的突破难度在四个领域中是最大的。虽然 EDA 对于芯片设计具有举足轻重的地位，中国市场也渴望在 EDA 软件上早日获得突破，但依现阶段的情况，EDA 技术储备少、人才储备不足、技术差距度大，要实现攻关突破面临着较大的困难。相较而言，CAD 与 CAE 的重点技术差距度相差不大，CAD 的市场需求度高于 CAE，且 CAD 技术整体上处于上升期到成熟期阶段，在申请量、重点专利数量、研发机构数量、产业链完整性等方面，中国在近几年发展快速，积累了一定的研发实力，尤其是在技术储备和研发机构储备上具有明显的优势，在江苏、北京等地也容易建立产业集群地发挥产业协同作用，因此在研发设计类四个主流分支中 CAD 领域开展技术攻关具备一定的研发基础和攻关可行性。

根据前述分析，确定出 CAD 作为工业软件优先的攻关方向，以下分别就协同合作、人才体系建设以及具体的科研攻关提供专利分析的信息支撑。

4.3.2　创新主体协同合作

CAD（计算机辅助设计）软件方面，包括 SolidWorks、Solid Edge、Inventor 等主流市场（为小型企业到中小型企业）MCAD 软件，至少要用到 70 个组件，最核心的组件有几何引擎（主要有西门子 Parasolid，达索 ACIS/CGM）、2D/3D 约束管理器（主要有西门子 D-Cubed）、图形组件（主要有 TECH SOFT 3D）、数据转换器（主要有达索与 Tech Soft 3D），大部分 CAD 公司基于这几款基础组件就可以把基础框架搭起来。

具体来说，其中核心的组件和主要产品如下❶：

几何引擎：几何引擎是最基础的核心组件，也是我国目前最关注的领域，主要分为三类建模器，即实体建模、曲面建模以及小面片建模。目前主要的几何引擎有 Parasolid、ACIS、CGM、开源的 OCC 等。

2D/3D 约束管理器：几何约束求解引擎，广泛应用在草图轮廓表达、零件建模参数表达、装配约束以及碰撞检查等场景中，为快速确定设计意图表达、检查干涉、模拟运动提供了强有力的支持，可帮助最终用户提高生产效率。约束求解引擎也是最基础的核心组件，目前最主要的产品是 D-Cubed DCM。大部分知名的商业 CAD 软件都在使用 DCM。

数据转换器：数据转换器的主要作用就是让软件不仅可以打开其他软件的 3D 数据格式，而且也能够向其他软件输出 3D 数据格式，现在甚至也可以链接工程图。3D 数据转换器主要有法国的 Interop、美国 HOOPS Exchange、法国的 Datakit 等。

从图 4-33 所示的外国企业在全球的申请量排名可以看出企业的技术积累情况，由图 4-33 可知，西门子排名全球第一，是 CAD 领域最大的工业软件提供商。其次是日本的日立，另外，行业内知名的美国欧特克、法国的达索系统也排在全球前十。

从申请人的申请趋势上看，日本的企业整体都呈下降趋势，他们的技术积累发生在近 20 年前，而最近 10 年在该领域没有新的成就。相较而言，西门子、欧特克、达索系统这 3 家公司近几年的申请量较多，保持着强劲的增长，成为业内的霸主。

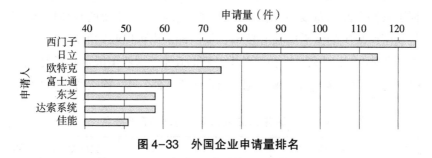

图 4-33　外国企业申请量排名

从申请人的技术分布来看，所有公司的重点均在 G06F17（后转入 G06F30）计算机辅助设计上，达索系统除了 G06F17，还在 G06T17（3D 建

---

❶ 微信公众号"财经十一人"2020 年 8 月 25 日文章《不止芯片，国产工业软件也需要突围》。

模）、G06T19（3D 模型的操作）、G06F3（数据转换）进行了研发布局。

兼并收购是这些巨头们业务扩张的主要途径。达索购买了 CADAM 软件（含源代码）做飞机设计，加上他们自研了强大的 3D 模块，和 CADAM 整合一起做出了 CATIA，并由此和 IBM 合作诞生了达索系统公司。达索收购美国的 Solidworks，主要用来填补达索的中端 CAD 市场。德国西门子的 UG，最初是由美国的麦道飞机公司研发，并将其应用于自己的飞机设计与制造过程中。随后又被美国通用汽车公司收购，通用公司将 UG 作为其软件项目的战略性核心系统，进一步推动了 UG 的发展，直到 2007 年，UG 才被德国西门子收购。能垄断 3D CAD 高端市场的公司，均为世界顶级制造业巨头，法国的 CATIA，最初是法国军工企业，达索航空旗下的工业软件团队，1981 年成立独立公司达索系统，同年推出 3D CAD 产品 CATIA，并打磨至今。后续通过不断收购并购，陆续推出了 CAM、CAE、PLM 等多款产品，成为研发设计领域的完整工具链供应商。

并购是国产工业软件快速成长的途径之一。从达索软件、西门子等巨头的发展经历看，除了自身内生发展，因为工业软件涉及细分门类多，研发难度大，具有较高的进入壁垒，通过外延快速扩大产品范围和市场规模是巨头成长中共有的选择。上述经验值得国产工业软件厂商借鉴，领先厂商可借助外延继续加大自身的领先优势。

由表 4-2 所示的拥有 CAD 有效重点专利的企业排名可以看出，排在前面的毫无疑问是达索系统、西门子等巨头公司，但是后面的日本和德国的公司虽然不是行业的龙头企业，但也有一些重点专利。拥有重点专利意味着该企业掌握了某些方面的重要技术。可分析这些重点专利涉及的具体内容，判断是否是我国所缺少的急需的核心技术，从而确定出可以收购的对象。

美国企业占的比重较大，由于美国政府的政策，这些美国企业不太可能与中国合作，也不可能会被批准并购。因此重点应放在日、韩、德三国的企业身上。

表 4-2　拥有 CAD 有效重点专利的企业排名

申　请　人	国别	重点专利数量（项）
达索系统	法国	45
欧特克	美国	34
西门子	德国	28
通用电气	美国	21

续表

申　请　人	国别	重点专利数量（项）
Best Apps LLC	美国	15
三星集团	韩国	14
波音公司	美国	14
James R. Glidewell Dental Ceramics Inc	美国	11
阿尔特拉	美国	10
IBM	美国	9
发那科	日本	7
Bentley Systems Incorporated	美国	7

如图4-34所示的国内申请人的排名，其中高校占6位，体现出高校在CAD领域的研发热度大于国内企业。

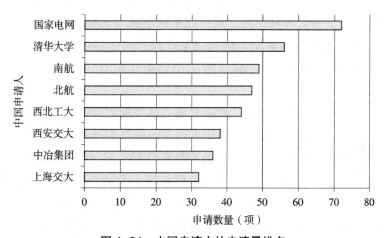

图4-34　中国申请人的申请量排名

从申请趋势看，国家电网、北航、南航和西北工大研发较为连续，且研究成果更多。

国内申请人的技术分布主要集中在G06F17和G06F30，这也是CAD技术最核心的技术领域。

工业软件是数字时代基础科学研究和工程实践应用有效结合的重要表现，发展工业软件离不开基础科学研究和工程实践人才培养。应全面加强固体力学、流体力学、热学、电磁学相关基础学科研究，深化声场、磁场、场碰撞、模态、静力、疲劳等工程应用研究，强化结构、振动、热、流体、电磁场、电路、系统、芯片等多域多物理场机器耦合仿真研究。应全面加强数学、物理、化学基础科学人才培养，打通基础科学培养和企业工程实践通道，推进高校和科研机构研究人员和企业高级技术人才轮岗，提升基础科学研究人才数字化、软件化、系统化、工程化思维。

由于中国高校的申请量占据大多数，可以想见，在 CAD 的攻关合作中离不开高校的基础研究作为支撑。

清华大学国家 CAD 支撑软件工程技术研究中心以软件学院的学科方向为前导，重点研究领域有：软件系统平台与软件体系结构、应用中间件技术、可信软件技术、软件重构技术、信息安全与系统安全、嵌入式系统、自动化编程与简约编程技术、数据库基础技术、企业信息管理技术、数据挖掘和数据网格技术、软件项目管理、软件质量与软件测试、计算机图形学、计算机辅助几何设计、图像处理等。

南京航空航天大学（南航）和北京航空航天大学（北航）在飞行器设计方面有 CAD 曲面参数计算研究。其中北京航空航天大学设有"863"高技术 CIMS 设计自动化工程实验室，该实验室研究方向包括：产品设计理论与方法、技术；CIMS、CAD/CAM 研究与应用；企业质量工程；制造执行系统（MES）等。

西北工业大学（西北工大）航空发动机高性能制造工业和信息化部重点实验室围绕国家科技发展战略，结合大飞机、航空发动机与燃气轮机等国家重大专项，以航空发动机高性能制造为研究目标，面向航空发动机结构—材料—工艺一体化发展需求，开展共性应用基础、重大关键技术、前瞻技术的创新性研究。实验室设置复杂结构精确成形与制坯、复杂薄壁结构高效精密加工、关键构件抗疲劳制造和制造过程智能控制 4 个主要研究方向。完成的航空发动机涡轮叶片精铸模具 CAD/CAM 技术研究，获中国航空工业总公司科技进步一等奖。

依托于上海交大，模具 CAD 国家工程研究中心从事模具 CAD 以及数字化制造领域内科研和成果转化的研究开发，中心设有数字化制造技术、模具制造技术、CAD/CAM/CAE 技术、塑性成形技术、人工智能在制造技术中的应用、高速切削、逆向工程/快速原型/快速模具、集成 PIM/ERP/CNC、特种加工技术等研究方向。

西安交大装备智能诊断与控制研究所于 2009 年由机械工程及自动化研究所、数控技术研究所、振动与噪声控制工程研究所和 CAD/CAM 研究所合并而成，是西安交大机械工程一级学科、机械制造及其自动化国家重点学科（二级学科）的重要教学和科研实体，是机械制造系统工程国家重点实验室和机械工程博士后流动站的重要组成单位和机械工程学科博士点之一。装备智能诊断与控制研究所下设 CAD/CAM 研究室、数字控制与装备技术研究室、装备动态分析与智能诊断研究室、振动与噪声控制工程研究室。其中 CAD/CAM 研究室的研究方向包括：网络化数字制造与服务型制造系统工程；RFID/物联网技术与物流工程；复杂产品协同设计与知识工程；微纳机电系统 CAD/CAPP 及制造仿真；产品全生命周期的质量控制与管理等。

中国企业的 CAD 申请情况如图 4-35 所示：国家电网独占鳌头，另外，行业内技术实力较强的数码大方、广联达、华大九天等也在申请量的前十名中。

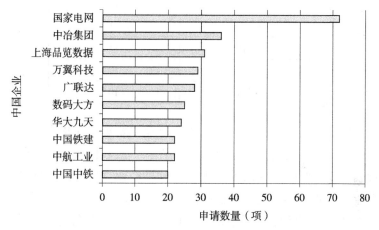

图 4-35 中国企业的 CAD 申请量排名

另外，还有诸多企业不是对 CAD 软件内核进行研究，但是出于工业设计制造的需要大量使用 CAD，使用过程中结合工业实际对利用 CAD 的设计优化进行了较多的技术实践，产生大量有实用价值的数据。国外 CAD 巨头多数起源于或长期绑定于制造业巨头，我们从中也能汲取一些经验。比如中航工业、中国船舶集团，主动寻求与国内头部 CAD 企业的战略合作。通过战略合作，国内软件厂商能从中航工业这类尖端制造企业得到他们需要的工程知识。表4-3 所示的是在不同的工业领域使用 CAD 较多的企业，在运用 CAD 的过程中也对相关技术进行了一定的研究改进，以更适应特定领域的特定需求。

表4-3　CAD应用较多的中国企业专利申请排名

重点企业	申请量（项）
中冶集团	41
中航工业	26
中国铁建	20
鸿海科技	20
奇瑞汽车	16
江铃汽车	15
中国中铁	15
中国建筑	14
中国一汽	11
英业达	11
中船集团	11
中国中车	10
中国航天	10

从地域集中度来看，全国的工业软件企业主要集中在华南、华东及华北一带，其中华南地区的代表企业有金蝶软件、中望软件及远光软件等；华东地区的代表企业有西门子等国外领先工业软件企业，还有浪潮软件等国内优秀龙头企业；华北地区的代表企业有和利时、用友网络等。

对于CAD领域来说，江苏、北京、广东、上海和山东是技术最活跃的几个地区。每个地区都有相关的专精特新龙头企业，业内知名的中望龙腾在广东、数码大方在北京、山大华天在山东济南，江苏有苏州浩辰和南航等高校。

从企业数量的角度对工业软件行业产业链生产企业区域集中度进行计算，排名前三的地区分别是华东、华南及华北地区，这三个地区区域集中度超过70%，处于较高水平。排名前五的省市分别是江苏、北京、广东、上海及山东，前三省市区域集中度在36%左右，前五省市区域集中度突破50%，相较于地区集中度而言，省市集中度较低。

以上企业，有的是工业制造领域的龙头企业，有的是CAD领域的专精特新企业，有的是产业链的上下游企业。基于产业链集中发展的思路，可以在华东、华南、华北地区形成聚集协同合作，从核心技术研发、工业数据积累或者从产业链的角度实现优势互补。合作企业如表4-4所示。

表4-4 合作企业

外部企业引进推荐（按照推荐顺序排序，○表示上市；△表示融资）			
强链、补链企业	技术领先企业	专利布局典型企业	国外企业
数码大方、浩辰软件、天合智能、艾克斯特、中科辅龙（△股权融资）	中望龙腾（○）、广联达（○）、武汉天喻（○）、山大华天	国家电网、中冶集团、中航工业	西门子、达索、PTC、欧特克、IBM、BEST APPS等应用软件技术公司

4.3.3 人才体系建立完善

针对工业软件研发人才培养，可以通过企业与高校共建工业软件研发应用中心等途径，鼓励高等院校聘请有工业界从业经历或企业研发经历的企业家或高管担任合作导师，为大学生提供更多的走进工业软件一线工厂实践学习的机会。

结合前面提到的重点高校，可以培养研发人才、基础理论研究人才。而前面提到的企业可以提供实践学习的机会。CAD研究成果较多的高校如表4-5所示。

表4-5 CAD研究成果较多的高校

学　校	重点团队	团队重点领域
北京航空航天大学	赵罡，任羿，郑国磊，冯强，孙博，陈小武	飞行器、数控加工CAD
南京航空航天大学	李迎光，刘长青，郝小忠，王伟，刘旭，李海，楚王伟	飞机模型参数
西北工业大学	汪焰恩，张卫红	有限元分析，人工骨支架CAD
西安交通大学	田小永，侯章浩，李涤尘	复合材料模具、3D打印
华中科技大学	张海鸥，王桂兰，张华昱	陶瓷、模具制造

依据国内重点专利数量梳理CAD国内核心发明人排名，排名靠前的核心发明人及所属团队如表4-6所示。

表 4-6　CAD 领域的核心人才团队

发明人重点团队	发明人单位	团队重点领域
张卫红	西北工业大学	CAD
李迎光，刘长青，郝小忠，刘旭，王伟，李海	南京航空航天大学	CAD
单忠德，刘丰，吴双峰，吴晓川，战丽	机械科学研究总院先进制造技术研究中心	CAD
王伟	苏州浩辰	CAD
王胜法	大连理工大学	CAD
王伟，赵罡	北京航空航天大学	CAD
张超	西安交通大学	CAD
何发智	武汉大学	CAD
陈新度	广东工业大学	CAD

　　除了挖掘培养国内人才，也可以积极考虑引进国外的先进人才。

　　了解国外的领军人才，首先要了解国外技术实力雄厚的申请人，外国企业重点专利的数量可以反映企业的技术实力，重点专利的数量变化一定程度上能反映研发产出和研发团队的变化，除了前三大巨头公司，韩国三星、日本日立、德国西诺德公司的重点专利数量较多，且近几年发展稳定。因此可以发掘这些公司的技术团队，分析其主要的发明人，将其引入我国。

　　海外领军人才的情况如图 4-36 所示。ONO TOMOSHIGE、OHASHI HAT-SUO 和 YOKOI KENJI 来自日本同一家公司日本特殊陶业，主要研究方向为CAD 数据转换方法。JAMES JACOBS 来自美国，主要成果是用于在 CAD 程序内生成，定制和自动发送电子邮件。MICHAEL BOWEN 来自美国的 BEST APPS LLC，其发明了一种计算机辅助设计系统，能够通过打印或刺绣来定制物理制品，并且能够定制和电子共享数字内容。MUSUVATHY SURAJ RAVI 来自西门子，其成果是用计算机辅助设计系统使用建模引擎、合成引擎和分析引擎来创建和分析复杂网格结构。SHAYANI HOOMAN 来自美国欧特克，主要技术方向是比较 3D CAD 对象的几何样式、为 3D CAD 对象的 B-REP 生成主观风格比较量度。KING DOUGLAS JOSEPH 来自西门子，主要技术方向是CAD 模型的反约束配置和实施、几何关系内的冗余度的识别和管理。

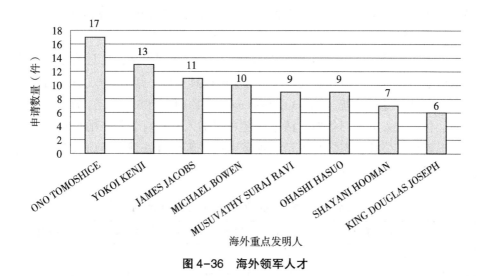

图4-36 海外领军人才

日、韩、德、法的企业申请量最大，比较日、韩、德、法4个国家在中国以外和在中国的申请量情况，可以发现部分国家有较多的技术没有进入中国，没有在中国进行相应的布局。这些国家具备人才和技术实力，可以引进中国为我所用，或者中国企业可以到当地开设海外研发中心，雇用当地人才，也能解决国内人才短缺的问题。日、韩、德、法在中国内外的专利申请情况如表4-7所示。

表4-7 日、韩、德、法在中国内外的专利申请情况比较

申请人国别	在国外的申请量（件）	在国内的申请量（件）	在国内的专利有效率
日本	5268	126	42.3%
韩国	913	25	72.7%
德国	518	43	53.3%
法国	171	47	92%

4.3.4 技术研发攻关突破

技术研发过程中需实时监测龙头企业的发展动向，研究其新的重点技术，确保紧跟技术前沿不掉队，不重复无效研发。

根据前面的分析，CAD领域技术领先的企业包括达索系统、西门子、发那科、波音和欧特克，应持续关注上述公司的申请趋势，分析其技术路线图。

分析发现，龙头企业研究的重点首先在于解决系统复杂性方面的问题，其次是如何提高效率的问题。

通过了解几大公司的重点专利，理解技术的深刻含义，先对技术进行消化吸收，再进行进一步的改进创新，力争形成具有自主知识产权的核心技术。表4-8示出了达索系统（Dassault Systemes）、西门子（Siemens）的重点专利清单，供研发人员学习借鉴。清单中还可以加入专利有效状态的信息，如果专利已经处于失效状态，则表示该项技术已进入公有领域，任何人都可以实施该技术而不存在侵权风险。

表4-8 达索系统和西门子的重点核心专利

标 题	申请人	申请号	申请日
Computer-Implemented Method Of Designing A Supporting Structure For The Packaging Of A Solid Object	Dassault Systemes	US16002168	2018/6/7
基于CAD的初始表面几何图形校正	达索系统西姆利亚公司	CN201410806491.9	2014/12/22
3D CAD模型的增强现实更新	达索系统公司	CN201410748019.4	2014/12/9
Compression Of A Three-Dimensional Modeled Object	Dassault Systemes	US14340300	2014/7/24
COMPUTER-IMPLEMENTED METHOD FOR DESIGNING AN ASSEMBLY OF OBJECTS IN A THREE-DIMENSIONAL SCENE OF A SYSTEM OF COMPUTER-AIDED DESIGN	Dassault Systemes	US14163904	2014/1/24
Method And System For Dynamically Manipulating An Assembly Of Objects In A Three-Dimensional Scene Of A System Of Computer-Aided Design	Dassault Systemes	US13906052	2013/5/30
Method and System for Designing a Modeled Assembly of at Least One Object in a Computer-Aided Design System	Dassault Systemes	US13679023	2012/11/16
从第一和第二建模对象计算结果闭合三角化多面体表面	达索系统公司	CN201110177608.8	2011/5/25
用于在计算机辅助设计系统中设计对象组件的方法和系统	达索系统公司	CN201010537284.X	2010/11/5

续表

标　题	申请人	申请号	申请日
在计算机辅助设计系统中设计对象组件的方法和系统	达索系统公司	CN201010624272.0	2010/11/5
连接模型化物体的面的边的计算机辅助设计方法	达索系统公司	CN200880104167.5	2008/8/22
具有若干面的模型化对象的计算机辅助设计方法	达索系统公司	CN200610074674.1	2006/4/7
Tool for three-dimensional analysis of a drawing	Dassault Systemes	US09590977	2000/6/9
SYSTEM AND METHOD FOR DESIGN AND MANUFACTURE OF STEADY LATTICE STRUCTURES	Siemens Industry Software Inc；Georgia Tech Research Corporation	US16954850	2019/2/5
在具有相交跳动部的多个相邻腹板面上的航空摇动	西门子产品生命周期管理软件公司	CN201580029609.4	2015/6/2
ADDITIVE 3-DIMENSIONAL (3D) CORE DESIGN	Siemens Product Lifecycle Management Software Inc	US16276815	2019/2/15
INTELLIGENT OFFSET RECOGNITION IN CAD MODELS	SIEMENS PRODUCT LIFECYCLE MANAGEMENT SOFTWARE INC	US14229041	2014/3/28
对几何关系内的冗余的识别和管理	西门子产品生命周期管理软件公司	CN201380035944.6	2013/7/3
用于凝视和姿势接口的系统和方法	西门子公司	CN201180067344.9	2011/12/15
AEROSPACE JOGGLE ON MULTIPLE ADJACENT WEB FACES WITH INTERSECTING RUNOUTS	Siemens Product Lifecycle Management Software Inc	US14485096	2014/9/12
用于管道和管的路径的无冲突 CAD 设计的系统和方法	西门子产品生命周期管理软件公司	CN200980133315.0	2009/6/25

　　在研发过程中，需要对研发成果进行专利保护，根据目标市场的情况、技术热点情况，考虑专利的布局。以中国市场为例，应了解中国市场的主要技术分布，分析其他公司尤其是外国重点企业在中国的技术分布；通过了解中国市场的技术功效趋势图，可以看出技术热点和技术空白点，结合技术分

布和技术功效趋势图，为最终的技术布局提供参考。

4.4　小结

　　我国正式印发的《中国制造 2025》中重点部署了全面推进实施制造强国战略。目前各国均在努力提升制造业的智能化水平，建立具有适应性、资源效率及基因工程学的智慧工厂，利用物联信息系统将生产中的供应、制造、销售信息数据化和智慧化。世界已开始进入工业 4.0 时代，工业 4.0 很重要的一点是工业生产的数字化，其核心特征是互联，软件和工业数据是其关键大脑。

　　因此，工业互联网是工业 4.0 的重要组成部分，而工业软件是工业互联网的核心。当前我国工业互联网和工业软件市场增速远超全球，但国产软件整体呈现高端少、低端多的产品格局，且自给率偏低，仍处于发展初期。工业软件以应用软件为主，一般分为研发设计、生产控制、运营管理、协同集成和嵌入式工业软件几类，本质是通过数字化模型或专用软件工具将过去在特定工业场景中的经验固定下来，连接生产、设计、制造各环节，用可视化的方式规划、呈现、优化产业链环节。

　　欧美发达国家早已将工业软件发展上升为国家战略，且取得了极高的成绩，目前工业软件已形成寡头垄断的格局。我国 95% 的研发设计类工业软件依赖进口，国产可用的研发设计类产品主要应用于工业机理简单、系统功能行业复杂度低的领域。生产控制类、运营管理类工业软件相对较好，国产工业软件国内市场占有率可以达到 50%。

　　国内外技术差距大。国外主流工业软件企业普遍都有 30 年以上的技术工艺积累沉淀，部分头部企业甚至超过了 50 年。例如，著名的工业软件公司 Ansys、UGS、Dassault Systemes、Camstar、Synopsys、Cadence 分别成立于 1970 年、1969 年、1977 年、1984 年、1986 年和 1988 年。国内绝大多数工业软件企业成立时间都不足 20 年，多数都是在近 10 年内成立的，缺少技术积累。

　　国家长期投入过低，软件培育意识不足。从"十五"到"十二五"的 15 年间，根据统计数据，国家对 CAD/CAE 等核心工业软件投入资金不超过 2 亿元。而全球最大的 CAE 仿真软件公司 Ansys 在 2019 年一整年的研发投入为 2.98 亿美元，约 21 亿元，是我国 15 年投入的 10 倍还多。因缺少资金支持，国产工业软件更无法和强大的国外公司竞争，且国内存在开发不如购买的思维，缺乏工艺软件化的思维。

随着中美贸易摩擦加剧，美国对我国采取限购措施，限制芯片、工业软件、设备器件、技术服务等的对华出口，对国内工业生产造成较大影响。特别是我国 EDA 等核心工业软件依旧主要依靠进口，如果境外厂商因美国政府限购而停止对我国 EDA 供货和提供技术支持，国内关键领域的工业生产可能受到严重影响。

因此，工业软件领域"卡脖子"的问题是我国面临的急切需要解决的问题。通过专利分析，对依赖度最高的研发设计类工业软件的"卡脖子"攻关提供以下参考性建议。

1. 工业软件优先攻关 CAD 技术

研发设计类工业软件，CAD（计算机辅助设计）、CAE（计算机辅助工程）、PDM（产品数据管理）和 EDA（电子设计自动化）的申请量呈持续增长趋势，处于技术生命周期的上升期或成熟期，主要经济体在该领域的研发和申请量较大，领域龙头企业在中国的申请量排名靠前，技术研发的热点较多。该 4 个领域属于研发设计类工业软件的主流技术方向。

CAD、CAE 主要被美、德、法的 3 家公司垄断，PDM、EDA 则主要由美国公司垄断。

技术差距方面，与该技术领域实力最强的美国进行比较，CAD 重点技术的差距度为 0.3，CAE 为 0.2，PDM 为 0.62，EDA 为 0.48。因此攻关的难度由大到小依次为 PDM、EDA、CAD 和 CAE。

研发机构数量方面，CAD 和 EDA 领域中国研发机构数量分别比美国多约 800 家和 230 家。而 CAE 和 PDM 领域中国的研发机构数量分别比美国少约 200 家和 700 家。说明 CAD、EDA 的市场需求更大，中国机构的研发热情较高，投入的人力、物力也较多。相对而言，CAE 和 PDM 的市场需求较小，尤其是 PDM，中美之间的研发机构数量差距非常大，中国在该领域还没有足够的力量投入研发中。

从技术储备和研发趋势来看，4 种软件的申请量都呈上升趋势，其中 CAD 和 CAE 的增长幅度相当，处于 4 种软件的前列，并且 CAD 的申请数量一直保持在最高位。说明 CAD 领域的技术储备是 4 种软件里最充足的，并且 CAD 的研发势头一直处于最前列。

产业链完整性方面，通过技术分布，可以看出相关联的上下游技术的研发情况。CAD、CAE、EDA 方面中国的研发同美国一样，大部分集中在 G06

分类号领域，占比达一半以上。此外，在 A61、H04、C07、G01、H01 等领域也有所涉猎。PDM 申请数量相对较少，产业链完整性上不如前面 3 个领域。

产业集群度方面：江苏、北京、广东和上海在 CAD 领域的申请量较大，申请的技术涵盖了该领域的所有技术分支，且研发比较连续。因此 CAD 领域在上述 4 个省市的产业集群度较好。

总体来说，中国在 PDM、EDA 领域的技术积累较差，EDA 的申请数量最少，PDM 的研发机构数量最少，两者的突破难度在 4 个领域中是最大的。虽然 EDA 对于芯片设计具有举足轻重的地位，中国市场也渴望在 EDA 软件上获得早日突破，但依现阶段的情况，EDA 技术储备少、人才储备不足、技术差距度大，要实现攻关突破面临着较大的困难。相较而言，CAD 与 CAE 的重点技术差距度相差不大，CAD 的市场需求度高于 CAE，且 CAD 技术整体上处于上升期到成熟期阶段，在申请量、重点专利数量、研发机构数量、产业链完整性等方面，中国在近几年技术发展态势良好，正逐渐缩小与主流国家企业之间的差距，积累了一定的研发实力，尤其是在技术储备和研发机构储备上具有明显的优势，在江苏、北京等地也容易建立产业集群地发挥产业协同作用，因此在研发设计类 4 个主流分支中的 CAD 领域开展技术攻关具备一定的研发基础和攻关可行性。

2. 围绕专精特新企业作为龙头，打造 CAD 技术产业区域集群

工业软件产业链的正常运行要求实现上下游软件之间的匹配与兼容，受这一特征影响，不仅要求工业软件企业的自身产品覆盖从设计到封装使用的全流程工具链，而且要求与上游软硬件设备供应商、下游应用需求方形成较为稳固的产销关系，这种密切嵌合的关系网日益成为工业软件产业的发展常态。在工业软件上下游相互嵌合的生态网中，新产品、新工艺相互促进、互为一体、滚动发展。

CAD 国内实力强劲的龙头企业包括位于广东省的中望龙腾，位于山东省的山大华天，位于北京市的数码大方等。中望软件在 2D 建模中已达到国际一流水平，3D 能实现基本的实体曲面混合建模；山大华天推出了 CrownCAD 三维 CAD 平台，拥有三维几何建模引擎 DGM 和几何约束求解器 DCS 两个核心技术，解决了大型模型转不动、协同设计缺平台的痛点。但是国内软件的应用场景还不够丰富，无法达到高度仿真，云端存储和读取也存在问题。以此为基础，可以围绕 CAD 的不同细分领域形成不同的产业布局，包括面向装配设计、面向制造设计、面向成本设计、面向绿色设计、面向六西格玛设计等。

应以华南、华东和华北作为区域集群，将设计、测试、制造、设备、材料、云服务等上下游企业整合到一起，发展汽车、铁路、港口、船舶、工业机器人、3D 打印等产业。

3. 产学研结合积累优化算法和工业数据

工业软件的核心技术是建模、虚拟仿真、数学运算等数学算法，在这方面我国的高校申请居多，在几何建模、工件参数精确计算、优化验证等方面积累了大量技术。北航、南航重点在飞行器模型参数优化设计，西安交大、华中科技大学在模具复合材料制造、3D 打印方面有深入研究。另外，工业软件的生命力在于与工业需求的深度融合和应用数据的大量积累，工业软件最核心的底层支撑是用户端积累形成的工业数据知识库，国产工业软件的首要任务是加快建立工业知识数据库，让大量的专家经验、工艺流程、核心参数等保留下来。因此必须聚焦行业去做深做透，共建生态，必须和实体制造的工艺、工序、设备、流程深度绑定，积累大量的行业经验和工业数据。因此CAD 的研发必须同各行业的生产制造紧密合作，尤其是同航空航天、轨道交通、船舶、电子科技等高精密度行业合作。

4. 寻求日、韩、德企业的合作

日本在 CAD 领域的申请量排名世界第一，韩国申请量排名第四，均是CAD 领域研发活跃的地区。尽管日本近年来申请呈下降趋势，韩国申请量相对较少，但是日本和韩国在信息技术产业领域各具优势，近年来也加入大力支持工业软件发展行列。2021 年日本发布《制造业白皮书》，推动企业深化数字化转型；2020 年 7 月，韩国政府发布"材料、零部件和设备 2.0 战略"，意在大幅扩充关键战略产品的供应链管理，打造尖端产业世界强国。因此可以寻求与日本和韩国企业的合作，共同攻关关键核心技术。

无论是技术合作，还是收购兼并，除了要了解企业的专利申请数量，更重要的是要了解企业的技术实力，以及其技术储备是否与我国的需求相契合。通过重点专利数量和具体技术内容的分析可以获得上述信息。分析结果表明美国企业占了排行榜的绝大部分。除了美国，仅有少量日韩德企业拥有一定数量的重点专利，表明其具备一定的技术研发实力。因此技术合作应重点寻求与该类企业合作。

5. 人才培养与引进

专利有效量排名前二十位的发明人所属的单位中，北京航空航天大学、南京航空航天大学、武汉大学、浙江大学等单位在 CAD 领域具有较强的基础研究能力，浙江大学还具有计算机辅助设计和图形国家重点实验室，主要从事计算机辅助设计、计算机图形学的基础理论、算法及相关应用研究。该实验室率先开展了 GPU 架构上的真实感图形实时计算研究，建立了空间层次结构的数据并行计算机制，首次构建了完全运行在 GPU 上的真实感绘制流水线，形成了贯穿图形表示、建模、绘制全过程的理论体系，获国家自然科学奖二等奖。第一完成人周昆教授因在几何建模和 GPU 计算方面的贡献当选 IEEE Fellow，获得陈嘉庚青年科学奖、MIT TR35 全球创新青年奖等国内外重要奖项。

对于国外人才的引进，重点有效专利量排名前十的发明人除了来自美国，大部分来自日本和德国，同日本、德国合作类似，可以从该国挖掘引进人才。

部分国家在全球的申请量较大，在中国的申请量不大，但在中国的授权有效率较高，表明该国具有一定的人才储备和研发实力，可以考虑到该地区设立海外研发中心，招揽雇用当地的人才为技术攻关助力。韩国和德国自身的专利量较多，仅少量进入中国，但在中国的有效率较高，因此可以在韩国和德国设立研发中心，利用该国的技术人才。

6. 消化吸收已有的专利技术

对行业内的重点专利进行筛选、学习。对于已失效的专利，直接利用。对于还处于保护期的专利，应学习其基本构思，构建出不同的理论路径，避免侵权风险。

第五章　一层隔出两重天：锂电池隔膜

《科技日报》在2018年"是什么卡了我们的脖子"系列报道中，提出了35项"卡脖子"技术，"锂电池隔膜"位列其中。在苏州大学政治与公共管理学院邢冬梅教授按照"四基"划分的类别中，"锂电池隔膜"被归为"关键基础材料类"。

5.1　锂电池隔膜技术概述

5.1.1　锂电池隔膜简介

锂离子电池由正极、负极、电解液和隔膜4个部分组成，其中，隔膜是锂离子电池的关键材料之一，是锂电池产业链中最具技术壁垒的关键内层组件，成本占比为10%~20%。

隔膜是一层具有微孔结构的功能薄膜，其厚度一般为8~40μm。在电池体系中，隔膜的作用一是用来隔离正负极并阻止充放电时电子自由穿过以防止正负极短路，二是允许电解液中的锂离子在正负极之间自由流通，还可以在电池充放电或温度升高的情况下有选择地闭合微孔，以限制过大电流、防止短路。锂电池隔膜浸润在电解液中，表面上有大量允许锂离子通过的微孔，微孔的材料、数量和厚度会影响锂离子穿过隔膜的速度，进而影响电池的放电倍率、循环寿命等性能。

5.1.2　锂电池隔膜技术发展状况

高性能锂电池需要隔膜具有厚度均匀性以及优良的力学性能（包括拉伸强度和抗穿刺强度）、透气性能、理化性能（包括润湿性、化学稳定性、热稳定性、安全性）。隔膜性能优异与否直接影响锂电池的容量、循环能力以及安全性能等特性，性能优异的隔膜对提高电池的综合性能具有重要的作用。锂电池隔膜具有的诸多特性以及其性能指标的难以兼顾决定了其生产工艺复杂、技术壁垒高、研发难度大。

5.1.2.1 隔膜制备工艺

隔膜生产工艺包括原材料配方和快速配方调整、微孔制备技术、成套设备自主设计等诸多工艺。其中，微孔制备技术是锂电池隔膜制备工艺的核心，目前商业化应用中主要是以聚乙烯（PE）和聚丙烯（PP）为主的微孔聚烯烃隔膜，按工艺可分为干法（基材以 PP 为主）和湿法（基材以 PE 为主）隔膜。

干法单向拉伸工艺是利用聚烯烃结晶区和非结晶区的模量差异，通过晶片分离实现拉伸致孔。聚烯烃熔融后，先经过挤出、骤冷形成低结晶度的铸片，随后退火处理形成高结晶度、具有垂直于挤出方向而又平行排列的片晶结构的薄膜。随后，薄膜在辊轴上进行拉伸。薄膜先在低温下冷拉 6%~30%，形成银纹等微缺陷，然后在高于聚合物玻璃化温度、低于聚合物结晶温度的环境下，热拉伸 80%~150% 扩大缺陷。此时，薄膜内的片晶结构发生分离，同时产生大量的微纤，从而形成孔结构。经过热处理、强化热收缩性能后，即可得到稳定性较高的干法单拉薄膜。

为了突破国外干法单拉工艺的专利壁垒，中国科学院化学研究所于 20 世纪 90 年代研发出了具有自主知识产权的干法双向拉伸工艺。聚丙烯（PP）的 α 晶型和 β 晶型存在一定的密度差异，干法双拉工艺则利用了这种差异，促使发生晶型转化形成微孔。在聚丙烯（PP）中添加稀土类化合物等 β 成核剂，再经过熔融挤出，可形成 β 晶型含量高的铸片。铸片经过类似干法单拉工艺的纵向拉伸后，晶体结构松散的 β 晶型在应力下转变为致密的 α 晶型，同时在薄膜上形成微孔。随后，薄膜在较高温度下进行横向拉伸，微孔尺寸扩大、尺寸分布均匀性提升。干法双拉的生产设备与单拉的类似，主要区别在于增加了横向拉伸的加工环节。

湿法工艺中，成孔剂与聚烯烃会经过熔融混合、冷却分离的过程，因此湿法也被称作热致相分离法。将高沸点的小分子化合物作为成孔剂，与聚烯烃混合加热后，两者熔融混合，形成均相液体。当液体迅速冷却时，成孔剂会与聚烯烃发生相分离，以液滴的形式均匀分散在聚烯烃中。将聚烯烃压制成片，加热后进行双向拉伸，即可形成由成孔剂填充微孔结构的薄膜。将成孔剂进行萃取、回收后，薄膜进行烘干处理，即可得到具有三维纤维状结构的微孔膜。湿法按照拉伸取向是否同时可以分为异步、同步两种，同步法很均匀适合做消费电池，而异步法良品率高适合做动力电池。

聚烯烃膜中干法工艺在性能表现上有天花板，湿法工艺是控制隔膜孔径和孔隙率的有效手段。聚烯烃隔膜是目前商业化锂电池隔膜的主流，分为干法和湿法两种生产工艺，有着不同的成孔机理。干法的孔隙源自物理作用，在厚度上有天然的瓶颈；而湿法的孔隙源自化学作用，可以达到更大的孔隙率和更均匀的孔径，两者工艺性能比较由表5-1示出。

表5-1　动力电池隔膜干法、湿法制备工艺性能比较

性能参数	性能比较	
	干法工艺	湿法工艺
孔径大小	大	小
孔径均匀性	差	好
拉伸强度均匀性	差，各向异性	好，各向同性
横向拉伸强度	低	高
横向收缩率	低	较高

从成本、均匀性和生产线的角度进行对比，由于生产复杂性较低，干法隔膜的成本相对低于湿法隔膜；然而在精度控制上，干法隔膜的均匀性比湿法更难控制。干法隔膜生产线是一种更加细分的生产线，涉及更精细的手动控制点；相比之下，湿法隔膜的生产线是自动化、连续生产的生产线，有更高的生产率。

总体来看，干法隔膜在生产工艺、成本、环保经济等方面具有较大优势，湿法隔膜则具有短路率低、孔隙率和透气性可控范围大等优点。但从产品性能来看，湿法隔膜综合性能优于干法隔膜。相比干法隔膜，湿法工艺在产品特性上的优势在于：具有更好的孔隙结构一致性，更高的横向拉伸强度，更优异的抗穿刺强度，厚度更薄，更好的厚度一致性。应用方面，在动力锂电池领域，湿法隔膜在性能和安全程度方面有着超越干法的显著优势，更能够适应当前新能源车动力电池逐渐向高能量密度化发展的趋势。

5.1.2.2　隔膜技术研究进展

1. 多层隔膜

以聚丙烯为原材料，制造出的薄膜因孔洞闭孔温度承受能力较高，其熔

点也变得较高；以聚乙烯为原材料，生产出的薄膜因闭孔温度承受力较低，其熔点也相对较低。但隔膜通常要求薄膜具备较低的闭孔温度及较高的熔点温度，而具备两种优点的薄膜可以使锂离子电池更好地工作。美国的 Celgard 公司首先提出把干、湿法制造出的薄膜进行优点的集合，即薄膜要具备湿法工艺的低闭孔温度及干法工艺的高熔点，研制出 PP/PE 两层复合隔膜或 PP/PE/PP 三层复合隔膜，集合了 PP 膜力学性能好、熔点温度高以及 PE 膜柔软、韧性好、闭孔温度低的优点，增加了电池的安全性能；但是 PE 和 PP 膜对电解质的亲和性较差，且 PP/PE/PP 三层隔膜的纤维结构为线条状，一旦发生短路，会使短路面积瞬间迅速扩大，热量急剧上升难以排出，存在潜在的爆炸可能。

2. 新型基材隔膜

由于 PE 和 PP 的热变形温度比较低（PE 的热变形温度为 80~85℃，PP 为 100℃），温度过高时隔膜会发生严重的热收缩，导致电池的正负电极接触而短路，存在引起电池燃烧或爆炸的危险，严重威胁着使用者的生命安全。一些厂商通过非纺织的方法将纤维进行定向或随机排列形成纤网结构，然后用化学或物理的方法进行加固成膜（被称为无纺布型隔膜材料），使其具有良好的透气率和吸液率。这些新型基材隔膜的耐热性能大多显著好于聚烯烃类隔膜，并且因其具有类似编织的结构使得隔膜的抗刺穿性方面表现也十分优异，可有效避免因针刺造成的短路现象，提高保液率。目前使用聚酰亚胺（PI）、聚对苯二甲酸乙二酯（PET）、间位芳纶（PMIA）等合成材料制备无纺布隔膜。

PET 是一种机械性能、热力学性能、电绝缘性能均十分优异的材料。根据相关研究，电极表面锂沉积会形成枝晶且会继续生长刺穿隔膜，从而造成电池内部短路引起故障甚至火灾爆炸，而 PET 隔膜所具有的三维孔结构，可有效避免因针刺造成的短路现象。PET 类隔膜最具代表性的产品是德国 Degussa 公司开发的以 PET 隔膜为基底、陶瓷颗粒涂覆的复合膜，表现出优异的耐热性能，闭孔温度高达 220℃。PET 无纺布隔膜性能优异但成本过高，还未实现大规模商业化应用。

PI 是较 PET 更加优秀的纤维材质，也是目前最具潜力的锂电隔膜基材之一。首先，PI 具有优异的热稳定性、较高的孔隙率和较好的耐高温性能，可以在 -200~300℃ 下长期使用。目前用静电纺丝法制造的 PI 无纺布隔膜熔点可达 500℃，并且在 150℃ 高温条件下也不会发生老化和热收缩。其次，由于 PI

纤维极性强，对电解液润湿性好，使得 PI 无纺布隔膜也具有极佳的吸液率。综合而言，PI 无纺布隔膜熔点、吸液率、孔隙率、热收缩温度都较传统 PE/PP 隔膜乃至 PET 无纺布隔膜表现优秀，是最具潜力的锂电隔膜基材之一。目前市场上主流的 PI 薄膜是美国杜邦公司发明的 Kapton、日本宇部的 Upilex 和钟渊化学的 Apical，主要的专利和生产厂家还是集中在美国杜邦、日本宇部和日本东洋纺等企业手中。

PMIA 是一种芳香族聚酰胺，其高达 400℃ 的热解温度能显著提高电池的安全性能。PMIA 薄膜是由 PMIA 纤维无规则排列而形成三维网络多孔结构，这种多孔结构有助于提高隔膜的孔隙率。此外由于羰基基团的极性相对较高使得隔膜在电解液中具有较高的润湿性，从而提高了隔膜的吸液率。一般而言 PMIA 隔膜是通过非纺织的方法（如静电纺丝法）来制造，但相转化法制造的 PMIA 薄膜更加具备商业化前景。目前由于静电纺丝法的纺丝速率极慢导致生产效率低下，使得其价格偏高从而不利于商业化大规模推广。此外静电纺丝法导致 PMIA 隔膜的离子电导率偏低，也不太适合用在高倍率充放电的锂电池中。而相转化法制造的 PMIA 薄膜由于其通用性和可控制性，更加具备商业化的前景。

新型高分子材料 PBO（聚对苯撑苯并二噁唑）是一种具有优异力学性能、热稳定性、阻燃性的有机纤维。其基体是一种线性链状结构聚合物，在 650℃ 以下不分解，具有超高强度和模量，是理想的耐热和耐冲击纤维材料。由于 PBO 纤维表面极为光滑，物理化学惰性极强，因此纤维形貌较难改变。PBO 纤维只溶于 100% 的浓硫酸、甲基磺酸、氟磺酸等，经过强酸刻蚀后的 PBO 纤维上的原纤会从主干上剥离脱落，形成分丝形貌，提高了比表面积和界面黏结强度。日本东洋纺是目前世界上唯一的一家可以进行 PBO 纤维商业化生产以及拥有单体的工业化生产能力的公司。

3. 涂覆膜

湿法隔膜除热强度外优势明显，膜厚度可达 5~7μm，符合锂电池高能量、轻量化发展趋势。但对于高能量密度的动力电池来说，厚度太小的薄膜会带来更高的安全风险。因此需要一种更加安全的隔膜，而在隔膜表面涂覆材料可以提高隔膜性能。

目前涂覆有三类：无机涂覆、有机涂覆和复合涂覆，如图 5-1 所示。

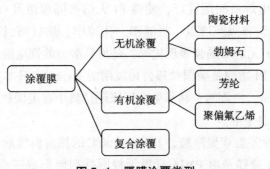

图 5-1　隔膜涂覆类型

（1）无机涂覆

无机涂覆主要使用两种材料，即陶瓷材料和勃姆石。

在隔膜表面涂覆无机陶瓷材料能有效改善隔膜性能。首先，无机材料特别是陶瓷材料热阻大，可以防止高温时热失控的扩大从而提高电池的热稳定性；其次，陶瓷颗粒表面的-OH 等基团亲液性较强，从而提高隔膜对于电解液的浸润性。陶瓷涂布材料由 Al_2O_3、SiO_2、$Mg(OH)_2$ 或其他耐热性优良的无机物陶瓷颗粒组成，其涂布在隔膜表面后可以提高隔膜的耐高温性能、耐热收缩性能和穿刺强度，防止电池胀气，从而提高电池的安全性。早在 2010 年前，日本、韩国已经开始普及和推广陶瓷涂布隔膜的应用，目前已经开始往复合膜方向发展，不再停留在涂布材料研究层面。国内自 2013 年从日本采购设备开始陶瓷涂布隔膜的生产并进行研发，但相关的研究和产业化主要集中在单面复合和双面复合工艺，即以现有聚烯烃微孔膜为基膜的陶瓷涂覆技术。陶瓷隔膜能够承受的温度高达 200℃，相比普通 PE 的 81℃ 的耐热温度而言，热稳定性与安全性都大幅提升。但陶瓷隔膜需要使用专业的涂覆设备，成本也比普通湿法隔膜更高。同时涂覆后，陶瓷隔膜厚度会增加 2~3μm，使电池能量密度降低，非常考验隔膜厂商的基膜技术水平。

勃姆石是继陶瓷材料之后的新兴无机涂布材料。勃姆石又称软水铝石，分子式为 AlOOH，颗粒形貌为均匀的立方体，具有耐热温度高、硬度低、与有机物相容性好的特点。勃姆石微观结构为板状结构，涂覆后有缝隙，不影响锂离子的穿透和隔膜的透气性。此外勃姆石涂覆隔膜能够保证隔膜的完整性，即使在基底膜熔化的情况下，也能保持隔膜完整性、隔开正负极，从而进一步防止短路的发生。隔膜制造企业通过在涂布中采用勃姆石涂层，能够在较小的涂层厚度的前提下显著提升隔膜的热稳定性，从而提升锂离子电池的安全性并改善电池的倍率性能和循环性能。同时，勃姆石涂层较薄的厚度还有助于提升锂离子电池的体积能量密度和重量能量密度。

（2）有机涂覆

有机涂覆主要采用芳纶和 PVDF（聚偏氟乙烯）涂布。

芳纶涂布目前应用较广，在松下供给特斯拉的 NCA 电池上已全面使用。虽然陶瓷涂布技术能提高 PE 材料的耐高温性，但其也体现出浸润性差、质量大的特点，芳纶涂布则可以有效解决这些问题。芳纶涂布膜具有更优的吸液、保液性能和离子电导率，可在不影响安全性的前提下制造出更轻薄小巧的微型高容量电池。涂覆使用高耐热性芳纶树脂进行复合处理而得到的涂层，一方面能使隔膜耐热性能大幅提升，实现闭孔特性和耐热性能的全面兼备；另一方面芳纶树脂对电解液具有高亲和性，使隔膜具有良好的浸润和吸液保液的能力，而这种优秀的高浸润性可以延长电池的循环寿命。此外，芳纶树脂加上填充物，可以提高隔膜的抗氧化性，进而实现高电位化，提高能量密度。其主要技术瓶颈是芳纶材料的合成储运、芳纶涂层成膜造孔技术。

PVDF 涂覆隔膜具有低内阻、高（厚度/空隙率）均一性、力学性能好、化学与电化学稳定性好等特点。PVDF 是一种白色粉末状结晶性聚合物，熔点为 170℃，热分解温度在 316℃以上，长期使用温度为 $-40\sim150$℃，具有优良的耐化学腐蚀性、耐高温色变性、耐氧化性、耐磨性、柔韧性以及很高的耐冲击性强度。目前根据溶剂不同，分为水性 PVDF 涂覆隔膜与油性 PVDF 涂覆隔膜。由于纳米纤维涂层的存在，该新型隔膜对锂电池电极具有比普通电池隔膜更好的兼容性和粘合性，能大幅度提高电池的耐高温性能和安全性。此外，该新型隔膜对液体电解质的吸收性好，具有良好的浸润和吸液保液的能力，能延长电池循环寿命，增加电池的大倍率放电性能，使电池的输出能力提升 20%，特别适用于高端储能电池、汽车动力电池。

（3）复合涂覆

复合涂覆技术相对更为先进，即在聚合物涂层浆料中分散加入无机粒子，混合均匀后涂覆在隔膜基材上，这种涂覆工艺还未大规模应用。

陶瓷与 PVDF 混涂：将陶瓷颗粒与 PVDF 颗粒混合分散均匀，均匀涂覆在隔膜基材上，一次加工成型，以同时使隔膜兼具热稳定性与粘结力。

有机—无机复合包覆：制备方法是将陶瓷颗粒涂覆在 PE 膜两侧表面，再用浸渍法将聚多巴胺（PDA）引入，PDA 能包裹在陶瓷和 PE 外表面形成一个整体覆盖的自支撑膜，从而影响复合隔膜的成膜特性，特别是在 230℃高温条件下此复合膜依然没有热收缩，同时，经过聚多巴胺处理后的隔膜对电解液润湿性更好，该复合隔膜表现出优于 PE 膜和陶瓷复合隔膜的循环性能和倍率性能。

总体而言，经涂覆后，薄膜的穿刺强度、耐热性都有显著改善，破膜温度从 120℃ 提升至 160℃ 乃至 400℃，热收缩率从 120℃ 的 3.4% 以上提升至 130℃ 的 2% 乃至 150℃ 的 3% 以内，从而缓解动力电池快充放热，隔膜热收缩造成电池正负极接触、燃烧、爆炸的安全问题。综合来看，湿法涂覆隔膜相对于干法隔膜，具有更好的孔径均匀度、孔隙率和透气度；相对于湿法隔膜，显著提升了其穿刺强度和热稳定性，是综合性能与安全性较好的新型隔膜材料，成为三元材料电池隔膜的首选。

5.1.3 锂电池隔膜产业发展概况

从全球锂电池隔膜竞争格局来看，日本、韩国锂电池隔膜行业从 20 世纪 80 年代开始发展，以先进技术和先发优势占据着海外高端市场。日韩企业基本都从纺织纤维行业起家，在锂电池快速发展的过程中抓住机遇开展精细化工业务，依赖自身对成膜技术的积淀和精细化工涂布材料的研发逐步成长为锂电池隔膜巨头。

2000 年以前，锂电池主要由日本垄断，因此锂电隔膜的生产技术也一直掌握在日本企业手里，包括日本旭化成、日本东丽，此外还有一家美国公司 Celgard。当时除了这 3 家，其他企业都没有办法造出锂电池隔膜。在隔膜领域，日本一家独大，直到 2013 年，日本企业在全球市场份额稳定在 5 成以上。

中国虽然从 20 世纪 90 年代开始研究隔膜，但第一批企业出现已经是 2003 年前后的事，2009 年左右才开始出货，8 成以上都需要进口，一直到 2011 年，国内隔膜的出货量只有 0.98 亿 m^2，市场规模只有 5.4 亿元。2006 年，星源材质在东莞樟木头建成了国内第一条锂电池隔膜湿法制造中试线。两年后，星源材质又生产出了中国第一卷干法单拉隔膜。2010 年，上海恩捷在浦东成立，全力押注湿法隔膜，2013 年正式投产。在 2014 年及以前，国产隔膜虽然产能已经大踏步前进，但生产的仍然主要是低端的干法薄膜。

据赛迪智库《中国锂离子电池隔膜行业白皮书（2015）》，2014 年中国头部隔膜企业新乡格瑞恩、星源材质、金辉高科、河南义腾、沧州明珠合计占有 21.94% 的市场份额，但只有金辉高科（8.35%）一家采用湿法的技术路线。这一现象也同样出现在国际市场，据 B3 公司对全球主流锂电池隔膜厂商数据统计，2014 年，日本旭化成、美国 Celgard 公司、东燃化学、韩国 SKI、日本宇部 5 家厂商市场占有率超过 70%。其中旭化成、东燃化学、韩国 SKI 这 3 家均以湿法工艺为主，占据 2014 年全球隔膜产能的 50% 以上。

日韩隔膜企业产品线较为齐全，研发实力深厚，持续引领着产业前进潮流。旭化成是生产湿法隔膜的厂商，通过 2015 年收购 Celgard 成为干湿法隔膜的主导厂商，先后研发了 PP/PE/PP 三层复合隔膜、聚烯烃微孔膜、陶瓷涂覆膜、纳米陶瓷复合膜以及无纺布隔膜等，以提高隔膜的性能，满足市场需求。东丽是生产环保车电池用材料的跨国企业，在全球锂电池隔膜的市场份额仅次于旭化成，通过对产品的更新换代，已拥有芳香族聚酰胺多孔膜、聚烯烃微孔膜和无纺布隔膜等技术。随着对动力电池的性能要求不断提升，借助电池技术的发展，隔膜轻薄化已成为一大趋势。因此从厚度来看，东丽隔膜研发的产品包括 12μm、9μm、7μm、5μm，具有一定的竞争优势。日本宇部是生产干法隔膜的厂商，拥有均匀孔隙的聚烯烃隔膜，还可以根据客户要求改变膜厚度和透气性，未来致力于有机涂布隔膜的研发。2013—2018 年，韩国 SK-Innovation 和 W-Scope 也申请了多款产品专利，包括芳香族聚酰胺多孔膜、聚烯烃微孔膜和无纺布隔膜等，这些为企业占据全球锂电隔膜高端市场提供了良好的基础。

2015 年前后，借助于国内政策红利，国内电池厂商快速发展，隔膜厂商在技术上也快速发展，通过深入绑定电池大厂继而迅速壮大。以上海恩捷为例，2015 年，宁德时代进入首批"白名单"，其力推三元锂电池，需要大量湿法隔膜，借此机会，恩捷拿下重磅客户宁德时代，产业地位快速跃升。随后，恩捷在技术积累和先进设备加持之下，迅速提高产能规模，产品良率也大幅提升。

在技术与良率的提升下，隔膜生产成本迅速下降，市场进入价格混战。自 2017 年年底开始，隔膜行业不断出现并购整合及停产事件，如图 5-2 所示，二线厂商苏州捷力、纽米科技、江西通瑞和佛山东航光电先后被恩捷股份收购，湖南中锂因自身盈利压力也被中材科技并购整合，辽源鸿图因经营不善被公开挂牌转让资产。在收购捷力和纽米后，恩捷股份在湿法领域龙头地位凸显。

图 5-2 2017 年年底以来隔膜行业并购整合情况

2021 年全球锂电池隔膜干湿法工艺产量占比情况如图 5-3 所示：2021 全年湿法隔膜产量 56.96 亿 m²，同比上涨 134%，总体占比 75%，干法隔膜产量 19.1 亿 m²，同比上涨 218%，总体占比 25%，主要受益于铁锂回潮及全球储能电池需求爆发。

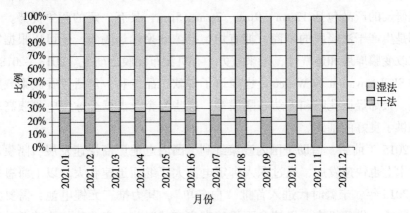

图 5-3 2021 年全球锂电池隔膜干湿法工艺产量占比情况

（数据来源：华经产业研究院）

隔膜行业进一步分化，龙头加速扩张，行业集中度提升。据统计，2021年隔膜市场龙头优势进一步加强，我国前五大厂商湿法产量全年累计占比超94%，如图 5-4 所示，恩捷龙头地位进一步稳固，2021 年产量市占率提升至56.1%，较 2020 年提升 6 个百分点；湖南中锂是中材科技的子公司，其 2021年产量市占率位列第二；星源材质湿法隔膜产能跑顺，2021 年产量市占率提升至 13.1%，竞争优势显现。

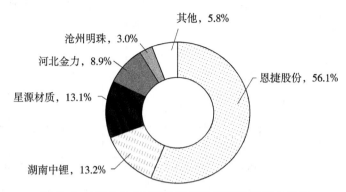

图5-4　2021年中国锂电池湿法隔膜市场竞争格局

（数据来源：华经产业研究院）

　　干法隔膜市场竞争格局如图5-5所示，星源材质保持龙头地位，惠强新能源干法产量市占率快速提升，中材科技和沧州明珠分列第三、第四位。

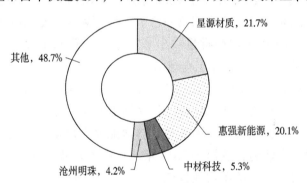

图5-5　2021年中国锂电池干法隔膜市场竞争格局

（数据来源：华经产业研究院）

　　在锂电池隔膜技术领域，日韩企业起步较早，且长期处于领先地位，掌握着大量核心基础专利。直到2020年，中国隔膜产业通过技术迭代以及成本优势才逐渐摆脱产能供应"卡脖子"局面，实现大部分隔膜生产国产化，并且抢占了全球超过一半的隔膜市场份额。如图5-6所示，中国国产隔膜进口替代比例由2013年的40%上升到2020年的93%，国产化进程持续加快。

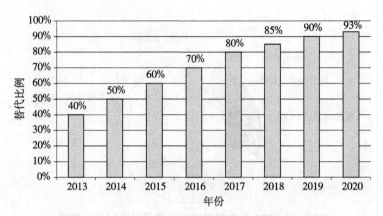

图 5-6 2013—2020 年中国国产隔膜进口替代比例

（数据来源：EVTank）

从制造厂商来看，中国隔膜产业也培养出了自己的龙头企业。

星源材质成立于 2003 年，于 2006 年建成了国内第一条锂电池隔膜湿法制造中试线。2008 年生产出中国第一卷干法单拉隔膜。从 2013 年起，产品出口韩国 LG，开启了中国隔膜批量"出海"历程。至 2020 年，星源材质干法隔膜市场占有量已连续 5 年排名全球第一。

上海恩捷成立于 2010 年，全力押注湿法隔膜，2018 年开始，恩捷股份收购了二线厂商苏州捷力、纽米科技、江西通瑞和佛山东航光电，如今成为湿法领域龙头企业。在涂覆膜技术领域，恩捷能够实现量产芳纶隔膜，具备全品种涂覆隔膜生产能力，恩捷于 2019 年从日本帝人处取得了芳纶涂覆专利，在 2021 年 PVDF、芳纶涂覆实现量产。

但在新型基材隔膜技术领域，国内厂商与国外龙头相比还有一定距离。在设备领域，锂电池干法隔膜的制造设备已经实现进口替代，但湿法隔膜的核心制造设备还是主要依赖进口，主流设备厂商为日本制钢所、德国布鲁克纳、法国依索普、日本东芝，其设备技术较为先进，隔膜产品质量较高，目前暂时没有国内设备厂商实现国产替代。

可见，国内锂电池隔膜产业干法和湿法制备 PP、PE 基膜技术已经打破国外垄断，实现国产替代，且制造技术达到世界领先水平，市场份额全球第一。但对于高端隔膜，如涂覆膜，尤其是新材料基膜，虽然部分实现了国产化，但整体与国外领先水平还有差距；此外，湿法隔膜的核心制造设备还是主要依赖进口。

5.2　锂电池隔膜技术领域专利布局态势分析

本节以锂电池隔膜技术领域的专利数据为基础，从申请趋势、技术来源与市场创新主体情况、发明团队情况、主要技术构成等方面进行分析，以明晰该领域专利布局整体态势。专利数据来源于智慧芽检索系统，专利申请日截止时间为 2021 年 12 月 31 日。

5.2.1　锂电池隔膜技术领域专利布局概况

1. 专利申请趋势

图 5-7 示出锂电池隔膜技术领域全球专利申请量的发展趋势。从 20 世纪 70 年代开始直到 2000 年左右，锂电池隔膜技术领域处于初步发展阶段，少数日韩企业开始研发锂电池隔膜的干法单拉技术，专利年申请量基本保持平稳，属于相关技术的"原始积累"阶段。

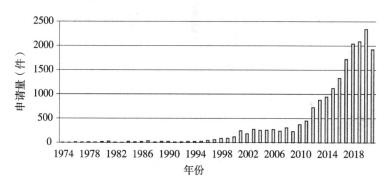

图 5-7　锂电池隔膜技术领域全球专利申请量发展趋势

2000—2010 年，电动汽车逐渐被大家关注，隔膜技术也得到促进和发展，专利年申请量较前一阶段明显增加，但这个阶段技术创新热度相对平稳，创新主体数量和专利年申请数量浮动较小，该领域的新进入者较少，原有创新主体占据着主要的技术高点，在这一阶段取得了基础技术积累的"第一桶金"。

2010 年开始，锂电池隔膜技术进入快速发展阶段。随着人们环境保护意识逐渐提升，各国先后制定相关政策促进新能源车产业发展，这也对新能源车的动力来源锂电池的性能提出了更高要求，而锂电池隔膜作为核心部件之一，也受到了更多创新主体的关注，该技术领域的专利申请量快速增长，新进创新主体数量大幅增加。

2018 年至今，锂电池隔膜技术进入相对成熟阶段。经过新进入者和先发创新主体之间的竞争发展，锂电池隔膜技术竞争局面趋于稳定，重要创新主体已经占据主导地位，申请量增幅降低，创新主体数量也有所减少，创新难度逐渐增大，锂电池隔膜技术领域竞争格局趋于稳定。

2. 技术来源与市场布局

从图 5-8 所示的技术来源国/地区分布来看，中国、日本、韩国、美国成为全球锂电池隔膜领域的主要技术输出国，专利申请总量占全球专利申请总量的 90% 以上。其中，得益于 2015 年后申请量的迅猛增长，中国申请量已经占到全球总量的 34%，位居第一。日本凭借早期积累和平稳产出紧随其后，占全球总量的 25%。

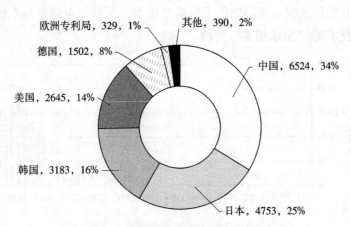

图 5-8　锂电池隔膜技术来源国/地区占比

图 5-9 示出锂电池隔膜技术专利布局目标市场国/地区的分布情况，可以看出，中国是隔膜领域的主要市场，以中国市场为布局目标的申请量占全球总量比例为 41%，明显超过中国来源技术占全球总量的比例，说明中国市场受到国外创新主体的重视。美国作为第二大市场，申请量占全球总量比例为 17%。韩国和日本分别排名第三和第四位，值得注意的是，这两个国家作为目标市场的申请量都小于其产出的申请量，说明日韩两国掌握着大量基础技术的申请人倾向于以更加广阔的海外市场作为其专利布局的重点。

从图 5-10 所示市场布局来看，中国创新主体所提交的专利申请主要集中在国内，海外布局较少；与之相比，美国、日本、韩国等国的申请人除了在本国布局，在欧洲及其他地域市场也进行了较多的专利布局。也就是说，中国创新主体整体上以国内市场作为布局重心，而国外申请人在海外市场的积极布局或许将给中国创新主体"出海"形成潜在的专利障碍。

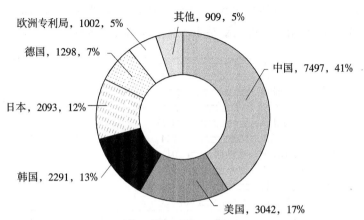

图 5-9　锂电池隔膜目标市场国/地区占比

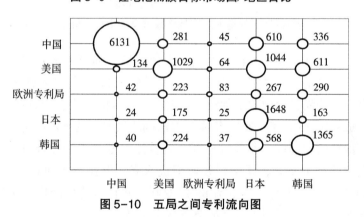

图 5-10　五局之间专利流向图

5.2.2　锂电池隔膜技术领域创新主体分析

1. 隔膜技术领域主要申请人

由于申请人同一个技术方案会在不同区域布局，为了体现申请人的技术实力，在统计申请人排名时，以扩展同族为标准统计（扩展同族归类规则为：专利之间直接或间接有至少一个相同的优先权，并且包含专利的所有分案、PCT 申请、接续案）。

从图 5-11 所示的全球申请人排名来看，韩国和日本的创新主体技术储备丰富。其中韩国申请人 LG 化学、三星 SDI、LG 新能源占据前三，并且专利申请数量也领先其余申请人较多；特别是，LG新能源是LG化学在2020年为了发展新能源汽车业务独立出来的公司，LG公司在锂电池隔膜技术领域的研发实力之强、专利积累之多可见一斑。日本东丽、住友化学、丰田自动车、旭化成位列第四、五、六和第十位，同样具有研发实力强、技术储备丰富的集群优势，在锂电池隔膜技术创新水平上位居全球第一梯队。

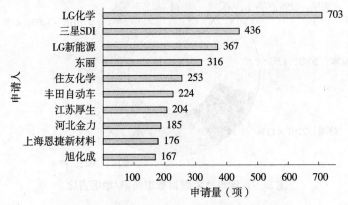

图5-11　锂电池隔膜技术领域全球申请人排名

　　中国申请人江苏厚生、河北金力、上海恩捷分列第七至九位，与韩日申请人的技术储备有一定差距。其中，上海恩捷从2010年进入锂电池隔膜领域，如今在湿法隔膜领域的出货量已经占中国市场的一半，产业竞争力较强。河北金力成立于2010年，2013年实现湿法隔膜量产，其技术储备主要涉及湿法隔膜、涂覆膜等领域。参考图5-12，江苏厚生虽然于2019年才开始布局锂电池隔膜领域相关专利，属于该领域新进入者，但在当年即有40件申请产出，2020年更是"井喷式"申请89件专利，并且申请所涉技术领域主要集中在基膜的改性，属于当下研究的热点技术领域。

　　如图5-13所示，中国申请量排名前三的国内申请人江苏厚生、河北金力、上海恩捷较其后的创新主体优势明显，三家企业属于技术创新第一梯队。

　　中国的主要申请人分为两类，一类是隔膜制造商，另一类是电池厂商。在隔膜制造商中，又可以按进入该领域的时间分为传统制造商和新进入者，如河北金力、上海恩捷、中材锂膜、星源材质、宁德卓高等传统隔膜制造商技术储备较为丰富，在市场上也占据主要地位，如江苏厚生、珠海冠宇、惠州锂威等新进入者近几年深耕隔膜技术领域，创新成果产出较多，创新能力提升较快，且大多聚焦在隔膜技术的热点发展领域。在电池厂商中，如国轩高科、宁德新能源等，为了实现提高电池性能的目的，针对电池研发和生产中出现的具体问题和特定方向，研发适合自身产品特点的隔膜材料和生产工艺。

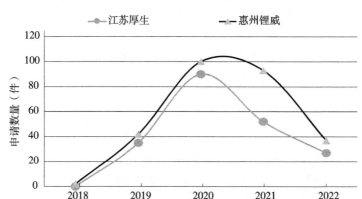

图5-12 锂电池隔膜领域新进入者专利申请趋势

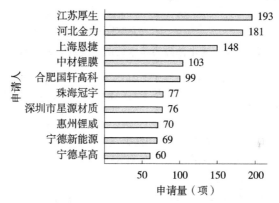

图5-13 锂电池隔膜领域中国申请量排名

2. 隔膜技术领域主要发明人

从图5-14所示的发明人排名看，河北金力的徐锋、袁海朝和苏碧海分别排名第一、第二、第四位，三者是河北金力的主力研发团队成员，相互之间合作研发较多。中材锂膜的白耀宗、刘杲珺作为发明人位列第三、第九位。上海恩捷的程跃、宁德卓高的王晓明分列第六和第七位，亦是活跃度排名前列的研发人员。江苏厚生的陈朝晖、翁星星、李正林则组成另一个研发组合，专利申请产出数量均排入前十。

从对图5-14的分析可以看出，中国创新主体的专利申请多集中于一个或多个创新团队，创新集中度较高，或者说，对于领军研发人员的依赖度较高。进一步分析日韩创新主体的情况，以该创新主体在其专利申请量最多的国家作为样本，调查该创新主体在该国家申请专利的发明人分布情况，从图 5-15 可以看出，代表性日韩企业排名靠前的主要发明人所参与的专利申请数量均在几项或十几项的水平，相较于创新主体百余件的专利申请总量占比较小，反映出日韩创新主体的发明人分布较为分散，或者说，参与研发的技术人员较多，技术团队的"厚度"储备相对更为充足。

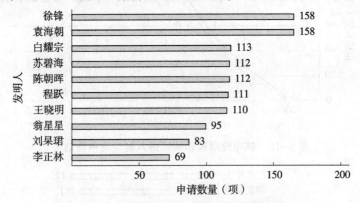

图 5-14　锂电池隔膜技术领域主要发明人排名

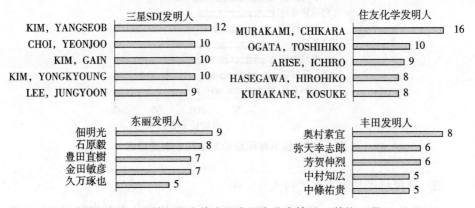

图 5-15　日韩创新主体主要发明人分布情况（单位：项）

5.2.3　锂电池隔膜领域主要技术分支

　　锂电池隔膜领域除了 PE、PP 基膜，还可以分为多层膜、涂覆膜和新型基材膜。其中多层膜包括由基膜构成的 PP/PE 两层膜、PP/PE/PP 三层膜、PE/PE 交叉膜等；涂覆膜包括无机涂覆膜和有机涂覆膜，无机涂覆包括陶瓷材料和勃姆石两种涂覆；新型基材膜包括聚酰亚胺（PI）、聚对苯二甲酸乙二酯（PET）、间位芳纶（PMIA）等。总体上，锂电池隔膜领域的技术分支如表 5-2 所示。

表 5-2 锂电池隔膜领域主要技术分支

一级	二级	三级	四级
高端隔膜	多层	—	—
	涂覆	无机涂覆	陶瓷
			勃姆石
		有机涂覆	—
		混合涂覆	—
	新型基材	PI	—
		PET	—
		PMIA	—
		PBO	—

如表 5-3 所示，从全球范围来看，隔膜技术创新热点一是在涂覆膜上，占据高端隔膜技术总量的 50% 以上，其中无机材料和有机材料进行混合涂覆技术是涂覆膜中的重点方向，共有专利申请 4230 项，有机涂覆技术领域专利申请 1983 项，无机涂覆技术领域专利申请 2795 项，其中使用陶瓷材料涂覆的专利申请 2400 项，使用勃姆石材料涂覆的专利申请 395 项。第二个重点方向是新型基材研发领域，其中 PI 和 PET 材料领域的专利申请量较大，分别为 3758 项、2882 项，PMIA 和 PBO 材料领域的专利申请量相对较少，分别为 214 项和 342 项。

表 5-3 全球锂电池隔膜领域的专利申请分布

一级	二级			三级		四级	
名称	分支名称	数量（项）	占比	分支名称	数量（项）	分支名称	数量（项）
高端隔膜	多层	589	3.51%				
	涂覆	9008	53.64%	无机涂覆	2795	陶瓷	2400
						勃姆石	395
				有机涂覆	1983		
				混合涂覆	4230		
	新型基材	7196	42.85%	PI	3758		
				PET	2882		
				PMIA	214		
				PBO	342		

从表5-4可以看出，中国市场的隔膜技术创新分布和全球范围内类似，研发热点同样在涂覆膜上，占据高端隔膜技术专利申请总量的60.64%，其中无机材料和有机材料进行混合涂覆也是涂覆膜中的重点研究方向，相关专利申请2267项，有机涂覆技术领域专利申请1063项，无机涂覆技术领域专利申请1423项，其中使用陶瓷材料涂覆的专利申请1212项，使用勃姆石材料涂覆的专利申请211项。此外，多层膜相关的专利申请在中国市场的占比略大于其在全球范围的占比。

表5-4　中国锂电池隔膜领域的专利分布

一级	二级			三级		四级	
名称	分支名称	数量（项）	占比	分支名称	数量（项）	分支名称	数量（项）
高端隔膜	多层	402	5.13%				
	涂覆	4753	60.64%	无机涂覆	1423	陶瓷	1212
						勃姆石	211
				有机涂覆	1063		
				混合涂覆	2267		
	新型基材	2683	34.23%	PI	1683		
				PET	803		
				PMIA	138		
				PBO	59		

2018年至今，锂电池隔膜技术逐步进入成熟阶段，领域创新难度逐渐增加，竞争局面趋于稳定。中国、日本、韩国、美国成为全球锂电池隔膜领域的主要技术输出国。从目标市场国/地区分布来看，中国是隔膜领域的最大市场，其次是美国。中国申请人的专利布局主要集中在国内，海外申请较少，而美日韩企业除了本国市场，在欧洲及其他地域也有较多专利布局。

从全球申请人排名来看，韩国和日本的创新主体技术储备深厚，中国申请人与韩日头部申请人的专利申请数量差距仍然较为明显。在中国市场，江苏厚生、河北金力、上海恩捷的专利申请量位于前三，属于第一梯队。国内申请人主要分为两类，一类是河北金力、上海恩捷等隔膜制造商，另一类是国轩高科、宁德新能源等电池厂商。中国创新主体的发明人较为集中，创新团队以某一个或某几个研发人员为核心，韩国、日本主要创新主体的专利申请则没有显示出类似的集中度，数量更多的研发人员参与到技术贡献中。

在全球和中国两个层面上，锂电池隔膜技术创新的分支情况类似，热点都主要集中在以无机材料和有机材料进行混合涂覆为代表的涂覆技术上，第二个重点研发方向是 PI、PET 等新型基材。

5.3　专利信息助力锂电池隔膜技术攻关

5.3.1　宏观产业政策引导

本书第一章已经提到，随着现代科学技术的不断积累和创新，关键核心技术的突破越来越难以由单个主体或者单个部门独立实现，而是更加依赖于政府的宏观统筹，通过制定各种产业发展政策，集中优化配置创新资源。而无论制定何种激励产业发展的政策，都应当优先对技术创新态势进行研判和评估，确定政策所引导的产业发展方向是正确、适当的，能够代表技术发展的未来趋势，以免在错误的赛道上渐行渐远。

本小节利用专利信息和多种专利分析工具，首先通过申请趋势和技术构成分析、申请地域和申请人排序分析、重点专利筛选和分析等方法，定位锂电池隔膜技术领域"卡脖子"技术点，建立"卡脖子"科研任务清单，之后通过技术路线图和技术热点分析，确认技术"卡点"的主流技术方向和发展趋势，最后通过申请量/申请人数量对比和趋势分析、技术生命周期分析等手段，找到适合尝试突破的研发切入点，给出制定引导政策的技术路线建议。

第一步，通过分析锂电池隔膜领域全球专利申请趋势和技术分支构成，了解针对锂电池隔膜技术的研发方向分布，并通过主要研发方向的申请地域和申请人排序，厘清国家/地区和创新主体在各技术分支的研发实力和技术积累对比，结合由重点专利表征的关键技术节点，定位锂电池隔膜技术领域的"卡脖子"点位。

从图 5-16 可以看出，近 15 年针对锂电池隔膜技术的专利申请整体以 20%～30% 的年增长率呈现上升趋势，预计在 2022 年将达到 2000 项/年的水平，该领域的研发关注度和成果产出方兴未艾。

如图 5-17 显示，锂电池隔膜技术涉及最多的前十个 IPC 分类号中，除了 H01M10/0525（摇椅式电池，即其两个电极均插入或嵌入有锂的电池；锂离子电池）、H01M2/14（隔板；薄膜；膜片；间隔元件）等表征技术领域的分类号小组，主要集中在 H01M2/16（按材料区分的）、H01M50/409（以材料为特征的隔板，薄膜或膜片）等表征隔膜材料体系的小组，以及表征隔膜制造工艺的 H01M50/403（隔板，薄膜或膜片的制造工艺）等小组。也就是说，对于锂电池隔膜材料体系和制备工艺的研究，是该领域主要的研发方向。

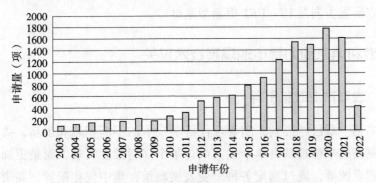

图 5-16　近 15 年锂电池隔膜领域全球专利申请趋势

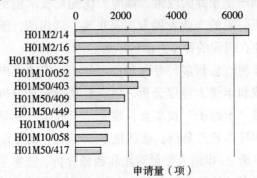

图 5-17　锂电池隔膜领域前十位 IPC 小组分类号

选取最具代表性的 H01M2/16（按材料区分的）和 H01M50/409（以材料为特征的隔板，薄膜或膜片），以"锂电池隔膜材料"为对象，进行技术来源国分析，如图 5-18 所示。

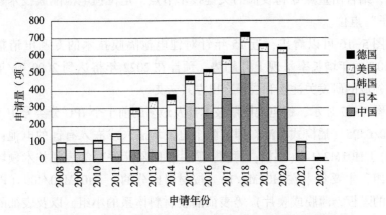

图 5-18　锂电池隔膜材料领域前五位技术来源国申请趋势

从图 5-18 可以看出，从锂电池隔膜材料专利申请的总量上看，凭借 2015—2018 年 4 年间的迅猛增长，中国目前已经是该领域最大的技术产出国，而排名第二至第五位的日本、韩国、美国、德国虽然在 2014 年及之前占据该领域专利申请的主导地位，具有显著的布局先发优势，但其近 10 年年申请量基本维持在一个相对稳定的数值，在锂电池隔膜材料申请总量上已经被中国甩开。

然而，申请总量的领先是否说明在锂电池隔膜材料领域已经不存在关键核心技术被"卡脖子"的风险呢？

图 5-19 所示为锂电池隔膜材料领域全球前十五位申请人排名，可以看到，上榜的中国申请人仅有河北金力新能源科技股份有限公司、江苏厚生新能源科技有限公司和上海恩捷新材料科技有限公司，其余以株式会社 LG 化学、东丽株式会社领衔的日韩申请人为主，也包括排在第十位的德国罗伯特·博世有限公司。

结合图 5-18 和图 5-19 中的信息可以看出，日本、韩国等国家专利申请集中于头部申请人的"集中度"要远大于中国，再考虑到其技术研发和专利布局的先发优势（2014 年之前），日韩头部申请人在锂电池隔膜材料基础技术和核心专利方面的控制力对国内创新主体的影响不可忽视。

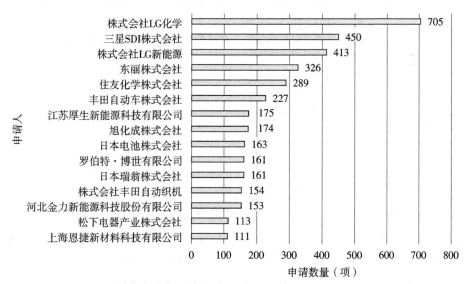

图 5-19 锂电池隔膜材料领域全球前十五位申请人

进一步分析日韩头部申请人（美国思凯德公司于 2015 年被日本旭化成株

式会社收购）在中国市场的专利控制力。图 5-20 示出锂电池隔膜材料领域中国专利申请量排名前五位的海外申请人 2003—2022 年在中国的申请趋势，可以看出以株式会社 LG 化学、住友化学株式会社为代表的韩国、日本企业在中国持续开展锂电池隔膜材料相关专利布局，且均积累了一定数量的有效中国专利（如表 5-5 所示），其中 40% 以上维持年限已经超过 10 年，可以认为是具有较高技术价值和市场价值的基础性专利。

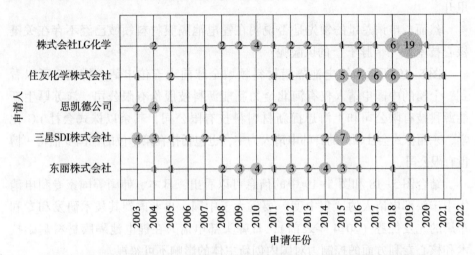

图 5-20　锂电池隔膜材料领域在中国专利布局前五位海外申请人申请趋势

表 5-5　锂电池隔膜材料领域海外代表性企业有效中国专利持有量

专利权人	有效中国专利数量（项）
东丽株式会社	21
住友化学株式会社	20
株式会社 LG 化学	18
三星 SDI 株式会社	16
思凯德公司	8

例如，株式会社 LG 化学所持有的名为"涂布有电解液可混溶的聚合物的隔膜及使用该隔膜的电化学器件"的中国有效发明专利，其以韩国申请 KR1020030077406 为优先权基础，提出 PCT 申请 PCT/KR2004/002788，并于 2006 年 5 月 8 日进入中国，2009 年 4 月 1 日获得授权（CN100474661C）。该专利保护了一种"一个或两个表面涂布有溶于液相电解液的电解液可溶性聚合物的隔膜"，以及包含该隔膜的电化学器件（锂电池），具有较宽的保护范

围和较强的稳定性，是锂电池隔膜材料领域的核心基础专利之一。该专利预计将于 2024 年 11 月 2 日到期。

通过以上分析，可以得出结论：在锂电池隔膜材料领域，尽管中国申请人在 2015 年后奋起直追，在专利申请总量上已经超过日本、韩国、美国等先发国家，并且上海恩捷新材料科技有限公司等国内企业基于成本、产量规模等优势在国内市场占有率也已经占据强势地位，但由于日、韩、美等国家头部申请人对于早期基础技术和专利的控制，并且一以贯之在中国进行专利布局，对于锂电池隔膜材料关键核心技术仍有相当大的掌控力。也就是说，在制定产业政策引导锂电池行业创新主体突破"卡脖子"关键核心技术时，"隔膜材料"仍是需要纳入重点考量的任务清单之一。

接下来，继续以"锂电池隔膜材料"为分析对象，通过专利分析手段确认隔膜材料领域目前主要的技术研发方向。

"分类号"是专利文献特有的标识，通过对专利文献赋予分类号，可以表征文献所涉及的技术领域。2021 版 IPC 分类号中新增大组 H01M50（除燃料电池外的电化学电池非活性部件的结构零部件或制造工艺，例如：混合电池），其中小组 H01M50/40（隔板；薄膜；膜片；电芯内部的间隔元件）的下位点组 H01M50/409（以材料为特征的隔板，薄膜或膜片）正是从不同的材料体系对锂电池隔膜相关的专利申请进行划分。从表 5-6 可以看出，在锂电池隔膜的不同材料体系中，对于纤维材料、有机材料和具有层状结构的材料研究热度较高，而关于无机材料、微粒材料和有机/无机复合材料的申请量相对较低，研发产出较少。

具体到有机材料体系，又以聚烯烃材料体系为主流。事实上，目前大规模商品化的锂离子电池隔膜生产材料就是以聚烯烃为主，主要包括聚丙烯（PP）、聚乙烯（PE）以及聚丙烯（PP）和聚乙烯（PE）的复合材料。此外，合成树脂隔膜材料也吸引了较多的研究注意力。

层状结构材料体系中，研究主要集中在"包含有机和无机材料的复合材料"和"包含三层或更多层"两个子分支。

如图 5-21 所示，进一步对主流的"聚烯烃"有机材料体系进行技术生命周期分析。

表 5-6　H01M50/409 下锂电池隔膜材料体系分布

H01M50/409 ***以材料为特征的隔板，薄膜或膜片	2051		
	H01M50/411 ***有机材料	1912	
		H01M50/414 ****合成树脂，如热塑性材料或热固性树脂	615
		H01M50/417 *****聚烯烃	940
		H01M50/42 *****亚克力树脂	520
		H01M50/423 *****聚酰胺树脂	209
		H01M50/426 *****氟碳聚合物	244
		H01M50/429 ****天然聚合物	100
	H01M50/431 ***无机材料	1045	
		H01M50/434 ****陶瓷	548
		H01M50/437 *****玻璃	64
	H01M50/44 ***纤维材料	2113	
	H01M50/443 ***微粒材料	387	
	H01M50/446 ***包含有机和无机的复合材料	851	
	H01M50/449 ***具有层状结构[2021.01]	1806	
		H01M50/451 ****包含有机和无机材料的复合材料	427
		H01M50/454 ****包括彼此重叠的非纤维层和纤维层的	78
		H01M50/457 ****包含三层或更多层	383

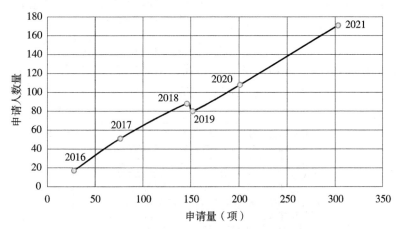

图 5-21 锂电池隔膜聚烯烃材料体系技术生命周期

近几年聚烯烃材料体系整体呈现"申请量—申请人数量"同步增长的态势（除了 2019 年申请人数量略有回落），可以看出该技术领域正处于"新进者涌入—新成果涌现"的"研发黄金期"，是当前锂电池隔膜材料领域的研究热点。

确定锂电池隔膜材料领域的主流技术方向后，还需就"聚烯烃隔膜材料体系"是否适合国内创新主体作为研发突破的方向进行研判。如图 5-22 所示，与锂电池隔膜领域的整体申请情况类似，中国申请人在聚烯烃隔膜材料领域从 2018 年开始发力奋起直追，目前年申请量和申请总量都已经超过主要竞争对手日本、韩国和美国，这也是国内创新主体突破聚烯烃隔膜材料领域早期关键核心技术的信心来源之一。

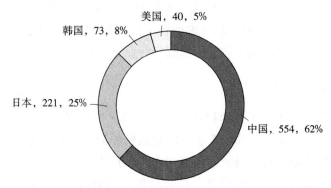

图 5-22 聚烯烃隔膜材料领域主要技术产出国申请总量

从图 5-23 则可以看出，在聚烯烃隔膜材料领域全球前十五位申请人中，中国申请人已经占据 6 席，其中江苏厚生新能源科技有限公司更是力压一众日韩企业，独占榜单鳌头；此外，河北金力新能源科技股份有限公司、上海恩捷新材料科技有限公司、合肥国轩高科动力能源有限公司、厦门大学和中材锂膜有限公司也都在聚烯烃隔膜材料领域有一定技术积累。观察江苏厚生新能源科技有限公司专利申请的技术路线，其研发活动主要聚焦于隔膜的涂覆改性，有望成为突破该领域"湿法+涂覆"等关键核心技术的候选人之一。

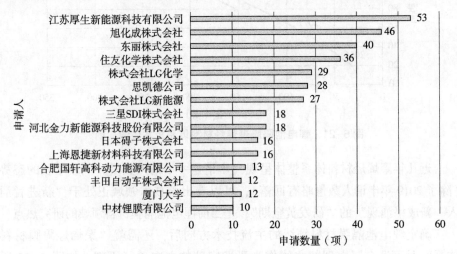

图 5-23　聚烯烃隔膜材料领域全球前十五位申请人

　　本小节通过申请趋势和技术构成分析、申请地域和申请人分析、在中国布局的海外申请人分析，定位隔膜材料是锂电池产业技术"卡点"之一，在建立行业"卡脖子"科研任务清单时可予以考虑，之后通过隔膜材料体系分布，结合技术生命周期分析，确认隔膜材料技术主流发展方向和趋势，最后通过申请量/申请人数量对比和国内创新主体的研发能力研判，找到有望尝试突破的研发切入点和承载主体，给出制定行业引导政策的参考技术方向。

5.3.2　创新主体协同合作

　　通过本书第一章对于关键核心技术"卡脖子"问题突破路径的梳理，可以发现官产学研一体化合作、央企—民企双轮驱动、技术引进/兼并重组等协同创新组织模式是突破关键核心技术"卡点"的有效路径。

　　本节探讨如何利用专利信息，结合多种专利分析方法，助力"锂电池隔膜材料"领域建立协同创新的产业体系。

　　通过锂电池隔膜领域专利申请地域构成和申请人排序、技术分支匹配度分析，可以为国内企业发现潜在合作对象提供参考依据，并通过共同申请、转让许可等历史行为了解潜在对象的合作意向。

在产业数据的基础上，结合专利信息和专利分析，可以定位锂电池产业"建圈强链"的招商引资目标企业，并且，对拟招商引资企业进行知识产权分析评议，可以最大限度排解招商引资风险。

从锂电池隔膜技术领域申请人构成分析、院校申请人排名和科研团队技术构成分析等角度，则可以给出产学研一体化协同创新体系的构建建议。

仅从技术角度考量，图 5-19 中所列出"锂电池隔膜材料领域全球前十五位申请人"都在锂电池隔膜材料领域拥有比较充足的技术积累，都是可以尝试寻求技术合作的潜在对象。

以排名榜首的"株式会社 LG 化学"为例，其在锂电池隔膜材料领域共有 705 项专利申请，其中 420 项处于授权有效状态，技术实力相当雄厚。从技术分支上看，株式会社 LG 化学针对锂电池隔膜材料的布局相当宽泛，并不局限于表 5-6 中的一种或者几种材料体系，也反映出其人力、资金等研发资源充足，在多个可能获得突破的技术方向均有涉及。

从表 5-7 所示出的历史联合申请行为来看，LG 化学与东丽株式会社（联合申请 51 项）、东丽东燃机能膜合同公司（联合申请 31 项）的合作最为紧密，与韩国科学技术院（联合申请 9 项）、汉阳大学校产学协力团（联合申请 2 项）等科研院所也有过合作经历，但其合作对象均限于韩国本土的创新主体，对于向海外市场（指韩国以外）进行技术输出或合作研发的态度尚不明朗。

表 5-7 株式会社 LG 化学在锂电池隔膜材料领域的合作申请人

申请人	合作申请人	合作申请数量（项）
株式会社 LG 化学	东丽株式会社	51
	东丽东燃机能膜合同公司	31
	韩国科学技术院	9
	蔚山科学技术院	3
	汉阳大学校产学协力团	2
	PARK CHEON IL	1
	KIM BONG TAE	1
	SONG HEON SIK	1
	国立大学法人蔚山科学技术大学校产学协力团	1

对于潜在合作对象来说，可以重点关注图 5-24 所示出的株式会社 LG 化

学所持有的被引次数最多的专利，其一定程度上表征了LG化学在锂电池隔膜材料领域所掌握的基础技术，以及图5-25所示出的规模最大的专利家族，通常这些专利族所保护的是LG化学认为其最重要、市场价值最高的核心技术，都可以作为潜在合作对象重点考虑的技术合作/技术引进目标。

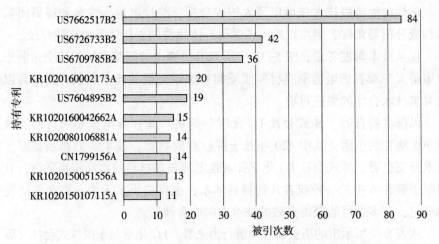

图5-24 株式会社LG化学在锂电池隔膜材料领域被引次数最多的专利

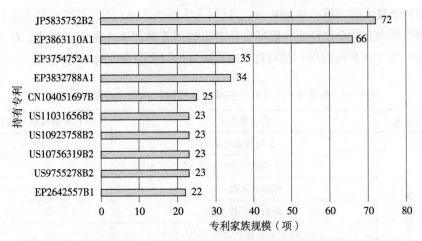

图5-25 株式会社LG化学在锂电池隔膜材料领域规模最大的专利家族

例如，株式会社LG化学在锂电池隔膜材料领域被引次数最多的专利US7662517B2，于2010年2月16日获得授权，其保护一种有机/无机复合多孔隔板，所述隔板包含：

（a）聚烯烃基隔板基材；和

（b）以无机粒子和粘合剂聚合物的混合物涂布选自基材表面和存在于基材中的一部分孔的至少一个区域而形成的活性层，其中所述活性层中的无机粒子本身之间相互连接并被粘合剂聚合物固定，无机粒子间的间隙体积形成孔结构。

从技术方案可以看出，该专利是 LG 化学（现 LG 新能源）在有机/无机材料复合隔膜领域所持有的基础专利之一，是后续同类型技术的改进起点。通过类似的分析，可以列出潜在合作对象的重点技术清单，以供合作谈判中参考。

将锂电池产业链中关键组件"锂电池隔膜"单独摘出，作为"锂电池隔膜产业链"以便研究。该产业链包括上游的设备厂商和材料供应商，中游的隔膜制造厂商，以及下游的电池厂商。其中，中游的隔膜制造厂商以上海恩捷新材料科技有限公司、深圳市星源材质科技股份有限公司等国内企业为代表，二者携手占领了超过 60% 的国内隔膜市场，下游的电池厂商则以宁德时代、比亚迪等龙头企业为代表，同样在整个产业链条中拥有举足轻重的话语权。

然而，在"锂电池隔膜产业链"的上游，尤其是设备厂商环节，性能参数更优的隔膜制造、萃取、收卷分切、涂覆等高端设备仍然由日本、德国等设备厂商所控制，成为构建国产自主可控产业链的最大障碍。

目前主流的高性能隔膜是"湿法涂覆膜"，即通过湿法工艺制备基膜，再通过涂覆工艺将涂覆材料覆盖于基膜上，以改性获得更加优良的机械、电学和化学性能，而在全球占据主导地位的基膜涂布设备厂商，就是日本的"株式会社日本制钢所"。

通过分类号统计等手段分析株式会社日本制钢所旗下 8000 余项专利家族，可以得到与其基膜涂布设备最相关的 IPC 分类号小类 B05B（喷雾装置；雾化装置；喷嘴）和 B05C（一般对表面涂布流体的装置），在此基础上结合对锂电池隔膜领域的限定进行检索和分析，可以发现具有该技术领域专利申请的国内申请人，即潜在具备基膜涂布设备供货替代能力的国内厂商，如图5-26 所示。规划建立自主可控"锂电池隔膜产业链"时，图中的国内厂商可以作为制定招商引资企业名单的参考之一。

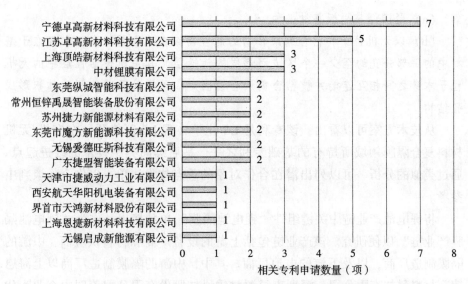

图5-26 潜在具备基膜涂布设备生产能力的国内厂商

例如，排名榜首的宁德卓高新材料科技有限公司，是国内锂电池领军企业之一上海璞泰来新能源科技股份有限公司的全资子公司，目前已经在隔离膜涂布设备、隔膜旋转喷涂系统等领域有一定的技术研发和专利申请积累，可以作为基膜涂覆设备实现国产替代的研发承载主体。

高校和科研院所是技术创新的前沿阵地，在"锂电池隔膜材料"领域的中国申请人中，由企业类申请人贡献的申请量占到申请总量的68.3%（见表5-8），另有25.7%的申请量由高校、科研院所类申请人贡献。建立产学研协同创新机制，畅通科技成果转化渠道，可以更好地将这接近三成的高校、科研院所申请中所包含的技术价值应用到锂电池产业实践中，帮助产业参与主体突破关键核心技术"卡点"。

表5-8 锂电池隔膜材料领域中国申请人分布

申请人类型	申请量（项）	占比
企业	1656	68.3%
高校、科研院所	623	25.7%
个人	141	5.8%
政府机构	2	0.1%
其他	2	0.1%

如图 5-27 所示，高校、科研院所中，清华大学的锂电池隔膜材料相关申请量居于首位，在该领域具有较强的技术实力和专利积累，可以作为首位考虑的产学研合作潜在对象。

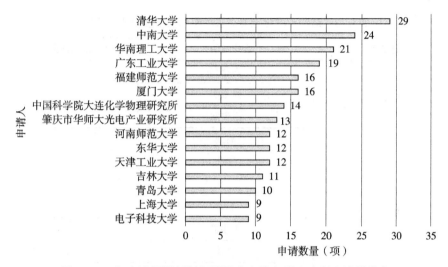

图 5-27　锂电池隔膜材料领域国内高校和科研院所申请量排名

进一步对清华大学在锂电池隔膜材料领域的研究团队进行分析。表 5-9 示出的发明人集群中，何向明、李建军、尚玉明、王要武、高剑、王莉均属于清华大学核能与新能源技术研究院锂离子电池实验室的研究团队，同时也是清华大学在锂电池隔膜材料领域最活跃的发明人团队，在建立产学研合作机制时可予以重点关注和沟通。此外，由范守善院士、王佳平教授领衔的清华—富士康纳米科技研究中心主要与鸿富锦精密工业（深圳）有限公司开展锂硫电池隔膜领域的合作研究和联合申请，产业化联系紧密，亦可作为产学研潜在合作团队。

图 5-28 展示了清华大学在锂电池隔膜材料领域被引用最多的专利，例如 CN104852006A，其关于一种锂电池复合隔膜，该隔膜包括无纺布—有机聚合物复合隔膜基材及与该无纺布—有机聚合物复合隔膜基材复合的复合凝胶，该申请由清华大学和江苏华东锂电技术研究院有限公司联合提出（代表了清华大学先前的"产学研协同创新"行为）。

CN104852006A 被在后 12 族中、美、欧和 PCT 等专利申请所引用，施引申请人包括北京大学、河北金力新能源科技股份有限公司、武汉惠强新能源材料科技有限公司、合肥国轩高科动力能源有限公司等多个创新主体，可以看出，该专利申请所公开的技术方案得到了业界较为广泛的关注和跟进，创新程度较高，可以考虑作为潜在合作对象开展技术引进或者合作研发的基础之一。

表5-9 清华大学锂电池隔膜材料领域主要发明人团队

主要发明人	合作发明人	合作申请数量（项）
何向明	李建军	6
	尚玉明	6
	王要武	6
	高剑	6
	王莉	6
	杨聚平	2
	赵鹏	2
	丁小磊	2
	刘榛	2
	张宏生	1
范守善	王佳平	6
	罗宇峰	3
	孔维邦	3
	姜开利	3

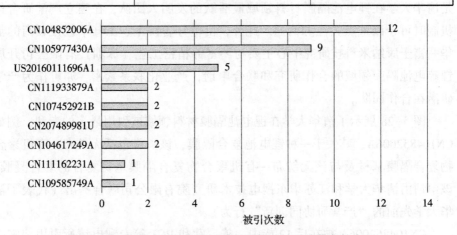

图5-28 清华大学锂电池隔膜材料领域被引用最多的专利

本小节通过分析株式会社 LG 化学的历史合作申请行为和其所掌握的重要

专利，为其潜在合作对象给出合作方向的建议；通过产业链环节"查漏补缺"，从专利信息角度给出可能具备基膜涂布设备生产能力的国内厂商名单，作为产业链上游设备环节"建圈强链"的参考；亦通过对高校、科研院所中的清华大学主要发明人团队进行分析，给出建立产学研协同创新机制的人员和技术合作基础。

5.3.3 人才体系建立完善

所有技术创新活动，归根结底都要通过人来实现，本书第一章提到，通过政策和文化吸引、全球人力资源雇用等方法聚集人才资源，是实现关键核心技术领域突破的基础之一。以下从培养高校骨干人才、挖掘企业高端人才、引进海外领军人才的角度，探讨如何利用专利信息和专利分析方法支撑创新人才体系建设。

高校、科研院所一方面是前沿科技成果的产出源头，另一方面也是培育科研人才的基地和摇篮，从这个意义上说，有的放矢地在相关领域具有较强科研实力和积累的高校、科研院所发掘和培养后备人才，对于需要长期投入的关键核心技术攻关大有助益。

图 5-27 已经梳理了锂电池隔膜材料领域国内研发水平较高的高校和科研院所，进一步分析由高校、科研院所产出的专利申请在各省级行政区的分布，如图 5-29 所示，可以发现，和大多数"国内区域排名"的榜单类似，经济活动最为活跃、科研水平最高的广东、北京、江苏、上海 4 省市排在前列，意外的是，福建的高校和科研院所的相关专利申请量排到了第五位。

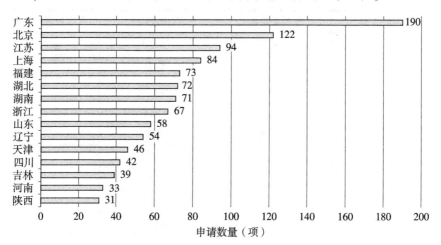

图 5-29 锂电池隔膜材料领域国内高校和科研院所申请量省级分布

对福建省高校申请人的构成进行分析，如图 5-30 所示，福建省锂电池隔膜材料领域的专利申请主要是由厦门大学、福建师范大学两所高校产出。

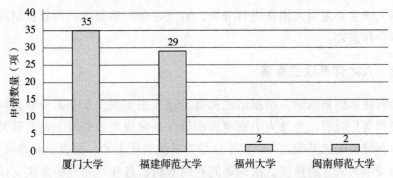

图 5-30　产出锂电池隔膜材料领域专利申请的福建省高校

表 5-10 进一步聚焦厦门大学在锂电池隔膜材料领域的科研团队，从中容易看出，厦门大学在该领域的专利申请大部分来自赵金保—张鹏团队，两人均就职于厦门大学化学电源与储能材料实验室，该实验室着力于产业"卡脖子"关键材料的攻关和国产化，围绕锂离子电池高安全化与高比能化两方面，在高安全性功能隔膜材料、锂离子电池包装用铝塑膜、硅-碳复合负极材料、高性能功能性电解液等领域取得了一系列技术成果，同时研究领域也涉及锂硫电池、多价金属电池、燃料电池。

表 5-10　厦门大学锂电池隔膜材料领域主要科研团队

主要发明人一	主要发明人二	合作发明人	合作申请量（项）
赵金保	张鹏	彭龙庆	9
		沈秀	4
		刘一铮	3
		戴建辉	2
		李航	2
		胡特雄	2
		李超	2
		石川	2
		曾月劲	1

同样的，对福建师范大学的发明人团队进行分析，可以发现，如表5-11所示，福建师范大学在锂电池隔膜材料领域的研发组织和厦门大学类似，大部分该领域的专利申请由化学与材料学院童庆松教授团队产出。童庆松教授主要从事锂离子电池用纳米锂锰氧化物、层状锂锰氧化物、$FePO_4$和锂钒氧化物的研究工作，并担任天津天锂能源科技有限公司董事长及总工程师等职务，与业界联系较为紧密。

此外值得注意的是，处于表5-10和表5-11中"外围"的研究生团队，如宁德时代等福建省相关产业的市场主体是可以重点关注和招揽的科研后备力量。

表5-11　福建师范大学锂电池隔膜材料领域主要科研团队

主要发明人	合作发明人	合作申请量（项）
童庆松	席强	17
	李颖	17
	祖国晶	15
	童君开	15
	马莎莎	12
	张晓红	11
	胡志刚	11
	王彤	11
	余欣瑞	9
	朱德钦	6
	张雪勤	6
	高峰	5
	廖洁	5
	陈方圆	4

相比于高校和科研院所的"教授—学生"团队，行业内企业的研发团队更加贴近产业一线，可以"即插即用"式地将研发精力聚焦于需要攻关的关键核心技术。历史上，由于关键技术人员流动所导致的企业研发实力发生变化也屡见不鲜。以下通过对锂电池隔膜材料领域美国企业的发明人进行梳理，探讨利用专利信息挖掘和招引海外企业领军科研人才的方法。

如图5-31所示，锂电池隔膜材料领域美国申请人排名第一的思凯德公司

（CELGARD，LLC）专门从事涂布和未涂布干法微孔薄膜的生产和研发，掌握着早期锂电池隔膜核心技术，但在 2013 年左右星源材质、恩捷等国产企业迅速成长后，东亚国家在隔膜领域的聚集效应越来越明显，思凯德公司的发展空间被显著压缩。2015 年，思凯德公司被日本旭化成株式会社收购，其发明人团队可能成为业内其他企业的招引对象。

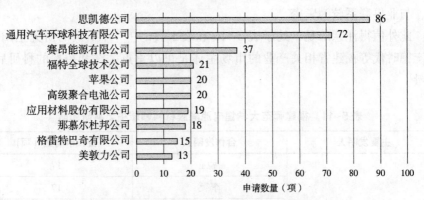

图 5-31　锂电池隔膜材料领域主要美国申请人

对思凯德公司主要发明人进行梳理，如图 5-32 所示。

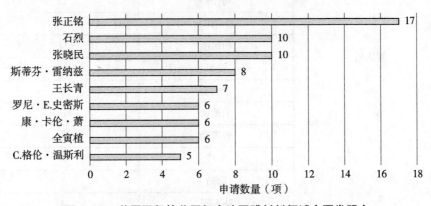

图 5-32　美国思凯德公司锂电池隔膜材料领域主要发明人

　　重点关注位于榜首的发明人张正铭博士（目前是日本旭化成隔膜公司资深技术执行官），其 1977 年从上海工业大学冶金和机械工程专业毕业，获学士学位，1981 年获山东大学电化学专业硕士学位，1989 年获美国加州大学材料化学专业博士学位，2007 年 9 月被聘为清华大学深圳研究生院兼职研究员。张正铭博士作为电池及其膜材料领域著名的专家和学者，所从事研究主要集中在锂离子电池隔膜、燃料电池质子交换膜等领域。

从图 5-33 可以看出，张正铭博士近 20 年一直保持着在锂电池隔膜材料领域的研发注意力。

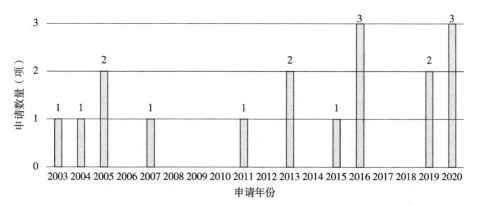

图 5-33　张正铭博士在锂电池隔膜材料领域的专利申请趋势

通过对其相关申请进行梳理，可以发现从 2003 年的"用于锂离子二次电池的防爆隔膜（CN1499658A）"、2015 年的"锂电池、其带涂层的隔板，以及相关方法（CN114552128A）"，到 2020 年的"用于高能可充电锂电池的聚酰胺-酰亚胺涂覆隔板（CN113875081A）"，其始终高度关注和跟随锂电池隔膜技术的最新发展态势，具有较高的研发水平和深厚的技术积累。考虑到其国内学术背景，可以作为国内企业招引的重点关注对象。若考虑张正铭博士的年龄因素，亦可关注与其合作和联合申请较多的石烈、李学法、全寅植、张晓民等发明人。

同样的，对于株式会社 LG 化学、住友化学株式会社、旭化成株式会社等日韩领军企业，也可以采用类似的方法分析其发明人团队，挖掘适合国内企业尝试引进的高端科研人才，以人才转移带动国内关键核心技术的研发攻关。

本小节以福建省厦门大学、福建师范大学两所高校和美国思凯德公司为例，从人才发现、技术能力研判、可行性等方面分别对代表性高校和海外企业的发明人团队进行分析，研究了培养高校/科研院所相关专业的潜在骨干人才，以及在全球范围定位和招引高层次研发人才的实施路径，聚集掌握技术和技术诀窍的人才队伍，为关键核心技术突破提供智力资源。

5.3.4　技术研发攻关突破

通过建立针对重点申请人和发明人团队的专利申请监测和分析机制，可以精确、便捷地跟踪科技前沿动态。梳理和分析未获权/失效重点专利，充分利用现有的专利资源，可以站在前人肩膀之上，提高研发效率、缩短研发时间、节约研发成本。在研发进程中和获得研发成果后，及时进行专利挖掘和布局，对创新成果进行保护，形成对技术攻关的正向反馈，建立起科研工作的"专利闭环"。

针对旭化成株式会社、株式会社 LG 新能源、住友化学株式会社等锂电池隔膜领域行业领军企业高产发明人，建立专利申请的监测机制，第一时间获知其研发动态。因为专利文献记载的都是最新的技术信息，通过监测关注对象的专利申请行为，可以准确定位其研发动向和技术路线。

对领域重点申请人的申请趋势进行分析，如图 5-34 所示，可以发现行业领军企业的研发"延续性"和"爆发点"，结合行业热点事件，可以更好地理解其研发模式和申请行为，亦可从侧面反映行业技术路线的脉络。

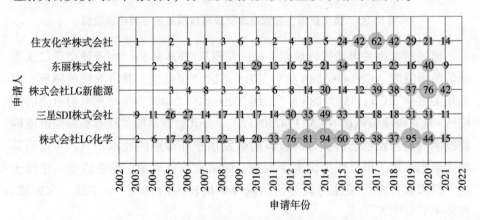

图 5-34　锂电池隔膜领域重要申请人申请趋势

进一步分析重点申请人在领域各技术分支的申请布局情况，如图 5-35 所示，可以了解行业领军企业研发力量的分配和侧重，以及其对关键技术方向的判断和投入，也可以发现行业研发资源所聚焦的热点所在。

对行业重点专利进行梳理，一方面，可以在其基础上分析行业关键核心技术的发展脉络，指引自身的研发方向；另一方面，挖掘未获权或者已失效专利文献中所公开的重要技术方案，可以直接使用（但要注意规避在后的延续性申请），或者在其基础上加以改进，提高研发起点，更加高效地组合创新资源。

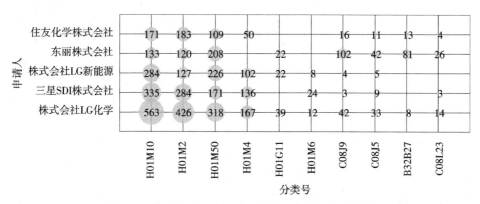

图 5-35　锂电池隔膜领域重要申请人技术分支布局

一般而言，重点专利可以从技术价值、经济价值以及受重视程度等几个层面来确定。重点专利的技术价值层面的直观表现为被引用频次，经济价值层面主要表现为专利许可情况以及专利实施情况，受重视程度主要体现在同族专利数量。表 5-12 列出了锂电池隔膜领域被引用较多的 20 项专利申请。

表 5-12　锂电池隔膜领域高引用频次专利申请

专利	被引次数	标题	公开（公告）日	申请人
US5290414A	360	Separator/electrolyte combination for a nonaqueous cell	1994/3/1	永备电池有限公司
US20090186267A1	234	Porous silicon particulates for lithium batteries	2009/7/23	TIEGS TERRY N
US6447958B1	224	Non-aqueous electrolyte battery separator	2002/9/10	住友化学株式会社
US6203947B1	194	Long cycle-life alkali metal battery	2001/3/20	拉莫特大学应用研究和工业开发有限公司
US5948464A	192	Process of manufacturing porous separator for electrochemical power supply	1999/9/7	IMRA 美国公司
US7205069B2	183	Membrane comprising an array of single-wall carbon nanotubes	2007/4/17	莱斯大学

续表

专 利	被引次数	标 题	公开（公告）日	申请人
US5952120A	175	Method of making a trilayer battery separator	1999/9/14	思凯德公司，赫彻斯特股份公司
US20120225345A1	140	Stack-type cell or bi-cell, electrode assembly for secondary battery using the same, and manufacturing method thereof	2012/9/6	株式会社 LG 化学
US6277514B1	133	Protective coating for separators for electrochemical cells	2001/8/21	奥普图多特公司，赛昂能源有限公司
US3607417A	124	Battery cell	1971/9/21	艾阿尼克股份有限公司
US6335114B1	123	Laminate-type battery and process for its manufacture	2002/1/1	株式会社电装
US6387564B1	119	Non-aqueous secondary battery having an aggregation layer	2002/5/14	旭化成电子株式会社
US5922492A	118	Microporous polyolefin battery separator	1999/7/13	东丽东燃机能膜合同公司
US20130189575A1	113	Porous silicon based anode material formed using metal reduction	2013/7/25	珍拉布斯能源有限公司
US6322923B1	110	Separator for gel electrolyte battery	2001/11/27	思凯德公司
US6372387B1	103	Secondary battery having an ion conductive member and manufacturing process thereof	2002/4/16	佳能株式会社
US5811205A	99	Bifunctional electrode for an electrochemical cell or a supercapacitor and a method of producing it	1998/9/22	沙福堤集团股份有限公司
US4994335A	97	Microporous film, battery separator employing the same, and method of producing them	1991/2/19	宇部兴产株式会社
US20110287308A1	92	Pouch for rechargeable battery, fabricating method of the same, and rechargeable battery including the pouch	2011/11/24	三星 SDI 株式会社

续表

专　利	被引次数	标　题	公开（公告）日	申请人
US6855378B1	91	Printing of electronic circuits and components	2005/2/15	斯坦福研究院

通常来说，被引频次、同族数量、法律状态、维持期限等客观指标可以体现专利的重要性程度，但客观指标中，如被引频次涉及引用关系，而美国、欧洲等国家或地区申请人较多采用引用在先专利的方式描述现有技术，通常体现在说明书的背景技术中。而国内申请人在撰写时，相对较少在背景技术中引用专利文献，造成中国专利对该指标的依赖度较低。同时，被引频次多少与申请时间早晚有着较大的关联度，对申请时间靠后的专利来说无法体现。因此，重点专利识别，不仅要考虑客观指标，还应加入行业专家和知识产权专家对技术先进性和技术地位的评判标准，形成如下多维度的评判指标体系：

①客观指标：法律状态、被引频次、同族数量、维持期限/剩余寿命；

②经济价值：许可/转让情况、无效或诉讼情况；

③人工筛选和排序：技术方案（撰写水平、保护范围、关键技术节点等）；

④人工智能等辅助验证手段。

最后，对于技术攻关所获得的科研成果，应当以适合的保护方式及时转化为专利、技术秘密等知识产权，尤其是针对关键核心技术节点所获得的突破性成果，更应当做好专利挖掘、布局、申请和管理工作，用一套高质量的专利组合来"表达"高技术价值的研发成果，并通过自主实施、转让许可、作价入股、质押融资等形式，将专利权的经济价值"货币化"，并分配一定比例的运营收益作为下一轮技术攻关的"再投入"，从而实现关键核心技术可持续攻关的"专利闭环"。

本小节探讨了通过建立领军企业和高产发明人的专利申请监测机制，跟踪新技术前沿发展最新动态，以及合理利用现有专利资源，例如失效/未获权的重要专利，加速自身研发进程，并分析了重要专利的筛选方法，最后提出建立科研工作中的"专利闭环"，形成正向反馈机制，使得对关键核心技术的攻关得以可持续开展。

5.4 小结

本章将不同的专利分析工具应用到卡脖子"关键基础材料"领域的锂电池隔膜。

首先，通过申请趋势和技术构成分析、申请地域和申请人分析、在中国布局的海外申请人分析等，定位隔膜材料是锂电池产业技术"卡点"之一，可以在建立行业"卡脖子"科研任务清单时予以考虑；通过隔膜材料体系分布，结合技术生命周期分析，确认隔膜材料技术主流发展方向和趋势；通过申请量/申请人数量和趋势对比，找到有望尝试突破的研发切入点，给出制定行业引导政策的参考技术方向。

其次，通过分析行业领军企业株式会社 LG 化学的历史合作申请行为，以及其所掌握的重要专利，为其潜在合作对象给出合作方向的建议；通过产业链环节"查漏补缺"，从专利信息角度给出可能具备基膜涂布设备生产能力的国内厂商名单，作为产业链上游设备环节"建圈强链"的参考；通过对国内高校和科研院所中清华大学的主要发明人团队进行分析，给出建立产学研协同创新机制的合作基础。

再次，以福建省厦门大学、福建师范大学两所高校和美国思凯德公司为例，从人才发现、技术能力研判、可行性等方面分别对代表性高校和海外企业的发明人团队进行分析，研究了培养高校和科研院所相关专业的潜在骨干人才，以及在全球范围定位和招引高层次研发人才的实施路径，聚集掌握技术和技术诀窍的人才队伍，为关键核心技术突破建立智力基础。

最后，探讨了通过建立领军企业和高产发明人的专利申请监测机制，跟踪新技术前沿发展最新动态，以及合理利用现有专利资源，例如失效/未获权的重要专利，加速自身研发进程，并分析了重要专利的筛选方法；提出建立科研工作中的"专利闭环"体系，形成正向反馈机制，以保障针对关键核心技术的研发攻关可持续开展。

第六章 集成电路新引擎：先进封装

6.1 先进封装技术概述

随着集成电路应用多元化，智能手机、物联网、汽车电子、高性能计算、5G、人工智能等新兴领域对先进封装提出更高要求，封装技术发展迅速，创新技术不断出现。

封装技术伴随集成电路发明应运而生，主要解决电源分配、信号分配、散热和保护的功能。集成电路技术按照摩尔定律飞速发展，封装技术突飞猛进。特别是进入 2010 年后，晶圆级封装（Wafer Level Package，WLP）、硅通孔技术（Through Silicon Via，TSV）、2.5 D Interposer、3D IC、Fan-Out 等技术的产业化，极大地提升了先进封装技术水平。从线宽互连能力上看，过去 50 年，封装技术从 $1000\mu m$ 提高到 $1\mu m$，甚至亚微米，提高了 1000 倍。线宽迅速下降，提高了封装密度。

半导体芯片 3nm 工艺预计使用 EUV 光刻机量产，然而值得注意的是 3nm 工艺的速度相对 5nm 仅仅提升 10%，即使是相对 7nm 性能也仅仅提升了 40% 左右。这样的结果也说明了未来芯片性能的提升中特征尺寸缩小占的比重越来越小了。芯片中特征尺寸逼近极限，芯片发展规律进入"后摩尔时代"。随着后摩尔时代的降临，芯片性能技术提升的重心正在从晶圆先进制程转向先进封装技术。

因此，当前随着芯片本身的摩尔定律趋缓，替代地，先进封装技术成为电子产品小型化、多功能化、降低功耗、提高带宽的重要手段。先进封装向着系统集成、高速、高频、三维方向发展，先进封装成为集成电路发展的新引擎。

6.1.1 先进封装含义

传统多层多芯片集成技术用于在单个衬底上横向集成不同类半导体器件

和无源元件，从而形成系统封装结构。但是，随着人们对集成电路系统频率、速度、功率、集成度等要求的不断提升，各类化合物半导体器件被要求集成在传统的 CMOS 芯片系统中，因此，高密度三维异质异构集成封装是未来提升集成电路系统性能的重要途径。

先进封装是指高密度三维异质异构集成封装。高密度三维异质异构集成封装，从技术含义看，"高密度"是指线宽越来越小；"三维"（3D）是指封装结构上突破传统平面封装，向三维立体结构发展；"异质"是指材料不同的基板芯片结合在一起；"异构"是指不同结构的器件结合在一起；以上共同构成集成封装。因此先进封装是一个与时俱进的概念，从我国来看，从超越平面封装的倒装封装开始，发展 2.5D 封装，未来发展到 3D 封装，都是处于先进封装技术的过程。本书将倒装技术、晶圆级封装技术、2.5D 封装技术和 3D 封装技术 4 个技术分支都列入先进封装技术的范围。

先进 3D 封装技术发展是从 2.5D 封装技术开始的。当前，先进封装产业正处于向 3D 封装技术平台"跨台阶式"的发展过程中。随着先进封装技术快速发展，晶圆制造商所熟悉的光刻技术、沉积技术、晶圆混合键合等"前道工艺"成为封装产业的关键技术，成为 3D 先进封装所必需的技术。这意味着封装产业关键技术重新回到晶圆制造厂手中。因此晶圆制造厂将成为同时掌握前道工序和后道工序的更高级的"超级工厂"。随着各类集成度更高、密度更高的封装微系统将逐渐成为市场主流，晶圆制造企业未来将占领主流市场份额。制造晶圆和先进封装的技术材料趋同，由此导致用于先进封装的技术和材料也连带被制裁封锁。这种趋势放大了国外制裁的效能，由此先进封装技术在未来一段时间成为亟需突破的关键核心技术。

6.1.2　先进封装产业发展趋势

在大数据、AI 和 IoT 的加持下，全球科技产业进入了一个裂变式发展阶段，5G 终端、高性能计算（HPC）、智能汽车、数据中心等新兴应用正在加速半导体产业供应链的变革与发展，为先进半导体封装测试产业注入新动力。先进的半导体封装可以通过增加功能和保持/提高性能，来提高半导体产品的价值，同时降低成本。各种多芯片封装（系统级封装）解决方案正在开发，用于高端和低端，以及消费类、性能和特定应用。

根据 Yole 最新预测，2018—2024 年，整个半导体封装市场的营收将以 5%的复合年增长率（CAGR）增长，而先进封装市场将以 8.2%的复合年增长率增长，市场规模到 2024 年将增长至 436 亿美元。另外，传统封装市场的复合年增长率仅为 2.4%。

在各种先进封装平台中，3D 硅通孔（TSV）和扇出型（Fan-out）封装，将分别以 29% 和 15% 的速度增长。而占据先进封装市场主要市场份额的倒装芯片（Flip-chip）封装，将以约 7% 的复合年增长率增长。与此同时，扇入型晶圆级封装（Fan-in WLP）主要受到移动市场驱动，也将以 7% 的复合年增长率增长。先进封装技术将继续在解决计算和电信领域的高端逻辑和存储器方面发挥重要作用，并在高端消费/移动领域进一步渗透模拟和射频应用。所有这些先进封装平台，都在关注着不断增长的汽车和工业领域所带来的新机遇。

如今 AI 市场的不断扩张推动着先进封装行业的增长，AI 芯片组需要运算速度更快的内核、更小巧的外形以及高能效，这些需求驱动着先进封装市场。一些顶尖半导体公司也在做出战略决策，推出创新的先进封装设计技术。例如，在 2020 年 8 月，Synopsys 宣布与台积电在先进封装上进行合作。台积电将采用包含其编译器的先进封装解决方案，提供通过验证的设计流程，可用于芯片封装（CoWoS）以及集成扇出型封装（InFO）等先进设计。

从地区来看，中国大陆、中国台湾和韩国的半导体组件、消费电子设备产能的上升，推动着这些地区高份额增长。此外，这些地区的主要晶圆代工厂如 GlobalFoundries、TSMC 和 UMC 等，也在技术层和市场层面不断扩展高级先进封装的机会。

6.1.3　先进封装行业主要研发企业

在企业方面，以台积电、三星、英特尔为代表的三大芯片巨头正积极探索先进封装技术。

1. 台积电（TSMC）

CoWoS 是台积电推出的 2.5D 封装技术，被称为晶圆级封装，CoWoS 针对高端市场，连线数量和封装尺寸都比较大。

自 2012 年开始量产 CoWoS 以来，台积电就通过这种芯片间共享基板的封装形式，把多颗芯片封装到一起，而平面上的裸片通过 Silicon Interposer 互联，这样达到了封装体积小、传输速度高、功耗低、引脚少的效果。晶圆级封装技术——系统整合芯片，是以关键的铜到铜接合结构，搭配 TSV 以实现最先进的 3DIC 技术，可将多个小芯片整合成一个面积更小、轮廓更薄的系统单晶片。

台积电将 SoIC、CoWoS、InFO-R、CoW、WoW 等先进封装技术平台加以整合，统一命名为"TSMC 3D Fabric"。此平台将提供芯片连接解决方案，满足用户在整合数字芯片、高带宽存储芯片及特殊工艺芯片方面的需求。目前有 4 座先进的芯片封测工厂，新投产两座之后，就将增加到 6 座，在新投产的两座芯片封装工厂，也将采用 3D Fabric 先进封装技术。

2. 三星

三星主要布局在面板级扇出型封装（FOPLP），在 FOPLP 投资已超过 4 亿美元。2018 年 FOPLP 技术实现商用，应用于其自家智能手表 Galaxy Watch 的处理器封装应用中。为扩大半导体封装技术阵容，三星不仅开发 FOPLP，也开发 FOWLP 技术。并且在 2019 年上半年收购子公司三星电机的半导体封装 PLP 事业，不断加强封装的实力。2019 年 10 月，三星开发出业界首个 12 层 3D-TSV（硅穿孔）技术，这项新创新被认为是大规模生产高性能芯片所面临的最具挑战性的封装技术之一，因为它需要极高的精度才能通过拥有 6 万多个 TSV 孔的三维配置垂直互连 12 个 DRAM 芯片。

3. 英特尔

2017 年，英特尔推出了 EMIB（嵌入式多芯片互连桥接）封装技术，可将不同类型、不同工艺的芯片 IP 灵活地组合在一起，类似一个松散的 SoC。随后发布了 3D 封装技术 Foveros，首次在逻辑芯片中实现 3D 堆叠，对不同种类芯片进行异构集成。英特尔的 3D 封装技术结合了 3D 和 2D 堆叠的两项优势，英特尔 ODI 全向互连技术可通过在小芯片之间的布线空隙来实现，而这些是台积电系统整合单晶片（SoIC）技术做不到的。最新发布的"混合结合"技术，能够实现 10μm 及以下的凸点间距，较 Foveros 封装的 25~50μm 凸点间距有了明显提升，并且优化芯片的互连密度、带宽和功率表现，进一步提升了芯片系统的计算效能。

6.1.4 先进封装技术推进方向

先进封装被各国高度重视，主要应用在 SOC 和 SIP 封装构成的微系统集成中。SOC 追求的是更小的纳米尺度工艺，在单位面积上集成更复杂的电路，推动集成电路向更高的集成度方向发展，沿着摩尔定律的方向前进。其集成度越来越高，投入成本也越来越大，风险自然增加。SIP 面向应用，通过射频、模拟和光电等多种功能的融合集成提升集成密度，沿着超越摩尔定律的方向前进，虽然可以降低成本，但其体积显著增加。微系统集成综合了两者的优势，结合 SOC、SIP 和 3D 集成实现更高的价值，提升系统性能，拓展系统功能，优化形态，降低成本。

微系统通过三维异质异构技术集成，该技术在国外已经成为关乎国家安全和未来发展的重要技术。国外研究主体在三维异质异构集成技术上的研究已经领先一步。

1. 美国国防部高级研究计划局（DARPA）

美国以 DARPA 为代表的研究机构自 21 世纪以来在三维异质异构集成领域布局了大量项目和工程，技术路线为：晶体管级异质集成—良率提升和电路级异质集成—先进功能电路级异质集成—复杂微系统级异质集成。

DARPA 最先于 2007 年启动 COSMOS 项目，该项目通过开发新的工艺方法，将不同功能特点的 GaN、InP 等多种化合物半导体材料或器件紧密集成在 Si-CMOS 电路上，以可接受的成本大幅提升电路性能和集成密度，实现晶圆级的三维异质异构集成。在实现方案中，既有基于组装的异构集成也有基于外延的异质集成，其中以诺格公司主导的"小芯片"（chiplet）异构集成方案具有一定优势并推出了标准工艺。COSMOS 项目显著地提高了异质集成的技术水平，并展示了该技术用于产生革命性微系统的潜力。在 COSMOS 项目成功的基础上，DAHI 项目于 2013 年启动，该项目致力于先进的多种化合物半导体材料与器件在硅基平台上的集成，同时致力于通过建立高效可信的器件级异质集成 Foundry 线的工艺代工制造能力，促进该技术和工艺平台在国防和消费电子领域的微系统设计上发挥重要价值。

在 DARPA 的 CHIPS 项目中，通过构建全新的微系统三维异质异构集成架构和基于 IP 复用的集成方法，提升异质异构集成技术的经济性、可使用性和可获得性，使三维异质异构集成可被快速推广到更多的应用领域。该架构和方法把受知识产权保护的微电子模块与其功能整合为射频、光电、存储和信号处理等"微芯片零件"，这些"零件"可以随意整合，如拼图一样快速构建"微芯片零件组"，实现复杂功能。

国防领域的雷达技术一直在追求更宽的带宽、更灵巧的性能和更佳的成本效益。为了满足较高的性能要求，原理上要求相控阵天线单元的间距要小于 1/2 波长，通过将多个异质芯片进行三维系统级集成，是解决大带宽相控阵雷达阵元间距不断缩小带来的电路集成困难的必由之路。在 DARPA 的 SMART 项目中，通过三维异质异构集成技术，验证一种超低剖面毫米波有源相控阵列（AESA）的系统集成架构，整个阵列厚度小于10mm。功能密度提高了两个数量级，极大地改善了未来毫米波阵列系统的尺寸、重量和性能，并将实现系统的可扩展和可重构，批量生产制造效率和成品率更高，成本更低，充分体现了三维异质异构集成在系统应用中的巨大优势。

2. 欧洲比利时 IMEC

比利时 IMEC 以其开放式全球领先的 CMOS 工艺为基础，瞄准生命科学、智慧交通、智慧城市、智慧工业和智慧能源等产业界应用前沿，在三维异质异构集成领域开展了大量前沿性研究，并孵化出各类高密度集成产品。IMEC 的三维集成技术经历了 3D-SIP（系统级封装）和 3D-WLP（圆片级封装），现已到达 3D-IC 阶段（IC 制造级集成）。

3. 德国 Fraunhofer 研究所

德国的 Fraunhofer 研究所在三维异质异构领域中涉及两个核心部门，分别是圆片级系统集成部和系统集成及互联技术部，瞄准集成与应用，分别定位晶圆级集成和系统级集成两大核心能力，通过三维异质异构集成实现从微电子到智能系统的桥梁。

6.2　先进封装专利态势分析

6.2.1　先进封装全球专利趋势分析

将倒装技术、晶圆级封装技术、2.5D 封装技术和 3D 封装技术 4 个技术分支作为检索主题，统计先进封装产业全球专利申请量，据此开展分析。

6.2.1.1　申请趋势分析

从总和技术构成看，倒装技术领域的专利申请总量占比接近 40%，属于先进封装产业的重要领域，各申请主体在该领域投入了较多精力和资本，其次是晶圆级封装领域，占比超过了 3 成，也属于较为重要的技术创新领域。累计专利申请量较少的是 2.5D/3D 封装技术领域。

从技术上看构成变化发现，第一阶段（2000 年之前），倒装技术的专利申请量占比最高，占据 59.61%，超过整个先进封装领域的一半，其次是晶圆级封装领域，3D 封装领域和 2.5D 封装领域专利申请数量占比还未超过 10%。第二阶段（2000—2009 年），倒装技术的专利申请量占比降低，但仍然超过了一半，3D封装和2.5D封装占比超过10%，其中2.5D封装的专利申请量占比超过了3D封装的专利申请量占比，说明该阶段的2.5D封装较3D封装研究热度较高，申请主体投入和市场重要性提高。第三阶段（2010—2020年），晶圆级封装的专利申请量占比迅速提高，由上一阶段的24.33%提高到36.8%，同时，3D封装的专利申请量占比也迅速提高，达到了23.64%，而倒装技术领域占比进一步降低，2.5D封装领域维持不变。可以看出，在先进封装产业中，倒装技术和晶圆级封装技术是研发的热点，其次是3D封装技术。而从阶段发展来看，倒装领域技术在前期研究热度较高，近些年热点从倒装技术领域逐渐转变到晶圆级封装和3D封装领域。

6.2.1.2　区域分布分析

美国作为集成电路产业强国，在先进封装技术领域中也占据首要地位。从技术发源地看，美国以47365件专利位列首位，占整个先进封装技术产业的42.03%，具有很强的技术优势和深厚的技术储备。同时美国作为重要的市场地区，在美申请的专利数量达到了33912件，占比30.09%，这也说明美国仍然是主要产品的生产国和消费国。在技术来源国和技术市场国排名第二位的都为中国。经历了封装行业从低端做起的初期阶段，通过收购国外先进封装行业的公司以具备先进封装的能力，不断投入研发，发展先进封装技术，形成了中国在技术原创性上具有较强的竞争优势的局面。同时依赖人工智能、5G、物联网等新兴技术发展，市场规模愈发扩大，先进封装市场的需求愈发旺盛，中国先进封装的市场具有较大规模并且发展潜力巨大。中国台湾地区在技术创新上具有竞争优势，主要由于其具有代工厂和封测业巨头，但由于其市场容量相对较小，产品基本外销。从地域布局来看，先进封装的技术来源和市场都集中在美国和亚太地区，欧洲地区竞争实力相对较弱，市场规模相对较小。

6.2.1.3　申请人分析

企业的技术能力和市场份额为其提供了良好的机遇，而较高的专利拥有量也有利于进一步巩固企业在其优势领域的市场地位。本小节将先进封装产业的专利申请人按专利申请数量进行排名，结果如图6-1所示。

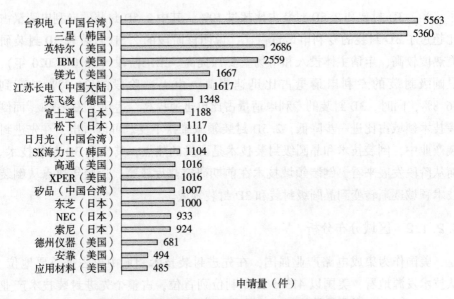

图6-1　先进封装产业全球申请人专利申请量排名

　　排名靠前的企业除英飞凌外，其他都来自美国和东亚地区，这也说明这几个国家（地区）在该领域中实力强劲，龙头企业数量较多。其中，中国台湾的台积电和日月光分别占据第一位和第十位，技术较为密集，实力较强；美国和日本地位突出，前二十中占据绝大多数。韩国头部企业三星和 SK 海力士占据第二位和第十一位，中国大陆的江苏长电占据第六位。中国和韩国技术较为集中，个别企业具有较强实力。

　　通过上述分析可以看出，先进封装产业的发展与专利布局密切相关，具体表现如下：一是先进封装产业技术发展伴随着密集的专利保护，专利申请与技术创新如影随形；二是主要国家通过专利布局维持其市场地位，中国也在通过专利布局追赶发达国家，提高自身竞争力和影响力；三是先进封装产业地位领先的企业在专利上同样排名领先，龙头企业通过专利布局增强企业竞争力、巩固市场地位。

6.2.1.4　技术结构分析

　　通过研究先进封装产业在各国及地区的专利布局数量，可以了解该产业主要国家及地区的结构情况。选取了全球范围内在先进封装产业中申请量最靠前的7个国家及地区的专利申请量作为研究对象，其包括中国大陆、美国、日本、中国台湾、韩国、欧洲、德国的申请量，其中欧洲的专利申请量指的是在欧洲专利局（EPO）提交的专利申请的数量。

从主要国家及地区的产业结构布局可以看出，各个国家/地区在先进封装产业中，倒装领域和晶圆级封装领域占比最高，2.5D/3D领域占比较少。而各个国家/地区的产业结构侧重不同，其中倒装领域日本占比最高，达到56.18%，显示了日本在倒装领域较为重视；中国台湾地区则较为看重晶圆级封装领域，其占比最高，达到了42.55%；中国大陆和美国相较其余国家/地区在3D封装领域较为重视，其占比超过了20%；而2.5D封装领域美国和欧洲地区也积极参与，占比较高。美国和中国大陆的产业结构较为相似，倒装领域和晶圆级封装领域占比相当，3D封装领域占比较高，2.5D领域占比最少。

6.2.2　先进封装重点申请人专利分析

从前文分析中可以看出，先进封装领域我国大陆在整体专利数量上处于第二位，但在各个分支的重点技术上，存在被"卡脖子"的重点技术。从先进封装产业全球申请人专利排名可以看出，先进封装领域全球已经以重点申请人为引领形成技术路径和体系。我国台湾的台积电（TSMC）和美国英特尔（Intel）构成了先进封装领域领先的两条技术路线。根据重点申请人专利分析，可以找准主流技术方向和技术发展路径。

6.2.2.1　中国台湾台积电（TSMC）简介

中国台湾积体电路制造股份有限公司（中文简称：台积电，英文简称：TSMC）成立于1987年，是全球第一家专业集成电路制造服务（晶圆代工）企业，总部与主要工厂位于中国台湾省新竹市科学园区。在工艺制程方面，从创立初的 $3\mu m$ 制程到当今完全量产的5nm制程、待量产3nm制程，台积电已经处于全球领先地位。2020年8月，台积电的5nm产品已经进入批量生产阶段，3nm产品于2022年进入大批量生产。

1. 台积电全球专利分析

2008年年底，台积电成立了集成互连与封装（Integrated Interconnect & Packaging）技术整合部门，正式进军封装领域，2009年开始战略布局三维集成电路（3D IC）系统整合平台，因此从2009年起台积电在先进封装领域的申请开始明显增长。之后在2011年推出了CoWoS平台产品，并在之后陆续推出了InFO（2012）、TSMC-SoIC™（2019）的平台产品。从申请量上可以看出，在第二代CoWoS平台升级的2015—2016年，申请量存在一个明显的增幅，是由于第二代 CoWoS 的技术发展和由此带来的订单的增长，以及针对 3DIC 平台的技术储备。而后台积电在现有平台的基础上研发改进的势头越发强劲，申请量逐年递增。

从目标市场的主要专利受理量来看，台积电一贯是以美国市场申请优先，着重在美国的专利布局。主要目标市场为美国、中国大陆、中国台湾、韩国、德国、日本。随着中国大陆半导体制造产业的发展和中国大陆市场的发展，台积电在中国大陆的专利申请量整体呈增加趋势，并且在其全球申请中的占比也有明显提升。

2. 台积电先进封装技术发展路线

台积电将其先进的晶圆级系统集成（Wafer Level System Integration，WLSI）平台解决方案产品中的 CoWoS、InFO、TSMC-SoIC™ 整合为 3D Fabric™。台积电的 3D 封装工艺主要分为前段 3D 封装和后段 3D 封装，TSMC-SoIC™ 是其中的前段 3D 封装平台产品，通过其可获得一个异构芯片，而通过 CoWoS、InFO 等后段 3D 封装才能够获得最终可以直接使用的芯片。台积电 3D 封装平台技术如图 6-2 所示。

（1）CoWoS

CoWoS（Chip-on-Wafer-on-Substrate）是一种 2.5D 晶圆段延伸的先进封装技术，先将半导体芯片通过 Chip on Wafer（CoW）的封装制程连接至硅晶圆，再把此 CoW 芯片与基板连接，集成为 CoW-on-Substrate。在台积电 2011 年公布的 CoWoS 产品中，在 $600mm^2$ 的不包含任何有源器件的硅中介层上具有一个 28nm 逻辑器件和两个 40nm 芯片，并带有集成 4 层高密度互连的 TSV（Through-Silicon-Via），整合了 270000 个微凸点（μbumps）和 8700 个 C4 凸点（controlled collapse chip connection bumps，C4 bumps）。

1）CoWoS-S、CoWoS-R 和 CoWoS-L

CoWoS-S 代表 CoWoS-Si interposer，采用 Si 中介层，可实现大于 2 倍掩模版尺寸（或约 $1700mm^2$）的中介层，将领先的 SoC 芯片与 4 个以上的 HBM2/HBM2E 立方体集成在一起。

CoWoS-R 代表 CoWoS-RDL interposer，是 CoWoS 高级封装系列的成员，该系列借助 InFO 技术，利用 RDL 中介层为小芯片（Chiplet）之间的互连提供服务，尤其是在 HBM（高带宽存储器）和 SoC 异构集成中。

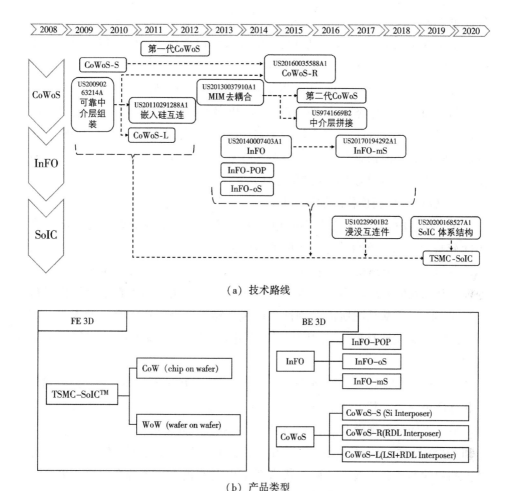

（a）技术路线

（b）产品类型

图 6-2 台积电 3D 封装平台技术

RDL 中介层由聚合物和铜迹线组成，并且相对机械灵活，这种灵活性增强了 C4 接头的完整性，并使新包装可以扩大其尺寸，以满足更复杂的功能需求。

CoWoS-L 代表 CoWoS-LSI interposer，作为 CoWoS 平台中的最后一种芯片封装之一，CoWoS-L 结合了 CoWoS-S 和 InFO 技术的优点，可使用中介层和本地硅互连 LSI（Local Silicon Interconnect）芯片实现最灵活的集成，从而实现管芯到芯片互连和 RDL 层用于功率和信号传输；相应的金属类型、层数和间距与 CoWoS-S 提供的产品一致。该产品的起始尺寸为 1.5 倍标线中介层尺寸，1 倍 SoC+4 倍 HBM 立方体，并将向前扩展以将封装扩展至更大尺寸，以集成更多芯片。

CoWoS-L LSI 芯片通过多层亚微米 Cu 线实现高布线密度的芯片到芯片互连。LSI 芯片可在每个产品中具有多种连接架构（例如 SoC 到 SoC，SoC 到 Chiplet，SoC 到 HBM……），也可以重复地用于多个产品。基于模制中介层在正面和背面均具有宽间距的 RDL 层，以及用于信号和功率传输的 TIV（Through Interposer Via），可在高速传输中降低高频信号的损失。CoWoS-L 具有良好的集成其他器件的能力，例如 SoC 裸片正下方的独立 IPD（集成无源器件）可支持具有更好 PI/SI 的信号通信。

2）CoWoS 更新换代的发展过程

作为在后段 3D 封装工艺中应用最为广泛、技术最为成熟的 CoWoS，自 2011 年推出以来，到目前已经实现了多次更新改进。

专利 US20090263214A1 提出了一种通过组装的 P 贯通硅固定装置，以及处理硅基晶圆的方法与系统及封装半导体元件的方法，利用真空基板提供玻璃载体移除后硅基晶圆所需的刚性，以减少穿透硅介层窗中介层的毁损，解决了硅中介层在连接管芯过程中容易碎裂的问题，为 CoWoS 的实现打下了基础。

第一代 CoWoS 从 28nm 逻辑芯片开始生产（2012 年产品量产），实现均质和异质中介层，其中硅中介层最大面积为 800mm^2（标线完整尺寸）。

另一方面，实现微凸块连接也是 CoWoS 缩小封装尺寸的一大关键问题。专利 US20130134582A1 提出了一种用于多芯片封装的新型凹凸结构，将具有较大凸块的芯片和基板上的两个或者两个以上的较小凸块接合起来，或者可以将芯片上的两个或者两个以上的小凸块和基板上的大凸块接合起来。通过允许将具有不同尺寸的凸块接合在一起，可以将具有不同凸块尺寸的芯片封装在一起，从而形成多芯片封件。

专利 US20140048929A1 提出了一种封装和基板的键合结构，利用伸长的接合结构，使得铜柱的基本上朝向封装结构的中心的一侧免于焊料润湿。专利 US20130062755A1 进一步提出了对半导体器件中的长形凹凸结构装置的改进。专利 US20130134581A1 进一步提出了一种用于形成凸块结构的机制，以及用于底部填充控制的平坦化凸块，其降低了芯片和封件衬底之间的间距变化，可将芯片和衬底之间的间距控制为一致，底部填充的质量得到改善。专利 US8969191B2 提出一种新的焊料凸块的设置方式，将更宽的凸块设置在半导体管芯的高应力区的上方，有助于降低后面在焊料凸块上生成的应力，与用更宽的焊料凸块代替所有现有焊料凸块的管芯封装件相比，提高了导电线的布线灵活性。专利 US20150102482A1 进一步改进了中介层中连接到图案化的金属焊盘的穿透硅通孔（TSV）的导电结构和位于 TSV 的相对端的导电结构，其中图案化的金属焊盘具有嵌入其中的介电结构以减少凹陷效应，提高了导电结构和 3DIC 结构的可靠性和良品率。

基于这些技术，台积电利用铜凸块结构及相关接合工艺的改进实现了互连结构中细间距微凸块连接。

专利 US20130119552A1 提出了针对 TSV 中介层的晶片上芯片组件的形成方法，通过伪管芯的设置来解决晶片翘曲问题。专利 US20120305916A1、US8421073B2 分别提出了中介层、硅通孔的测试结构和方法，针对三维集成电路（3DIC）的硅通孔（TSV）结构提供了相应的测试结构，为 CoWoS 平台产品的验证提供了技术支持。

同时，台积电还在 CoWoS-S 的基础上，进一步提出了 CoWoS-R，在模塑结构中设置通孔，替代硅中介层。专利 US20110285005A1、US20160035588A1 都提出了带一种有中介层的包装系统，中介层采用基于聚合物的模制化合物层。

专利 US20110316147A1 提供了一种嵌入式 3D 中介层结构，裸片埋设于 RDL 介电层中且接合到第一金属凸块，基板上允许存在的金属凸块的数目可达到最大化，也可改善尺寸因子。专利 US20110291288A1 提出了带有中介层的包装系统，基板可包括包含由硅或锗所组成的元素半导体，构成了嵌入 RDL 中的本地硅互连结构（LSI）。专利 US20200176384A1 提出的重布线层结构包括绝缘结构及导电图案，导电图案设置在绝缘结构之上且延伸穿过绝缘结构及延伸穿过桥结构的衬底，以在桥结构的衬底中形成至少一个穿孔。基于这些技术研究，台积电进一步推出了 CoWoS 的另一结构 CoWoS-L。

台积电在进一步改进 CoWoS 的路线上，提出了专利 US9741669B2，通过中介层拼接技术形成大芯片，实现了中介层面积的大幅上升，该关键技术的成功，使台积电推出了第二代 CoWoS：CoWoS-XL1，并做出了业界首款基于 CoWoS 的 20nm FPGA 产品（2015 年产品量产）。得益于该拼接技术，由亚微米 RDL 的两个掩模拼接组成，第二代 CoWoS 具有特大中介层（1200mm²），芯片尺寸达到创纪录的封装。

专利 US20130037910A1 提出了用于中介层的新颖的去耦 MIM 电容器 150 设计。该项技术被用于第二代 CoWoS 产品中。

专利 US20130257564A1 提出一种将电路和电路封装件的部分与电源线和其他导体上的高频噪声相去耦或隔离的技术。专利 US20130285200A1 提出了用于中介层的基板的电容设计及其制造方法，将电容形成于贯穿孔及最底层的金属层之间。

进而，台积电完成了第二代 CoWoS：CoWoS-XL2（2016）的改进研发，实现了业界首款中介层–HBM2 产品，1200mm² 中介层尺寸集成了 16nm SoC 芯片+4 HBM2（16GB），300W 功耗，SoC 上共有 150B 个晶体管。

台积电与大客户博通携手宣布下一代的 CoWoS 平台，特色是业界首创两倍光罩尺寸中介层，且大幅提升运算能力，以支援先进高效能运算系统，并且双方已准备好支援即将量产的 5nm 工艺。

相较于台积电上一次（2016 年）推出的 CoWoS 解决方案，这个全新的 CoWoS 平台速度增快高达 2.7 倍。台积电表示，与博通携手合作强化 CoWoS 平台，支援业界首创且最大的两倍光罩尺寸（2×reticlesize）之中介层，面积约 1700mm²。再者，除了提供更多的空间来提升运算能力、输入/输出以及 HBM 整合，强化版的 CoWoS 技术也提供更大的设计灵活性及更好的良品率，支援高端制程上的复杂特殊应用芯片设计。

在台积电与博通合作的 CoWoS 平台之中，博通定义复杂的上层芯片、中介层以及 HBM 结构，台积电则是开发生产制程来充分提升良品率与效能，以满足两倍光罩尺寸中介层带来的特有挑战。

（2）InFO

扇出型封装在 2009 年由 Intel 开始推动，但后来没有成为主流技术，一直到 2013 年左右，台积电将扇出型晶圆级封装技术 InFO（Integrated Fan Out）用于苹果的处理器，该技术才再次获得重视。

台积电推出的 InFO 技术是业界首个具有多层高密度互连的高性能扇出晶圆级封装（FO_WLP），是通过"减法"将 CoWoS 结构尽量简化而提出一个无须硅中介层的精简设计，具有高密度 RDL 和 TIV（Through-InFO-Via，直通 InFO 过孔），通过芯片与芯片之间直接连接，减少厚度，成本也相对较 Co-WoS 低廉，但又能够有良好的表现，适用于追求性价比的移动通信领域，在手机处理器封装中，可减小 30% 的厚度。

1）InFO_POP

台积电于 2012 年推出了业界第一款 3D 晶圆级扇出封装 InFO_POP，具有高密度 RDL 和 TIV，可将带 DRAM 封装堆叠的移动 AP 与移动应用集成在一起。与 FC_POP 相比，InFO_POP 的轮廓更薄，并且由于没有有机基板和 C4 凸点，其具有更好的电气性能和热性能。

专利 US20140070403A1 提出了一种封装半导体器件的方法，包括在载体上方形成第一再分布层（RDL）并且在第一 RDL 上方形成多个装配通孔（TAV）。专利 US20140103488A1 也提出了一种 POP 结构及其形成方法，装置包括结合到底部封装的顶部封装，底部封装包括模制材料，在模制材料中模制的器件管芯，穿透模制材料的贯穿组件通孔（TAV），以及在器件管芯上的 RDL，顶部封装包括封装在其中的分立的无源器件，离散无源器件电耦合到 RDL。专利 US20160005716A1 提供了一种半导体封装件和方法。

2）InFO_oS

InFO_oS 利用了 InFO 技术，具有更高密度的 2/2μm RDL 线宽/空间，以集成用于 5G 网络应用的多个高级逻辑小芯片。它可在 SoC 上以最小 40μm 的 I/O 间距、最小 130μm 的 C4 Cu 凸点间距和大于 65mm×65mm 的标线片尺寸的 InFO 来实现混合焊盘间距。

3）InFO_mS

InFO_mS 是台积电最近提出的新一代 InFO 结构，通过在多层模制材料中设置多个存储结构，在集成扇出结构中集成存储器件。

专利 US20170207197A1 提出一种半导体器件的封装方法，可在多个第一集成电路管芯 104a 和 104b 的有源电路区中形成有源电路，有源电路可包括一个或多个逻辑、存储、处理器、射频（RF）、模拟、ASIC、传感器、电源管理（PM）IC、集成无源器件（IPD）或其他类型的器件。专利 US20170194292A1 提出一种使用热与机械强化层的装置及其制造方法，模制材料层中设置为多层级，用于设置堆叠的裸片（如存储），利用 TIV 实现互连。

专利 US20200118908A1 提出在载体上方放置多个逻辑管芯和多个存储器管芯，实施计算功能的逻辑管芯浸没在逻辑管芯访问的存储器管芯中的结构。

（3）TSMC-SoIC™

SoIC 是一种创新的多芯片堆叠技术，是一种晶圆对晶圆的键合技术，SoIC 是基于 CoWoS（Chip on Wafer on Substrate）与多晶圆堆叠（WoW）封装技术开发的新一代创新封装技术。SoIC 的晶圆对晶圆（Wafer-on-Wafer）键合（Bonding）技术，与传统的使用微型凸块的裸片堆叠不同，它可以通过对齐和限制各种硅裸片的金属层来进行裸片堆叠。SoIC 技术是采用硅穿孔（TSV）技术，达到无凸起的键合结构，可以把很多不同性质的临近芯片整合在一起，而且当中最关键、最神秘之处，就在于接合的材料，号称是价值高达十亿美元的机密材料，因此能直接透过微小的孔隙沟通多层的芯片，达成以相同的体积增加多倍以上的性能，可以持续维持摩尔定律的优势。

TSMC-SoIC™ 平台是通过缩小尺寸和提高性能来推进异构小芯片集成领域的关键技术支柱。它具有超高密度垂直堆叠，可实现高性能、低功耗和最小 RLC（电阻—电感—电容）。TSMC-SoIC™ 服务平台将有源和无源芯片集成到一个新的集成 SoC 系统中，该系统与本地 SoC 在电气上完全相同，以实现更好的尺寸和性能。TSMC-SoIC™ 服务平台的主要功能包括：实现具有不同芯片尺寸，功能和晶圆节点技术的已知良好管芯（KGD）的异构集成（HI）。

SoIC-CoW（Chip on Wafer）借助创新的键合方案，TSMC-SoIC™ 服务平台可为芯片 I/O 提供强大的键合间距可扩展性，从而实现高密度的芯片到芯片互连。与当前行业最先进的封装解决方案相比，较短的管芯到管芯连接具有以下优点：较小的外形尺寸，更宽的带宽，更好的电源完整性（PI）、信号完整性（SI）和更低的功耗。

TSMC-SoIC™ 服务平台将同质和异质小芯片都集成到一个类似 SoC 的芯片中，该芯片具有较小的占位面积和更薄的外形，可以整体集成到高级 WLSI（又名 CoWoS 和 InFO）中。从外观上看，新集成的芯片就像普通的 SoC 芯片一样，但是嵌入了所需的异构集成功能。

台积电的 SoIC-WoW 技术通过晶圆堆叠工艺实现了异构且均匀的 3D 硅集成。紧密的键合间距和薄的 TSV 使得寄生效应最小，从而具有更好的性能、更低的功耗和等待时间以及更小的尺寸。WoW 适用于高产量节点和相同裸片尺寸的应用或设计。

专利 US10229901B2 提出一种用于半导体器件的浸入互连及其制造方法，第一半导体器件的第一接触焊盘和第二半导体器件的第二接触焊盘之间形成浸没互连件。

专利 US20200168527A1 提出一种 SoIC CHIP 体系结构，包括一互连元件晶粒及至少两个附加集成晶片上系统（System on Integrated Chip, SoIC），晶粒以面朝面（F2F）堆叠于该互连元件晶粒上，该互连元件晶粒包括在一表面上的电连接器，以能连接到多个附加 SoIC 晶粒之间，该互连元件晶粒包括是一集成扇出结构的至少一重布电路结构及至少一硅穿孔，该附加 SoIC 晶粒的至少一个堆叠成面朝背（F2B）的一个三维集成电路（3DIC）晶粒。

Micro-bump 与 TSMC-SoIC™ 键合的 TR 比较（F2F）：就 3D 芯片对芯片互

连而言，TSMC-SoIC™ 在热性能上优于微凸点，通过优化图案密度和使用导热性更好的底部填充材料，微凸点的 TR 可降低到 3.7，而 TSMC-SoIC™ 的 TR 可以更好地降低至 2.3，降低 35% 以上，其结构如图 6-3 所示。

Bonding	Micro-bump			TSMC -SoIC	
Nub	POR	CIP1	CIP2	POR	CIP
T_R (C-mm^2/W)	4.5	4.0	3.7	3.1	2.3

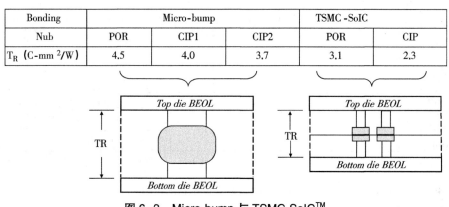

图 6-3　Micro-bump 与 TSMC-SoIC™

6.2.2.2　美国英特尔（Intel）专利总体态势

从 Intel 先进封装技术的全球申请趋势来看，自 2008 年提出 EMIB 结构开始，Intel 开启了其 2.5D-3D 的先进封装发展之路。从 2012 年开始，全球申请量出现爆发式增长，直到 2016—2017 年达到顶峰。从全球主要专利申请量比例可以看出，2018 年开始申请量出现下降，与 2018 年 PCT 申请数量下降相关度较大，2018 年 Intel 在美国本土的申请量并没有大幅减少，而 PCT 数量大幅降低。Intel 公司的专利申请在美国以外的布局主要依靠 PCT 申请，由于近几年来 Intel 在制程方面的进展较台积电和三星都更滞后，因此在先进封装领域中的技术发展也受到制程的限制影响，部分市场受 AMD 等公司的挤压，对其技术研发的进展也有一定影响。

从专利五局流向可见，中国、欧洲、韩国是其主要的技术输入目标国中所占比重较大的国家，这与这些国家半导体行业发展、市场发展紧密相关。其中由美国流向中国的技术输出占了最大的比重，因为中国是目前全球最大的市场，也具有相当规模的半导体产业。

Intel 先进 3D 封装技术发展也是从 2.5D 封装技术开始的，如图 6-4 所示，先后经历了 EMIB→Foveros→Co-EMIB→ODI 的技术发展过程。

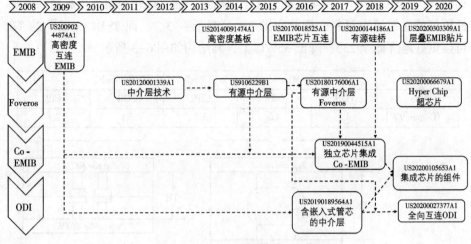

图 6-4　Intel 封装技术发展路线

1. EMIB

EMIB（Embedded Multi-die Interconnect Bridge，嵌入式多管芯互连桥）通常不使用其他 2.5D 方法中的大型硅中介层，而是使用具有多个布线层的非常小的桥式芯片，典型的 EMIB 包括嵌入在封装基板中的小型硅桥芯片。EMIB技术能够将不同工艺技术的元件整合在一起，不但不会因此损耗芯片的性能，反而能够提升传输效率。例如可以将 10nm 工艺的 CPU 芯片与 14nm 工艺的通信芯片、22nm 工艺的存储芯片等不同的工艺技术产品通过 EMIB 封装做出一个处理器。

Intel 在专利 US8064224B2 中首次提出了包含用于高密度互连的硅贴片的微电子封装及其制造方法，提出了一种嵌入在所述衬底中的硅贴片，利用高密度的焊料凸块和细线嵌入硅片，其中使用传统的硅工艺来制造所述细线具有 10μm 的行/间隔的 150μm 的最小互连间距产生大约 28 I/O 每毫米每层的I/O 密度，这种 I/O 密度将极大地提高通信带宽。

专利 US20140091474A1 提出了一种本地化的高密度基板路由，描述了用于局部高密度衬底布线的系统和方法，互连元件可以被嵌入介质中，并且可以在其中包括多个导电构件，该导电构件可以被电耦合到第一电路元件和第二电路元件，互连元件可在其中包括高密度布线。专利 US20170018525A1 提出一种 EMIB 芯片互连的方法和过程，在 IC 管芯的键合焊盘上形成焊料凸块；在 IC 封装基板的键合焊盘上形成焊料润湿凸起；以及将焊料凸块粘合 IC 管芯到 IC 封装基板的焊料润湿突起的距离。专利 US20200144186A1 提出一种活性硅桥（有源硅桥）。新的专利 US20200303309A1 提出一种玻璃层叠衬底上的 EMIB 贴片，由于翘曲妨碍了在例如大于 20mm×20mm 的大 PoINT 架构中使用嵌入式电桥（例如 EMIB），通过增强衬底向电介质衬底提供附加机械支撑，然后，使用标准焊料中级互连（MLI）将增强衬底的穿衬底过孔附接到中介层，形成减轻翘曲的附加机械支撑。

2. Foveros

10nm Foveros 技术的提出，使 Intel 真正拥有了 3D 封装技术，10nm Foveros 技术的核心在于使用 Active Interposer（有源中介层）。透过硅穿孔（Through-Silicon Via，TSV）技术与微凸块搭配，把不同的逻辑芯片堆叠起来。其架构概念就是在一块基础的运算小芯片（compute chiplet）上，以 TSV 加上微凸块的方式，堆叠其他的运算晶粒（die）和小芯片（chiplets），例如 GPU 和记忆体，甚至是 RF 元件等，最后再把整个结构打包封装。Intel 将此技术也称为"脸贴脸"（Face-to-Face）的封装技术，它强调芯片对芯片封装的特点，而要达成此技术，TSV 与微凸块的先进制程技术就是关键。其中 Lakefield 是英特尔在 CES 2019 上披露的全新客户端平台的代号，该平台支持超小型主板，有利于 OEM 灵活设计，打造各种创新的外形设计；该平台采用英特尔异构 3D 封装技术，并具备英特尔混合 CPU 架构功能。借助 Foveros，英特尔可以灵活搭配 3D 堆叠独立芯片组件和技术 IP 模块，如 I/O 和内存。混合 CPU 架构将之前分散独立的 CPU 内核结合起来，支持各自在同一款 10nm 产品中相互协作，高性能 Sunny Cove 内核与 4 个 Atom 内核有机结合，可有效降低能耗。Lakefiled 将是英特尔首款使用 3D 封装技术的异质整合处理器。

专利 US20120001339A1 提出了一种带有中介层的内建非凹凸层封装设计，其中可将诸如硅通孔介入物的介入物用于内建非凹凸层封装以利于堆叠的微电子部件。

专利 US9106229B1 最先提出一种可编程中介层电路，有源电路也可以嵌入在中介层设备中，以促进基于协议的通信、调试和其他所需的电路操作。中介层设备可以包括可编程互连路由电路，该可编程互连路由电路主要用于为多芯片封装内的不同电路提供路由。该专利属于 Altera 公司，该公司于 2015 年被 Intel 收购。

在此基础上，Intel 于 2016 年提出了专利 US20180176006A1，该专利提出了有源中介层用于本地可编程集成电路重构的技术，包含具有存储器元件的中介层，中介层上的存储器元件可以将配置位流运送到协处理器的可编程电路中的一个或多个逻辑扇区；使用硅通孔将中介层连接到集成电路封装的封装衬底，使得中介层的有源表面面向协处理器的有源表面。每个逻辑扇区可以包括加载有来自存储器元件的配置数据的一个或多个数据寄存器。

在 Foveros 技术的基础上，Intel 进一步提出了 HyperChip 的概念，专利 US20200066679A1 公开了一种超芯片，包括集成电路管芯，集成电路管芯包括多个晶体管器件，并且因此可以被表征为有源内插器，集成电路管芯包括包含许多晶体管器件的器件侧。

3. Co-EMIB

EMIB 和 Foveros 都有其优势，但远非完美。以 Foveros 为例，它在顶部和底部 die 之间提供了很高的带宽，为了给顶部 die 供电，必须通过底部 die 放置过孔，但 TSV 会增加电阻，尽管可以通过添加更多的过孔来减轻电阻，但会增加面积成本。Co-EMIB 结合了 EMIB 芯片间的有源硅桥和 Foveros 芯片 3D 堆叠技术，结果就是在高密度的同时拥有低能耗高带宽。

在专利 US20200144186A1 提出的活性硅桥/有源硅桥技术基础上，Co-EMIB 结构被提出，专利 US20190044515A1 公开了一种带有独立芯片的集成电路器件，可编程逻辑器件 12 包括经由微凸起 26 彼此连接的结构管芯 22 和基部管芯 24。外围电路 28 可以附接到基部管芯 24、嵌入到基部管芯 24 内和/或设置在基部管芯 24 的顶部上，并且散热片 30 可以被用来减少可编程逻辑器件 12 上的热的积累。基部管芯 24 可以经由 C4 凸起 34 附接到封装衬底 32。两对结构管芯 22 和基部管芯 24 被示出经由硅桥 36［例如，嵌入式多管芯互连桥（EMIB）］和在硅桥接口 39 处的微凸起 38 彼此通信地连接。专利 US20190044519A1 提出了一种多维模具系统中可编程逻辑设备可编程逻辑结构所需的芯片上嵌入式网络。进一步地，针对散热问题，提出了专利 US20190041923A1 和 US2020027811A1，用于在集成电路中的热管理。

4. ODI

ODI（Omni-Directional Interconnect，全向互连）是一整套新的封装互连技术，弥合了 EMIB 和 Foveros 之间的鸿沟，与硅中介层等替代技术相比，增强了功率传输和冷却能力。简单来说，就是将上面 EMIB 和 Foveros 堆叠的概念引入 Chiplet 和 die 内部。ODI 为封装中小芯片的通信提供更大的灵活性。第一，顶部芯片可以像 EMIB 一样与其他小芯片进行水平通信；第二，裸片之间可以通过 TSV 直接获得垂直通信；第三，上层的小芯片可以直接（例如通过铜柱或微凸块）获得封装的供电，而不需要中间通孔，因此能给堆叠上部芯片带来更充足的供电，降低芯片和基板之间的延迟，同时提升带宽。

ODI 当前有 4 个变体，当中有两个主要选项，分别为"类型 1"和"类型 2"。每种类型有两种不同的选择：铜柱（copper pillar）或者腔（cavity），可以根据需要将所有 4 个变体组合在一起。

（1）类型 1：bottom die between the top die（s）

在 ODI 类型 1 中，底部 die 放置在两个顶部 die 的下方，或者放置在一个不完全覆盖底部 die 的单个 die 的下方。在 ODI 类型 1 中，底部芯片仅覆盖需要 bonding 的顶部芯片部分，在继承了像 Foveros 一样互连优势的同时，消除了 TSV 的缺点。对于更关注热量的高性能应用，ODI 类型 1 提供了标准 2.5D 中介层所具有的附加优势，即可以直接进入冷却溶液而没有任何障碍。在一个涉及直接连接到堆栈存储器的微处理器的示例中，ODI 避免了两个 die 的完全堆叠，从而为两个 die 提供直接的冷却液通道。

从表面上看，Type 1 Cavity 版本似乎与标准 EMIB 非常相似，但是却大不相同。此版本中的 ODI 裸片实际上并未嵌入硅片中，并且四周都具有路由功能。使用热压键合将基础 ODI 芯片以受控的高度放置在型腔内。然后，使用 TCB 固定顶 die，通过独立控制底 die 的高度，能够最大化 C4 工艺。

（2）类型 2：bottom die completely under a top die

在 ODI 类型 2 中，底部 die 完全位于顶部 die 下方。在这种情况下，就可以将底部裸片精确地定位在所需的位置上，该布线路径最接近顶部裸片中的所需逻辑，这与使用侧边电容器（LSC）的方式大体相同。ODI 类型 2 可用于增强顶部裸片的优势，例如通过附加其他 I/O 功能或本地缓存。或者，它可以用于添加另一层主要功能，例如通过将加速器直接连接到处理器下方。

（3）特例型：Mix and Match

ODI 有趣的功能之一是，所有各种选项都可以根据需要进行混合和匹配。例如，使基础裸片更大，多个顶部裸片以类型 2 配置，边缘裸片以类型 1 配置，使它们的功率传递通过铜柱逸出。

专利 US20190189564A1 提出了一种插入式封装中的嵌入式管芯，带有嵌入式管芯的直通中介层的集成电路（IC）封装，IC 封装包括具有嵌入式管芯的通孔中介层，该通孔连接具有前后导电性。在一些实施例中，管芯可以设置在具有带有嵌入式管芯的穿通中介层的 IC 封装的背面上，并且可以电耦合至嵌入式管芯。在该技术的基础上，Intel 进一步提出了专利 US20200227377A1，公开了一种 ODI 结构的微电子组件。

Intel 的 2.5D-3D 先进封装技术的发展，受制于其自身落后于三星和台积电的制程工艺。由于市场占有率、产品竞争关系、开发资源、资金等限制因素，在 3nm 甚至 2nm 以下的工艺制程发展中，目前看来有能力做下去的只有台积电和三星。因此，在 3D IC 集成封装领域，Intel 发展出了以多种封装技术的组合减小封装尺寸的道路，以减小制程工艺对其封装微缩的影响。一方面，通过改进晶体管设计来缩短制程带来的晶体管密度差距。另一方面，在EMIB、Foveros、Co-EMIB、ODI 的架构基础上，通过现有架构的优势组合，绕过摩尔定律制程微缩路线，实现高密度集成封装。

Intel 在其 2020 年展示了其在 3D 封装技术领域中的进展，Intel 称其为"混合键合"（Hybrid bonding）技术。混合键合是传统热压键合技术的替代品，能够加速实现 10μm 及以下的凸点间距，提供更高的互连密度、带宽和更低的功率。

6.2.3 先进封装重点技术分支专利分析

从前文重点申请人技术路线中可以看出，在先进封装中，实现三维方向集成的基础重点技术有"混合键合"技术和实现硅通孔的垂直电气互连"TSV 电镀"技术。根据检索结果对两个技术点专利进行分析。

6.2.3.1 混合键合专利现状分析

1. 全球专利申请分布

从混合键合技术的全球专利申请量的时间分布中可以看出，在 2014 年以前，混合键合技术的相关专利申请量较小，从 2014 年开始随着混合键合技术成功应用于图像传感器，以及近几年 3D IC 封装技术的开发，混合键合技术迎来了飞速发展，相关专利申请数量迅速增加。

从全球专利技术来源地来看，美国 931 件和中国台湾 641 件申请，是混合键合技术最大的技术来源地区，其申请人申请量分别占比 32.2% 和22.17%，说明美国和中国台湾在混合键合技术的研发中依然保持了其在集成电路封装领域的领先地位，而中国大陆在政府相关政策的驱动下，各平台不断加大封装技术的研究投入，在混合键合领域的申请量达到 622 件，占比21.52%，仅次于美国和中国台湾。

2. 全球重点申请人

如图 6-5 所示，从全球重点申请人可以看出，台积电、三星、Intel、

IBM、苹果等传统集成电路龙头企业都在致力于混合键合技术的开发，而 EVG 作为晶圆键合与光刻设备的领先供应商，也在混合键合领域进行了专利布局。此外，全球最大的专利许可公司 Xperi 也开发了一种混合键合技术并许可给相应的代工厂和集成器件制造商。长江存储（YMTC）作为全球重点申请人中的唯一一个中国大陆厂商，其在 2018 年年底发布了 Xtacking 技术（不使用 TSV），在混合键合技术及其在存储器中的应用方面申请了大量专利。

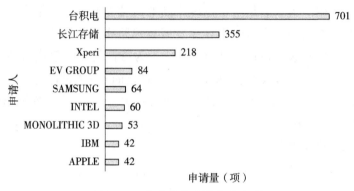

图 6-5 全球重点申请人分布图

6.2.3.2 TSV 电镀专利现状分析

TSV 技术通过铜、钨、多晶硅等导电物质的填充，实现硅通孔的垂直电气互连，可减小互联长度，减小信号延迟，降低电容/电感，实现芯片间的低功耗、高速通信、增加宽带和实现器件集成的小型化等。

TSV 填孔电镀的最大难题就是如何防止 TSV 铜柱内产生空洞或孔隙。空洞内残存的物质溶液如 $CuSO_4$、H_2SO_4、H_2O 或其他物质会严重影响 TSV 铜柱的电学性能、化学稳定性和热力学可靠性，对后续的工艺过程和器件的可靠性存在严重的威胁。空洞产生原因很多，其机理也较复杂，与孔型、药水体系、设备、工艺条件等因素有关，但这些因素的影响最终体现在电流聚集效应和物质（铜离子）的质量传输效应两个方面。电流聚集效应主要反映在孔口处的电荷密度远大于孔内的电荷密度，并随着深径比的增加而显著增加，其导致的最直观的结果就是孔口处提前封口，使填孔镀铜失败。通过调整电镀液组分、浓度以及电镀工艺参数，可以实现 TSV 通孔电镀的顺利进行。

1. 全球专利申请分析

图 6-6 示出了 TSV 电镀领域（包含电镀液、电镀工艺、电镀设备）的全球申请量时间分布。PCB 中盲孔和通孔的概念最早于 20 世纪 90 年代由美国和日本引入，其目的在于通过对盲孔和通孔的孔金属化来实现 PCB 多阶任意层的 Z 向互连，随即带来金属化电镀领域专利数量的快速上升。集成电路的发展在之后近十年中一直遵循着摩尔定律飞速发展，进一步的尺寸微缩化面临着物理的极限。为了满足电子系统产品的高性能要求，超越摩尔定律以及系统集成与系统封装成为新的半导体发展技术路线，从技术和产品应用上得到了越来越多的重视，以硅通孔（TSV）互为特征的三维集成封装技术正在成为其中备受关注的新技术。2006 年，M. Sekiguchi 等人首次将低成本的保形填充的 TSV 工艺应用到了 CMOS 图像传感芯片上。2008 年，使用 TSV 技术的 CMOS 图像传感芯片产品开始批量生产，随后又迎来 TSV 电镀技术的新发展，专利申请数量逐年上升。

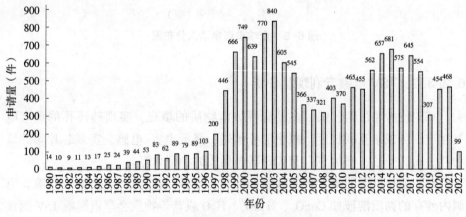

图 6-6　TSV 电镀领域全球申请量的时间分布

2. 全球区域分布分析

对全球专利来源地域进行分析可知，首次申请于美国的专利申请量占全部申请量的比例超过 1/3，日本紧随其后，位居第二，中国位列第三，韩国和欧洲各国居后，可见美国和日本是该领域的主要技术力量。美国和日本在集成电路封装领域起步较早，专利布局广泛，电镀技术的专利申请量也远高于其他国家。

3. 全球重点申请人

如图 6-7 所示，从全球重点申请人也可以看出，日本荏原制作所（EBARA）和美国 IBM 公司的申请量位居第一、第二名，上述两个公司的电镀产品分布较广泛，围绕集成电路或其他电镀、电解领域形成较完整的技术闭环，日本荏原制作所与电镀产品相关的技术分布于 CMP 设备、电镀设备、斜面边缘研磨设备、干式真空泵、涡轮分子泵、废气处理设备等，美国 IBM 公司与电镀相关的产品主要集中在材料化学、铜布线技术、原子蚀刻技术等。美国应用材料公司位居第三，其电镀产品相对集中，主要针对半导体生产设备和材料。虽然中国的申请总量较大，但是单独申请主体的申请量并不突出，没有形成完备的专利保护体系。

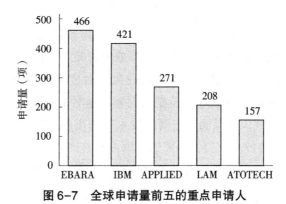

图6-7 全球申请量前五的重点申请人

6.3 专利信息助力先进封装技术攻关

6.3.1 宏观产业政策引导

中国在先进封装产业方面起步较晚，以美国为首的西方发达国家视中国为"巨大威胁"，近年来不断加大对中国的技术、设备和人才的封锁，并持续在知识产权等领域对中国产业主体进行打压。这就导致中国在先进封装产业的未来发展模式无法与世界其他地区完全趋同。通过前文分析可知，先进封装未来存在"卡脖子"风险，由此可以明确先进封装领域"卡脖子"清单。

从国际主流晶圆技术原创企业 Intel、台积电的专利申请趋势可以看出，它们在微系统 3D 封装技术上的专利申请近年来增速加快。

Intel 先进 3D 封装技术发展是从 2.5D 封装技术开始的，先后经历了 EMIB→

Foveros→Co-EMIB→ODI 的技术发展路线。Intel 在其 2020 年架构日中，展示了其在 3D 封装技术领域中的新进展，Intel 称其为"混合键合"（Hybrid bonding）技术。从技术路线和专利申请数量看，Intel 在 2016 年前后提出 ODI 三维集成架构至今，其专利申请量保持在每年 600 件的数量级。

台积电于 2011 年推出了 CoWoS 平台产品，并于 2012 年完成制程、封装技术的验证，实现量产；同时于 2012 年首次公开了 InFO 平台产品的相关技术；2018 年起开始 SoIC 的技术研究，并在 2019 年提出了 TSMC-SoIC™ 技术平台产品。台积电的 SoIC-WoW 技术通过晶圆堆叠"混合键合"工艺实现了异构且均匀的 3D 集成。从专利技术路线看，Intel 的全向互连（ODI）技术平台和台积电 SoIC™ 平台，虽然各自设计的封装结构不同，但三维集成、异构集成都是其核心技术发展路径。两者殊途同归。

目前国内晶圆制造厂商正在被国外制裁。晶圆制造商手中的光刻技术、沉积技术、晶圆混合键合等"前道工艺"成为封装产业的关键技术，成为 3D 先进封装所必需的技术。制造晶圆和先进封装的技术材料趋同，由此导致用于先进封装的技术和材料也连带被制裁封锁。这种趋势放大了国外制裁的效能。国外本来是制裁国内晶圆制造商的技术封锁措施，但也将波及封装产业，提高了研发 3D 封装技术的门槛，限制了国内封装产业的技术研发突破。

国内封装企业以目前的技术水平在全球市场规模占比达到 20%，还属于第一阵营。然而，由于在 3D 封装技术领域缺少专利布局，未来技术发展缺乏突破点，在未来依靠这些现有技术无法保持这一市场规模。如果不及时在技术上追赶，国内封装企业发展将在下一代先进封装市场竞争中失速。随着市场需求转向 3D 封装，国内传统封装企业对下一代先进封装技术的储备将存在很大不足。

在先进 3D 封装技术产业链条上，从专利角度看，属于"卡脖子"清单的技术有：

①国内缺乏自主的 3D 封装设计软件（EDA），软件依赖原来主流芯片设计软件供应商，在制裁中可能限制国内企业使用其设计软件，容易被"卡脖子"。

②国内封装厂商只有零星混合键合工艺专利申请，未系统地掌握关键的混合键合工艺。在制裁背景下，容易被"卡脖子"。

③先进封装材料国内厂商专利申请占比小于全球数量的 3%，美日韩在先进封装材料领域专利申请量合计占比超过 95%。在先进封装材料领域，专利

申请前十的申请人当中，仅三星株式会社一家为韩国企业，其他申请人均是日本企业，显示了日本在先进封装材料方面的领先优势。先进封装材料严重依赖进口，美国联合日韩对我国进行制裁，导致先进封装材料被"卡脖子"。

④制作互联结构的 TSV 技术，美国的专利申请量占全部申请量的比例超过 1/3，日本紧随其后，位居第二，中国位列第三，韩国和欧洲各国居后，可见美国和日本是该领域的主要技术力量。从全球重点申请人也可以看出，日本和美国公司的电镀产品分布较广泛，围绕集成电路或其他电镀、电解领域形成较完整的技术闭环，虽然中国的申请总量较大，但是单独申请主体的申请量并不突出，没有形成完备的专利保护体系。TSV 工艺所需电镀液材料和电镀设备严重依赖进口。在制裁背景下，容易被"卡脖子"。

以上是从专利角度可以明确的"卡脖子"技术清单。在工程领域还有很多技术诀窍不一定撰写在专利中，因此分析"卡脖子"技术清单时，应该结合专利分析和工程实践来综合考虑。

6.3.2　创新主体协同合作

美国联合日韩对我国实施制裁，导致与美日公司的技术合作出现停滞和倒退。我们可以把目光投向参与美日制裁措施较少的欧洲，与欧洲部分研究机构存在合作的可能。可以从欧洲研究机构的技术出发，对专利数据、重点技术进行分析，寻找潜在的合作对象。

6.3.2.1　潜在合作对象德国 Fraunhofer

Fraunhofer 是德国也是欧洲最大的应用科学研究机构，其成立于 1949 年，是公助、公益、非营利的科研机构，为企业特别是中小企业开发新技术、新产品、新工艺。Fraunhofer 涉及半导体封装的专利族共 56 项，其技术主要集中在 H01L23（半导体或其他固态器件的零部件）、H01L2924（用于断开或连接半导体或固态体的方法或部件）、H01L2224（半导体或固体的连接或分离装置及其相应的方法）。

其中 Fraunhofer 在 2012 年申请的专利文件 DE 10-2012200258A1 和 2014 年申请的专利文件 DE 10-2014213375 A1，涉及其垂直系统集成技术 vertical system integration（3D-SoC），其具有 SLID（Solid-liquid inter diffusion）重点技术专利。然而，上述专利文件仅在德国专利局申请，并没有其他国家或地区的同族专利申请。虽然 Fraunhofer 并没有以自己为申请人进行完善的专利布局，但是与其一起研发该技术的 Infineon 公司却在 2007—2020 年以该技术的雏形为基础，进行了 76 件的专利布局。

从技术发展过程看，Fraunhofer 在 1987 年参与 German Research Project（BMFT）项目，开始了对于 3D 集成电路的研究，在 1987—1989 年，Fraunhofer 和西门子、飞利浦、AEG 等公司共同研究出了基于可循环使用的薄硅基底的 3D CMOS 器件。之后 Fraunhofer 进一步参与 German Research Project（BMBF）项目，和西门子公司进一步合作研究 "Cubic Integration-Vertical IC" 技术。1997 年，Fraunhofer 和西门子公司在《微电子工程》上共同发表了 "Three dimensional metallization for vertically integrated circuits"，公开了其早期的 3D-SiC 的技术模型。在该 3D-SiC 中，涉及了 TEOS/O3 氧化层的沉积技术、钨（W）金属的 TSV 填充技术，该技术成为 Fraunhofer 之后的高深宽比 W-Filled TSV 的技术基础。

W-Filled TSV 技术可实现在 Si 基板中的高深宽比 TSV，以达到最高 110GHz 的 RF characterizaiton、50～70GHz 带宽的频率响应以及低至 1.5dB 的表面波损耗，良好地应用于高性能、低功耗的 3D 异质异构的 RF 电路中。

1999—2003 年，Fraunhofer 进一步与 Infineon 等机构合作参与 German EU-REKA Project 项目，合作研发垂直系统级集成（Vertical System Integration，VSI），之后在 2007—2009 年与 Infineon、Philips、Thales、3D-PLUS、IMEC 及 CEA 等企业院所合作参与了 European Integtrated Project 项目，形成 e-CUBES 共同体，进一步开发无线传感系统的 3D 集成，搭建 3D 异质异构集成的技术平台。

e-CUBES 共同体在 3D 异质异构集成的技术主要研究成果为：

①垂直系统集成（vertial system integration）——3D-SoC。主要技术为 Fraunhofer EMFT 的 TSV 技术 ICV-SLID（inter chip via-Solid-liquid inter diffusion）以及 SINTEF 的 HiVigo（Hollow via Gold sud bump bonding）键合技术。

②芯片堆叠（chip stacking）——3d-WLP。主要技术为 IMEC 和 Fraunhofer IZM & EMFT 的 Thin Chip integration technology/Ultra Thin Chip Stacking（TCI/UTCS）和 CEA-Leti 的 Via Belt technology。

③3D 集成技术（3D Assembly）——3D-SIP。主要技术为 3D-Plus 公司 HiPPiP（High Performance Packge in Packge）和 WDoD（Wireless Die on Die）技术，以及 Tyndall 的 SW-ACF（Submicron Wire Anisotropic Conductive

Film Technology）。

上述技术中，ICV-SLID、TCI/UTCS、HoViGo、HiPPiP 技术得到商业化应用，以下为几种比较重要的技术的简介：

①ICV-SLID 技术。Fraunhofer 与 Infineon 公司共同研发，其在传统 TSV 和器件堆叠技术的基础上，为了进一步降低器件尺寸和提高器件性能，研发了 Inter Chip Via-Solid-Liquid Inter Diffusion 技术。顶部减薄后的芯片在 TSV 后端制备 Cu/Cu3Sn/Cu 复合金属层，垂直连接底部器件，降低凸点的尺寸，提高连接结构的密度，且具有较高的抗折裂性，具有良好的应力适应性。

②HoViGo。MEMS、NEMS 器件通常依靠衬底的厚度来确保可靠性以及强度稳定性，但是 3D 集成技术却需要进一步地减薄衬底及降低制备温度。面对上述挑战，SINTEF 提出了 HoViGo 技术。该技术可以在 $300\sim1000\mu m$ 厚度的 Si 晶圆上制备 TSVs，其用 Au 为材料作为焊接凸点，直接放置在 MEMS 器件的金属焊盘上，无须任何底部凸点的金属化或电镀金属，之后将切割后的 MEMS 器件通过倒装的形式直接键合到相应的晶圆上。其优点在于没有湿法步骤，且由于材料的原因可以实现 200℃ 以下的低温键合，在接合到晶圆后的凸点尺寸可降低到 $50\sim90\mu m$，同时具有良好的切变强度。

③TCI/UTCS 技术。由于在 3D-WLP 中衬底减薄的需要，嵌入式集成中的芯片厚度需要进行相应的减薄，Fraunhofer 和 IMEC 共同研发出了 Thin Chip integration technology/Ultra Thin Chip Stacking，该技术可应用于厚度在 $20\sim40\mu m$ 的嵌入式芯片，并且其可实现嵌入式芯片与衬底芯片的最短距离的电连接结构。

④HiPPiP 技术。HiPPiP 技术由 3D-Plus 公司研发，其主要步骤为将塑料封装件放置于一粘合膜上，然后施加环氧树脂层，在固化后减薄上下面侧的材料，减薄后的仅留下器件的实际的有源结构以及底部减薄后的电连接层，之后再形成很薄的重分布层，最后形成垂直堆叠、连接以及封装，进而形成 PiP 结构。

在 HiPPiP 技术的基础上，3D-PLUS 公司进一步研发出 WDoD（Wirefree Die-on-Die）技术，其为与 HiPPiP 技术类似的 SiP 技术，但是 WDoD 主要应用于裸芯片，特别是厚度低于 $100\mu m$ 的裸芯片，且不施加传统连接线，进一步增加了集成度。

e-CUBES 在 2010 年后基于 European Large-Scale Integrating Project（ICT）项目，通过重新调整组织架构以及发展路线，重组为 e-BRAINS 共同体，其主要

致力于低温 3D 异质异构集成、纳米传感器集成、建立异质异构系统等技术的研发。

Fraunhofer 在 2010 年之后，将其 W-Filled TSV 技术与 ICV-SLID 技术进行组合，形成了 W-Filled TSV-SLID 技术。其优势在于 SLID 凸点降低了凸点对 Si 衬底的压力和缓解凸点之间的张力，同时 W 填充的 TSV 进一步减小了 Si 衬底在各个方向所受到的压力。此外，在超声辅助的基础上，该技术可实现低温 Cu-Sn SLID 键合，形成超声辅助低温 Cu-Sn SLID 键合技术。

此外，e-BRAINS 共同体中，位于爱尔兰的 Tyndall 国立研究所是在欧洲 ICT（Integrated and Communication Technology）硬件和系统技术中具有领导地位的研究中心，且其在纳米级连接件、RF MEMS、3D 集成等领域都有很深的涉猎。

Tyndall 国立研究所 Kafil M. Razeeb（kafil. mahmood@ tyndall. ie）开发的 NW-ACF（nanowire Anisotropic Conductive Films）技术也具有比较好的低温键合性能。NW-ACF 通过在多孔模板里蒸镀 Ag 种子层，再电沉积生成 Cu 纳米线，然后通过 Overgrowth-stripping 进一步生长 Cu 纳米线，最后除去种子层，形成无残留的导电薄膜，其优点在于无凸点连接结构，也无底部填充需求。另外，相对于其他连接、键合技术，其具有尺寸较小、温度较低、低阻抗、无需特殊制备环境的优点。相比美国 Xperi 公司的 DBI 混合键合技术，属于落后半步的技术，虽然其可商业化性还需进一步开发，但其依然有成为 DBI 技术的替补技术的潜力。

由于不同器件对于不同工艺的要求，Fraunhofer 于 2016 年 9 月和 TESSE-RA/Zibond 公司达成协议，取得了 DBI 技术的授权，进一步地提高了 Fraunhofer 在 300mm 晶圆平台的技术实力。

另外，Fraunhofer 还与 Tyndall、SORIN、3D-PLUS 等企业院所参与了 European NMP Project 项目，进一步合作研发低温高可靠性的 3D 集成技术，将 3D 集成技术应用于生物医疗领域，比如无导线型自充电心脏起搏器。

6.3.2.2 潜在合作对象欧洲 IMEC

IMEC 成立于 1984 年，目前是欧洲领先的独立研究中心，研究方向主要集中在微电子、纳米技术、辅助设计方法，以及信息通信系统技术（ICT）。IMEC 致力于集成信息通信系统设计；硅加工工艺；硅制程技术和元件整合；纳米技术，微系统，元件及封装；太阳能电池；以及微电子领域的高级培训。

IMEC 总部设在比利时鲁汶，雇员超过 1700 名，包括超过 350 名常驻研究员及客座研究员。

IMEC 与 Fraunhofer 情况类似，共同参加欧洲 e-CUBES 和 e-BRAINS 共同体，在 2.5D/3D 技术中做出了相应的成果。

为了提高器件集成度，IMEC 的 Eric Beyne（eric. beyne@ imec. be）提出了 FC FOWLP（Flip-Chip on fan-out wafer-level-packge）的技术方案，虽然其与 Intel 的 EMIB 技术有一定相似度，但是该技术在采用 Si bridge 的基础上，仍然提供了一种减少了 TSV 的使用的方案。

2019 年左右，IMEC 研究中心公布了基于 SiCN/SiCN 的混合键合技术，其适用于 W2W、D2W 和 D2D 技术平台，有广泛的应用前景。当其应用于 W2W 平台时，其可达到 1μm 尺寸的凸点，当应用于 D2W 平台时，其可达到 5μm 的凸点，研发人员认为其可在 5~10 年实现商业化应用，并且将 W2W 平台中的凸点的尺寸稳定缩减至 700nm。

IMEC 研究中心在公开 FC FOWLP 技术之前，就于 2016 年在欧洲、美国和中国专利局申请了关于 FC FOWLP 技术的一项专利族 EP3288076A1，且该专利族中的美国专利局同族专利 US9966325B2 已经获得了授权。值得一提的是，该专利族虽然公开时间并不长，但是其已经有超过 10 家公司的 13 项专利族引用了 IMEC 的该项专利。其中，具有 EMIB 技术的 Intel 公司引用 FC FOWLP 技术的专利族数量最多，共有 5 项专利族。另外，苹果、思科等公司也有一定量的专利族的引用，说明 IMEC 的 FC FOWLP 技术较为先进。

另外，IMEC 研究中心基于之前关于 FC FOWLP 技术的研究，于 2018 年年底进一步申请了专利族 EP3671833A1，形成了新的封装技术方案，将器件进一步嵌入，降低了封装厚度，进一步减少了 TSV 的数量。

而对于 SiCN/SiCN 混合键合技术，IMEC 在 2014 年的专利族 US2017301646A1 和 EP3367425A1 就涉及了 W2W 层级的 SiCN/SiCN 和 SiCO/SiCO 键合，在此基础上，IMEC 在 2016 年申请的专利族 US10797016B2 将 SiCN/SiCN 和 SiCO/SiCO 键合技术升级到了 D2D 和 D2W 的层级。接着，IMEC 在 2018 年进一步布局 EP3667745A1 和 EP3591696B1 两项专利族，其分别涉及 SiCN/SiCN 和/或 SiCO/SiCO 在 D2D 或 D2W 的直接键合或混合键合。其中 US10797016B2 专利族被台积电公司的专利族 US20170330855A1 的混合键合所引用，以降低与键缺陷相关的分层的发生率。而 EP3667745A1 和 EP3591696B1 两项专利族由于公开日期较晚，还没有相关的被引用情况，基于其专利说明书可知其可降低键合位错的影响，具有一定的应用前景。

通过对 IMEC 逐年关于直接键合和混合键合技术专利的分析对比，可知 IMEC 从最初的 W2W 层级的键合技术逐步发展到 D2D 和 D2W 层级的混合键合技术，表明了 IMEC 近年来一直在 3D 集成技术中的直接键合和混合键合技术有深入的研究，且具有一定的专利布局。

通过分析 Fraunhofer 研究机构关于 2.5D/3D 集成技术的研发成果和专利申请情况，可以看出，虽然该研究机构起步较早，开发出了 W-TSV、TSV-SLID 等具有一定优点的 2.5D/3D 集成技术，但是上述技术在最近几年来并没有进一步的突破，渐渐落后于现阶段比较先进的 2.5D/3D 集成技术。

IMEC 研究中心近几年来在 2.5D/3D 集成技术研发中获得了比较好的研究成果，其 2016 年申请的 FC-FOWLP 专利技术被多家大型公司所引用，并且 IMEC 研究中心还在对该项技术进行持续性的改进。另外，该中心的与 SiCN 相关的直接键合、混合键合技术在近几年也有较好的研究成果及一定的专利布局，具有一定的发展前景。

结合前一节对 Fraunhofer 研究机构的分析可以看出，欧洲一直致力于新一代封装技术的研究，且有一定数量的研究成果，且对于国内相关技术的科研院所，欧洲的部分研究机构有较大的合作交流的价值，如爱尔兰的 Tyndall 和比利时的 IMEC。这些研究机构可以作为潜在的合作对象。

6.3.2.3 培育产业链条集群

以下以华天科技为例来说明，从一个技术领域培育一个产业链条集群。华天科技股份有限公司成立于 2003 年，主要从事半导体集成电路、MEMS、半导体元器件的封装测试业务。在过去的十多年内，华天科技通过自身发展和外延并购，不断完善产业布局，到目前为止，华天科技在封装测试领域中已经拥有天水、西安、昆山、南京、宝鸡、深圳、上海、成都、怡保、巴淡、美国凤凰城等生产基地。天水华天科技有限公司作为华天科技的起源地，具有人力成本低的优势，主要负责传统的中低端封装。2008 年华天科技（西安）有限公司成立，2010 年华天科技（昆山）有限公司成立，华天科技开始向中高端封装领域进军。2015—2018 年先后收购美国 Flip Chip International LLC 公司（简称"FCI 公司"）及其子公司、马来西亚半导体封测供应商 UNISEM 公司及其子公司，向海外市场布局，通过收购的方式进一步提高封装测试技术水平，改善客户结构，提高在国际市场的竞争能力。在国内方面，

2015—2018 年先后收购上海纪元微科电子有限公司（MMS）、深圳市华天迈克光电子科技有限公司，拓宽公司产品，将其产业向 LED 领域拓展，优化公司产业布局。

从华天科技全球专利申请量趋势统计结果，以及华天科技专利申请的主要来源可以看出，华天科技的专利申请大致经历了以下 4 个阶段。

第一阶段（2008 年及以前）：天水华天于 2003 年成立，其定位是获利较大的传统封装，定位为中高端封装的西安华天于 2008 年成立，其技术也刚刚起步。因此，在这一阶段，华天科技在先进封装领域的技术还处于发展初期，其专利申请主要来源于 FCI 公司和 UNISEM 公司的转让，申请量也相对较少。

第二阶段（2009—2012 年）：随着天水华天，尤其是定位为中高端封装的西安华天、昆山华天的技术不断成熟，这一时期，华天科技的自主研发的专利申请占比不断增加，其专利申请也由 FCI 公司和 UNISEM 公司的转让逐渐向自主申请过渡。

第三阶段（2013—2016 年）：2013 年，华天科技的申请总量有所下降，其下降的主要原因是 FCI 公司和 UNISEM 公司的申请量大幅减少，华天科技的自主申请基本维持在与 2012 年相同的水平，并且随着定位于高端封装的昆山华天的技术不断成熟，华天科技的自主申请量在 2013—2016 年的 4 年之间连续增加。这一时期，华天科技经过之前的发展，在先进封装领域中，自主研发能力不断提高。

在技术方面，在 2013—2014 年，由于晶圆级封装技术的停滞，专利申请量有所下降，2015 年，华天科技自主研发了硅基扇出 eSiFO（embedded Silicon Fan-Out）技术，为晶圆级封装技术提供了新的解决方案，晶圆级封装技术的专利申请量有所攀升，并于 2016 年实现技术爆发。

第四阶段（2017 年至今）：随着先进封装技术呈爆炸式地向各个方向发展，相应的先进封装技术的门槛也在不断提高。从 2017 年开始，华天科技的专利申请量不断下降，究其原因，主要是华天科技目前掌握的封装工艺技术不能满足更加先进的封装要求。由此也可以看出，华天科技急需寻找新的先进封装技术突破口。

由于华天科技的研发生产基地较多，各基地在先进封装技术上的定位也不同，因此，对不同申请主体的专利申请进行了分析，以了解华天科技的产业布局。从中可以看出，在 2008 年之前华天科技的专利申请主要来源于 FCI 公司和 UNISEM 公司。2009 年开始华天天水逐步加入；但由于华天天水主要定位于传统封装，其申请占比较低。2011年开始，定位于中高端封装的华天西安的申请逐步体现，从2013年开始，定位于高端封装的华天昆山的申请量逐步增加。在先进封装领域中，华天科技的研发以及生产主要集中于华天西安和华天昆山，尤其是华天昆山。之外，南京华天的南京集成电路先进封测产业基地也已建成投产，中高端封装将是华天科技未来的发展重点。

对华天科技专利申请的受理局进行了分析。可以看出，华天科技的自主申请主要还是选择在国内公开，其国外专利布局主要依靠被收购的FCI公司和UNISEM公司，这也可以看出华天科技在拓宽国外市场上主要依靠企业并购。但随着FCI公司和UNISEM公司的申请量在2012年后的降低，华天科技针对先进封装的国外专利布局处于较弱的水平。

从上面华天公司产业链条集群发展的历程可以看出，在开展先进封装研发的过程中，结合专利开始进行并购和封装产业多元布局，在国内形成产业链条和产业集群，是开展"卡脖子"攻关的基础，华天从而实现了从传统封装到2.5D封装的追赶。在此基础上才有余力开展突破未来3D封装的攻关研究。

6.3.3 人才体系建立完善

先进封装领域所列出的"卡脖子"清单中，先进封装材料、TSV电镀液，涉及材料和工艺比较偏于基础研究，部分内容适合由高校开展研究，同时从专利角度可以看见相关高校在整个领域的专利排名情况。以下从先进封装材料、TSV技术两个领域分别列举高校培养潜在骨干人才的能力。

1. 先进封装材料主要申请人

将先进封装高分子材料专利申请中排除美国、日本和韩国申请的专利，发现其他创新主体较少。从其中创新主体进行分析，并从互联网上查找相应创新主体是否具有用于先进封装高分子材料的市售产品，筛选可能的合作伙伴，如表6-1所示。

表6-1　非日、美、韩其他主要申请人

申请人（中文）	申请人（英文）	申请量（项）	国家或地区
巴斯夫	BASF	513	德国
奇美	CHI MEI	141	中国台湾
爱克发-格法特	AGFA-GEVAERT	81	比利时

续表

申请人（中文）	申请人（英文）	申请量（项）	国家或地区
西门子	SIEMENS	80	德国
科思创	COVESTRO	77	德国
京东方	BOE	65	中国大陆
江南大学	UNIV JIANGNAN	45	中国大陆
常州强力	CHANGZHOU QIANGLI	48	中国大陆
财团法人工业技术研究院	IND TECHNOLOGY RES INST	40	中国台湾
阿科玛法国公司	ARKEMA FRANCE	38	法国
亨斯曼	HUNTSMAN	31	瑞士
北京化工大学	UNIV BEIJING CHEM TECHNOLOGY	24	中国大陆
容大感光	RONGDA	22	中国大陆
昆山西迪光电材料有限公司	KUNSHAN XIDI OPTOELECTRONIC	16	中国大陆
苏州瑞红	SUZHOU RUIHONG	15	中国大陆
北京鼎材科技有限公司	BEIJING ETERNAL MATERIAL TECHNOLOGY CO	14	中国大陆
永光化学	EVERLIGHT CHEM IND	14	中国台湾
北京师范大学	UNIV BEIJING NORMAL	14	中国大陆
新应材	ECHEM SOLUTIONS	13	中国台湾
律胜科技	MICROCOSM TECHNOLOGY	13	中国台湾
中科院化学所	CHINESE ACAD SCI CHEM INST	9	中国大陆
北京科华	BEIJING KEHUA	7	中国大陆
潍坊星泰克	SUNTIFIC MATERIALS	5	中国大陆
江苏汉拓光学材料	JIANGSU HANTOP	5	中国大陆
江苏博砚	JIANGSU BOYAN ELECTRONIC	4	中国大陆
电子科技大学	UNIV CHINA ELECTRONIC SCI & TECHNOLOGY	2	中国大陆
江苏艾森	JIANGSU AISEN	1	中国大陆
厦门恒坤新材料	XIAMEN HENGKUN NEW MATERIAL	1	中国大陆

从中可以看出，在先进封装材料领域，我国大陆有一定专利申请量的高校包括：江南大学、北京化工大学、北京师范大学、中科院化学所、电子科技大学等。其中的研究团队，分别具备培养潜在骨干人才的能力。

2. TSV 领域中国主要申请人及合作关系

中国申请中前二十位主要申请人，排名靠前的在华申请主体中，大多为日本、美国企业，如精工爱普生、国际商业机器、应用材料、罗门哈斯、恩益禧（日本）等，可见日本、美国重视中国市场，形成了完善的专利保护体系。为了规避技术封锁，寻找可长期稳定的合作对象，此部分重点分析前二十名内的中国申请主体的研发重点，为寻找合作伙伴和培育潜在骨干人才的能力提供参考。

电子科技大学（简称电子科大）的合作方有四川英创力电子科技股份有限公司、成都迈科科技有限公司、赣州市德普特科技有限公司。电子科技大学的何为教授组建印制电路与印制电子团队，该团队致力于印制电路与印制电子的最前沿方向，如 5G 通信印制电路、系统级封装印制电路、新能源汽车印制电路、光电印制电路等，赢得 2018 年国家级教学成果二等奖和 2014 年国家科技进步奖二等奖。此外，该团队重视将技术成果进行转化，申请了广东省成果转化、四川省重点研发计划、遂宁市平台建设等项目，获得广东省科技进步奖等成果。研读该团队的学位论文发现，何为教授还与四川海英电子科技有限公司联合培养研究生，研究高阶高密度电镀铜构件印制电路互联微孔。表 6-2 列出了电子科技大学及其合作企业涉及硅通孔电镀的重点专利技术，包括电镀液、有机添加剂以及电镀装置。可见，电子科技大学的何为团队重视产学研联合，是硅通孔技术领域中科研能力强且经验丰富的潜在合作伙伴。

表 6-2　电子科技大学及其合作方的重点专利

申请人	申请号	申请名称	内容要点
电子科大+成都迈科	CN202010654068	金属化填充玻璃转接板通孔的方法	针对高深宽比孔径，改良电镀液配比，调整脉冲电流大小和频率，保证了通孔内壁的金属种子层的质量
电子科大+德普特	CN202010411345	用于电子电路电镀铜填孔的整平剂及电镀铜浴	整平剂采用 1-(4-羟苯基)-5-巯基-1H-四唑、5-巯基-1-(4-甲氧苯基)-1H-四唑、1-(4-乙氧苯基)-5-巯基-1H-四唑。在 HDI 板盲孔孔口处阻碍铜的电沉积，达到无空洞填充铜

续表

申请人	申请号	申请名称	内容要点
成都迈科	CN201922291622	晶圆电镀机	晶圆电镀机在盖板上设置旋转驱动机构，通过同一蜗杆同时控制多个蜗轮转动，从而使电镀过程中晶圆进行转动，同时提高各晶圆的电镀的均匀性
成都迈科	CN201922278177	晶圆通孔铜电镀夹具	调整晶圆边缘的夹持部件和连接方式，保持晶圆的稳定，防止金属铜沉积在夹持件与晶圆的连接处
电子科大+英创力	CN201911294206	印制电路板的通孔电镀方法	实现单层氧化石墨烯吸附于孔壁，保证镀层结合力；氧化石墨烯经接枝处理，引入了对活性金属离子具有配位吸附作用的乙二胺基团，利于加速孔内铜镀层的沉积
电子科大+英创力	CN201810565351	电镀液分散能力评价装置及其评价方法	采用与电镀阳极距离不同的第一电镀阴极和第二电镀阴极的电镀阴极组件，通过测量第一电镀阴极和第二电镀阴极上的电流，实现对电镀液分散能力的评价
电子科大	CN201710535976	用于铜互连 HDI 电镀填孔的抑制剂及电镀铜浴	有机聚胺类化合物作为抑制剂，由于抑制作用较强，加速剂更易于吸附在盲孔底部，提高填充速度
电子科大	CN201610244511	用于铜互连的 HDI 板电镀铜浴的均镀剂及电镀铜浴	三唑-噁二唑类化合物和聚醚类化合物作为均镀剂，设定合理的电镀工艺，实现 HDI 微盲孔及通孔的无缺陷电镀

　　中南大学是电化学技术领域的学术领军者，其有色金属材料科学与工程教育部重点实验室，在高性能铝合金、铜合金、镁合金、军用金属基电子封装材料等有色金属新材料研究方面均处于国内领先地位。在特种功能材料方面，重点开展军用电子封装材料的研究。CN202010758076 使用 CTAB 作为抑制类添加剂进行微孔填充的方法，面对传统抑制剂对 TSV 底部的抑制"强而不至，至而不强"的技术问题指出：①当前 TSV 填充工艺普遍沿用传统电镀工艺，而传统大分子抑制剂（如 PEG、PEI）通常具有较大分子量（Mr 5000以上），在 TSV 深部区域输运能力有限，不能有效地输运到深孔底部抑制镀铜生长，即"强而不至"；②传统小分子整平剂（如 JGB）尽管分子量较小（Mr 511），可输运到深孔底部区域，但抑制性能较弱，即"至而不强"。该专利选用十六烷基三甲基溴化铵 CTAB 作用镀铜抑制剂，电镀对象硅片的微孔

直径为 5~20μm，深度为 30~200μm，在阴极表面具有更高的有效覆盖率，抑制性能更强，输运能力更强。

浙江大学涉及的电沉积技术较分散，包括在半导体衬底表面选择性电沉积金属、多电位阶跃法在铝表面制备水滑石薄膜、在钕铁硼永磁材料上电镀铜，没有较为系统地研究硅通孔，不适合作为产学研合作对象。

中国科学院合肥物质科学研究院主要与合肥工业大学、固体物理研究所进行合作研发，涉及的电镀技术分为贵金属纳米结构，如 CN201810851178 依次采用溅射、电镀技术制备出孔内壁依次覆有银纳米多孔管、铜膜的环形银纳米间隙阵列。CN201510308858 以高度有序的阳极氧化铝作为模板，通过程度可控的多级离子溅射沉积的手段来构建具备蜂巢状规则形貌的亚十纳米孔阵列。该申请主体涉及硅通孔电镀技术的专利文献较少，但其多篇专利技术和文章涉及孔内壁上电镀制备纳米孔阵列，在电镀制备纳米孔结构材料方面具备一定的技术积累。

由此可见，在先进封装领域中，TSV 技术相关的潜在骨干人才主要在电子科技大学、中南大学、浙江大学、中国科学院合肥物质科学研究院、合肥工业大学等高校或科研院所。

3. 以国内华天科技、华进半导体为例，通过专利信息挖掘企业高端人才

分析华天科技专利申请的主要发明团队可以看出，华天科技的主要发明团队有于大全团队、王晔晔团队、谢建友团队以及慕蔚团队。其中于大全团队、王晔晔团队隶属于华天昆山，于大全博士现任天水华天科技集团 CTO，封装技术研究院院长，华天科技（昆山）电子有限公司副总经理，其团队也是硅基扇出 eSiFO（embedded Silicon Fan-Out）技术的主要发明团队，是目前华天科技在先进封装技术上主要的发明团队。谢建友团队和慕蔚团队分别隶属于华天西安和华天天水，这两个团队在华天科技的先进封装领域中活跃度相对较低，这也体现了华天西安和华天天水在产业布局上的定位。

华进半导体的全球专利申请量相对均衡。在 2016 年之前，以 3D 封装和倒装封装为主，先进晶圆级封装的申请量逐年增加。在 2016 年之后，华进半导体的封装技术有一定的调整，从以 3D 封装和倒装封装为主转变为以先进晶圆级封装为主。分析华进半导体的主要发明团队可以看出，华进半导体的主要发明团队有曹立强团队、于大全团队、张文奇团队。其中，于大全也是华进半导体的主要发明人之一，从而可知于大全是该领域的企业高端人才。

6.3.4　技术研发攻关突破

技术攻关的基础是利用现有专利资源，其主要方式是：整理国外国内重点专利列表；分析给出技术发展路线；分析专利保护策略以及撰写模式。以下以先进封装中具体的一个技术点硅基扇出型封装技术为例，阐述利用好现有专利资源，以形成攻关的基础。

硅基扇出型封装技术关键词是"硅基"和"扇出"。其中的"扇出"，是指扇出型（Fan-Out）封装，其和扇入型封装是一组相对的概念。传统的晶圆级尺寸封装是一种扇入型结构，封装尺寸和芯片尺寸一致，虽然能大幅降低封装后的芯片尺寸，但是在单颗芯片上的植球数量受限，因此，该晶圆封装形式难以应用于高 I/O 端口数的通信芯片上。而扇出型晶圆级封装技术则大大改进了扇入型封装方式的弊端。所谓的扇出，是指焊球的布局并不局限于芯片表面积，这表示在焊球间距不变时，通过增加可用于设置球焊点的面积，扇出型封装可以提供更多 I/O 数量。最常见的扇出型封装是树脂型扇出，但由于树脂类塑封材料具有较其他半导体载体材料更大的膨胀系数，在制作树脂型扇出型封装结构时，利用环氧树脂重构圆片后，封装结构中的热膨胀差异变得尤为突出。伴随塑封材料的固化，晶片发生翘曲。翘曲将会在后续步骤中造成对准难、沉积均匀性差、再布线层与晶片接触不良等诸多问题。

硅基扇出型封装其的"硅基"则是指利用硅基板作为载体，通过在硅基板上刻蚀凹槽，将芯片正面向上放置且固定于凹槽内，芯片表面和硅圆片表面构成了一个扇出面，在这个扇出面上进行多层重布线的制作。由于硅基板与内嵌芯片衬底具有相近的热膨胀系数，因此，硅基扇出结构相比于树脂型扇出结构最大的优势，就是翘曲小。

以下对硅基扇出型封装的重点申请人进行分析。学界主流观点认为硅基扇出型结构是华天科技（昆山）公司于 2015 年首次提出的。例如 IEEE 2019 年出版的综述类书籍《Advances in Embedded and Fan-Out Wafer Level Packaging Technologies》在介绍硅基扇出技术时就认为首次公开硅基扇出技术是华天科技于 2015 年申请的专利 CN105023900A。实际上，在 2015 年之前，硅基扇出结构曾多次被不同申请主体公开过，例如 CN102610577A（索尼公司，2012/01/18）等。本小节对硅基扇出技术的申请人进行了盘点。

经过检索，发现涉及扇出型封装技术的申请主体大致可以分为 3 类。

第一类是以英特尔、台积电、星科金朋为代表的芯片封装引领型企业。然而，这些申请主体现有专利布局均不涉及硅基扇出技术，英特尔虽有较多专利涉及芯片嵌埋，但其主要目的是降低封装高度而将管芯埋入多层布线基板中。在扇出型封装中，则有较多专利涉及树脂型扇出工艺。在2010年前，TSMC并未在扇出型封装领域重点投入，而是在其他申请人已经大量布局、行业接收程度提高之后才进行了该领域的技术开发。以业界树脂型扇出封装技术为基础，台积电开发了集成扇出型封装技术（Integrated Fan-Out，InFO）。STATS ChipPAC（星科金朋）是一家成立于1994年的新加坡半导体封装测试企业，该公司于2015年被中国江苏长电公司收购。星科金朋非常注重专利布局，在2016年IEEE发布的专利实力排行榜上位列半导体制造领域第八位，其掌握了树脂型扇出封装领域的多项核心专利。也就是说，芯片封装引领型企业的主要技术路线仍是树脂型扇出工艺。

第二类是以马克西姆综合产品公司、NXP股份有限公司、厦门大学、中国科学院上海微系统与信息技术研究所、西安微电子技术研究所为代表的申请主体，其共同点是在硅基扇出技术领域仅有个别专利申请。通过这种不连贯的、战略性的申请行为，可以判断上述申请主体并未将其主要研发力量集中在该领域。

第三类是以华天科技、江阴长电、中电五十八所、育霈科技、浙江集迈科微电子、华进半导体为代表的在硅基扇出技术领域有一定专利布局数量的申请主体。

下面对其中重点申请主体华天科技的硅基扇出封装技术进行梳理，了解其专利布局情况和技术研发方向。

华天科技是硅基扇出领域公认的主导型企业，因此本节对华天科技公司的专利进行了更为具体的专利数据检索。通过人工阅读，排除了不属于硅基扇出的其他扇出工艺的相关专利，这些技术方案分为3类，其中Ⅰ类为结构类的专利，Ⅱ类为对工艺的改进，Ⅲ类涉及对翘曲、散热、天线集成等重点问题的解决。华天科技在硅基扇出领域的专利布局具有一定的持续性，从2015年至2019年均有一定数量的专利申请。并且，技术方案的分布也很全面，不仅涉及结构、工艺，还延伸到重点技术问题的解决。

根据《Advances in Embedded and Fan-Out Wafer Level Packaging Technologies》中披露的华天科技在该领域的工艺水平，结合重点专利分析给出技术发展路线，如图6-8所示，以下将以第三类申请主体的相关专利作为主要样本对该领域技术路线进行微观专利分析。将这些专利分为 3 类，Ⅰ类为器件结构型专利，Ⅱ类为工艺改进型专利，Ⅲ类为重点技术问题改进型专利。

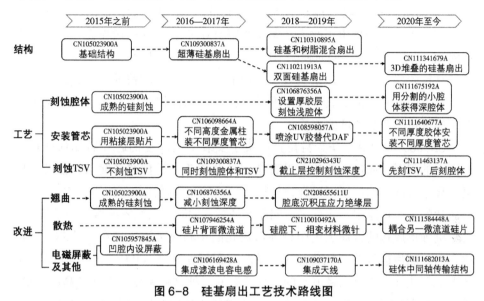

图 6-8　硅基扇出工艺技术路线图

1. 器件结构类重点专利

最早申请的 CN105023900A 即属于最基础的结构。当基础结构被提出后，后续专利如果再以此结构为基础进行细微改进，将难以获得授权。因此，器件结构类的申请呈现明显的复杂化趋势。

CN109300837A（华天科技）提供一种薄型 3D 扇出封装结构及晶圆级封装方法，先制作 TSV 及衬里，在背部减薄时，保护芯片不被刻蚀，载板减薄后，介质层与 TSV 孔的高度差可容纳部分第二电性导出点，从而降低了堆叠厚度。

2. 工艺改进类重点专利

Ⅱ类为工艺相关的专利。形成具有 3D 堆叠结构的硅基扇出封装的常规工艺，可以视作是Ⅱ类专利的发明起点，Ⅱ类专利的发明构思是对该常规工艺中的其中某一步骤进行改进。例如对"刻蚀形成腔"的改进：当在硅基体上埋入宽度较大、深度较大的芯片时，刻蚀出来的空腔通常会出现大量的硅针硅草而难以保证其底部平坦。这是由于在刻蚀的时候，空腔宽度太大底部刻蚀气氛会出现左右不均匀的现象。

对"安装"的改进：常规工艺中需要使用贴片机，通过贴片机的吸嘴拿持切割后的带有 DAF 膜的芯片，进而粘贴到凹腔底部。该方法在芯片尺寸较小（例如小于 0.5mm×0.5mm）时，存在拿持困难的技术问题。并且 DAF 作为固体膜状粘接材料，存在加热时溢胶的问题。CN108598057A（华天科技）对于上述问题提出了改进，无须使用 DAF 膜，改为采用喷胶设备在凹腔内喷涂 UV 胶。喷涂的同时使用 UV 光源对 UV 胶进行固化，形成位于凹腔底部的粘接胶层。同时，由于实现了对喷胶头的出胶量的精准控制，该方法还可以在不同凹腔底部形成不同厚度的粘接胶层从而抵消因刻蚀不均带来的晶圆不同区域间凹腔深度的差异。

CN106098664 A（华天科技）解决了安装不同厚度的芯片后如何获得平坦表面的问题。通过在芯片上设置金属柱并调节金属柱的高度来补偿芯片厚度差异带来的影响。采用聚合物材料覆盖芯片和金属柱，再使用平坦化工艺，将芯片的金属柱露出，实现了不同厚度的芯片同时埋入至容纳槽中的结构。

刻蚀形成孔的常规工艺中刻蚀形成孔的步骤通常被安排在安装芯片的步骤之后。随后进行的"钝化硅孔内壁"又需要在高于 200℃下采用 PECVD 工艺形成氧化硅。由于已经嵌入的芯片含有的多种材料无法经受如此高的温度，因此该步骤只能在较低温度下实施，造成氧化硅内衬因为温度的限制而质量不佳。CN109300837A（华天科技）对该问题提供的解决方案为改变制孔、贴片顺序。同时刻蚀凹腔和盲孔，于贴片前即在盲孔内制作内衬、填充金属从而保障了 TSV 互连的质量，之后再将芯片设置在凹腔内，并对盲孔进行减薄形成导电通孔。同时，由于减薄后的 TSV 高度小于凹腔深度，该技术方案还提供了一种超薄的 3D 堆叠结构。

3.重点技术问题改进型专利

Ⅲ类专利涉及对翘曲、散热、天线集成等重点问题的解决方案。

（1）翘曲问题。翘曲小是硅基扇出技术相比于树脂型扇出技术的一大优势。但在硅基扇出工艺中，由于多芯片高度集成，也存在一定程度的翘曲。CN208655611 U（华天科技）就着力于改进翘曲问题，该技术方案通过在硅基衬底凹槽中沉积具有压应力的绝缘层，使基体在最初表现为反翘曲，这种反翘曲对后续工艺中引入的正翘曲起到了平抑的作用，从而减小了最终结构中的应力。

在硅基体中刻蚀较深的凹槽时，深刻蚀工艺也是翘曲被引入的重要来源。因此，降低刻蚀的凹槽深度，有助于减小翘曲度。CN106876356A（华天科技）在硅基衬底上表面中设置了厚胶层，厚胶层和硅衬底二者充当了复合衬底，使得凹槽一半位于硅基体中，一半位于厚胶层中。这种安排降低了对硅基体的凹槽刻蚀深度、凹槽底部均匀性的高要求，降低了工艺难度，减小了翘曲。该技术方案虽然减少了凹槽深度，但为此增加的厚胶层与芯片之间存在热失配，会引入新的翘曲。

（2）散热问题。CN107946254A（华天科技）直接在硅基扇出的硅基体第二表面上通过硅微加工工艺制作阵列状排列的微流道，在微流道上方集成散热盖板从而形成可供冷却液体进出的密闭空间。该结构具有集成密度高、热阻小的优点。CN111584448A（上海先方，华进半导体联合申请）的总体设计思路也是在硅基体上耦合微流道，该技术方案是在另一硅基或玻璃基基板上形成微流道再将其耦合至硅基扇出结构的基体上。

（3）电磁干扰、电磁屏蔽及其他问题。CN106169428A（华天科技）解决了在硅基扇出结构中减缓电磁干扰的问题。在制作重布线层的步骤中，采用相同的工艺同时形成金属重布线、电感布线、电容布线从而在邻近芯片的位置集成了电感和电容，相较于埋入独立的电感、电容元件，这种结构具有更高的集成度。带有滤波特性的电感、电容能够减缓芯片内部线路之间信号的串扰，滤除不需要的电信号，增强了产品的性能。

CN105957845A（华天科技）则是在放置芯片的凹槽中形成了一层电磁屏蔽层，其目的是避免重分布线路对半导体芯片中其他金属线路的串扰。CN104701273A（江阴长电）的技术方案中被树脂包覆的芯片的背面及4个侧面都具有共形设置的电磁屏蔽层。

对于射频微系统的垂直互连而言，为保障信号传输，需要制作不同于普通 TSV 的同轴结构或类同轴结构作为垂直传输结构。

6.4　小结

本章主要以先进封装技术领域为例，结合专利信息利用，总结归纳在先进封装领域的关键技术和攻关建议，小结为以下几个方面。

1. 确认关键核心技术

先进封装属于集成电路产业的重要分支，在集成电路产业被制裁的情况下，先进封装的相关技术自然成为急需攻关的关键核心技术，存在较大技术风险。

与以往设计/制造/封装分别属于不同公司的趋势相比，先进封装产业关键技术重新回到晶圆制造厂手中。因此晶圆制造厂将成为同时掌握前道工序和后道工序的更高级的"超级工厂"。先进封装产业成为产业链条上的关键环节。从专利数量的掌握情况看，大量先进封装产业专利掌握在美日等国家手中，在关键方向上，我国专利数量不足，专利布局不足。先进封装产业急需形成自主知识产权。

2.厘清技术发展脉络

结合专利分析和产业文献，厘清了主要申请人/主流技术路线，介绍了多个主体的研发进展。特别是台积电和 Intel 的技术路线为我们开展技术攻关和专利布局给出了路线图。分析了欧洲相关研究所的技术路线，对比与最先进技术之间的优劣。此外还分析了国内厂商的技术路线和潜在研发实力及存在的差距，指明了先进封装必将以三维高密度异质异构集成为研究发展方向。

3.给出研发攻关建议

通过专利分析，摸清国内先进封装行业技术家底，发现国内技术人才资源，在获取外部资源之前，首先聚合国内资源，开展自主创新。先进封装技术是集成电路产业链条中的一环，利用好产业链条上国内市场的力量，形成国内市场需求和研发之间的对接，集中产业链条具体技术需求，精准驱动具体技术研发。集中国内优势研发力量，整合国内最先进的设计和制造工艺，在产业链条上形成整体突破。

结合专利技术和国别分析，研判与国外结构合作的可能性，以及与国外结构合作的技术方向。分析和欧洲多个国家的研究所开展先进封装技术的合作可行性，尽可能开展国际合作。

综上所述，本章以先进封装行业为例，通过专利分析和产业分析，给出了开展关键核心技术攻关的部分思路。

第七章 特种钢之王：轴承钢

7.1 轴承钢技术概述

7.1.1 特种钢概念

就目前而言，世界各国尚未对特种钢作出统一的概念和定义，各个国家都有自己的解释。通常而言，特种钢是指具有特殊的化学成分、采用特殊的工艺生产、具备特殊组织和性能、能够在生产和应用方面有特殊要求的钢类。与普通钢相比，特种钢具有更高的强韧性、物理性能、化学性能、生物相容性和工艺性能。特种钢大多数应用于动力机械、能源装备、化工装备、海洋工程设施、交通运输工具、武器装备等方面，是一个国家工业化必不可少的材料。

在特种钢中，除了优质碳素结构钢、碳素弹簧钢和碳素工具钢，其余均为合金钢。我国与日本对特种钢的定义和分类比较类似，将特种钢分成三大类：合金钢、高合金钢（合金元素大于10%）、优质碳素钢，其中合金钢和高合金钢占特种钢产量的70%。主要钢种有高速工具钢、电工钢（硅钢）、管线钢、不锈钢及其他特种钢（例如耐热钢、高温合金、精密合金、电热合金等）。各钢种的定义及具体情况如下：

①高速工具钢：高速工具钢是高碳高合金工具钢，钢中含碳量为0.7%～1.4%，钢中含有能形成高硬度碳化物的合金元素，如钨、钼、铬、钒。高速工具钢具有高的红硬性，在高速切削的条件下，温度高达500～600℃，硬度也不降低，从而保证良好的切削性能。

②电工钢（硅钢）：电器工业用硅钢主要用来制造电器工业用硅钢片。硅钢片是电机和变压器制造中用量很大的钢材。按化学成分电工钢可以分为低硅钢和高硅钢。低硅钢含硅量为1.0%～2.5%，主要用来制造电机；高硅钢含硅量为

3.0%~4.5%，一般用来制造变压器，它们的含碳量一般≤0.06%~0.08%。

③管线钢：制造石油、天然气集输和长输管或煤炭、建材浆体输送管等用的中厚板和带卷称为管线钢。一般采用中厚板制成厚壁直缝焊管，而板卷用于生产直缝电阻焊管或埋弧螺旋焊管。现代管线钢属于低碳或超低碳的微合金化钢，是高技术含量和高附加值的产品，管线钢生产几乎应用了冶金领域近20多年来的一切工艺技术新成就。目前管线工程的发展趋势是大管径、高压富气输送、高冷和腐蚀的服役环境、海底管线的厚壁化。因此现代管线钢应当具有高强度、高韧性和抗脆断、低焊接碳素量和良好焊接性，以及抗HCL和抗H_2S腐蚀。优化的生产策略是钢的洁净度和组织均匀性，$C \leq 0.09\%$、$S \leq 0.005\%$、$P \leq 0.01\%$、$O \leq 0.002\%$，并采取微合金化，真空脱气，以及加CaSi线、连铸过程的轻压下，多阶段的热机械轧制以及多功能间歇加速冷却等工艺。

④不锈钢：不锈耐酸钢简称不锈钢，它是由不锈钢和耐酸钢两大部分组成的。简言之，能抵抗大气腐蚀的钢叫不锈钢，而能抵抗化学介质（如酸类）腐蚀的钢叫耐酸钢。一般说来，含铬量大于12%的钢就具有了不锈钢的特点。不锈钢按热处理后的显微组织又可分为五大类：铁素体不锈钢、马氏体不锈钢、奥氏体不锈钢、奥氏体-铁素体不锈钢及沉淀硬化不锈钢。

⑤弹簧钢：弹簧在冲击、振动或长期交变应力下使用，所以要求弹簧钢有高的抗拉强度、弹性极限、疲劳强度。在工艺上要求弹簧钢有一定的淬透性、不易脱碳、表面质量好等。碳素弹簧钢即含碳量在0.6%~0.9%范围内的优质碳素结构钢（包括正常和较高含锰量的）。合金弹簧钢主要是硅锰系钢种，它们的含碳量稍低，主要靠增加硅含量（1.3%~2.8%）提高性能；另外还有铬、钨、钒的合金弹簧钢。近年来，结合我国资源，并根据汽车、拖拉机设计新技术的要求，研制出在硅锰钢基础上加入硼、铌、钼等元素的新钢种，延长了弹簧的使用寿命，提高了弹簧质量。

⑥轴承钢：轴承钢是用来制造滚珠、滚柱和轴承套圈的钢。轴承在工作时承受着极大的压力和摩擦力，所以要求轴承钢有高而均匀的硬度和耐磨性，以及高的弹性极限。对轴承钢的化学成分的均匀性、非金属夹杂物的含量和分布、碳化物的分布等要求都十分严格。轴承钢又称高碳铬钢，含碳量为1%左右，含铬量为0.5%~1.65%。轴承钢又分为高碳铬轴承钢、无铬轴承钢、渗碳轴承钢、不锈轴承钢、中高温轴承钢及防磁轴承钢六大类。

⑦高温合金：高温合金是指在高温下具有足够的持久强度、蠕变强度、

热疲劳强度、高温韧性及足够的化学稳定性的一种热强材料，用于1000℃左右高温条件下工作的热动力部件。按其基本化学成分的不同，又可分为镍基高温合金、铁镍基高温合金及钴基高温合金。工业发达国家在钢产量达到最高点后，其继续发展的共同点是：以特种钢国际市场为目标，尤其瞄准各类高技术含量、高附加值的特种钢产品，加强研究开发，抢占全球市场份额。国外特种钢企业，从20世纪80年代起，大多进行了一定的专业化改造。特种钢产业向生产专业化、规模效益化、质量高级化以及产品的深加工方向迈出了一大步。

21世纪，钢铁工业发展的基本态势是向集约化、高技术化以及产品成本降低方向发展。社会需求和技术发展，促进特殊钢生产形成了目前的碳素结构钢、合金结构钢、超高强度钢、不锈耐蚀钢、耐热钢、工具钢、模具钢、轴承钢等品种体系。今后，高层建筑、深层地下和海洋设施、大跨度重载桥梁、轻型节能汽车、石油开采和长距离油气输送管线、军用飞机和舰艇、航空航天器、高速铁路设施、能源设施等国民经济的各个部门都需要性能高、使用寿命长且成本低的新型合金钢。由于采用精料、高洁净度冶炼、连铸、高精度轧制、控轧控冷、可控气氛热处理、在线检测和精整等工艺技术，合金钢的洁净度、均匀度、组织细化度和尺寸精度等得到了提高。

随着中国经济和工业的高速发展，国内基础建设对钢铁需求量的不断提高，中国的钢产量从21世纪初开始即出现高速增长，但是初期增长仅是钢产量的增长，对于特种钢的研发和生产只处于初级阶段，而此时韩国的浦项等公司开始对特殊钢领域的技术进行查漏补缺，其在不锈钢、电工钢等领域开始进行大量的研发和生产，但是在近十年内也由于钢产量的限制趋于饱和而研发相对放缓；而中国企业，尤其是宝钢集团、太钢、首钢、鞍钢等企业也由于普通钢产量的逐渐相对饱和以及国内汽车产业的兴起而开始对特殊钢领域进行拓展，宝钢集团在汽车用钢、不锈钢、轴承钢、电工钢等领域加大研发力度，并且逐渐形成自主知识产权的特殊钢产品，其专利申请量在近几年一直保持在前列。

7.1.2　轴承钢的概念

轴承作为机械设备中不可或缺的核心零部件，起到支撑机械旋转体，降低运动过程中的摩擦，并保证回转精度的作用，被誉为"高端装备的关节"，在高铁、航空航天、精密机床、仪器仪表等高精尖领域有着广泛的应用。

轴承钢也被称为"特种钢之王"，它是制造业中使用最广泛、要求最苛刻的钢种之一，也是所有合金钢中检测项目最多及质量要求最严格的钢种。轴承钢广泛应用于轴承零部件的制造，机械装备的精度、可靠性、寿命和性能很大程度上取决于轴承钢性能的好坏。然而，随着高速铁路、风电和航空航天工业的快速发展，这些极端轴承钢应用对轴承钢的表面质量提出了更高的要求，需要轴承钢的表面有较低的表面粗糙度，以及接近于零的损伤层厚度，这迫切需要开发高性能轴承钢的超精密加工。由于高性能轴承钢具有硬度高、耐磨强度高、疲劳强度高的特性，对高性能轴承钢的超精密加工难度很大，因此，研究高性能轴承钢的超精密加工具有重要意义。轴承钢最重要的应用领域就是轴承的制造，在装备制造行业内，轴承这种零部件一直是处于最核心、最基础的地位，主机产品、核心设备等的质量与可靠性直接受到轴承性能的影响。所以在装备制造业中，轴承也被称作"心脏"部件。通过多年的不断探索，国内的轴承行业也形成了很大的规模。虽然我国具有极其巨大的轴承制造规模，但是其中的大多数轴承产品属于中低端行列，和世界上其他制造业强国相比较，在高端轴承制造领域内，我们国家依旧处于比较落后的地位。以高铁上使用的系列轴承为例，应用在国内高速铁路的轴承仍然需要从国外进口。

最初的轴承材料为渗碳轴承钢。第一次世界大战结束后，世界工业开始复苏，轴承的应用面得到了拓宽，发达国家开始着手建立轴承钢检验标准，轴承的设计者也要求选用不同淬透性能的轴承钢，促使高碳铬轴承钢系列化。"二战"后，世界各国借助发展机械制造业来振兴经济，特别是汽车、航空等工业，成为发展的主要动力，得到特别关注和重视，也实现了迅速发展。因而世界各国对轴承性能的要求不断提高，也研发出如渗碳轴承钢、高碳铬轴承钢等一大批具有特殊性能的新钢种。20世纪80年代后，轴承工业的进一步发展，经济全球化的迅速扩大，更是推动了轴承钢产量迅猛增加，技术不断取得重大突破，轴承钢标准也进一步国际化。

在经营方面，工业发达国家通过转变钢铁工业增长方式，皆以特殊钢为重点发展目标，积极推进强强联合、优势互补战略，实施结构调整、资产重组，并与下游企业合作，发展产品深加工。例如瑞典著名的 SKF 集团，该集团轴承钢专业化生产程度非常高，不仅以名牌产品占领高端轴承钢市场，而且还将轴承钢进一步精加工成轴承产品，执世界滚动轴承业之牛耳。

在技术方面，发达国家把轴承钢生产和研究的重点放在高效率、优质量、低成本上，采用高速度、高质量的专业生产线制造轴承钢。国外许多轴承钢生产企业纷纷开发高质量超纯净轴承钢以适应轴承工业发展的需求，主要轴承钢生产厂家在现有设备的基础上，在大生产中优化工艺，并对超纯净轴承钢进行积极研究和开发，取得了明显进展。在这种新形势下，我国必须要加强轴承钢领域的技术研究❶。

7.1.3　轴承钢的分类

轴承在工业设备中的主要作用为支撑旋转体，为降低其在设备运转过程中的摩擦因数，保证机械设备的运转精度，轴承的工作状态一般为线接触或者点接触。由于接触区域较小，导致轴承在运转过程中需要承受的压应力较大。因此，轴承的工作环境对轴承钢的强韧性、耐磨性以及使用寿命提出了更高的要求，这使轴承钢成为所有合金钢生产要求中最为严格的钢种之一。在此基础上，轴承钢通常分为四大类。

①高碳铬轴承钢。各国均以相当于 GCr15 的钢号作为轴承用钢的基础，再向高淬透性方向发展以适应大壁厚轴承零件的需要。其做法都是增加 0.1%、0.2%、0.6% 含 Mo 量，其含 Cr 量有略提高的，也有略降低或不变的，从而发展出一系列高淬透性高碳铬轴承钢，如：瑞典的 SFK24、SFK25、SFK26 和 SFK27；美国的 52100.3 和 52100.4；德国的 100CrMo7、100CrMo 和 100CrMo8；日本的 SUJ3、SUJ4 和 SUJ5 等。这些钢种不仅适用于马氏体淬火，也适用于大壁厚轴承零件的贝氏体淬火。高碳铬轴承钢的另一发展是苏联成功地应用降低淬透性，研究出限制淬透性轴承钢，即降低含 Cr 量，牌号为 4，其淬透性介于 6 与碳钢之间，施以中频感应透热，靠淬透性有限（低）而整体渗水只能表层硬化，表面残留较高的压应力层，既有渗碳钢渗碳淬火的优越性能，又节约了合金渗碳钢的钢材成本和高昂的渗碳热处理成本。用此制造铁路轴承获得了很好的性能和经济效益。连铸轴承钢因其中心部位质量欠佳，至今世界各国都未在滚动体上应用，解决此问题是当前世界各国关注的课题。连铸钢制造套圈已很普遍。德国为扩大贝氏体的应用，在 1000Cr6 的基础上加入 1% 左右的 Mn 使钢的 C 曲线右移，更利于贝氏体淬火，从而发展了 W4~W7 一系列高碳铬轴承钢。

②碳素轴承钢。轴承钢中的合金元素主要起提高淬透性的作用，而真空脱气技术发展到今天，碳素钢的纯洁度也同样可以大大提高，对于壁厚不大的轴承不要求高淬透性，采用真空脱气的高碳钢，其寿命完全能满足要求。

❶ 王彦. 东北特钢集团轴承钢技术发展战略研究 [D]. 大连：大连理工大学，2011.

例如美国用含碳量 0.7% 左右的碳素钢（1070 钢和 1070M 钢）制造轿车轴承，日本用含碳量 0.53% 左右的碳素钢（S53C 钢）作汽车等速万向节轴承，用含碳量 0.48% 左右的 S48C 钢作汽车轮毂轴承。目前还有进一步扩大碳钢使用范围的趋势。

③渗碳钢。已有的渗碳钢基本能满足各类轴承的选用，普通渗碳钢新钢种基本不再发展。目前的基本趋向是用真空脱气法生产合金渗碳钢。因为渗碳钢含碳量很低，氧与碳在钢液中有一个平衡关系，致使低碳钢的含氧量很难降下来。随着高速航空发动机的发展，轴承的 dN 值达到 2.2×10^6 mm·r/min 以上，全淬硬钢的断裂韧度已完全不能满足要求，轴承上机即碎裂。为此美国发展了耐高温渗碳轴承钢 M50NiL，即在 M50 高温轴承钢的基础上把含碳量降到 0.1% 左右，另增加 4% 左右的 Ni 元素，采取渗碳淬火回火处理，因其表硬心软，断裂韧度特别好，高温性能、耐高速性能、冲击韧度、耐磨性和疲劳寿命均十分优越。目前又在研究超 M50NiL 的渗碳钢。此前，美国的 CBS1000、英国的 MSRR6027 和美国 M315 等高温渗碳钢均已应用多年，近年来渗碳不锈轴承钢发展也很快。轴承用钢是否有向渗碳钢发展的势头，目前国际上基本观点都认为，真空脱气技术发展起来后，高碳铬轴承钢的寿命潜力和贝氏体处理以及限淬轴承钢应用的韧性潜力是很大的，渗碳钢价格贵、渗碳工艺成本太高，综合其优越性，还是优先发展高碳铬轴承钢技术，不到非不得已是不选渗碳钢的。

④不锈轴承钢。为了减小 9Cr18 不锈钢中粗大碳化物的有害作用，国外致力于研究把碳含量降到 0.5% 左右，并适当加入强化元素，提高了 9Cr18 钢的综合性能。国外目前为含 N 不锈钢的研究投入较大力量，美、德共同研制一种 Cronidur 30 含 N 不锈轴承钢，德国研制一种低 N 钢 LNS 用于航空发动机和宇航轴承，法国研制一种 XD15N 高氮马氏体不锈钢用于宇航轴承。美国研制一种高性能渗碳不锈钢 CSS42LTM，成功地用于宇航轴承。德国 FAG 公司最近研制成功高氮 Cr-MO 不锈轴承钢（HNSX15），比通常应用较广泛的 440C 不锈轴承钢有更好的耐腐蚀性、更好的耐低温冲击韧度和更长的轴承寿命。代表目前不锈轴承钢发展方向的含 N 不锈钢的开发，主要目的是用 N 元素取代钢中的部分 C 元素，以便降低钢中严重的碳化物不均匀性，提高马氏体不锈钢的耐腐蚀性和滚动接触疲劳寿命。不锈轴承钢的另一个发展方向是开发应用渗碳不锈钢。1988 年美国 MRC 公司和 PZW 公司开发出一种耐腐蚀性能好又有很高断裂韧度的渗碳不锈轴承钢 EX98，它的表面硬度可达 64 HRC，

高温（300℃）硬度大于 59 HRC，有很高的冲击韧度（特别好的低温韧度），接触疲劳寿命比 440C 和 M50NiL 都好得多。

⑤高温轴承钢。高温轴承钢国外传统分为两大体系，即以美国为代表的 Mo 系（钼系）和以英国、苏联为代表的 W 系（钨系），如美国的 440C、144、M10、M50 等，英国的 MSRR6015，苏联的 P18、347 等。这类高温轴承主要用于航空、航天的发动机心脏部位，其可靠性要求极高，所以要求必须采用电渣钢、双真空钢和多次真空自耗钢等。由于飞行器速度不断提高，轴承转速过高时离心力呈指数提高，对轴承材料的断裂韧度要求极为严酷，上述全淬硬高温轴承钢将承受不了。在轴承 dN 值达到（2.2~2.4）×10^6 mm·r/min 时，全淬硬钢制轴承零件将自行碎裂。为解决这一高技术难题，从 20 世纪 70 年代末至今，相继开发出一系列适应高转速的高温轴承渗碳钢，兼有良好的强度、耐磨性和疲劳寿命，特别适于高温、高速轴承[1]。

7.1.4　国外优质轴承钢生产企业技术要求

19 世纪以来，伴随各国不同的工业化进程，全球钢铁工业重心历经多次转移，以英国为起点扩散到西欧，然后转移至北美，而后又东移到亚洲地区。第二次世界大战后，日本政府通过"倾斜式生产"政策，重点发展钢铁产业，同时通过"复兴金融公库"提供大量贷款，使日本钢铁产量增速迅猛。20 世纪 80 年代后，日本钢铁总产量一直保持较为平稳的状态，钢材产品结构逐渐向高端钢材倾斜。全球高端金属结构材料专利申请排名前二十位的机构中，日本就有 13 个，可谓全球之首。与此同时，瑞典、德国等国家及其企业也进入快速发展轨道。

分析世界一流国家的轴承钢生产企业，国外高性能优质轴承钢及其主要技术要求如下：

日本：代表企业有山阳特钢、新日铁、NSK 等，主要技术要求为：高可靠性长寿命轴承钢，满足高可靠性和长寿命高端轴承零件用钢需求，滚动接触疲劳寿命为普通 SUJ2 轴承钢的 3 倍以上；NSJ2 钢和 TF 系列钢，满足严重污染润滑工况下轴承的疲劳寿命要求，有效提高轴承服役寿命达 10 倍以上。

瑞典：代表企业有 SKF 等，主要技术要求为：复合轴承钢，采用全新的合金设计和热处理工艺，兼有工具钢、马氏体钢和不锈钢的优良性能，且成本较低。轴承工作温度 500℃以下，强度为普通轴承钢的 3 倍。

---

[1]　范崇惠. 国外轴承用钢技术的进展［J］. 轴承，1999（2）：34-35.

德国：代表企业有 Energietechnik Essen、FAG 等，主要技术要求为：超耐蚀轴承钢，用于制造高端航空和航天领域的球轴承和主轴轴承，具有极高的耐腐蚀性和耐磨性。硬度超过 58 HRC，屈服点应力为 1850 MPa，抗拉强度为 2150 MPa，极限伸长量为 3%，其耐蚀性能比 9Cr18Mo 高 100 倍，滚动接触疲劳寿命是常规轴承钢的 5 倍。

美国：代表企业有 NASA 等，主要技术要求为：表面硬化型高强不锈轴承钢，第三代轴承钢材料，用于制造宇航涡轮主轴及齿轮传动轴承零件，轴承钢表面碳化物均匀细小，心部基体为回火马氏体及细小碳化物。CSS-42L 断裂韧性达 110 MPa·$m^{1/2}$；

通过介绍国外优质轴承钢质量控制现状，并分析轴承钢质量水平，提出高性能炉外精炼轴承钢关键共性及稳定化技术展望，可知未来高性能炉外精炼轴承钢的重点研发方向主要分为两个方面：

①夹杂物细小弥散化控制。轴承钢中全氧含量与滚动疲劳寿命成反比关系，降低钢中全氧含量能够大幅提高轴承服役寿命和可靠性。添加稀土元素 La 和 Ce 使轴承钢中不规则 Al_2O_3 及长条 MnS 夹杂物演变为椭球状或球状稀土类夹杂物，稀土和镁相互作用促进轴承钢中夹杂物细化。

②碳化物均质化控制。铸坯高温扩散后，改善热轧盘条中带状碳化物；热轧后快速冷却能够有效抑制试样中网状碳化物形成；轴承钢中加入微量镁能够细化钢中夹杂物；连铸轴承钢采用 PMO 技术提高铸坯低倍组织的均匀性，且明显改善轧材中液析和网状碳化物，提高轴承钢的疲劳寿命❶。

7.1.5 我国轴承钢技术现状

随着科学技术的发展，轴承设计向着特轻、薄壁和小型化方向发展；轴承生产加工向着低噪声、无振动、无故障和可靠性百分之百的方向发展；还有许多领域要求轴承具有更高的转动速度、使用温度、耐磨性、疲劳寿命以及可靠性。因此，相应地对轴承钢也提出了更多、更高的要求。

我国轴承钢存在着质量稳定性较低，钢种及规格不全，高技术含量、高附加值的轴承钢产品比例不高等问题。

①普通轴承钢质量稳定性较低。我国普通轴承钢具备很高的市场占有率，但其质量水平与国际同类产品相比差距甚远，尤其是我国轴承钢的质量、性能稳定性较差，存在氧含量较高、宏观夹杂物出现率较高、碳化物颗粒平均

---

❶ 宗男夫，等. 轴承钢质量提升的关键冶金技术现状及展望 [J]. 轴承，2020（12）：61-66.

直径较大且分布不均匀、碳化物带状和网状评级较高、表面脱碳严重、表面缺陷较多和外观质量欠佳等问题。

②轴承钢产品品种、规格不全。我国现有轴承钢钢种系列不全，如高碳铬轴承钢仅能满足滚子直径 0~80mm、套圈有效壁厚 0~65mm 的轴承制造。而 SKF 公司的高碳铬轴承钢系列有 14 个钢种，可满足滚子直径 0~260mm、套圈有效壁厚 0~210mm 的各种尺寸轴承的制造要求。此外，我国轴承钢产品尺寸规格不全。

③轴承钢产品档次不高。我国轴承钢生产仍以低中档材为主，高档材的比例并不高，高质量、高性能轴承钢品种少，尚未形成高碳铬轴承钢、渗碳轴承钢、中碳轴承钢、高淬透性轴承钢、不锈轴承钢和高温轴承钢等专用轴承材料系列，高纯净度的精品轴承钢的比例也较低❶。

7.1.6 轴承钢技术发展方向

随着国内工业制造领域的不断发展，中国立足于国际产业变革大形势，作出了《中国制造 2025》国家战略部署。作为装备制造领域不可或缺的关键零部件之一，轴承关系着国内工业领域高端制造的未来发展方向，决定着中国向世界制造强国目标的迈进。总体来看，中国轴承行业经过近几十年的发展已有了显著提升，但在高端轴承领域，由于对钢中夹杂物、碳化物的尺寸与分布以及低倍组织缺陷的控制精细程度不足，使高品质轴承产品的质量稳定性得不到保障。鉴于此，未来国内轴承行业为满足高端轴承产品的长寿命、高可靠性要求，其研究方向可从以下几个方面考虑。

①工艺改进。基于轴承钢的常规马氏体淬回火处理，已陆续研发出贝氏体等温淬火、马氏体-贝氏体等温淬火、贝氏体变温淬火等新的热处理工艺。针对当前研究较多的贝氏体轴承钢，首先，应注意贝氏体等温淬火工艺的适用性，热处理工艺的选择应根据轴承的工作环境以及实际使用性能要求来确定；其次，对于贝氏体等温淬火介质的改良，未来应尽量避免过多使用有毒的硝盐，研发更环保的淬火介质；再次，由于贝氏体等温温度较低，导致整个热处理过程加工时间过长，这无疑增加了企业制造成本，因此对于贝氏体转变时间的缩减应是未来的研究重点之一。此外，国内轴承钢的冶炼工艺流程虽基本与国际水平接轨，但国内废钢冶炼占比较大，精炼过程中真空度不达标，钢中氧含量波动偏大，导致非金属夹杂物、碳化物的控制难以达到评

---

❶ 段玉玲，韦菁. 轴承钢的生产技术及市场需求 [J]. 安徽冶金，2016 (2)：26-29.

级标准。最后，还应借鉴国外真空脱气、夹杂物均匀化等先进冶炼工艺，实现超洁净、超长寿命轴承钢的国产化。

②内部质量控制。第一，对于氧质量分数的控制以及夹杂物在钢中的分布均匀性应有更为精细的检测与控制标准，未来对于钢中氧的质量分数应稳定在 0.0006% 以下，钛的质量分数应小于 0.0015%，降低或消除钢中硬脆夹杂物导致的疲劳剥落与断裂，将夹杂物对钢材质量的影响降到最低；第二，针对国内轴承钢较为突出的碳化物不稳定甚至是超标问题，应通过控轧控冷、周期性球化退火以及循环感应球化退火等先进工艺，尽可能消除钢中的碳化物偏析，提升碳化物分布的均匀性，实现组织细化与均匀化；第三，优化冶炼过程中的连铸工艺，减少钢中的低倍组织缺陷，降低铸坯中心疏松、缩孔，严格控制成分偏析，改善连铸坯的质量。

③表面改性。针对日益复杂的工作环境，尽可能基于表面渗碳、碳氮共渗等原有的表面处理工艺，结合表面涂层、熔覆等新的表面改性技术，实现对材料表面性能的优化，延长轴承的疲劳寿命，开发出适应不同工作环境的轴承钢产品，实现轴承钢由单一性向多元化的特色发展。

④检测设备与技术评价标准。首先，国内轴承行业生产集中度低，各轴承制造企业的产品质量参差不齐，由于大部分中小企业高精密检测设备缺乏，诸如微观夹杂物、网状碳化物、表面缺陷等很难被检出，最终导致不合格产品流入市场；其次，国内轴承行业标准对于部分有害元素含量、夹杂物以及碳化物的尺寸及分布未做评级要求，对于脱碳层、尺寸精度的控制不够严格；另外，目前国外对于钢中残余奥氏体及残余应力的检测评定均有相关控制标准，而中国对于钢中残余应力的检测分析尚未纳入控制指标，对此今后应结合国内外轴承行业发展实际情况，制定统一的技术评价体系以及完备的检测评级标准，严格控制产品质量，提升国内轴承产品的质量稳定性。

7.2　轴承钢技术态势分析

数据来源以及研究方法：本书利用轴承、滚珠、滚柱、轴套、roll、bearing 等关键词，检索所用分类号为 C22C38/00 及其相关点组等国际专利分类号，在 incoPat 数据库中检索，得到与轴承钢技术有关的专利申请，再对得到的数据进行统计处理。统计时间均选择为 2003—2022 年，由于近两年的部分专利文献还未公开而导致统计数据不完整，但统计分析结果仍具有启示意义。

以下对这些专利申请的申请趋势、技术领域、申请人等方面进行分析并得到分析结果。

7.2.1　轴承钢技术全球专利态势分析

首先，针对轴承钢技术的全球专利申请量进行统计分析，得出其相关趋势，具体如下。

1．申请趋势分析

轴承钢技术全球专利申请的申请量发展趋势如图7-1所示。近两年的专利申请量下降主要是由于部分专利申请还未到18个月的公开期限。

图7-1　轴承钢技术全球专利申请量发展趋势

图7-1示出了2003年以来轴承钢领域专利申请量发展趋势，从中可以看出，自2003年以来，轴承钢领域的专利申请量总体呈增长趋势，这主要是因为20世纪90年代，由于日本对轴承钢领域的大力研发、生产，使得该领域的整体基础技术趋向发展成熟，其后的研究重点主要是轴承钢的性能改进，其间很少有重大的技术进步，因此也相对没有专利量的剧增。

高速发展期大约从2009年至2018年，其间轴承钢技术相关专利申请从1460项增加至2585项左右。随着高铁、航空技术的高速发展以及中国和一些新兴经济体的崛起，轴承钢领域需求量增大，近十年该领域专利申请量的增速有所提高，并且其增速保持得比较稳定。我国特钢企业发展迅速，宝钢、鞍钢、首钢等都加大了对轴承钢的开发研究，另一方面与国家目前刺激专利申请的专利政策有关，促使轴承钢领域的研究人员针对轴承钢质量改进、生产优化，并且积极申请专利，随着知识产权意识的提高，国内的研究人员也逐渐学会了用专利来保护自己的技术进步。

2. 区域分布分析

如图 7-2 所示，通过统计分析轴承钢技术在各个国家或地区的专利申请数量分布情况，可以了解其技术创新活跃情况，从而发现主要的技术创新来源和重要的目标市场分布情况。

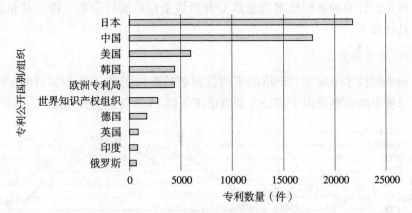

图 7-2　轴承钢专利申请人国家分布图

专利首次申请国家/地区在一定程度上反映了该国/地区在相关技术领域的研发实力，图 7-2 示出了轴承钢领域专利申请人国家/组织分布图。从专利申请的数量来看，关于轴承钢技术的专利申请原创技术排名前五位的国家/地区依次是日本、中国、美国、韩国、欧洲。首次申请国是日本的专利申请数量最多，共计 21733 件，一方面，说明日本作为钢铁领域的专利申请大国，其在轴承钢专利申请领域也是占据绝对领先的位置，其政府主导的该技术相关政策促进了相关产业的发展，另一方面，还与日本作为传统钢铁强国在特种钢方面原有的技术积累，以及高铁汽车行业推动在该技术的大力研发是密不可分的。中国的专利申请量则排在第二位。作为新兴市场国家的代表，我国在改革开放和经济建设的推动下钢铁行业蓬勃发展，近些年的经济增速一直保持在高位，使得钢铁行业中的轴承钢领域要求其性能越来越高，带动了技术的革新与发展，专利申请量大幅提高。韩国在轴承钢领域则拥有世界第四的专利申请量，特别是在 2007—2013 年的申请量甚至超过美国，说明了韩国对该技术的发展也非常重视，并且在发展中期具有较高的技术水平，后来受韩国这几年经济的下滑影响，近几年的发展速度放缓。在轴承钢领域专利申请量较多的国家还有德国和英国等。

从专利申请的整体情况来看，关于特种钢中轴承钢的专利申请主要集中在日、中、美、韩、欧 5 个国家/地区，全球专利申请几乎都集中在上述国家，专利技术的集中度高。这与轴承钢技术和制造业密切相关，一方面需要一定的基础领域作为应用基础，另一方面更需要较大的研发投入等。美国、日本、欧洲作为汽车以及航空等方面的工业强国/地区，有丰富的研发底蕴，具有较大的研发优势，同时其制造行业高度发达；而中国和韩国作为新兴市场国家，在国家政策、资金资助等方面都给予了大力支持，从而为研发提供了充足的力量。

3. 技术构成分析

图 7-3 展示的是分析对象在各技术方向的数量分布情况。通过该分析得出前十个技术方向排名，其中一件专利申请涉及多个 IPC 分类号的按照多个技术内容进行统计。

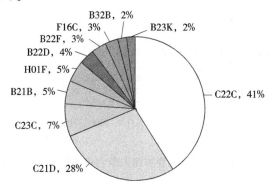

图 7-3　轴承钢技术全球专利申请技术构成情况

进一步了解一下各分类号的含义，如表 7-1 所示。

表 7-1　轴承钢技术相关分类号含义

IPC 分类	含　义
C22C	合金
B21B	基本上无切削的金属机械加工；金属冲压
C23C	对金属材料的镀覆；用金属材料对材料的镀覆；表面化学处理；金属材料的扩散处理；真空蒸发法、溅射法、离子注入法或化学气相沉积法的一般镀覆；金属材料腐蚀或积垢的一般抑制
B22F	金属粉末的加工；由金属粉末制造制品；金属粉末的制造
B22D	金属铸造；用相同工艺或设备的其他物质的铸造
C21C	生铁的加工处理，例如精炼、熟铁或钢的冶炼；熔融态下铁类合金的处理

4. 全球主要申请

为了明确轴承钢技术的主要申请主体，我们对该领域的申请人按照申请量进行排名，前二十位的申请人及其申请数量如图7-4所示。

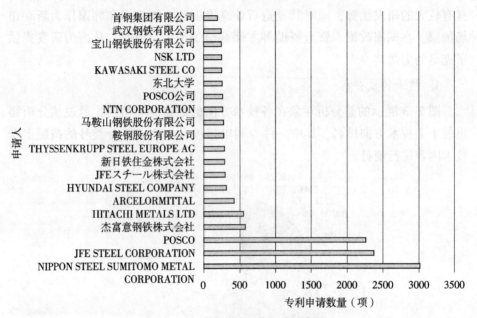

图7-4 主要申请人专利申请数量

5. 全球主要发明人

轴承钢技术全球专利发明人排名情况如图7-5所示。

从全球的发明人角度来看，在专利申请数量排名前十位的申请人中，日本发明人占6位，中国发明人占4位。发明人的分布和该国家的整体研发水平相关，日本的发明人和日本企业的发展程度关联，日本轴承钢技术不断发展壮大的背后是对新技术研究的重视，国内的发明人大多来自科研院所和高校，也是验证了我国钢铁产业经过数十年的发展，目前正在由钢铁大国向钢铁强国迈进。

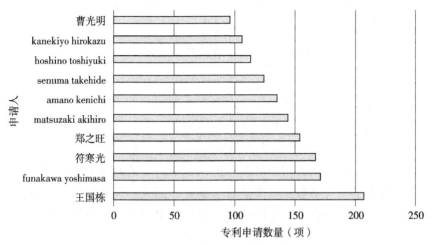

图 7-5　全球专利发明人排序

7.2.2　轴承钢技术中国专利态势分析

以下结合相关数据，并进行简单的同族合并，对中国的专利态势进行分析。

1. 申请趋势分析

轴承钢技术中国专利申请量发展趋势如图 7-6 所示。近两年的专利申请量下降主要是由于部分专利申请还未到 18 个月的公开期限。

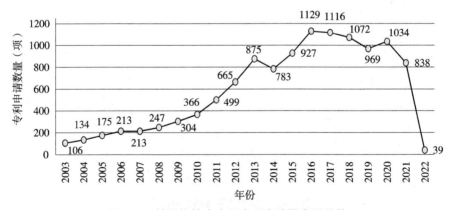

图 7-6　轴承钢技术中国专利申请量发展趋势

中国相关专利申请增长趋势基本与全球申请趋势趋同，从 2003 年至 2010 年，每年该领域技术的专利申请量相对增幅缓慢。2011 年至 2016 年，该领域专利申请量出现了大幅度增加，每年的申请量增长数量在 200 多件，峰值出现在 2016 年的 1129 件。但从 2016 年开始，国内的专利申请量保持稳定并有下降，该数据表明 2011 年之后随着机械、石油、汽车工业的飞速发展，轴承钢技术也得到了发展。2016 年之后申请量开始放缓。

2. 技术来源国分析

通过统计分析轴承钢技术各个国家在中国的专利申请数量分布情况，从而发现中国主要的技术创新来源技术布局情况。

首先来看中国的专利申请来源国情况，如图 7-7 所示。

从图 7-7 的技术来源国中可以看出，在中国申请的技术来源最多的是本国企业，占据了绝大多数，其次是日本企业。因此，仅从数量上来看，日本企业就对中国企业造成了一定的威胁，但是日本是传统的钢铁强国，近些年来，钢材产品结构逐渐向高端钢材倾斜。目前，日本特殊钢产量已占到本国钢铁生产总量的 1/4 以上，以汽车用钢、电工钢、优质结构钢为主，成为全球最为先进的特殊钢生产国家之一。日本出口的钢材中，特种钢、热轧钢板比例呈增长趋势。在日本轴承钢技术不断发展壮大的背后是对新技术研究的重视，1990—2011 年全球高端金属结构材料专利申请排名前二十位的机构中，日本就有 13 个，位于全球之首。因此，在对轴承钢进行研发时，可以借鉴日本企业的技术。

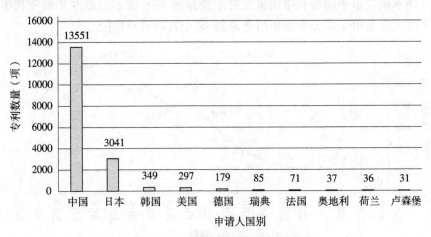

图 7-7 中国轴承钢技术来源国

3. 技术构成分析

按照国际专利分类对轴承钢技术中国专利申请技术构成情况进行分析，如图 7-8 所示。

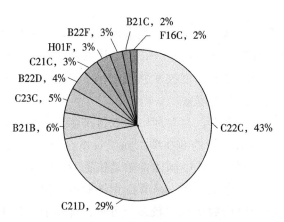

图7-8　轴承钢技术中国专利申请技术构成情况

由图7-8可见，轴承钢发展的重点领域依次为C22C、C21D、B21B等，基本与全球的大的技术领域相同。但是仔细分析，中国轴承钢专利分布主要集中在了传动用轴类机械加工例如机床设备和装置上，进一步而言，还分布在特殊金属材料表面处理，尤其是生铁类和炼钢等细分领域。这些领域主要涉及轴承钢的合金材料、冶炼、表面渗碳、热处理以及应用等方面。在强韧化处理、表面化学镀、抗氧化及防腐等轴承制备工艺等方面的专利则相对较少。

4. 中国专利主要申请人

为了明确轴承钢技术的主要申请主体，我们对该领域的申请人按照申请量进行排名，前十位的申请人及其申请数量如图7-9所示。

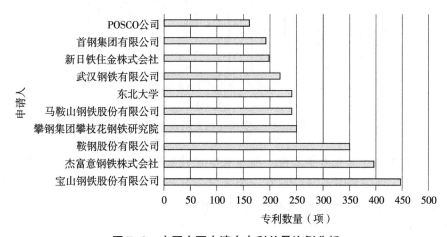

图7-9　中国主要申请人专利总量比例分析

进一步，整合轴承钢技术全球重点申请人，选取专利申请量排名前十的申请人的专利申请数据，从申请量分布、申请量随年代变化的趋势以及申请量布局区域等几个角度对轴承钢技术领域全球主要申请人状况开展分析，以便掌握业内优势企业的专利信息。

从中国地区申请人来看，在专利申请数量排名前十位的申请人中，国外企业占 3 家，合计申请数量约 800 项。除了日本企业在中国进行专利布局，韩国专利布局也比较明显。从中国国内申请机构看，除了宝山钢铁股份有限公司、鞍钢集团公司、攀钢集团、马鞍山钢铁股份有限公司、武汉钢铁等钢铁企业，东北大学的申请数量也比较多。可见，排名前十位中虽然只有两个国外的日本申请人，但是其申请量却不低，可见作为轴承钢技术强国的日本十分看重中国的轴承钢市场，做了大量的专利布局。国内轴承钢技术申请量最大的是宝山钢铁股份有限公司，排名第五的为北京科技大学，通过技术相关性发现，宝山钢铁和高校在专利申请中有一定合作，这也表明国内轴承钢技术依赖于与高校和科研院所有一定合作的大型企业。

5. 中国专利主要发明人

轴承钢技术中国专利发明人排名情况如图 7-10 所示。

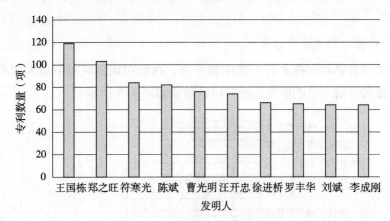

图 7-10 中国专利发明人排序

从全球的发明人角度来看，在专利申请数量排名前十位的申请人中，都是中国人，每个发明人背后都有一个团队以及相关的单位作为背景，团队的协同作用是提高轴承钢技术的一个有力支撑。

7.3 专利信息支撑轴承钢技术攻关方法

结合上一节轴承钢技术专利基本态势，进一步分析研究，得到专利信息支撑轴承钢技术攻关的方法。

7.3.1 宏观产业政策引导

国务院在 2015 年发布的《中国制造 2025》中，围绕经济社会发展和国家重大需求，公布了包含"新材料"在内的十大重点领域作为我国全面推进实施制造强国的突破点，提出要加快研发特种金属功能材料等新材料的制备关键技术，努力突破产业化制备瓶颈。

我国钢铁产业经过数十年的发展，自 1996 年钢铁产量首次突破 1 亿吨以来，已连续保持全球最大钢铁生产国地位，并成为全球第一个钢铁年产量突破 10 亿吨的国家，目前正在由钢铁大国向钢铁强国迈进。随着我国经济步入高质量发展阶段，"双循环经济"、绿色环保、"双碳"目标等都对我国钢铁产业发展提出了新要求。中国钢铁产业正处于转型升级过程中，应充分学习和借鉴德国、日本钢铁产业的发展经验，进一步提高产业集中度，推动钢铁产业向低碳化、高端化、智能化转型，促进钢铁产业高质量发展。

《科技日报》2018 年 5 月 25 日"卡脖子"技术的系列报道，将轴承钢列为我国 35 项"卡脖子"技术之一并总结道："遗憾的是，虽然我国的制轴工艺已经接近世界顶尖水平，但材质——也就是高端轴承用钢几乎全部依赖进口。"现阶段我国航空、高铁、机器人、计算机、空调器、精密机械、大型轧机和盾构机等产业所用高端轴承确实依赖进口，主要在于国产轴承的实物质量与日、德、美和瑞典等国相比差距较大，突出表现在其寿命和可靠性等方面落后较多；但与此同时，中国轴承钢生产近年来却实现了向国外先进轴承企业的批量出口，因此对于高端轴承国产的关键技术瓶颈还需深入调研。

轴承钢是重大技术装备用轴承零件的关键基础材料，航空航天、高铁机组、大型盾构机等领域用高端轴承钢是钢铁材料中要求严格的钢种之一，因此轴承钢要求化学成分均匀，非金属夹杂细小且弥散分布，钢中碳化物分布均匀。虽然我国炉外精炼轴承钢产量逐渐增加，但高端领域轴承用钢仍不能自给自足。

上述现状表征政府的宏观统筹与制定各种产业发展政策息息相关，需要密切配合，通过技术创新态势以及研发路径进行研判和评估。一方面，用来确定政策所引导的产业发展方向应当具有匹配性；另一方面，能够反作用支撑技术发展的未来趋势，两者相得益彰，相互制约。

为了通过专利信息分析对于轴承钢技术的发展给出一定的政策的技术路线建议，结合上述宏观态势进一步做下述分析，寻找切入点。

首先，通过分析轴承钢技术专利申请的增长率，厘清时间轴线上的脉络。

自2003年以来，世界各国关于轴承钢的专利申请整体呈增长趋势，全球态势分析给出了轴承钢领域专利申请量和申请人的发展趋势。由图7-1可以看出，自2009年以前，轴承钢领域的专利申请量总体呈水平趋势，增长幅度不大，这主要是因为到2009年，轴承钢领域的基本技术发展趋向成熟，其后的研究重点是轴承钢的质量改进，其间没有重大的技术进步，因此也没有专利量的剧增。其中，国内申请人的申请量持续增长。

进一步分析其增长率，如图7-11所示。

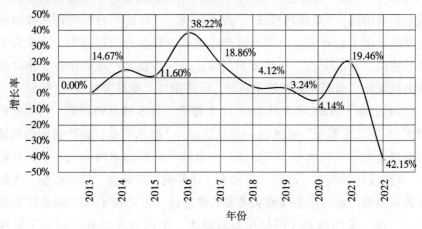

图7-11　申请增长率

从申请增长率来看，2015—2018年申请量增长率较高，这几年轴承钢专利申请量的激增体现出了全球范围内对于该钢种的需求量在明显上涨。就轴承工具钢本身的用途来讲，主要用于制造业、航空、高铁等领域，由于其具有硬性高、耐磨性好、强度高等特性，也用于制造性能要求高的轴承，还具有一定的热塑性、韧性等。专利申请量的猛增从侧面反映出上述几年中，多种应用场合大量出现，进而导致相应的需求量，并且随着科技的进步，人们对于上述应用内容也进行了不断改进的各种尝试和努力。

在此基础上，横向比较各个申请区域的申请趋势。中国随着时间的发展保持高速增长趋势，而美国和韩国地区虽然也保持增长，但增长速度较慢，日本则处于申请量衰退的态势。中国在年度专利申请产出方面则是从2003年之后，先经历了一个缓慢增长过程，随后在2010年之后开始持续爆发式增长，超越日本成为全球轴承钢专利申请产出第一国，其在2016年达到最高的1600多项。日本作为全球专利产出量总量排名第一的国家，其申请增长趋势呈现出稳中有降的模式，存在一个较长的技术累积的酝酿期。在2009年之前，中国作为首次国的年度专利申请量均在近600项以内，与同时期的日本相比存在明显差距，而到2011年后，开始出现快速增长，并在增长当年一度超过日本的年申请量，而到2016年时其年度申请量超出日、韩、欧洲其他各国/地区的年度申请量，充分体现出中国近年轴承钢领域加大研发力度，关注专利保护的发展趋势。日本年度首次申请量在2003年前便已经达到一定数量，且在全球处于领先的位置。然而，在2005年后进入一个衰退且相对稳定的阶段，其最高年度申请量出现在2005年，随后年度申请量有所下降，维持在一个相对较低的水平，随后在2012年再次达到另一个小峰值。

其次，确定主流技术的分布差异。通过前面的分析可知，轴承钢的性能改进手段主要包括热处理工艺的改进、冶炼方法的改进、铸轧锻等热变形工艺的改进、表面处理、微观结构改善、添加增强相、夹杂物变性、减少夹杂等。图7-12给出了不同区域申请所应用的主要技术手段的情况。

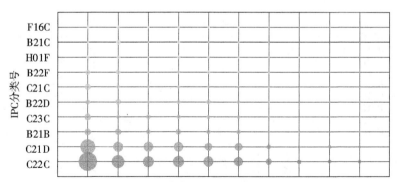

图7-12 轴承钢技术申请主体的技术构成

从图 7-12 可以看出，添加合金元素和热处理工艺的改进（C22C、C21D）是轴承钢领域最重要的两种技术手段。日本的专利申请在各技术手段的应用方面都有涉及，其中涉及添加合金元素的专利申请量明显高于涉及其他技术手段的专利申请量。我国拥有涉及添加合金元素的专利申请量与日本的相当，但日本拥有最多的涉及钢热处理工艺改进的专利申请。其中，涉及钢热处理工艺改进和添加合金元素的专利申请日都比较早，但近年来涉及钢热处理工艺的申请在逐年减少，近年来，涉及添加合金元素的专利申请数量也增长较慢，说明近年轴承钢技术的发展主要在于热处理工艺的改进和合金元素的使用方面。但十年来，对于提高轴承钢性能的技术手段出现了多样化的趋势，主要有表面改性和微观结构的改善等，逐渐成为各国研究的重点。以上说明热处理工艺的改进和合金元素的添加是本领域在钢性能改进方面的基本技术手段，而表面改性和微观结构的改善等技术手段的应用则需要依靠较高的科技水平，因此随着科技的快速发展就得到了发展。

我国的专利申请量虽然位居世界第二位，但其主要涉及添加合金元素、热处理工艺的改进两种技术手段的应用，说明我国在轴承钢的研究方面还有待提高。但根据对申请量随时间变化的分析可知，我国的专利申请正处于快速增长的阶段，如果结合我国科技的发展，将研究方向扩展到其他几种技术手段的应用，我国在轴承钢研究方面将会有更大的发展空间。

上面分析了轴承钢的性能改进手段主要包括添加合金元素和热处理工艺的改进。图 7-13 给出了自 2013 年以来这些主要技术手段的发展情况。

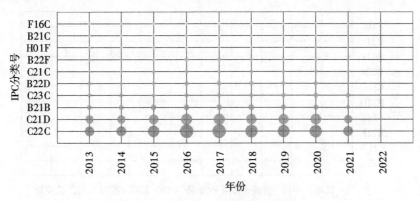

图 7-13　主流技术的发展情况

从图 7-13 可以看出，涉及添加合金元素的专利申请量明显高于涉及其他技术手段的专利申请量，并且其专利申请量呈稳定增长趋势。涉及热处理工艺的专利申请量紧随其后，尤其是涉及强化韧性等工艺的专利申请量增长明显。相对而言，涉及其他技术手段的专利申请量较小。

进一步分析轴承钢技术的技术功效趋势分布，其中轴承钢的材料成本降低是主要的功效，占专利申请总量的大部分，说明经济因素仍是轴承钢的主要考量，并且由各种性能申请量随时间变化的分布可以看出，强度增高方面性能的申请一直保持较为平稳的申请量，这也说明轴承钢的这一性能一直在不断进行改进以适应相关工艺要求的不断提高，保证了轴承钢在轴承领域的优势地位。轴承钢还可以用来制造性能要求较高的工具和轧辊等，耐磨性能相关的专利申请量也占有很高的比例。在轴承钢的上述应用中，高钒轴承钢也占有一定的比例，该类轴承钢主要用于制造特别耐磨但对磨削性要求不高的工具，从分析中能够更明显地看出各类性能的变化趋势，同样可以看到轴承钢在不同时期对于不同性能的重视程度。

近年来发展出许多性能更高的特种钢，这些轴承钢在特定应用领域具有绝对优势。技术功效中尽管没有表征更多的性能，或者大部分因为没有明确列出应用领域，所以划分到其他功效，但其实质仍是作为轴承钢。

前面已经比较了轴承钢领域全球的增长趋势以及技术布局差异，可以看出，中国申请量呈上升趋势，存在和其他国家的技术分布差异。下面从技术来源的角度申请分析我国现状以及技术发展方向。

通过上面分析，从中国轴承钢技术来源国可知，在中国申请的相关技术最多的国家是日本。

同早期工业化国家相比，日本作为战后重新崛起的工业强国，在特种钢领域实施了"先引进，并在不断消化吸收的基础上进行创新"的政策，通过"阳光计划""月光计划""通用技术计划"等，研发出高端的技术，重视相关技术的保护，使轴承钢专利申请量产生了一个巨大飞跃，快速增长并遥遥领先于其他国家，同时培育出了一批优势企业，形成了以日本制铁、JFE、神户制钢所、日本精工、NTN股份为首的技术强国，成为影响全球轴承钢专利申请走势的关键所在。通过前面分析可知，在全球前十排名中，日本和中国在高端轴承钢领域具有明显的专利优势，尤其是日本的优势企业表现更为突出。因此，在对轴承钢进行研发时，可以借鉴日本企业的技术。

先重点分析日本企业在中国申请的技术布局，参见图7-14。

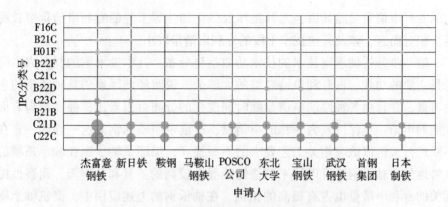

图 7-14 中国轴承钢技术重点企业技术布局

为进一步了解我国轴承钢在不同时期的技术发展情况，进一步对轴承钢专利申请进行分析，并对各专利的技术改进点进行归纳和统计，依据不同时期各技术改进点的发展情况，确定我国轴承钢技术发展时间线和研发分布情况，如图 7-15 所示。

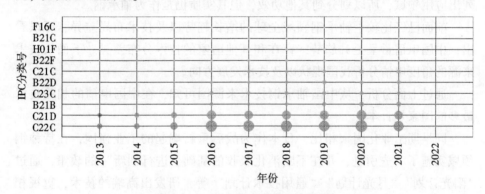

图 7-15 国内技术研发分布趋势

从图 7-15 看出，添加合金元素和热处理工艺的改进是轴承钢领域最重要的两种技术手段。进一步结合现有的技术分析，可知钢成分的优化和洁净度的提升在国外轴承钢技术研发中占据了较大比例，很多涉及合金元素的改进和热处理工艺技术改进均涉及这两个方面；但进入 21 世纪以后，随着轴承钢的成分配比和冶炼工艺流程被行业内普遍掌握，国外高强韧轴承钢的技术创新点从钢成分和洁净度的优化方面逐步转向微观组织的改善等方面。

在此分析上，确定了日本的相关技术，并且结合我国的技术短板，按照重点专利的筛选方法，确定相关的重点专利确定的核心技术如下：

选择一个引用次数较高的专利JP3285040（住友电气工业株式会社）进行分析，其公开了对合金成分进行调节从而提高性能的核心技术，图7-16示出了其专利引证结构。

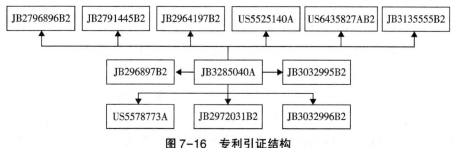

图7-16 专利引证结构

为了生产具有高密度、高硬度以及高强度的钢，JP3285040采用雾化合金粉末，组成为0.5%~4%C，3.0~5.0%Cr，0%~20%Mo，1%~30%W，0%~10%V，0%~20%Co，不可避免的杂质Si、Mn、P和S，余量为Fe，在700~1000℃温度1~100kg/cm²压力热压，然后在1240~1250℃下烧结获得适合用于耐磨工具的轴承钢。

JP313555B2（株式会社不二越等）为了除去在烧结阶段被抑制的还原反应过程中产生的CO，获得100%相对密度烧结体，采用1%~2.75%C，5%~10%V，3.5%~4.5%Cr，3%~10%Mo，2%~20%W，余量为Fe的高速烧结钢成分，在1200~1300℃下烧结。

为了提高轴承钢的强度、耐磨性、抗点蚀等性能，JP2791445B2（株式会社久保田）对烧结合金采用如下化学成分：≤1.7%C，≤0.6%Si，≤0.6%Mn，3%~8%Cr，3%~9%Mo，5%~14%W，7%~14%Co，含量8%~11%的V、Ti和Nb中一种或两种以上，余量为Fe，还可以含有≤2%B和≤3%Ni。JP2796897B2（株式会社久保田）采用的烧结合金为：1.7%~3.5%C，0.6%~3.5%Si，≤0.6%Mn，3%~8%Cr，3%~9%Mo，5%~14%W，7%~14%Co，≤8%的V、Ti或Nb中一种或两种以上，余量为Fe。

US5435827（ERAS等）为了获得同时具有高韧性、高硬度和高强度的轴承钢，将化学成分定为：0.6%~0.9%C，≤1.0%Si，≤1.0%Mn，3%~5%Cr，0%~5%Mo，0%~10%W，0.7%~2%V，0%~14%Co，0.7-1.5%Nv，余量为Fe，其中（Mo+W/2）≥4%的钢，在925~1250℃下热处理，冷却到室温，在500~600℃下回火，从而获得具有1体积%~3体积%的在马氏体组织中均匀粉碎的M2C和MC型碳化物。

在 US5435827、US5578773 和 US5525140 的 基础 上，US6057045（CRUC）提供一种粉末冶金法生产的轴承钢件，具有高硬度和高的耐磨性的组合，尤其是高温下具有高硬度和高的耐磨性。该复合性质通过复合添加 W、Mo、V 和 Co 获得。

通过对上述重点专利的分析，以及结合之前的分析，就目前而言，相比国外，轴承钢技术在我国的技术研发重点还停留在钢成分及宏观工艺流程探索的方面，各个时间节点上关于这两个方面的技术改进占比很高，我国目前的研发仍处于基础探索阶段。当然，国内近些年来关于钢微观组织优化的技术研发比例有增长趋势，但是横向和国外比较，尤其和钢铁强国日本的占比相比，差距仍较大。这是我国目前与国外轴承钢生产强国之间存在差距的关键所在，也是我国目前亟待攻克的难点。

7.3.2 创新主体协同合作

按照前述分析可知，提升轴承钢强韧性的研究主要集中在优化钢成分配比，以及改善钢中显微组织结构的工艺方面。轴承钢的核心技术基本上被国外重要申请人所掌握。国外对于高强韧轴承钢的研发重点从最初合金成分的优化逐渐往钢微观组织优化的方面发展；越来越多的国外申请人通过采用特殊的冶炼和热处理工艺来控制钢中金属相的生成以及获得晶粒尺寸更细、偏析度更小的微观组织，使轴承钢的力学性能得到进一步的提升与改善。这也意味着国外高端轴承钢的技术发展已经步入一个"从强到更强"的阶段。

首先分析轴承钢技术全球重点申请人排名。

本节重点选取专利申请量排名前十的申请人的专利申请数据，从申请量分布、申请量随年代变化的趋势以及申请量布局区域等几个角度对轴承钢技术领域全球主要申请人状况开展分析，以便掌握业内优势企业的专利信息。通过之前轴承钢主要申请人申请量排名情况可知，申请量最大的申请人为日本新日铁，其次为韩国浦项钢铁集团（POSC）。在轴承钢领域占有较大专利申请量的申请人都为日本企业。

再进一步分析轴承钢技术相关重点申请人的专利申请趋势，如图 7-17 所示。

图 7-17 示出了主要申请人在轴承钢领域申请量随年份变化情况，选取了申请量最大的新日铁、川崎制铁两家企业与韩国最大的钢铁企业浦项以及中国申请量最多的宝钢集团的申请量进行分析。通过上述分析发现，在 2009 年

之前日本企业在轴承钢领域的研究相对平缓，但是从 2010 年开始，其申请量先趋于相对活跃，而在 2017 年，浦项公司开始申请量激增，说明其在该领域的研究趋于活跃，而在 1998 年左右，中国宝钢在该领域开始进行知识产权保护，在 2012 年左右有个小高峰急速增长，但是总体上讲，其申请量远远不及上述 3 个公司。上述趋势首先说明上个近十年是轴承钢技术创新较为活跃的年代，日本一枝独秀，中国的技术创新动力落后于日本十年左右，落后于韩国五年左右；其次也说明了虽然该领域的技术创新趋于饱和，但是中国在该领域的研究目前正处于一个动力强劲的时期，中国企业（尤其是宝钢集团）应该抓住机遇，在该领域早日超过日本和韩国，突破其技术和知识产权的各项壁垒，从而使得中国不仅是一个钢铁大国，更要成为一个钢铁强国。

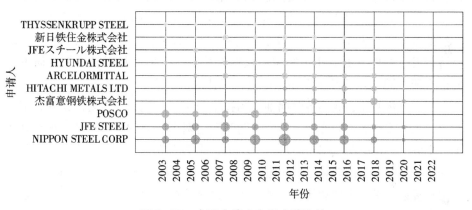

图 7-17 主要申请人专利申请趋势

中国专利的主要申请区域如图 7-18 所示。

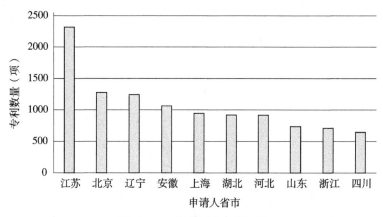

图 7-18 中国主要申请地区

在中国专利中，申请量排名前十的地区占所有申请量的绝大部分，江苏和北京的申请量占申请总数的占比较大。江苏、北京、辽宁和安徽4个省份居前，这与其特钢产业和研究机构的分布相一致，比如江苏的主要申请地为苏州、常州、无锡、南京，这些地方的特钢企业发展较好；北京的科研机构如钢铁研究院和高校等较多，拥有首钢（研究院）、北京科技大学、钢铁研究总院等一批企业或研究机构；安徽的申请地主要是芜湖、铜陵、马鞍山，安徽芜湖至江苏南京一带的凹山是华东地区的铁矿产区，是马鞍山钢铁公司及其他一些钢铁企业的原料供应基地，周边钢铁企业较多，是专利申请量多的原因之一。此外，"十四五"期间已将高价值专利指标纳入，同时也纳入企业创新力的绩效考核、各类开发园区和文化产业发展的考核以及创新能力评价体系中，因此，在江苏的申请人中，地址多为当地的高新区或经开区，这与政府的政策引导密不可分。总体上，专利申请数量与地方经济发达水平相关，经济越发达的地方更加注重知识产权的保护。各个地方针对轴承钢的研发方向也有所不同，但是基本上还是停留在工艺的改进上。

通过分析对比，我国各时期轴承钢技术与国外相比，还主要停留在钢成分及宏观工艺流程探索的方面，各个时期关于这两个方面的技术改进占比均达到了一半以上，这说明我国在高端轴承钢的技术研发方面仍处于探索阶段。虽然近些年来国内关于钢微观组织优化的技术研发比例逐步增多，但总量还是偏少，与国外接近50%的占比相比仍相差较大，这是我国目前与国外轴承钢生产强国之间存在差距的关键原因，也是我国目前亟待攻克的难点。

进一步分析国内轴承钢相关申请人种类分布情况，具体参见图7-19。

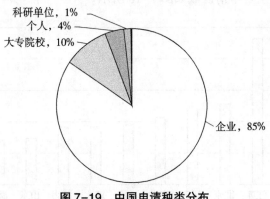

图7-19　中国申请种类分布

在中国申请人中，国内企业的专利申请共计10639件，为轴承钢领域专利申请第一位，高校专利申请量与国内企业的差距较大，有 1212 多件，排在第二位，其占我国轴承钢领域专利申请人总量的 10%。说明我国轴承钢领域作为钢铁领域中的重要组成部分发展迅速，而在轴承钢领域的竞争也日趋激烈，国内企业已经意识到技术的革新是企业生存的重要途径，并且要用专利这种手段保护自己的智力资产，因此国内企业的专利申请量排名第一；国内高校、国内个人和国内科研院所目前对科研成果申请专利的还不多。由于钢铁行业属于大国重器相关的重点行业，高校相对的研究成果较少，一般都偏向于理论性研究。

根据《中国普通高校创新能力监测报告》数据，高等学校专利授权量超过全国总量的 1/5。在国家政策的引领和推动下，我国高校科研队伍不断壮大，科技创新综合实力快速提高，知识产权保护意识也持续提升，俨然成为我国主要的创新主体之一。再加之我国大部分高校已将专利纳入职称晋升及考核体系中，由此也促进了专利数量的增长。

专利许可是一种重要的专利转化手段，下面通过轴承钢专利中国专利许可申请人的分布，进一步分析专利许可的情况，如图 7-20 所示。

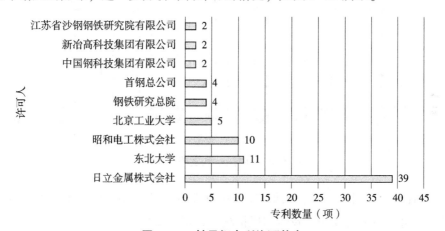

图 7-20　轴承钢专利许可状态

从专利许可情况来看，除去日本企业日立金属株式会社，国内关于高端轴承钢的高价值专利许可大多集中在钢铁研究总院、东北大学、北京工业大学等单位，占比较大，但相较于企业，这些单位在科研成果转化方面存在一定的局限性，许多先进的技术无法在产业上得到及时的实践和应用，这也是限制我国高端轴承钢发展的一个客观因素。

现阶段，钢铁行业仍旧面临严峻形势，市场竞争日益激烈，钢铁企业要赢得挑战实现发展，就需要不断提升产品竞争力，这需要企业有较强的研发能力和创新发展能力。为此，应吸收借鉴国内外成功经验，同科研院所、高等院校加强沟通合作，利用他们的科研力量，增强企业研发能力。面向未来，中国企业一方面要提升自身研发能力，另一方面要注重坚持创新驱动发展。

7.3.3　人才体系建立完善

人才是产业发展的战略性资源。积极采取行之有效的政策和措施，吸引外部人才和培养本地人才，从政府、企业等多层面发现人才、吸引人才并服务人才，是产业和经济发展中至关重要的一环。

轴承钢技术中国专利发明人排名情况如图 7-21 所示。

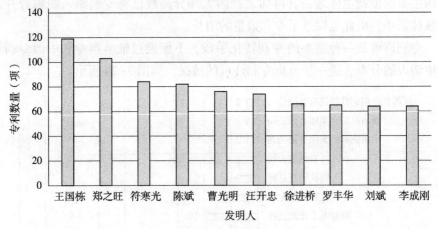

图 7-21　中国专利发明人排序

由图 7-21 可以看出，轴承技术中国专利申请中，中国的王国栋院士位居第一。进一步分析发明人技术构成情况，如图 7-22 所示。

由轴承钢技术中国专利发明人的技术构成可以看出，各发明人的研发重点各有不同，在人才引进时可以结合实际研发需求来选取合适人选。

王国栋院士是中国工程院院士，东北大学教授，博士生导师，轧制技术领域的国际知名专家，在冶金材料，特别是汽车板研发方面经验丰富。

此前，山钢集团与中国工程院院士王国栋签署高性能钢铁材料院士工作站合作协议。此外，山钢还与东北大学签署校企科技战略合作协议。山钢与东北大学的科技战略合作以及与王国栋的合作，旨在通过科技合作，激发钢铁产业转型升级新动能，全力打造钢铁行业新旧动能转换的示范企业、绿色制造的典范企业和具有国际竞争力的一流企业。钢结构建筑企业是山钢钢铁产业链延伸的重要一环，是山钢重点培育发展的产业。

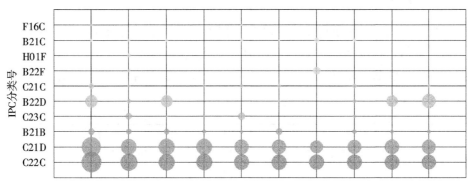

图7-22　中国专利申请发明人技术构成

进一步通过分析海外发明人的专利申请量以及相关的技术布局，可以作为海外人才引进方面的一个重要基础，分析前十名全球轴承钢技术的发明人以及其技术布局情况如图7-23所示。

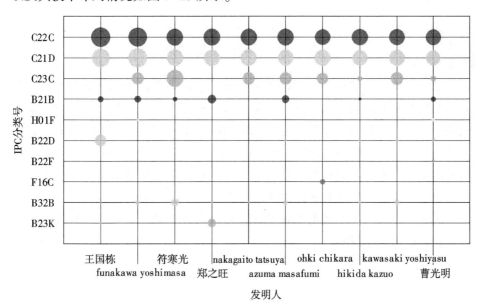

图7-23　全球专利发明人排序以及其技术分布

人才在专利信息中的体现可以作为引进的重要依据。日本企业的发明人也可以作为海外人才引进的基础。

7.3.4 技术研发攻关突破

使用图示法对轴承钢生产技术专利技术生命周期进行分析。图示法将专利申请量与专利申请人数量二者的时序变化进行分析，理论上分为萌芽期、发展期、成熟期、衰退期 4 个时期，具有方法简单、结果直观等优点。具体参见图 7-24。

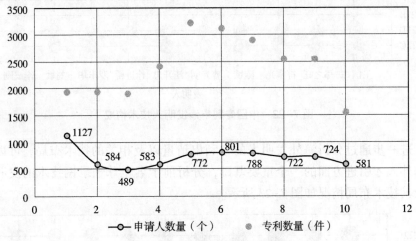

图 7-24　轴承钢技术生命周期

轴承钢技术申请量一直在持续地增长中，技术生命周期图上显示，研发人员数量和申请的数量均在增长，整体来看，近十年，专利申请总体呈增长趋势，大致可以分为 3 个阶段，2013—2016 年处于平稳上升期，2017—2019 年受到世界经济大趋势的影响，稍微有回落，2012 年有一个小高峰，2020 年后的回落一方面是因为疫情影响，另一方面还有部分申请尚未公开，因此不代表申请量的下滑。很明显，轴承钢正处在技术生命周期的上升期。

进一步分析上述专利的法律状态，对国内外有效、失效、未授权专利进行统计，如图 7-25 所示。

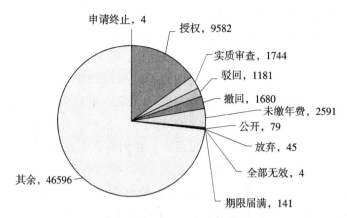

图 7-25 轴承钢技术法律状态

图 7-25 显示了专利的法律状态，从中可以看出授权专利占比大，应从相关的有效专利中识别筛选，从而开展下一步的利用。

如前面所述，影响轴承钢机械性能的因素通常包括钢的成分和热处理工艺影响等，因此，国内外关于提升轴承钢强韧性的研究也主要集中在优化钢成分配比、提高钢的洁净度以及改善钢中显微组织结构的工艺方面。通过专利进行检索和标引，并依据专利权维持年限、专利权估值、被引用次数等因素，选择不同时期的重要专利作为高强韧轴承钢的技术发展代表，绘制轴承钢的核心技术发展脉络如图 7-26 所示。

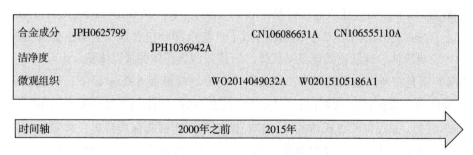

图 7-26 轴承钢的核心技术发展脉络

从图 7-26 可以看出，轴承钢的核心技术基本上被国外重要申请人所掌握。国外对于高强韧轴承钢的研发重点从最初合金成分的优化逐渐往钢微观组织优化的方面发展；而国内高强韧轴承钢的技术发展较为缓慢和滞后，近年来的研究重点依然偏向于钢成分的优化和钢洁净度的提升，在微观组织优化方面的重要研究成果较少。

具体分析相关技术如下：

1994 年日本 NTN 株式会社研发了一种滚动轴承（JPH0625799A），该滚动轴承的使用寿命足够长。1998 年，该公司又研发了一种滚动轴承（JPH1036942A），通过改善轴承钢的微观结构可以防止可能由于长时间暴露于高温条件、跌落或其他冲击载荷而导致的压痕的形成来实现对声学性能劣化的抗性，同时还涉及一种用于制造钢的方法。此外，对钢进行淬火或碳氮化处理，并且在此之后在室温下进行回火，在钢的淬火或以上的第三阶段中，使钢的显微组织形成铁素体+渗碳体。

2014 年，SKF 公司研发了一种亚共析轴承钢（WO2014049032A），钢合金组合物包含 0.6～0.9 重量% 的碳、优选 0.7～0.8 重量% 的碳、更优选 0.72～0.78 重量% 的碳，和其他合金元素相结合，这导致了所需的显微结构。亚共析轴承钢的相对低的碳含量影响钢的淬透性，并可能限制钢在具有中等壁厚的构件（例如轴承套圈）的应用性。为了绕开所述可能的问题，使钢合金的锰含量和钼含量接近于在上述 DIN 1.3536 轴承钢中对这些元素通常规定的范围的上限，使轴承钢具有更好的机械性质和滚动疲劳特性。

2015 年，日本制铁株式会社申请了一种轴承用钢（WO201505186A1），涉及的轴承部件的化学成分以质量% 计，含有 C：0.95%～1.10%、Si：0.10%～0.70%、Mn：0.20%～1.20%、Cr：0.90%～1.60%、Al：0.010%～0.100%、N：0.003%～0.030%，将以下元素限制在 P：0.025% 以下、S：0.025% 以下、O：0.0010% 以下，而且任意地含有 Mo：0.25% 以下、B：0.0050% 以下、Cu：1.0% 以下、Ni：3.0% 以下、Ca：0.0015% 以下，剩余部分包含铁及杂质，金属组织为残留奥氏体、球状渗碳体及马氏体，所述残留奥氏体的量以体积% 计为 18%～25%，而且在所述金属组织中，原奥氏体的平均粒径为 $6.0\mu m$ 以下，所述球状渗碳体的平均粒径为 $0.45\mu m$ 以下，且所述球状渗碳体的密度为 0.45×10^{6} 个/mm^2 以上。通过使原奥氏体的平均粒径微细化，能够确保残留奥氏体量。通过确保残留奥氏体量，不仅在通常的环境下，而且即使在混入异物的环境下，也能提高轴承部件的滚动疲劳寿命。

钢铁研究总院在 2016 年研发一种高硬度高耐磨高氮马氏体不锈轴承钢及其制备方法（CN106086631A），属于合金钢技术领域。该轴承钢的化学成分以重量% 计为：C：0.65%～1.25%，Cr：13.00%～20.00%，Mo：0.15%～4.50%，N：0.05%～0.50%，V：0.03%～1.20%，Nb≤0.1%，Si≤1.00%，Mn≤1.00%，其余为 Fe 及不可避免的不纯物，并且 Ti≤0.0020%，Al≤0.008%，P≤

0.010%，S≤0.008%，Cu≤0.25%，Ni≤0.30%，Ca≤0.001%，As≤0.04%，Sn≤0.03%，Sb≤0.005%，Pb≤0.002%，其中0.8%≤C+N≤1.50%。本发明系列化高氮轴承钢表面硬度可以达到62HRC以上、耐蚀性能比传统高碳高铬轴承钢高出50倍以上、最高使用温度可达350℃，疲劳寿命是传统高碳高铬轴承钢L10的10倍左右。一年之后，进一步研发出一种亚共析空冷硬化轴承钢及其制备方法（CN106555110A），通过C、Mn、Si和Cr为主要添加元素和以Mo、Nb、V和稀土RE等强碳化物析出的微合金元素的合金设计，通过传统高碳铬轴承钢生产工艺，制造出一种无网状碳化物和空冷硬化性能的轴承钢，保证碳化物分布均匀性和硬度沿壁厚的一致性。同时该轴承钢具有比传统全淬透轴承钢更加优异的接触疲劳性能和耐磨性能。

因此，从轴承钢第一次研究热潮开始，选取国内外重要申请人在不同时期的核心专利代表，作为轴承钢的重要专利进行分析和研究，能够对轴承钢的关键生产技术进行初探和了解，对于我国攻克高端轴承钢的技术瓶颈方面具有指导意义。

中国的飞速发展也让国外很多企业和个人看到了中国市场非常有潜力，为了抢占中国广大的市场，首先要保持技术领先，并且要在中国进行专利申请，进而在中国得到相应的保护，形成有效的布局。

综上所述，轴承钢生产技术领域主要可分为轴承材料与制备工艺两大类。其中，国内专利技术主要集中于合金成分及冶炼等轴承材料方面，占该领域国内专利申请总量的54.4%；在强韧化处理、表面化学镀、抗氧化及防腐等轴承制备工艺等方面的专利则相对较少。从国际专利分布来看，这两者申请量相差不大，因此，由专利主要技术领域分析可知，在轴承材料和制备工艺两方面，国内与国外的专利申请量基本保持一致。

就涉及轴承钢的技术手段来讲，添加合金元素，对其成分进行优化（占近50%），进而通过热处理工艺（约20%）对其组织进行改进仍然是最主流的方式方法。但随着科学技术的进步，科学研究工作者对组织、性能的期望的多样化，而慢慢地也涉及其他一些改进方法，如表面处理（尤其是进行强韧化、耐蚀、耐磨处理）、夹杂物变性（减少疏松等缺陷，将夹杂物作为形核点或改善其形貌将其作为硬质点）、增加增强相（常见的加入WC等）等手段。

鉴于轴承钢的应用领域比较广泛，进一步分析了在轨道交通、汽车、航空航天、风电、精密机床等领域全球高端轴承钢的专利申请情况，如图7-27所示。

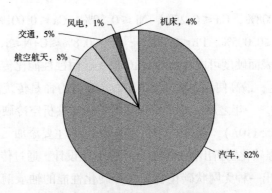

图 7-27 轴承钢技术应用领域分布

从图 7-27 可见，汽车领域涉及的轴承钢专利申请量最高，占 82%；其次是航空航天领域，占 8%；再次是交通领域，占 5%；风电和机床领域的轴承钢专利申请量最低。

由此可知，汽车领域和航空领域高端轴承钢的专利申请量占比较高，因此，根据上述分析，进一步对该两大领域的技术进行分析，便于发现填补国内的技术空白点的要点所在，以下将重点梳理该领域的最新专利技术。从汽车领域轴承钢的发展历程来看，对于材料组织、成分和热处理方法等方面的研究一直贯穿始终。具体来看，主要涉及高端轴承钢耐高温、高韧性两大性能的优化。

（1）高端轴承钢耐高温性能优化

提升轴承钢的耐高温性，包含改变含有的元素组分变化，比如铬可以改善热处理性能、提高淬透性、组织均匀性、回火稳定性，又可以提高钢的防锈性能和磨削性能。

2009 年，株式会社 JTEKT 公司的专利申请 JP2006549046A 公开了一种在用于使用混有异物的润滑油的滚动轴承时能够获得更长寿命的滚动、滑动部件。在渗碳处理中，为了达到上述的微细的析出状态，必须加热到 800℃左右的温度，以 25℃/h 以下的缓慢的速度徐徐冷却。

2014 年，山阳特殊制钢株式会社公司申请的 WO2015020169A1 公开了一种具有优异滚动疲劳寿命的钢。

2020 年，鞍钢股份有限公司申请的专利 CN110669902A 公开了通过纳米粒子均匀分散铝基中间体，改善了钢的力学性能和表面质量。

（2）高端轴承钢韧性优化

改善轴承钢的韧性主要涉及两个技术方面的改进方法，第一种是添加稀土等元素，另外一种是改变碳化物的形态和类型。

2010 年，上海材料研究所的专利申请 CN101880833A 公开了一种采用稀土微合金化的适用于制造微型及小型轴承的不锈轴承钢及其制造方法。

2012 年，日本新日铁住金株式会社公司提出的专利申请 JP2013539607A 涉及一种轴承钢，金属组织中作为夹杂物含有含稀土金属、Ca、O、S 和 Al 的复合氧硫化物、TiN、MnS、Al_2O_3，以及含 Al 和 Ca 的复合氧化物。

2015 年，北京科技大学申请 CN104805337A，涉及稀土铝硅钙铁合金及其制备方法，属于炼钢脱氧剂技术领域。

2019 年，中国科学院金属研究所申请的专利 CN110484811A 涉及超净稀土钢及夹杂物控制方法。

综上所述，从布局的角度提升技术的发展方向也是一条非常可行的研发途径。我国的轴承制造技术虽然已经接近世界顶尖水平，但是用于制造轴承的高端轴承钢却仍严重依赖进口。特别是在航空航天、高速铁路等重点工业领域的应用上，中国轴承的使用寿命、可靠性与承载能力等方面均与先进国家存在较大的差距，从而成为中国高端装备制造和战略性新兴产业发展的瓶颈。上述也是我国进行专利布局的方向。

7.4　小结

从第三节分析可知，国外对于高端轴承钢的研究已经趋于成熟，研究热度和专利申请量呈下降趋势；我国则处于快速发展阶段，已逐步成为轴承钢生产大国，专利申请量位于世界前列，但我国申请人分布较分散，掌握核心技术的企业较少，国内申请人在高端轴承钢领域的专利布局也做得不够，与国外仍存在一定的差距。

在技术发展方面，国外目前对于高端轴承钢的研究重点为钢洁净度和微观组织的优化，我国在这方面的研究涉及较少，且较多有价值的专利集中在高校和科研院所，成果转化存在一定局限性。

通过对国内外高强韧轴承钢行业现状、专利申请态势、申请人分布、技术发展脉络和重点专利进行具体剖析，得出以下几点结论。

第一，找准主流技术。通过申请人排序以及技术来源国等分析可见，日本企业在我国的轴承钢技术领域占据一席之地。尽管我国在轴承钢制备技术中已经从简单的传统加工开始展开轴承钢新材料以及和制备工艺上的研究，但是仅仅涉及添加元素或者工艺参数的细微调整，应加强对日本以及韩国等钢铁强国技术动态的研究与跟进，尤其应加强其重点企业在该领域的专利布局的情况分析，强化其核心技术的学习，在精细加工以及元素等方面进行研发。同时，可以通过学术交流、人才引进、技术合作、技术引进、专利许可、标准认证等方式，与该领域行业龙头进行合作，通过先模仿、再学习、后创新、反超越的方式，逐步形成自己的高端轴承钢发展道路。

第二，推动官产学研协同。从国内申请人的分布及排行榜可见，宝山钢铁股份有限公司是国内轴承钢专利申请领域的佼佼者，应加强企业与科研院所之间的合作。国内高端轴承钢的专利申请有相当大一部分来自钢铁研究总院、北京科技大学、东北大学等高校和科研院所，一些核心的科研成果也大部分由这些高校和科研院所掌握，但相较于企业，高校和科研院所在科研成果转化方面存在一定的局限性，许多先进的技术无法在产业上得到及时的实践和应用，这也是限制我国高端轴承钢发展的一个主要因素。让技术落地，投入生产也是验证技术发展和调整研发方向的重要途径，因此，国内企业应加强与高校和科研院所的合作与交流，实现高端轴承钢从研发到应用生产的转化。

第三，跟踪科技前沿动态。应加强在轴承钢精细化生产方面的研发力度，充分利用我国在生产设备和人才储备方面的优势，从工艺细化和管理优化两个方面着手，在涉及夹杂物控制和微观组织优化的工艺改进方面发力，通过研发新的工艺流程、提高各工序的标准化程度，并配合高效有序的团队管理，将轴承钢生产不断朝着精细化、微观化的方向发展。

第四，培育产业链条集群。我国已成为轴承钢生产大国，但是中低档水平产品较多，在技术层面产品质量水平不高、不稳定，含氧量和其他有害元素含量与发达国家同类轴承钢产品有明显差距，导致产品质量水平不高、稳定性不足，这也是影响国产轴承市场占有率的重要原因。尤其，在全球新冠疫情扩散未得到全面控制、经济普遍下滑的严峻形势下，我国轴承行业承受着巨大压力，同时中美贸易摩擦对轴承相关产业带来一定的冲击，造成对配套轴承的需求锐减。建议从政府的角度引导和鼓励创新主体加大研发力度，扶持重点企业走高精尖发展的道路，对于目前国内先进的轴承钢生产企业，如宝武钢铁等，培育建立我国与国际领先水平差距甚远、仍然主要依靠进口的重型装备用轴承，如高铁轴承、高速高精密机床轴承和航空航天轴承等方面的产业链，优化产业结构，引进人才，使关键技术不受制于人等。

第八章 大国重器：燃气轮机

8.1 燃气轮机概述

8.1.1 燃气轮机的定义及工作原理

燃气轮机是一种复杂而先进的成套动力机械设备，它以连续流动的气体作为工质、把热能转换为机械功，是一种旋转叶轮式热力发动机，其典型结构如图 8-1 所示。

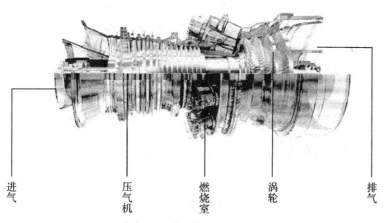

进气　　　压气机　　　燃烧室　　　涡轮　　　排气

图 8-1　燃气轮机主要结构

燃气轮机的工作原理是，压气机从外部吸收空气，空气从燃气轮机进气口进入，通过压气机叶片将其压力升高，压缩后送入燃烧室，同时燃料（气体或液体燃料）也喷入燃烧室与高温压缩空气混合，在定压下进行燃烧。生成的高温高压烟气燃烧受热后膨胀，进入透平区经过一级一级的叶片，推动动力叶片高速旋转，直至从出气口排出，成为废气，废气排入大气中或再加利用（如利用余热锅炉进行联合循环）。叶片转动后带动轴转动，轴带动负荷的机械转动，实现热能和机械能的转换。通常，压气机、燃烧室、透平被称为燃气轮机的三大核心部件。❶

燃气轮机是继蒸汽轮机、内燃机之后出现的新一代动力装置，也是迄今为止热—功转换效率最高的发电类动力装备。作为高新技术集聚的典型产品，它是关系国防安全、能源安全、保持工业竞争力的战略性装备，一定程度上集中体现了一个国家的科技水平、综合国力和重工业水平，是 20 世纪以来对人类生产生活影响最大的科技领域之一。1939 年，瑞士 BBC 公司制成了一台 4000kW 发电用燃气轮机并投入商业应用。同年，德国 Heinkel 工厂设计的第一台燃气涡轮喷气发动机通过地面试车，并装机试飞成功，后来人们把这一年视为燃气涡轮发动机获得成功之年，标志着燃气轮机发展成熟，进入了实用阶段。经过 80 多年的发展，燃气轮机已经被广泛应用于工业发电、航空动力、舰船动力、机械驱动等领域。

燃气轮机与航空发动机在技术上一脉相承，轻型燃气轮机大部分由航空发动机改型研制，重型燃气轮机移植航空发动机技术研制，航改型燃气轮机与原型航空发动机零件 90% 以上是相同的。重型燃气轮机主要是指功率等级较大的地面燃气轮机，由于具有单机功率大、供电效率高、建设周期短、污染排放低的优势，是迄今为止效率最高的热—功转换类发电设备。作为发电和驱动领域的核心设备，广泛应用于航空、舰船、发电和机车动力等国防、交通、能源、环保领域，重型燃气轮机也是中型常规航空母舰的主动力，堪称名副其实的国之重器，是国家科技和制造水平的重要体现，被誉为装备制造业"皇冠上的明珠"。❷

8.1.2 燃气轮机的分类

1. 按热力循环分类

（1）等压加热循环与等容加热循环

在燃气轮机早期发展过程中，曾发展过等容加热循环，特点为加热过程是断续爆燃，其燃烧室需要设置进气阀和排气阀。与等压加热循环相比，等容加热循环的燃烧室结构复杂，透平进气压力脉动大、工作效率低，机组效率很难提高。因此，这种循环逐渐被人们放弃，现用的燃气轮机都是按照等

❶ 姜伟，赵士杭. 燃气轮机原理、结构与应用［M］. 北京：科学出版社，2002.
❷ 杨铁军. 产业专利分析报告（第 17 册）：燃气轮机［M］. 北京：知识产权出版社，2014.

压加热循环来设计和运行的。

（2）开式循环与闭式循环

开式循环的工质来自大气又排入大气（图 8-2a），闭式循环的工质则与外界隔绝，被封闭地循环使用（图 8-2b）。第一台闭式循环燃气轮机在 1940 年就已投入运行，虽然经过多年发展，但因效率提高受到很大限制，而且设备笨重、造价高，至今未被推广应用，目前现用的燃气轮机大多为开式循环机组。

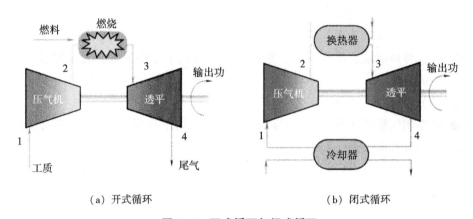

（a）开式循环　　　　　　　　　（b）闭式循环

图 8-2　开式循环与闭式循环

（3）现用的热力循环

燃气轮机工质的工作过程包括一次压缩、一次燃烧加热、一次膨胀做功，这是构成燃气轮机循环必不可少的过程，称为简单循环。如果将透平高温排气用来加热压气机压缩后的空气，提高进入燃烧室的空气温度、减少燃烧室中燃料的加入量，从而提高机组效率，这种循环称为回热循环。此外，还有在压缩过程中对工质进行冷却的间冷循环，以减少压缩耗功，以及在膨胀过程中对工质进行再热的再热循环，以增加工质的膨胀功。

（4）复合循环

由燃气轮机循环和其他动力装置循环联合组成的热力循环称为复合循环，目的是相互取长补短，以充分利用能源，提高能源利用率。燃气—蒸汽联合循环就是复合循环。

2. 按设计体系分类

按照设计体系分，燃气轮机主要分为重型燃气轮机、轻型燃气轮机和微型燃气轮机 3 种。

（1）重型燃气轮机

重型燃气轮机功率一般高于 50MW，主要用于陆地发电。在设计时更加关注长期安全运行的能力，瞄准的是超长期服役，寿命可达 10 万小时以上；不以减重为目的，因此部件质量较大，单位功率的质量为 2~5kg/kW。结构方面主要有两个特点：一是静子为上下两个部分，呈水平中分结构；二是采用滑动轴承，以保证较长的工作寿命。根据燃烧温度，重型燃气轮机又可分为不同的级别。

（2）轻型燃气轮机

轻型燃气轮机功率一般在 50MW 以内，主要由航空发动机改制而成，采用较好的材料制造，结构紧凑，重量较轻，可用于工业发电、舰船驱动、分布式供能系统等。

（3）微型燃气轮机

微型燃气轮机功率一般在 1MW 以下，通常用于分布式能源，大部分采用离心压缩机和向心透平。

3. 按燃烧温度等级分类

透平进口燃气温度和压气机压比是燃气轮机的重要指标，反映了燃气轮机的技术水平，尤其是透平进口燃气温度，直接影响着燃气轮机的热效率。因此，通常也根据透平进口温度来划分重型燃气轮机的等级，见表 8-1。

表 8-1   不同等级重型燃气轮机透平进口温度等级

级别	E	F	G	H
透平进口温度等级（℃）	1100	1300	1400	1500~1600

随着初温的增加，燃气轮机功率随之增加，一般 E 级燃气轮机功率为 100~200MW，F 级燃气轮机功率为 200~300MW，更高等级如 G 级、H 级燃气轮机功率为 300~600MW。❶

8.1.3 燃气轮机发展现状

燃气轮机广泛应用于发电、船舰和机车动力、管道增压等能源、国防、交通领域，是关系国家安全和国民经济发展的高技术核心装备，属于市场前

---

❶ 方宇. 中国战略性新兴产业研究与发展：燃气轮机［M］. 北京：机械工业出版社，2021.

景巨大的高技术产业。燃气轮机技术水平是代表一个国家科技和工业整体实力的重要标志之一。正是基于燃气轮机在国防安全、能源安全和保持工业竞争能力领域的重大地位，发达国家高度重视燃气轮机的发展，世界燃气轮机技术及其产业发展迅速，目前已基本形成重型燃气轮机以 GE、西门子、三菱等公司为主导，航空燃气轮机（包括工业轻型燃气轮机）以 GE、P&W、R&R 等航空公司为主导的格局。

在过去的几十年中，美、日、德、英、俄等国家均将先进的燃气轮机技术研究作为国家攻关项目，部署落实一系列的国家研究发展规划。美国、欧洲国家、日本等的政府制定了推动燃气轮机技术发展和扶持燃气轮机产业的政策和发展规划，如美国的 ATS（先进涡轮系统计划）、CAGT（联合循环燃气轮机计划）、IHPTET（高性能涡轮发动机综合技术计划），欧共体的 EC-AYS 计划，日本的"新日光计划"等，长期投入大量研究资金，通过这些规划的实施，它们建成了支撑可持续发展的燃气轮机能力条件，并凭借相应的基础研究、技术研发、产品应用及改进提高，相继研发出先进成熟的系列化燃气轮机产品，从而垄断全球燃气轮机市场。

重型燃气轮机是发电设备的高端装备，其技术含量和设计制造难度居所有机械设备之首，是机械制造行业的金字塔顶端，在国民经济和能源电力工业中有重要的战略地位。目前燃气轮机联合循环发电已经达到全球发电总量的 1/5（欧美国家已超过 1/3），最先进的 H/J 级燃气轮机单循环和联合循环效率已经达到 40%~41% 和 60%~61%，为所有发电方式之冠。燃用天然气的燃机电站污染排放极低，二氧化碳排放量约是超临界燃煤电站的一半，大力发展天然气发电是包括我国在内的世界各国保护环境和落实《巴黎协定》减少温室气体排放的主要措施之一。

一般来说，燃气轮机涡轮前能够承受的温度越高，技术等级越高，性能也越先进。目前全球最先进的一代重型燃气轮机，分别是美国通用电气研制的 H 级和日本三菱日立研制的 J 级。此外，市场主流的重型燃气轮机是 E 级、F 级，全球也仅有少数公司能生产这类高水平的燃气轮机。总体来看，目前世界上完全具备重型燃气轮机研制能力仅有 5 家企业：美国通用电气（GE）、德国西门子（SIEMENS）、日本三菱（MHI）属于第一梯队，上述 3 家公司均具备成熟的 E 级、F 级重型燃气轮机技术，同时最先进的 H 级、J 级产品也已研发完成开始进入市场；法国阿尔斯通（目前已被 GE 收购）和意大利安萨尔多（2014 年被上海电气集团收购）属于第二梯队，当前也具备成熟的 F 级重型燃气轮机设计制造能力。

重型燃气轮机技术研发难度高、投资大、周期长，所以技术发展基本都是在政府的资助下，并由企业、研究院校联合开展的。一旦核心技术有了新突破，再由企业开发相关的产品投入市场。重型燃气轮机的技术发展概括起来可以分为3个阶段，如图8-3所示：以甲烷作为燃料的联合循环发电技术阶段、以合成气作为燃料的煤气化发电+多联产技术阶段、以氢气作为燃料的煤气化发电+CO_2捕获技术阶段。❶

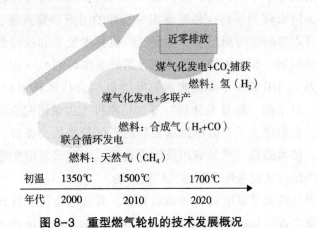

图8-3　重型燃气轮机的技术发展概况

近年来，在全球碳减排大势下，天然气的化石能源的属性使得传统天然气发电用大型燃气轮机市场不断萎缩，全球各大燃气轮机厂商已找到新的市场立足点。日本三菱重工、美国通用电气、德国西门子能源和意大利安萨尔多能源公司等国际主要燃气轮机厂商，均针对氢燃料燃气轮机推出了相应的发展计划，开启了掺氢燃料甚至是纯氢燃料燃气轮机的研究、开发及示范应用工作，为电力行业深度脱碳奠定了技术基础。三菱日立动力系统公司2018年开展了大型氢燃料燃气轮机测试，氢气含量30%的氢燃料测试结果表明，新开发的专有燃烧器可以实现混氢燃料的稳定燃烧，与纯天然气发电相比可减少10%的二氧化碳排放，联合循环发电效率高于63%。与三菱重工相似，西门子也致力于提高燃气轮机的燃氢能力。2019年，西门子能源承诺，将在2030年前实现100%燃氢燃气轮机，并且涵盖从小功率到重型燃气轮机的所有产品组合。

---

❶ 蒋洪德. 加速推进重型燃气轮机核心技术研究开发和国产化 [J]. 动力工程学报，2011，31(8)：563-566.

8.1.4 燃气轮机产业发展现状

目前，重型燃气轮机的国际市场基本已经形成了以通用电气（GE）、西门子、三菱日立为主导的格局，这3家企业的技术和产品也在市场上占据了高度的垄断地位。H级/J级重型燃气轮机为3家公司当前的重型燃气轮机系列中的代表产品，均在继承原有技术的基础上对燃气轮机主要部件，例如压气机、燃烧室、透平等进行了发展和创新，主要特点如表8-2所示。[1]

表8-2 重型燃气轮机系列型号及特点

企业	燃气轮机型号	主要部件技术特点		
		压气机	燃烧室	透平
通用电气（GE）	9HA. 01/02	借鉴航空引擎技术，采用14级轴流压气机，压比为22.9，全部叶片无须分解转子即可现场更换，叶片采用3D叶型设计和 Super Finishing 技术以降低沾污，提高效率	采用 DLN2.6＋燃烧系统，逆流、分管式设计，燃烧器设计方案使燃料混合更好、燃烧更加稳定，提高了燃料适应性，机组正常状况下的 NO_x 排放小于 25ppm	采用4级动静叶设计，第一级由定向凝固单晶合金制造并采用表面热障涂层技术，前三级采用强制对流冷冷方式，第四级不予冷却，双层缸体设计，便于拆装
西门子（Siemens）	SGT5—8000H	综合原 V94.3 及 W501F 系列燃气轮机技术，采用13级演进型三维叶片，压比为 18.2，空气调节范围 50%～100%，可实现无起吊转子的静叶更换	采用由原 W501F 环管形燃烧室基础上开发而成的 ULN 燃烧系统，增加了在线燃烧参数自动调节系统，实现对燃烧特性及 NO_x 排放的动态控制	四级动静叶设计，三维设计叶型，一、二级叶片采用定向结晶材料和改进型隔热涂层技术，采用液压间隙优化技术(HCO) 控制动静间隙

---

[1] 刘帅，刘玉春. 重型燃气轮机发展现状及展望 [J]. 电站系统工程，2018，34（5）：61-63.

续表

企业	燃气轮机型号	主要部件技术特点		
		压气机	燃烧室	透平
三菱日立（MHPS）	M701J	采用可调导叶的17级高效轴流压气机，压比约为23，通过控制进气量控制排气温度，气缸采用水平中分面结合式布置，静叶栅和燕尾型轴向插入的叶片可在现场与转子同时更换	在燃烧火焰筒、过渡段采用蒸汽冷却技术，燃烧室成水平中分面拼合布置以便于转子就位后的维修，采用燃烧压力波动检测系统以实现更加稳定的燃烧	采用先进的涂层、冷却等优化技术，四级动静叶片设计，一、二级为自立设计，三、四级为整体围带设计，转子冷却空气通过透平空气冷却器在外部冷却，过滤后再返回转子内部

8.1.5 燃气轮机重点企业

1. 通用

美国通用电气（GE）公司是一家多元化公司，GE 公司始建于 1890 年，是道琼斯工业指数 1896 年设立以来唯一至今仍然在指数榜上的公司。GE 公司是一个能同时提供大型商用航空发动机和电站燃气轮机的厂商，拥有产品门类和系列齐全的燃气轮机产品。在 GE 的航空发动机和动力系统部门之间的协同努力下，促成了航空发动机技术与传统发电技术的结合，加速了工业和公共电站应用燃气轮机的改进。

GE 公司发电用燃气轮机是在航空发动机的基础上发展起来的，其气缸形状、转子结构、燃烧室等均保留着航空发动机的特点。GE 公司设计了人类史上第一台喷气式发动机，这就是安装在 Bell—59 上的两台 GE 1—A 发动机（于 1945 年成功试飞）。随后，GE 又于 1949 年设计并提供了世界上第一台在商业电站中应用的燃气轮机（安装于美国俄克拉荷马煤气电力公司的 Belle Isle 电站）。

GE 公司的重型燃气轮机产品处于全球领先水平，它有着不断创新的历史以及技术领先的优势，致力于在各个领域提供更加清洁高效的发电设备。一个多世纪以来，通用电气一直在燃气轮机技术方面进行投资研发，从航空发动机和舰载燃气轮机到重型燃气轮机和工业燃气轮机，GE 公司制造出了当前最高效且用途广泛的燃气轮机。多年来 GE 公司一直在全球燃气轮机领域市场占据统治地位，其市场份额连续多年超过40%，主要原因是其品牌效应和燃气轮机组合非常丰富。9HA燃气轮机是GE推出的最新型的重型燃气轮机，具有先进的空气冷却、50Hz燃气轮机技术，适用于50Hz市场，可以承担基本负荷和调峰负荷，适于简单循环和联合循环（效率>61%）的应用。可采用单轴布置和多轴布置方案。

近年来，全球变暖已成为全人类共同面临的环境挑战之一，影响到世界各国的可持续发展。作为电气行业的巨头，美国通用电气（GE）公司提出，为快速实现大幅减排，将进一步加强气电系统的燃气轮机发电和可再生能源的战略性部署、精进低碳或接近零碳的发电技术。美国通用电气公司的低碳、零碳变革势在必行。GE最先进的HA级燃气轮机机组目前都已经具备了50%掺氢燃烧的能力，GE计划在2030年前，将HA级燃气轮机的掺氢能力提高到100%。

2. 西门子

德国西门子股份公司（SIEMENS AG）创立于1847年，是全球电子电气工程领域的领先企业，西门子是全球第二动力巨头。它的子公司和分支机构遍布全世界120多个国家和地区。自1948年自行开发第一台1000℃水冷型燃气轮机以来，西门子已经开发了3代应用级燃气轮机。1972年开发了第一代20MW的燃气轮机，1984年起推出第二代110MW和157MW的燃气轮机，1996年推出第三代265MW燃气轮机及其改进型。西门子燃气轮机一直处于世界领先水平，然而近30年来其仍然不断进行并购，取长补短，完善产品的市场需求并积极进行全球布局。其型号和参数如图8-4所示。

西门子全新的HL级燃气轮机包含3款机型：SGT5—9000HL、SGT6—9000HL和SGT5—8000HL。在单循环工作模式下，空冷式SGT—9000HL燃气轮机的发电量分别为545MW（50Hz市场）和374MW（60Hz市场）。SGT5—8000HL在单循环工作模式下的发电量为453MW。3款燃气轮机都可实现超过63%的联合循环效率。西门子SGT5—8000H超级重燃气轮机是世界较大型的气轮机，功率为尼米兹航母的1.93倍，一台即可提供一个工业化大城市的用电。

近年来，西门子公司在燃气轮机领域一直致力于燃氢燃气轮机的研发。目前，几乎所有的主要燃气轮机制造商都不同程度推出了自己的燃氢发展规划，它们都认为氢能不仅可以使得全球燃气发电机组在低碳能源市场获得更大的竞争力，并且有望在满足各国法规和排放限制下延长现有机组的生命力。

目前，西门子公司在燃氢燃气轮机方面，主要采用干低排放燃烧室（DLE）技术和湿低排放燃烧室（WLE）技术，目标是实现百分之百燃氢。DLE 燃烧系统一般采用涡流稳定火焰结合贫油预混在不稀释燃料的前提下实现低 NO_x 排放，非 DLE 燃烧技术则采用扩散火焰或部分预混火焰。西门子公司的燃氢燃气轮机的掺氢能力的稳步提升，主要是从小型燃气轮机开始，再逐步扩展至中型燃气轮机、重型燃气轮机。

西门子公司的目标是在 2030 年实现 100% 燃氢燃气轮机，并且涵盖几乎所有产品组合，从小功率的航改燃气轮机到庞然大物的重型燃气轮机。西门子对实现这个目标信心满满，其在白皮书《Hydrogen power with Siemens gas turbines》中解释道："多个燃气轮机型号已经实现燃高比例氢含量燃料的能力，并且燃烧室设计技术也在不断地推陈出新。"西门子燃气轮机型号和参数如图 8-4 所示。

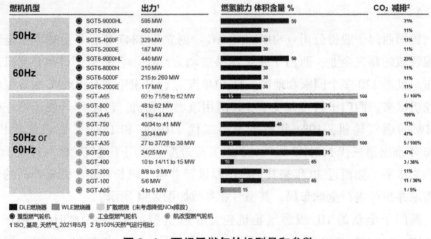

图 8-4　西门子燃气轮机型号和参数

3. 三菱重工

三菱重工始建于 1884 年，是拥有制造 700 种以上产品实力的日本最大型的重工业厂家。在燃气轮机领域属于后起之秀，走的是引进技术消化吸收再创新的路线。三菱重工向西屋公司购买了生产燃气轮机的许可证，1963 年开始生产第 1 台燃气轮机（M171），1984 年生产出当时世界上效率最高的 M701D 燃气轮机联合循环机组，透平进口温度为 1150℃。1986 年又自主开始了 1250℃ 等级的 MF111 型机组，功率为 15000kW，也是当时世界上温度最高的燃气轮机。三菱从此结束了引进模仿国外技术，经过短短的 20 年左右时间从消化吸收到独立开发，走上自我发展的道路。1989 年 1350℃ 等级的 60Hz 的 M501F 机组在三菱的高沙制作所完成了工厂试验，于 1992 年进入商业运行；50Hz 的 M701F 也相继投入市场，并于 1993 年首次进入商业运行。1997 年，三菱开发出 1500℃ 等级的 M501G 型燃气轮机，并完成了首台样机的实际验证试验，等到 1998 年，西屋公司因为经营不善将旗下的燃气轮机部卖给西门子公司时，三菱已经建立了燃气轮机完善的自主设计、制造工程、试验设施和商业售后体系。

2013 年，由于感觉到了市场寒冬，三菱与日立共同投资建立了三菱日立动力系统公司（MHPS），三菱重工与日立公司共同投资在 2014 年建立了三菱日立动力系统公司，持股比例为三菱重工 65%、日立 35%，总部设在横滨市。2019 年 MHPS 成为三菱的全资子公司并改名为三菱动力。经过几年的努力后，MHPS 公司超越竞争对手美国 GE 和德国西门子公司，在 2018 年的大型燃气轮机订单量位于世界第一。然而好景不长，由于利益和竞争关系，2019 年双方决定解约，日立公司也已经同意向三菱重工支付和解协议，并将 MHPS 公司 35% 的股份于 2019 年 12 月转让给三菱重工，从此 MHPS 公司成为三菱重工的全资子公司。

如图 8-5 和图 8-6 所示，三菱公司的燃气轮机技术发展自 20 世纪 60 年代起始，最初仅能制造功率等级十余兆瓦的燃气轮机。随着技术进步，燃气轮机逐渐向高温度、高功率方向发展。2002 年，三菱公司的 G 型燃料轮机 M701G2 开始工厂负荷测试；2011 年，三菱公司的 J 型燃气轮机 M701J 开始工厂负荷测试。燃气轮机功率已提升至 M701J 的 470MW，涡轮入口温度自 1000℃ 左右提升至 1700℃ 左右，并通过采用高效率的联合循环来提升整体效率。

图 8-7 所示为三菱公司 J 型燃气轮机的技术演进示意图。三菱公司最新型号则为 M701J 型超级燃机，联合循环功率 650MW。配备压比为 23∶1 的 15 级轴流压气机，燃烧器和 4 级轴流透平都采用空气冷却，并且前 3 级采用了最新高温保护涂层、陶瓷热障涂层和高性能气膜冷却等高技术，在拥有全球最高的燃机入口温度 1600℃ 的情况下，仍能保证高温部件的长期寿命。M701J（转速：3000r/min，50Hz）是 M501J（转速：3600r/min，60Hz）的缩放版本，以 M701J 的尺寸为 M501J 尺寸的 1.2 倍，采用相似设计规则，从而保持 M701J 各部分的应力、温度等特性与 M501J 相似。M501JAC 是在 M501J 的基础上采用蒸汽冷却的燃气轮机。M501JAC 压缩机与 M501J 相同，涡轮区域的流道设计也相同，但涡轮转子/定子叶片的冷却结构根据所采用的风冷燃

烧器进行了优化。燃烧室采用了 M501GAC 成功使用的空冷系统，并应用了 J 型验证的低 NO$_x$ 技术。

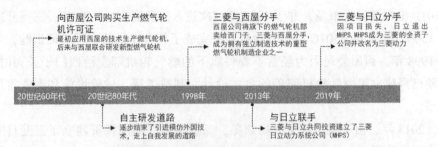

图 8-5　三菱公司燃气轮机发展道路示意

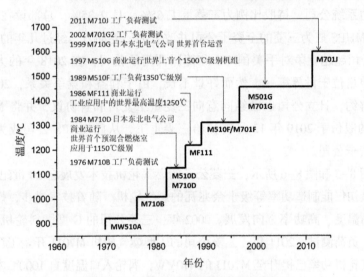

图 8-6　三菱公司燃气轮机发展示意

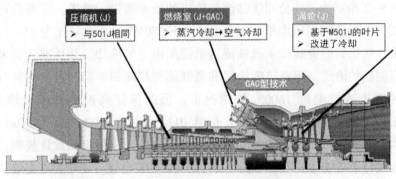

图 8-7　三菱公司 M501JAC 型燃气轮机技术

8.1.6　我国燃气轮机"卡脖子"形势

我国燃气轮机产业起步于 20 世纪 50 年代末，在早期阶段（1950—1970年），我国在借鉴苏联技术的基础上自主设计、试验和制造燃气轮机，开发出 200~25000kW 多种型号的燃气轮机，培养了我国第 1 代燃气轮机核心技术自主研究开发、试验研究、产品制造和工程服务技术队伍，全行业技术水平进步很快；在中期阶段（1980—2000 年），由于全国油气供应严重短缺，国家不允许使用燃油/燃气发电，重型燃气轮机失去市场需求，全行业进行低潮，全国仅保留南京汽轮机厂一家重型燃气轮机制造厂，我国与国际水平差距迅速拉大。2000 年以来，随着西气东输和进口液化天然气的增加，国内市场需求开始启动，2001 年，国家发展和改革委员会发布了《燃气轮机产业发展和技术引进工作实施意见》，决定以"市场换取技术"的方式，引进、消化、吸收燃气轮机制造技术。国内三大电气集团东方电气、上海电气和哈尔滨电气分别与国外燃气轮机先进制造企业三菱重工、西门子和通用电气公司合作，引进 F 级重型燃气轮机。通过引进国际先进的 F/E 级重型燃气轮机制造技术，成功实现了国产化制造，满足了我国电力工业的需要。经过多年发展，三家公司的引进机组国产化率不断提高，东方电气目前国产化率已达 90%。

从重型燃气轮机关键核心部件国产化进展来看，以市场主流的 F 级重型燃气轮机为例，目前中国重型燃气轮机生产与制造技术国产化率大幅提高，中国燃气轮机零部件数量国产化率可达到 80%~90%，但燃气轮机零部件价值的国产化比重还不到 70%。直到 2019 年，中国重燃才完成 F 级 300MW 燃气轮机第一级动叶、静叶和燃烧室的制造，东方电气集团首台 F 级 50MW 重型燃气轮机原型机整机点火试验成功，才表明中国突破了一系列"卡脖子"关键核心技术，初步获得了重型燃气轮机高温部件制造技术能力，初步具备了自主研制 E 级/F 级重型燃气轮机的全过程能力。

然而当前国际燃气轮机巨头掌握了大量核心专利和完整的产业链，形成了严密且完备的知识产权保护体系。其关键设计及核心部件的制造维修等技术都对我国进行严格控制和封锁，拒绝转让，特别是关于热端高温部件对我国筑起了技术壁垒。虽然向我国转让了冷端制造技术，但严密封锁燃气轮机设计、试验、热端制造技术，通过专利限制关键技术的转移。民用燃气轮机产品虽然可从国外购买，但维修和保障完全受制于人，费用高昂。近年来随着国际形势的变化，大国竞争愈加激烈，美国为了遏制中国，处处打压中国，到处拉盟友建小圈，妄图与中国"科技脱钩"。这也使得我国燃气轮机技术和产品引进被限制的风险逐渐增加，一旦风险变现，国内将无法继续引进高性能燃气轮机，已有燃气轮机电厂设备维护、检修也将无法持续，这给我国能源安全和社会发展带来巨大隐患。

为了解决燃气轮机核心关键技术的"卡脖子"问题，国家出台政策，大力支持燃气轮机自主化研发。"十三五"期间，国家推出了多项政策促进燃气轮机的自主研发。2016 年国务院在《中国制造 2025》中指出"要组织实施包括航空发动机及燃气轮机等在内的一批创新和产业化专项、重大工程"。《"十三五"国家科技创新规划》中指出"要开展基础技术和交叉科学研究，力争在航发及燃气轮机方向率先突破"。工信部在"十三五"以来全面实施"航空发动机和燃气轮机重大专项"（即"两机专项"），决定初步建立航空发动机和燃气轮机自主创新的基础研究、技术与产品研发和产业体系，实现制造强国战略目标。2018 年，国家能源局发布了对 24 个燃气轮机型号和 2 个运维服务项目的创新发展示范项目。我国《"十四五"规划和 2035 年远景目标纲要》中将"高效低碳燃气轮机"列为应用支撑性重大科技基础设施之一。当前我国燃气轮机产业已进入快速发展阶段，将重点突破发电用重型燃气轮机、工业驱动用中型燃气轮机、分布式能源用中小型燃气轮机以及燃气轮机运维服务技术，逐步发展壮大我国的燃气轮机产业。

8.2　燃气轮机专利申请态势分析

燃气轮机的基本构件主要分为以下几个方面：一是压气机，吸入外面的空气并压缩。二是燃烧室，燃料添加到压缩空气中并点燃。三是透平，通过膨胀将高速气体的能量转化为旋转动力。四是输出轴和变速箱，向驱动设备提供旋转动力。五是排气口，将排放的废气排出透平部分。在燃气轮机机组中，主要涉及了工质的压缩、加热、膨胀、放热等热力循环过程，在此过程中涉及高温、高压、高速，因而压气机、燃烧室、透平也是燃气轮机最重要的部件。本文主要围绕燃气轮机的这几个主要结构进行检索和分析。

8.2.1　燃气轮机全球专利申请趋势

截至 2022 年 6 月 20 日，全球关于燃气轮机相关的专利申请共计 82526 个同族，全球的申请趋势大致如图 8-8 所示。从中可看出，在 20 世纪初期燃气轮机尚处于试制阶段，因而 1970 年前专利申请不足 500 项。随着燃气轮机效率和应用领域的扩大，美、德、日、英、苏联等国家对燃气轮机的技术研发越发重视，特别是随着燃烧室和透平技术的发展，燃气轮机的技术明显提升。2000 年前后，燃气轮机专利申请尚未突破千项，相关技术的研发和专利申请活动逐步稳定。2000 年以后，高温材料新工艺的不断提升，促进了燃气轮机的改造升级。这一阶段，相关企业研发力度加大，产品转型升级较快，全球燃气轮机技术申请进入了高速增长期。

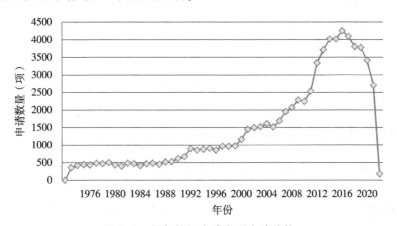

图 8-8 燃气轮机全球专利申请趋势

8.2.2 燃气轮机全球申请人排名

从全球申请排名（见图 8-9）来看，燃气轮机相关申请人排在前十位的均为美、日、欧相关巨头跨国企业，其中通用电气以 6000 余项高居榜首，其中前十包括三家美国企业，有通用电气、联合技术和普惠，日本包括三家企业，即三菱重工、日立、东芝，两家法国公司阿尔斯通和赛峰，一家德国公司西门子，一家英国公司劳斯莱斯，上述企业均为相关领域的佼佼者。由此可见，美、欧、日在燃气轮机领域的强大实力和垄断能力，且掌握了大量核心专利和完整的产业链，形成了严密且完备的知识产权保护体系。前十排名企业中无一家中国企业，因而从专利分析的角度来看，在燃气轮机领域我们既具有技术"卡脖子"的风险，同时还具有知识产权"卡脖子"风险。

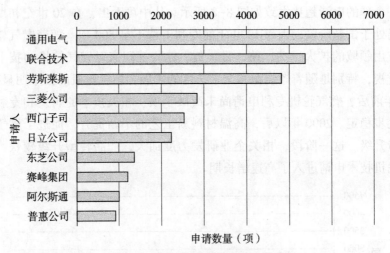

图8-9 燃气轮机全球申请人排名

8.2.3 燃气轮机全球申请技术构成

从全球申请的专利技术构成（见图8-10）来看，F02C、F01D、F23R 分别占据申请量的前三位，上述分类号分别涉及燃烧室、压气机和叶片相关技术，也表明了燃烧室、压气机和叶片是燃气轮机的关键核心技术。

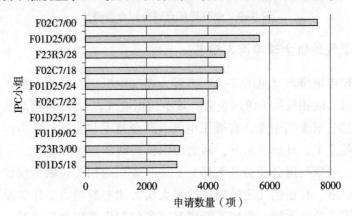

图8-10 燃气轮机全球申请技术构成

从全球专利申请的分布（见图8-11）来看，美国、日本、欧洲、中国以及俄罗斯是全球燃气轮机企业主要布局的区域。这主要是由于上述地区是全球经济最为活跃的地区和电力需求最旺盛的地区，因而也是燃气轮机的主要销售地。

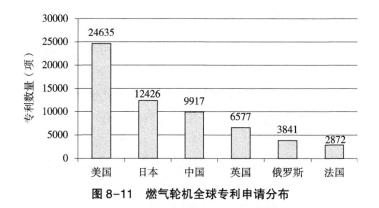

图 8-11 燃气轮机全球专利申请分布

8.2.4 燃气轮机中国申请趋势

截至 2022 年 6 月 20 日，燃气轮机中国专利申请总量为 15225 件。从中国专利申请趋势（见图 8-12）来看，2000 年以前国内申请量一直在低位徘徊，2000 年以后，国家发改委组织了三次燃气轮机"打捆招标"，以技贸的方式引进 F 级、E 级燃气轮机技术，总体目标是以重型燃气轮机为重点，用 5~7 年时间，采取中外合资合作或引进的技术消化吸收的方式，掌握 F 级、E 级 2~3 项核心制造技术等。从申请趋势可以看出，这时期以后，国内申请量出现了大幅增长，并于 2018 年达到申请量的高峰。主要原因在于全球燃气轮机巨头更加注重中国市场，以及国内也开始加强对燃气轮机的研发和投入。

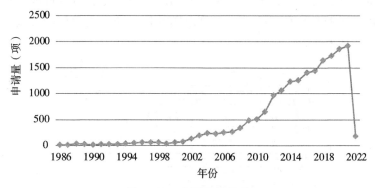

图 8-12 中国申请趋势

8.2.5 燃气轮机中国申请人排名

从国内申请人排名（见图 8-13）前十来看，通用电气、西门子、三菱重工三大巨头占据国内申请量排名前三名，除了华清燃气轮机公司，其余均为科研院所，而我国几大燃气轮机公司均未上榜。由此也可以看出，一方面我国燃气轮机技术主要还是在理论和实验研究阶段，另一方面，我国企业对知识产权保护意识还不够。

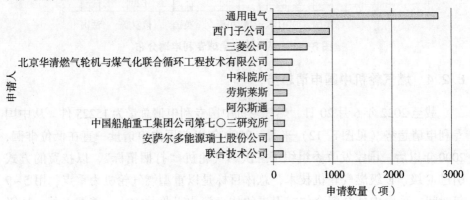

图 8-13　中国申请人排名

8.2.6 燃气轮机中国申请技术构成

从中国申请的专利技术构成（见图 8-14）来看，F02C、F01D、F23R 分别占据申请量的前三位，上述分类号分别涉及燃烧室、压气机和叶片相关技术，表明了在中国的专利构成主要是以燃气轮机的三大主要构件为主，与全球技术构成基本一致。

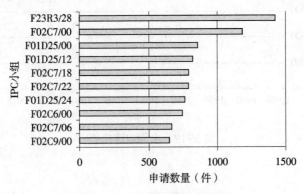

图 8-14　中国申请技术构成

8.2.7　燃气轮机关键技术

8.2.7.1　燃烧室

燃气轮机燃烧室是燃气轮机核心部件之一，在整台燃气轮机中，它位于压气机与涡轮之间，在这里燃料中含有的化学能通过燃烧化学反应，转变成热能，形成高温（通常也是高压的）燃烧产物，推动涡轮做功，随后燃气根据不同的用途，采用不同方式将热能转变为机械能。目前工业用燃气轮机燃烧室的发展趋势主要是朝着低污染方向发展。20世纪90年代，随着环保标准的提高，传统的喷水（或蒸汽）降温的方法已经不能使燃气轮机的 NO_x 排放达标。迫于环保压力，燃气轮机燃烧技术逐渐从扩散燃烧转变为贫预混燃烧，产生了现代干式低 NO_x 燃烧室。通过将燃料与过量空气预混，贫预混燃烧降低了火焰温度峰值，显著减少了热力型 NO_x。

1. 申请趋势

为了研究燃烧室专利技术的发展状况，本文对全球专利申请数据按照时间顺序进行了分析。全球专利申请趋势以及中国专利申请趋势如图8-15所示。

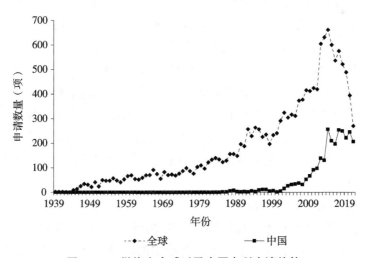

图8-15　燃烧室全球以及中国专利申请趋势

从图8-15来看，全球范围的燃烧室技术专利申请经历了一个波动爬升的发展过程，大体上可以分为四个阶段。

（1）起步期（1939—1949 年）

1939 年为燃气轮机诞生元年，从 1939 年到 1949 年的 11 年间，燃烧室方面在全球的专利申请量非常少，总量仅仅为 142 项，年均量不到 13 项，整体处于对该项技术的初步摸索阶段。仅仅有几家大公司在该领域申请了相关专利，美国的通用电气和英国的劳斯莱斯（罗罗）则是这一阶段燃气轮机专利申请的代表，它们也是最早在燃烧室领域提出专利申请的大公司。

（2）过渡期（1950—1989 年）

从 1950 年开始，全球专利申请量和申请人数量均开始增长，增长趋势较起步阶段已呈明显状态，但与后续的发展期相比还有较大差距。40 年间总体申请量突破 3300 项，年均量已超过 80 项，该阶段的专利申请主要集中于美国、德国、英国等专利制度相对完善的欧美发达国家，日本作为战后重新崛起的工业强国，在燃气轮机领域实施了先引进后吸收再创新的三步走战略，专利申请量也突破了百件，与欧美发达国家基本处于同一水平线。

（3）发展期（1990—2014 年）

进入 20 世纪 90 年代，污染物排放法规日趋严格，同时碳减排也已经成为大趋势，为满足日益严苛的环保标准，现代干式低 NO_x 燃烧室由此产生。以 F 级燃气轮机为例，采用贫预混燃烧后，NO_x 排放从 $42\mu mol/mol$ 降至 $9\mu mol/mol$，这是燃气轮机燃烧技术上的一大突破，在国际主流燃气轮机（F 级以上）上得到广泛应用。与之相呼应的则是全球专利申请量在这一阶段迎来了井喷，形成了一个高速增长的发展期，年均申请量达至 334 项，是第二阶段过渡期年均量的四倍之多，申请总量也超过了 8300 项。申请量较大的国家为美国、日本和德国，法国开始发力，而英国的申请量则出现了一定程度的下滑，值得注意的是俄罗斯和中国作为新兴力量开始登上该领域的历史舞台，中国申请量达到了 68 项。此外，为了在更大范围内寻求专利保护，跨国家和地区的专利申请也出现显著增长，EP 的申请由过渡期的 7 项增长至该阶段的 266 项。

（4）稳定期（2015—2021 年）

经过前一阶段十五年的高速增长，从 2015 年到 2021 年这七年间，关于燃烧室的全球专利申请进入了一个比较稳定的阶段，这一时期全球申请总量大体仍维持在一个相对较高的水平，达到了 3384 项，该阶段各国申请人对美国、日本、德国、法国和英国的专利申请量还是处于比较高的状态，年均量也达至 483 项。

另外从图 8-15 还能看出，中国专利申请趋势与全球专利申请趋势较为一致，由于中国专利制度建立较晚，1985 年之前没有专利申请。2001 年以后，燃烧室领域的专利申请逐年呈上升趋势，进入 2008 年后开始爆发式增长，究其原因可能与 2001 年中国加入世贸组织以及 2008 年北京奥运会的举办有一定关联，国家层面的大事件对全社会各个领域都会产生正向和积极影响，这种影响作用于技术领域也会有相应的表现，同时也表明中国申请人逐渐开始对燃气轮机燃烧室进行技术研发。

2. 专利实力和布局

根据对优先权国别数据进行统计，表 8-3 和图 8-16 分别展示了燃气轮机的燃烧室全球专利首次申请国/地区分布排名以及百分比。一般申请人先在本土进行专利申请，然后再以此为优先权向其他国家提交申请。因而分析全球专利首次申请国/地区分布可以反映出该国/地区在燃烧室领域的原创能力和研发实力。

美国是燃烧室领域技术最为先进的国家，除起步期外一直保持在申请量第一的位置，总量占比也超过了 50%，达到 55%。这主要依托于以通用电气、联合技术等为代表的美国公司对该领域的先发优势、时间积累和技术底蕴。根据各国/地区历年申请总量进行排名，依次为美国、英国、日本、德国、法国、欧洲、俄罗斯和中国。中国排名第八位，原创申请占全球总量的 1%。在燃烧室领域，我国在 2003 年之前的首次专利申请总量仅 2 项。从图 8-17 中可以看出，中国相较于该领域的强国仍存在明显差距，一方面与中国专利制度建立较晚有关，另一方面则可能是燃烧室领域本身进行原创研发的技术门槛偏高以及本土申请人对此投入有所不足。

表 8-3 燃烧室全球专利首次申请国/地区分布　　　　单位：项

国家/地区	年份				合计
	1939—1949	1950—1989	1990—2014	2015—2021	
美国	32	776	2474	668	3950
英国	46	584	237	66	933
日本	0	145	394	166	705
德国	4	151	316	52	523
法国	7	130	267	76	480
欧洲	0	7	266	82	355

续表

国家/地区	年份				合计
	1939—1949	1950—1989	1990—2014	2015—2021	
俄罗斯	0	0	153	14	167
中国	0	3	68	24	95

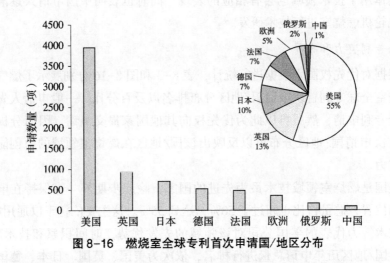

图8-16 燃烧室全球专利首次申请国/地区分布

从上述专利分析可知，美、日、欧等国家和地区是燃烧室技术的主要输出国，也即技术实力最强大的国家和地区，尤其美国掌握了一半多的燃烧室的专利。因此，从专利信息的角度再次反映和证明了上述国家和地区是最有实力对我们国家"卡脖子"的。

此外，由图8-18可知，在中国的首次申请中，发明专利申请有46项，实用新型专利申请有38项，二者比例大致为6∶5，发明专利申请中企业和大学比例相等，且为主流，实用新型专利申请中大学有23项，多于企业、个人和研究机构之和。这主要与企业和大学注重专利申请策略有关，企业多注重专利对自身的维护和对竞争对手的限制，发明专利申请可以满足这方面的要求，而大学本身作为以学术型为主的研发机构，可以不约束实际产出，从获得专利授权的角度来看将申请策略分两路走也是可以预见的。

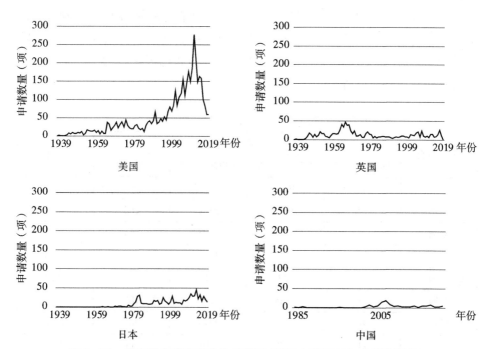

图 8-17　燃烧室全球专利首次申请国/地区申请量变化（部分国家）

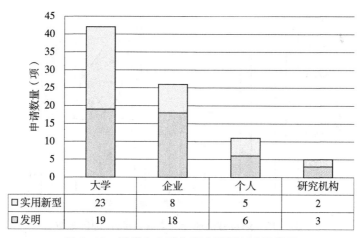

	大学	企业	个人	研究机构
□ 实用新型	23	8	5	2
□ 发明	19	18	6	3

图 8-18　燃烧室中国专利申请原创申请类型

　　分析进入某一国家/地区的专利申请是否公开，对于了解燃烧室技术在该国家/地区的技术发展有重要意义。某一企业在该区域申请专利，表明其对该区域的市场存在兴趣。因此，利用对多个国家/地区公开的燃烧室领域的专利申请进行分析，能够从专利角度反映出各国企业对该区域的重视程度。

表8-4和图8-19分别是燃烧室全球专利申请目标国/地区分布和百分比分布。燃烧室全球专利申请目标国/地区分布排名前五名为日本、美国、欧洲、中国和德国。能够发现，日本、美国、欧洲和德国在后三个阶段中一直保持着较高的专利申请比例。

表8-4　燃烧室全球专利申请目标国/地区分布　　　　单位：项

国家/地区	年份				合计
	1939—1949	1950—1989	1990—2014	2015—2021	
日本	0	1027	3398	462	4887
美国	27	960	2881	860	4728
欧洲	0	108	2133	565	2806
中国	0	17	1059	1579	2655
德国	7	733	993	106	1839
英国	88	1155	374	100	1717
俄罗斯	0	25	1127	309	1461
法国	21	450	116	55	642

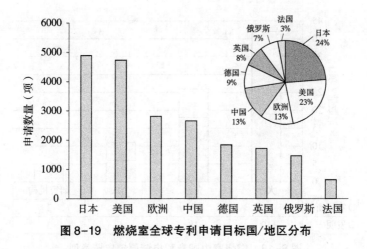

图8-19　燃烧室全球专利申请目标国/地区分布

从图8-20能看出，我国在2001年之前的专利申请仅74项，随后至2014年激增至1059项，1990—2014年这一阶段的申请总量已经超过德国、英国和法国等该领域的老牌专利强国，进入下一阶段更是呈现出爆发性增长，达到惊人的1579项，居全球第一，增长趋势也是处于全球最强。上述数据均表明外国企业越来越关注中国市场，针对中国市场的燃烧室领域专利布局如火如荼。但另一方面来看，前述的首次申请国申请量排名中国在各大国家/地区仅处于末尾，也说明了在该领域我国企业和研究机构的原创能力仍然相对落后，技术发展相对薄弱，外国企业的专利布局将极大地限制甚至阻碍我国在燃烧室乃至燃气轮机领域的发展和进步。

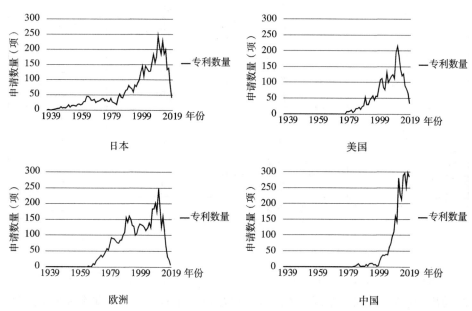

图 8-20　燃烧室全球专利申请目标国/地区申请量变化（部分国家/地区）

3. 主要申请人

从燃烧室领域总计 15274 项样本数据中统计出全球申请量排名前十的申请人如表 8-5 所示（注：本排名采用标准化申请人排名，即申请人排名不考虑并购情况，同一公司的各分公司视为一个申请人）。

由表 8-5 可以看出，排名前十的申请人中只有一家来自中国的企业，其余均被欧、美、日的企业所垄断，前五位的申请人依次是：通用电气（美国）2144 项、联合技术（美国）894 项、三菱重工（日本）725 项、日立（日本）687 项和西门子（德国）461 项。

在前十排名的申请人中，日本申请人占比最大，有三家公司：三菱重工、日立和东芝；美国申请人也有两家：通用电气和联合技术；欧洲申请人则被法、德、英所占据，知名企业如西门子、罗罗、赛峰以及阿尔斯通均上榜。值得注意的是，中国申请人也出现在了这次排名中，来自北京的北京华清作为中国企业的代表以 200 项专利的申请量排名第十，这也表明中国企业开始在该领域世界舞台上展现出自身的技术水平和研发实力。

表8-5　燃烧室全球专利申请人前十排名

排名	申请人	国别	全球申请量（项）
1	通用电气	美国	2144
2	联合技术	美国	894
3	三菱重工	日本	725
4	日立	日本	687
5	西门子	德国	461
6	罗罗	英国	366
7	赛峰	法国	324
8	阿尔斯通	法国	292
9	东芝	日本	249
10	北京华清	中国	200

4. 主要申请人技术流向

现有数据表明，美国、日本、德国以及欧洲是燃气轮机燃烧室的主要技术输出国/地区，同时中国是各国大公司密切关注的市场。因此本部分对这四个主要技术输出国/地区以及中国的专利申请人流向进行了分析，如图8-21所示。

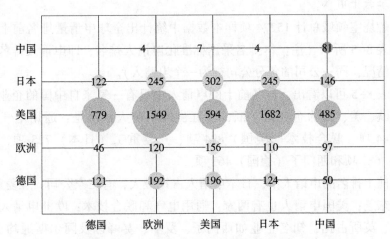

图8-21　燃烧室全球专利技术流向（横轴为输入国，纵轴为输出国）

从图 8-21 能够看出，美国是最大的技术输出国。以通用电气为代表的很多美国公司都掌握了大量的燃烧室技术，它们可以不断地实现技术创新以使得美国的专利输出量比其他四个国家/地区的总量还多。美国对其他四个国家/地区的技术输入也远超其他国家/地区，但最关注的并不是美国本土，而是欧洲和日本，均超过了 1500 项。

日本作为第二输出地，最关注的则是美国市场和欧洲市场，对本土的关注与欧洲市场对等，对德国的关注最少，对中国则排名第四。这说明日本公司比较关注技术发达的欧美市场，对中国的输入则相对较少。

总的来看，美国、日本、德国和欧洲的申请人在该领域不仅具有较强的技术实力，同时还很注重技术的海外专利布局，而中国的创新主体绝大部分仅在中国进行专利申请，比较缺乏将相关技术拓展至海外进行布局的企业和研发机构。中国技术创新主体在燃烧室方面技术起步晚，大多数专利申请仅涉及一些外围专利申请，未涉及核心技术，目前无法展开全球专利布局。这充分体现了我国燃气轮机燃烧室技术与先进国家之间存在技术差距。我国技术创新主体亟需在该领域进行技术创新，并考虑同时进行国外市场专利布局，避免日后遭遇专利侵权纠纷。

5. 中国主要发明人分析

图 8-22 中的发明人主要来自北京华清燃气轮机与煤气化联合循环工程技术有限公司、永旭腾风新能源动力科技有限公司、北京航空航天大学、西安热工研究院以及西北工业大学等。其中查筱晨、李珊珊、张珊珊、刘小龙、吕煊等均来自北京华清燃气轮机与煤气化联合循环工程技术有限公司，目前该公司已整体并入中国重型燃气轮机有限公司，并且其专利权也一并转让。

从上述重点发明人的技术领域来看，参见图 8-23，他们大部分主要集中在 F23R（燃气轮机燃烧室），靳普则主要集中在 F02C 领域（燃烧室装置）。

结合前述专利申请量排名和有效专利数量分析来看，参见图 8-24，查筱晨团队和林宇寰团队专利有效数量最多且授权率最高。

从主要发明人团队来看，主要形成了以靳普、查筱晨、张群、肖俊峰、林雨寰为核心的 5 个发明团队（参见图 8-25）。

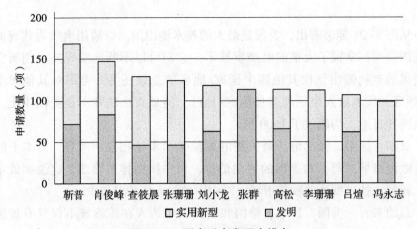

图8-22 国内重点发明人排名

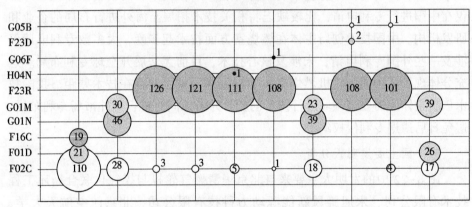

图8-23 国内重点发明人技术领域

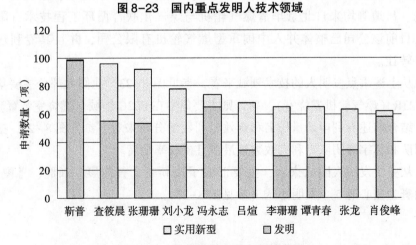

图8-24 国内重点发明人有效专利

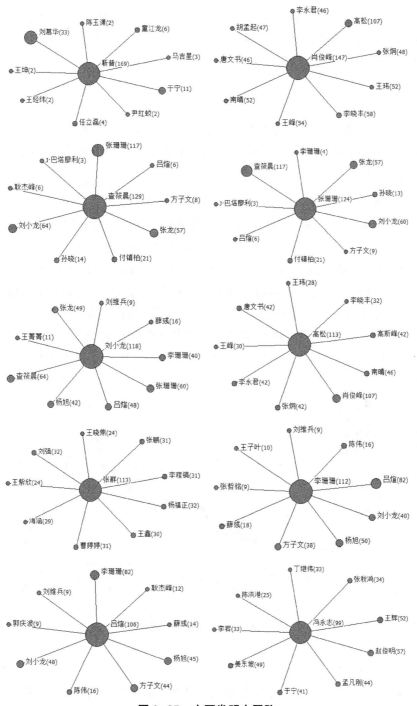

图 8-25 主要发明人团队

结合前述专利数量和所在技术分支以及有效专利数量分析，查筱晨、林雨寰团队在燃气轮机燃烧室领域具有较强的科研实力和潜力，可作为国内燃烧室领域重点关注人才队伍。

8.2.7.2 透平

透平技术是燃气轮机的重要技术分支，本章将对燃气轮机的透平做进一步研究，就透平的专利申请分析、重点技术分支、重要申请人和重点典型专利进行逐一深入分析。

1. 申请趋势

为了了解透平技术专利发展脉络和重点技术，本节重点将对叶片技术的全球申请趋势、区域分布、主要申请人和集中技术等维度进行分析。

从图8-26中可以大致看出，透平的专利申请趋势可以大概分为三个阶段，除1980年之前有少量申请，1980—2000年，随着燃气轮机技术的持续发展，全球透平专利申请量处于一个平稳上升阶段，而在2000—2016年，伴随着重型燃气轮机发电的大规模应用，透平专利全球申请处于加速增长状态，在2016年之后，由于传统燃气轮机技术趋于成熟，透平专利全球申请量处于回落状态。

图8-26　透平的专利申请趋势

2. 专利布局

从图8-27中可知，透平技术专利申请排名前三的分别是日本、美国和德国，近年来，国内燃气轮机也得到一定程度的发展，加大了在透平技术分支上的开发和自主研究。

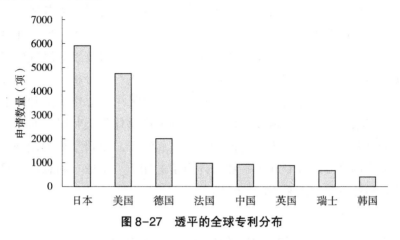

图8-27 透平的全球专利分布

3.申请人排名

通过图8-28可知，透平技术领域全球申请人排名前四的分别是通用电气、三菱公司、联合技术和西门子，其中联合技术主要以航空燃机为主，其他三家为传统重型燃气轮机公司，而排名前十的公司占全球申请总量超过了60%，说明在透平领域，技术集中度较高。

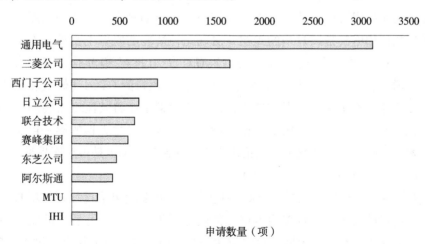

图8-28 透平的全球申请人排名

8.2.7.3 掺氢燃气轮机

随着全球"双碳"目标任务的提出，以氢气作为燃料成为各燃气轮机巨头目前最关注的技术，西门子、通用、三菱重工相继在 2020—2021 年发表白皮书称要在 2030 年前实现 100% 纯氢燃气轮机。为了研究掺氢燃气轮机的发展状况，本文对全球专利申请数据按照时间顺序进行了分析。从更好地理解该领域发展状况的角度出发，本次专利申请趋势采用了总申请量和多边申请量两个维度来表述，总申请量可以反映该领域的整体发展状况，而多边申请量则指同时向两国以上提出申请的专利，其相对于总申请量更为微观，能够反映出一个国家或地区专利水平和海外申请的能力。全球专利总申请量趋势和多边申请量趋势如图 8-29 所示。

1. 全球申请趋势

从图 8-29 来看，全球范围的掺氢燃气轮机专利申请经历一个波动爬升的发展过程，大体上可以分为四个阶段。

（1）起步期（1980—1985 年）

从 1980 年到 1985 年的六年间，掺氢燃气轮机在全球范围内无论是总申请量还是多边申请量都非常少，总申请量共计为 65 项，多边申请量总数也只有 40 项，二者的年均量均在 10 项边缘，可以看出该时期整体都处于对该项技术的初步摸索阶段。其中日本的几家大型企业如日立、东芝和三菱重工以及美国的通用电气是该时期的先驱，出现此种情况的原因主要是氢能本就是日本低碳社会的一项基本战略，同时为应对自 20 世纪 80 年代以来电力需求的快速增长，以天然气/LNG（液化天然气）为燃料的 GTCC（燃气轮机联合循环）发电备受关注，两者均导致日本相关大型企业将其注意力转向掺氢燃气轮机的开发；而美国通用电气作为燃气轮机领域当之无愧的第一巨头，在新技术领域投入自己的研发力量抢占先机实现初步布局也是很显而易见的。

（2）过渡期（1986—1995 年）

从 1986 年开始，该领域全球专利总申请量和多边申请量均开始增长，其中总申请量的增长趋势较多边申请量的趋势更为上扬，但与后续的发展期相比还都有较大差距。十年间总申请量达到 312 项，多边申请量也超过 100 项，共计 134 项。年均总申请量已超过 30 项，是第一阶段的三倍之多。该阶段的专利申请主要集中于美国、日本、德国、英国等燃气轮机技术发展已经比较充分的欧美日等发达国家。

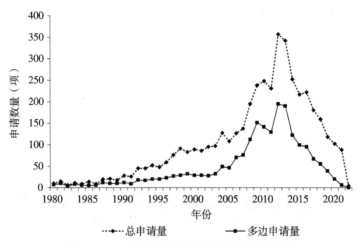

图 8-29　全球总申请量和多边申请量趋势

（3）发展期（1996—2014 年）

进入 20 世纪 90 年代后半期，污染物排放法规日趋严格，同时碳减排也已经成为大趋势。氢能作为典型的清洁能源，越来越吸引各大企业的关注和重视，而与之相呼应的则是该领域全球专利总申请量在这一阶段迎来了井喷，形成了一个高速增长的发展期，年均总申请量超过 300 项，已经可以媲美第二阶段过渡期的总申请量。多边申请量也超过 1500 项，表明各国都对该领域展现了更浓厚的兴趣，各大企业纷纷投入自己的研发力量来进一步抢占未来可能的市场。申请量较大的国家或地区为日本、美国、欧洲和中国。相较于前两个阶段，中国在这一阶段开始发力，申请量开始增加，而德国的申请量则出现了一定程度的下滑。

（4）回落期（2015 年至今）

经过前一阶段二十年的高速增长，从 2015 年到 2022 年这八年间，关于掺氢燃气轮机的全球专利申请进入了一个回落的过程，这一时期全球总申请量大体仍维持在一个相对较高的水平，达到了 1090 项，该阶段各国申请人对日本、美国、欧洲和中国的专利申请量也还是处于比较高的状态。上述数据也表明氢燃料燃气轮机的主要市场基本在这四个国家/地区固定形成。

2. 专利布局分析

根据对优先权国别数据进行统计，图 8-30 展示了氢燃料燃气轮机全球专利主要首次申请国/地区申请趋势对比。一般申请人先在本土进行专利申请，然后再以此为优先权向其他国家提交申请。因而分析主要首次申请国/地区的申请趋势可以反映出该国/地区在该领域的原创能力和研发实力。

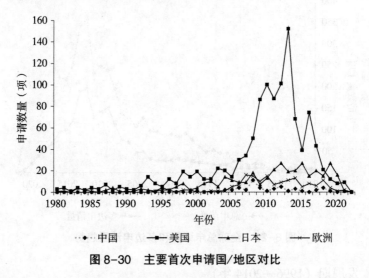

图 8-30   主要首次申请国/地区对比

美国是众所周知的科技大国和强国，其燃气轮机技术也最为先进，图 8-30 中关于美国在该领域的申请趋势也反映了这一点，整个阶段都有专利申请的存在，显示出了独占一头的研发实力，并且申请趋势也与前文中全球总申请量的趋势高度相同，可以说美国决定了该领域的技术发展和走向。这主要依托于以通用电气、联合技术等为代表性的美国公司对该领域的先发优势、时间积累和技术底蕴。

日本作为美国之后该领域的第二力量，虽然申请量大幅度落后于美国，但申请趋势也与美国非常接近，即同样呈现出与前文总申请量相同的趋势变化，这表明日本在该领域虽然限于自身国家资源配置和其他原因，不能达到与美国相同程度的研发投入和原创能力，但总体仍能跟随该领域技术的发展和进步，没有掉队。

欧洲地区因西门子、阿尔斯通、安萨尔多等大型企业的存在，在申请量和申请趋势方面还能够占有一席之地，但与美国和日本已经有明显的差距，这主要与欧洲地区对氢能利用不够特别关注有关，欧洲相较于日本，其资源没有那么匮乏，而相较于美国，其技术上更为遵循传统，进取性和开拓性稍显不足，使得其在该领域能够实现榜上有名但无法取得技术领先的地位。

中国作为上榜的最后一个国家，虽然大多数年份都没有申请量，仅在2004—2018 年期间完成了一定数量的专利申请，但该图表示的为主要的首次申请国，说明中国在该领域实际已领先于俄罗斯、德国、英国、法国等发达国家，中国作为一个发展中国家，显示出了超出自身定位的对清洁能源的追求，同时也践行了一个大国对双碳目标的追求，体现了大国的担当和责任感。

分析进入某一国家/地区的专利申请是否公开，对于了解该项技术在该国家/地区的技术发展有重要意义。某一企业在该区域申请专利，表明其对该区域的市场存在兴趣。因此，利用对多个国家/地区公开的掺氢燃气轮机的专利申请进行分析，能够从专利角度反映出各国企业对该区域的重视程度。图 8-31 展示了掺氢燃气轮机的目标市场国/地区的情况。

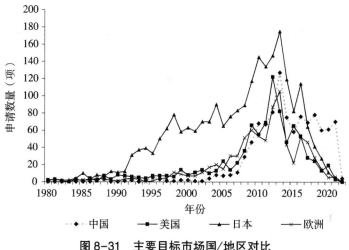

图 8-31 主要目标市场国/地区对比

相较于前文中的主要首次国/地区，主要目标市场国/地区关于这四个国家/地区的排名发生了变化。申请量排名从前面的美国、日本、欧洲和中国变化为日本、中国、美国和欧洲，出现上述变化的原因在于主要目标市场国反映的是企业对该国市场的重视程度，美国虽然在原创性和开拓性方面处于领先地位，但因其资源丰富，本身对于氢能的利用并不那么具有热情，因此大型企业在美国并不会投入大量的资源和技术力量进行专利布局。而日本作为资源匮乏的国家，其对氢能的渴求世人皆知，因此各国企业在日本进行专利布局抢占该国市场也不足为奇，是非常符合企业发展逻辑的，毕竟哪里有需求哪里就有供给。中国位于四大国家/地区第二名反映出了国内外企业对中国在该领域市场的看好，中国如前文所说对清洁能源是有超过自身定位的追求的，这在技术原创性方面可以说是大国的担当，而从市场的角度来看则是各国企业的重点关注对象。因此投入更多的技术资源在中国进行专利布局也是合情合理的。欧洲市场与美国市场在该领域具有相似性，市场内部对氢能的需求不足，同时欧盟内单个国家也没有体现出对氢能的特别诉求，因此在该领域处于第四位也是很正常的。

总的来说，结合图8-31，可以发现外国企业越来越关注中国市场，针对中国市场在该领域的专利布局如火如荼。但另一方面来看，前述首次申请国申请量排名中国处于第四，也表明了在该领域我国企业和研究机构的原创能力还是相对落后的，技术发展仍然相对薄弱，国外企业专利布局将极大地限制甚至阻碍我国在掺氢燃气轮机领域的发展和进步。

3. 申请人排名

出于与前一节同样的考虑，本节关于全球前十重点申请人的统计分析仍然采用总申请量和多边申请量两个维度来进行，如图8-32和图8-33所示（注：本排名采用标准化申请人排名，即申请人排名不考虑并购情况，同一公司的各分公司视为一个申请人）。

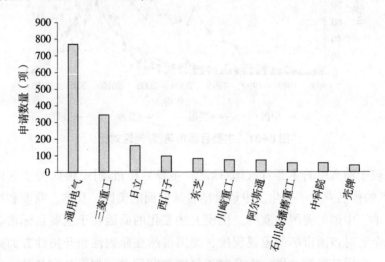

图8-32　掺氢燃气轮机全球申请人排名

可以看出，总申请量排名前十的申请人除一位来自中国（中科院），其余均被美日欧的知名大型企业所垄断，前五位的申请人依次是：通用电气（美国）768项、三菱重工（日本）344项、日立（日本）159项、西门子（德国）97项和东芝（日本）82项。

在总申请量前十排名的申请人中，日本申请人占据了半数之多，分别为：三菱重工、日立、东芝、川崎重工和石川岛播磨重工。这显示了日本企业在氢能利用方面独有的研发实力。美国申请人也有两家：通用电气和壳牌。欧洲申请人则被法德所占据，知名企业如西门子和阿尔斯通均上榜。值得注意的是，中国上榜的申请人并非美日欧那样的企业，而是研究机构，同时申请量也仅排名第九（55项），仅比非长期深耕于燃气轮机领域的壳牌稍多（40项）。这一方面表明了中国关于该领域的研发目前仍由国家级的研究机构主导，中国企业对此参与程度略显不足，另一方面也说明了该领域的深入研发挖掘所需要的技术实力可能大于资金实力，中国企业在技术储备上本来相较于国外燃气轮机的大型企业就明显不足，在更新式的掺氢燃气轮机领域方面可能限于自身实力无法实现更为深入的研究。

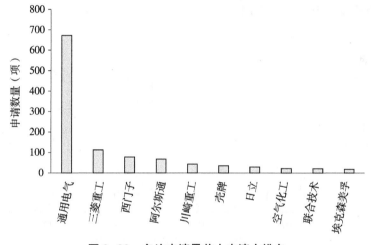

图8-33 多边申请量前十申请人排名

　　而从多边申请量前十申请人排名的角度来看，中国在该榜单上则无申请人上榜，上榜申请人均为美日欧知名大型企业。而美国的企业相较于先前总申请量前十申请人排名仅有通用电气一家独大的局面多出了四家，同样占据了该榜单的半数之多，分别为通用电气、壳牌、空气化工、联合技术和埃克森美孚。与总申请量排名前十的申请人不同，此次美国上榜的多边申请量五大企业除了通用电气和联合技术，其余三家并非专注于燃气轮机领域的企业，而均是能源领域相关的知名企业，这表明美国相较于日本和欧洲更注重从能源本身的角度完成氢能利用的海外布局，这一方面在于燃气轮机领域美国已有独占一头的通用电气，联合技术作为老牌燃机企业，其也贡献了自己的一份研发力量，使得美国可以将其研发实力分散开来，不仅局限于燃气轮机本身，而是围绕氢燃料来进行更大更广的技术布局，从而可以实现核心机组结构+周边辅助设备的整体技术布局模式，这种全包围的布局形式在资源贫乏无法继续扩大周边的日本和对氢能利用相对不够热情的欧洲都是没有机会实现的。中国从前一榜单硕果仅存的局面到该榜单上没有一家申请人上榜也进一步印证了中国企业对该领域研发投入的不足，后续阶段中国企业需要投入更多的资金和技术资源，下更大的力气来实现追赶，才有可能在未来不被美日欧落下更远。

4. 重点申请人分析

进一步，结合图8-33两者展现的情况，本节对三大巨头即通用电气、三菱重工和西门子三位申请人在该领域的全球专利布局进行了简析。图8-34为通用电气全球专利布局示意图。

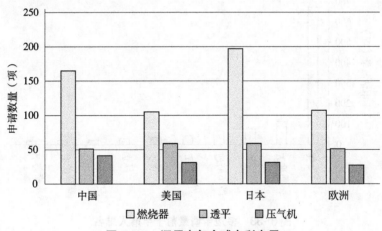

图8-34　通用电气全球专利布局

从图8-34中可以看出，通用电气在四大主要市场上均完成了氢燃料燃气轮机整机三大件（燃烧器、透平和压气机）的技术布局，总量上日本最多，欧洲最少。整机三大件中最重要的燃烧器在日布局占比达到69%，接近七成，最少的本土美国市场也有54%，超过五成。在技术布局上因压气机处于三大件技术链条上的末端，因此其占比最少，在美国本土也仅16%。总的来看，通用电气在全球专利布局上实现了技术层次上的轻重有序，比较符合专利布局中全面整体的策略。

相较于通用电气，日本三菱重工全球专利布局呈现出另一种形态，如图8-35所示。从图8-35中能够得知，三菱重工在该领域没有采用通用电气整体包围的策略，而是发挥了日本企业自身的特点，即能够下功夫在一项技术上不断专研精进的特点，集中资金和技术研发实力，在关键技术即燃烧器上进行突击，完成了四大主要市场上该领域中关键技术的布局，关于透平仅在日本本土提出11项申请，而压气机则完全没有涉及。这一方面可能在于日本企业本身对研发成本控制具有更强的敏感性，同时限于企业资源，无法像美国企业那样做到全面出击，另一方面也由于氢燃料在燃烧过程中温度更高，燃烧器面临的工作环境必然更为恶劣，因此针对燃烧器进行突击攻关即可获得较大的收益，这表明了日本企业对其自身核心技术的信心，企业在关键技术上实现的突破其他企业大概率无法模仿，从而在关键技术上获得的收益是稳定扎实的，因而无须在燃机整机另外两个收益相对不高但研发成本必然很高的技术领域上投入更多的精力，这同样符合日本企业"小而精"的性格。

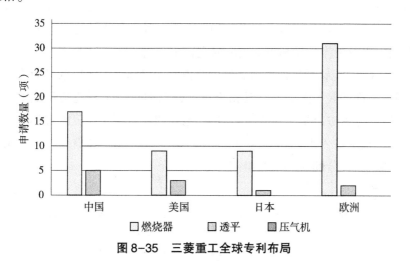

图8-35 三菱重工全球专利布局

图8-36显示了西门子全球专利布局形式。从图中可以发现，西门子较于通用电气和三菱重工两者的布局模式来看是一个折中的布局方案，即在四大主要市场上完成了燃烧器和透平两大件的布局模式，没有针对压气机进行专利布局。与前两者相同的是西门子的研发关注重点也是燃烧器，其在欧洲占比达到了94%，该技术在占比最低的美国市场也有75%。总的来看，西门子实现的也是比较整体的布局模式，从其位于对氢能没有那么关注的欧洲地区这点来看上述布局模式已经能够很好地满足其技术扩张的需求，不把过多的精力投入技术链的末端是非常正常的。

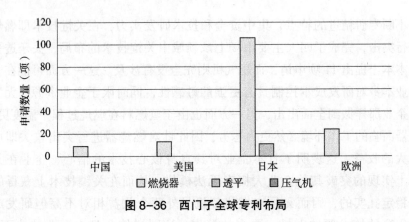

图 8-36　西门子全球专利布局

5.技术流向分析

现有数据表明，美国、日本、欧洲是掺氢燃气轮机的主要技术输出国/地区，同时中国是各国大公司密切关注的市场。因此本节对这三个主要技术输出国/地区以及中国的专利申请人流向进行了分析。

从图 8-37 能够看出，美国是最大的技术输出国。以通用电气为代表的很多美国公司都掌握了大量的燃气轮机技术，它们可以不断地实现技术创新以使得美国的专利输出量比其他四个国家/地区的总量还多。美国对其他四个国家/地区的技术输入也远超其他国家/地区，但最关注的并不是美国本土，而是日本和欧洲，分别为 574 项和 456 项。

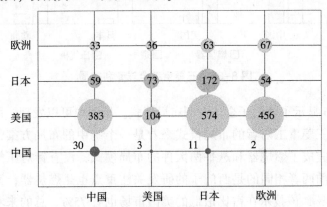

图 8-37　全球专利技术流向（横轴为输入国，纵轴为输出国）

日本作为第二输出地，最关注的仍是日本本土，达到了 172 项。其次是对美国市场的关注，有 73 项专利申请。而对中国市场的关注与欧洲市场对等。这说明日本公司比较关注氢能利用技术发达的本土和美国市场，对中国的输入则相对较少。

总的来看，美国、日本和欧洲的申请人在该领域不仅具有较强的技术实力，同时还很注重海外专利布局，而中国的创新主体绝大部分仅在中国进行专利申请，比较缺乏将相关技术拓展至海外进行布局的企业和研发机构。中国技术创新主体在燃气轮机技术上起步较晚，在氢能利用结合燃气轮机方面则更显落后，而且经检索后发现在该领域的大多数专利申请仅涉及一些外围专利申请，并未涉及核心技术，因此目前无法展开全球专利布局。这充分体现了我国氢燃气轮机技术方面与先进国家之间存在技术差距。我国技术创新主体亟需在该领域进行技术创新，并考虑同时进行国外市场专利布局，避免日后遭遇专利侵权纠纷。

8.2.7.4 低 NO_x 排放燃烧技术

燃烧室排出的氮氧化物属于有毒物质，是诱发酸雨、酸雾的主要污染物，还会与碳氢化合物形成光化学烟雾，因此世界各国对 NO_x 的污染问题给予高度重视，并发展了各种先进的低 NO_x 燃烧技术。以重型燃气轮机为基础的燃气—蒸汽联合循环发电技术是当前最清洁、最高效的火力发电技术。国际各大燃气轮机厂家为了抢占火力发电市场，竞争十分激烈，燃气轮机功率、效率与 NO_x 排放水平成为燃气轮机市场竞争的焦点。

多集束（微混）燃烧技术，是一种通过缩小燃料和氧化剂（常为空气）流动混合尺度，强化出口均匀性从而实现低污染排放的燃烧技术，如图8-38所示。与传统旋流燃烧器的旋流火焰不同，微混燃烧器火焰小、没有回流区，减少了 NO_x 在火焰区的生成，而且由于小管径的淬灭效应，微混反应器具有很高的抗回火能力，特别适合氢气等活性燃料，相对于旋流燃烧器，其燃料适应性有明显改善。

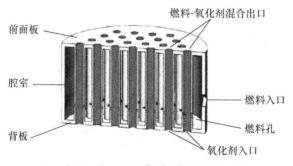

图8-38 多集束燃烧技术示意

1. 全球专利申请趋势

为了研究多集束燃烧技术的发展状况，本节对该领域全球专利申请数据按照时间顺序进行了分析。全球专利申请趋势如图 8-39 所示。

从图 8-39 来看，多集束燃烧技术出现的时间点相对较晚，第一项可以检索到的专利申请年份为 2002 年，整体趋势能够大致分为三个阶段。第一阶段为 2002—2010 年，可以认为是多集束燃烧技术的萌芽期，整个阶段申请总量仅为 4 项，出现的年份比较分散，分别为 2002 年以及 2008—2010 年，中间年份没有申请量，主要原因可能在于该项技术的产生与 2000 年后日益严苛的环保标准有关，为了能够更好地满足低排放需求，在现有的干式低 NO_x 燃烧器（DLN）上涌现出了一系列更新更优的低排放技术，如各种分级燃烧等，而特别针对燃烧器进行优化的多集束燃烧技术也产生于该阶段，因为该项技术针对的是燃烧器，并不涉及燃烧组织形式或燃烧机理的根本性改变，所以各大企业随后的研究投入相对较低，在 2002 年过去的五六年后也没有专利申请的出现，仅从 2008 年开始才陆续有新的专利申请出现。第二阶段则是 2011—2015 年，这是多集束燃烧技术的发展期，整体申请量达到了 72 项，而该领域检索专利总量也仅为 118 项，占比达到了惊人的 61%，特别是 2013 年该年就有 29 项专利申请出现。如此显著的增长与该阶段两大企业即通用电气和三菱重工的发力息息相关，两家大型企业在该时间段内投入了大量研发资源对该技术进行深入挖掘和研究，从而形成了一个申请高峰。第三阶段是 2016—2021 年，该阶段是多集束燃烧技术的稳定期，整体申请量也有可观的 41 项，且在 2017 年同样出现了另一个峰值点（16 项）。总的来看，多集束燃烧技术相对较新，申请总量并不突出，但也符合技术发展过程的一般形态，即萌芽——发展——稳定过程，大型企业在技术发展过程中提供了发展所需的能量和动力，为该技术的深化和持续演进做出了显著贡献。

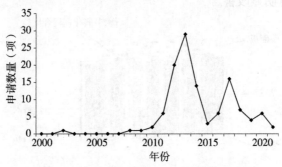

图 8-39　多集束燃烧全球专利申请趋势

2. 全球专利布局

根据对优先权国别数据进行统计，图 8-40 展示了多集束燃烧技术全球专利首次申请国排名以及百分比。一般申请人先在本土进行专利申请，然后再以此为优先权向其他国家提交申请。因而分析全球专利首次申请国分布可以反映出该国在该领域的原创能力和研发实力。

从图 8-40 可以明显看出该项技术专利申请主要集中在美日中三国，且三国在该领域的实力呈现出明显的三级状态，美国处于绝对领先位置（占比61%），日本居第二梯度（占比 37%），而中国则因具有 1 项专利而上榜，究其原因仍与前文所阐述的大型企业有关，美日因分别拥有通用电气和三菱重工两大巨头而在该技术领域处于领先地位，中国则是因中联重燃这类同样属于燃气轮机大型企业的存在而上榜，说明在燃气轮机的新技术领域若想有所突破，大型企业的存在和发力是一个必不可少的因素。

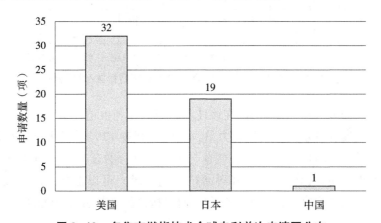

图 8-40　多集束燃烧技术全球专利首次申请国分布

而分析进入某一国家/地区的专利申请是否公开，则对于了解燃烧室技术在该国家/地区的技术发展具有重要意义。某一企业在该区域申请专利，表明其对该区域的市场存在兴趣。因此，利用对多个国家/地区公开的燃烧室领域的专利申请进行分析，能够从专利角度反映出各国企业对该区域的重视程度。

由图 8-41 可以发现，多集束燃烧技术全球专利申请目标国/地区上榜数量与先前的首次申请国相比数量明显增加，除了先前已有的美日中三国，国家方面韩国与俄罗斯排名第七、第八位，而地区方面欧专局和国际局也居于前五位。同时还能够看出，美国在该项榜单上仍然处于明显意义上的第一名，表明各大企业仍然将美国视为最为重要的市场，中国超越日本排名第二，则说明了各大企业充分看好该项技术在中国的市场前景，考虑到中国仍然是一个发展中国家，国外企业在中国的专利布局将对我国在该领域的发展和创新产生影响并可能形成限制，但另一方面因这些专利技术在中国已实现公开，未来国内燃气轮机制造厂商和相关设备使用者采用这些新技术的概率也大大增加，因而中国同样将在降低排放实现环保方面尽到不弱于发达国家的努力，充分履行自身作为大国的担当和责任。

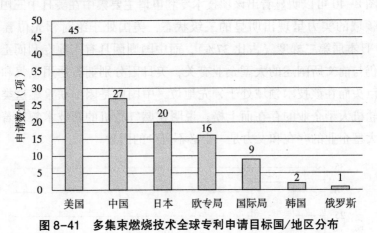

图8-41 多集束燃烧技术全球专利申请目标国/地区分布

此外，图8-42反映了中国在该技术领域的专利申请类型，可以看出企业是该领域发展和进步的主要推动力量，发明专利有17项，是大学和科研机构总和（8项）的两倍还多，虽然二者与企业之间因分工和着力点不同而差距明显，但也表明在该领域大学和科研机构仍有潜力可以挖掘，相关技术的深入研究和进步在未来时期内由大学和科研机构来推动是有可行性的。

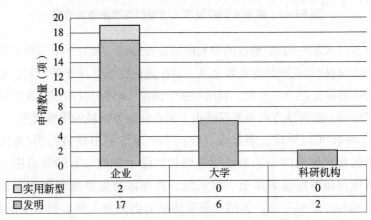

图8-42 多集束燃烧技术中国专利申请类型

3. 全球申请人排名

图 8-43 显示出多集束燃烧技术领域全球主要申请人的分布情况。排名前三位的申请人分别是美国的通用电气、日本的三菱重工和中国的中联重燃，其专利申请量分别为 58 项、34 项和 7 项。同时由图中还能发现该领域的个人申请人具有一定的比例，这主要与该领域整体专利数量较少有关，个人申请人在此容易显露出来。另外来自中国的申请人的总量为 7 个，占比超过上榜申请人总量的 50%，同时申请人类型也涉及了公司、大学和科研机构，能够在一定程度上反映出中国在该领域的技术创新能力和研发力量的广度。通过饼状图还能看出，在该领域前 13 位申请人的申请量占到了全部申请量的 88%，特别是排名前 2 位的申请人，其申请量占比已经达到了 69%，这说明多集束燃烧技术的集中度是非常高的，大量的专利被少数巨头公司所掌握。

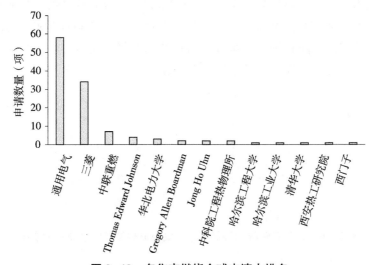

图 8-43 多集束燃烧全球申请人排名

4. 重点申请人分析

（1）三菱公司

经检索确认三菱公司在多集束燃烧技术领域具有专利 27 项，因该技术是在现有技术中的预混燃烧技术上发展而来的，故而出现的时间相对较晚，该领域三菱公司的第一项专利申请的申请日为 2002 年 2 月 27 日，申请号为 US20040011054A1，该项专利中提出了多集束燃烧的技术概念，其将常规的燃料喷嘴尺度微型化，从而实现更小尺度的燃料和空气的预混，达到改善 NO_x 排放的技术效果。之后的改进则是将多集束燃烧技术与成熟的预混燃烧技术进行结合，将常规的多喷嘴技术中各个喷嘴进行微型化，从而达到进一步优化 NO_x 排放的技术效果，如图 8-44 所示。

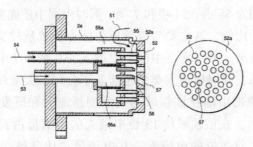

图 8-44 三菱公司多集束燃烧技术概念图

具体的技术对比如图 8-45 所示，图 8-45 左边为三菱公司的常规燃烧器多喷嘴技术（JP06074448A），其中 1 为燃烧器，2 为值班喷嘴，3 为主喷嘴，多个主喷嘴 3 围绕值班喷嘴 2 进行设置，在使用常规燃料如天然气或燃油时可以获得较好的性能和较低的排放。但在使用含氢燃料时容易产生高 NO_x 排放，而使用多集束燃烧技术后则可获得更好的 NO_x 排放性能。

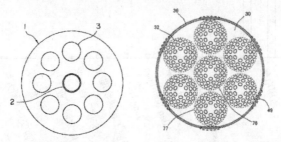

图 8-45 常规多喷嘴燃烧器与带多集束燃烧技术的多喷嘴燃烧器

图 8-45 中的右图（EP2711628B1，申请年为 2013 年，下面所有专利涉及年份均为申请年）即为带有多集束技术的多喷嘴燃烧器，能够明显看出，相较于左图，右图中的每个主喷嘴 77 和值班喷嘴 76 本身都实现了微混燃烧化，燃料和空气预混后从孔 32 喷出进行燃烧。二者在 NO_x 排放上可能存在明显的性能差异（参见图 8-46，其为 NASA 多集束燃烧技术与传统燃烧技术的对比，三菱公司的多集束燃烧技术与 NASA 的类似，技术效果应能相近）。

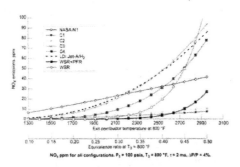

图 8-46 NASA 试验中燃烧器 NO$_x$ 排放对比

此后，三菱公司在多集束燃烧技术的改进优化上则是在上述两项技术上的进一步优化，即针对多集束喷射本身所进行的改进以及针对带多集束燃烧的多喷嘴燃烧器的改进。具体而言，针对多集束本身的改进中，US20160010864A1（2013 年）是对微混燃烧单元中各微混圈数目的改进（三圈—多圈）和喷射角度的优化（直喷—带角度喷射），JP2015014400A（2013年）则是微混单元中旋流效果的优化，WO2015056337A1（2013 年）着眼于实现不同入射距离的分级燃烧过程，如图 8-47 所示。

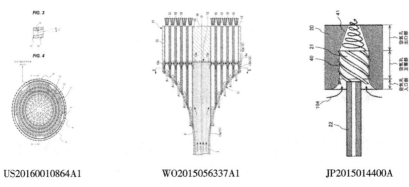

US20160010864A1   WO2015056337A1   JP2015014400A

图 8-47 三菱公司多集束燃烧技术不同改进方向

发明人团队分析：从图 8-48 中能够看出，该领域发明人团队前十排名呈现出三层级分布，第一层级的发明人 miura keisuke 以 9 项专利数量处于领导地位，占总量 27 项的三分之一，其第二层级的发明人有五人，均拥有 4 项专利，这是一个团队组合，第三层级的团队组合则有四人，各自拥有 3 项专利。因该领域较新，发明专利数量本身相对较少，因而发明人总量和团队也并不庞大。

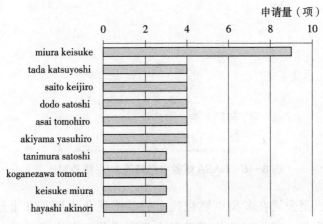

图 8-48　三菱公司多集束燃烧技术发明人排名

技术路线分析：针对检索得到的相关 27 项专利逐篇阅读和详细分析，绘制了图 8-49 所代表的三菱公司关于多集束燃烧技术整体的技术路线图。

图 8-49　三菱公司多集束燃烧技术路线图

由图 8-49 可知，三菱公司燃烧室研发团队针对多集束燃烧技术的研究起始于 2006 年或更早（以公开日排序），比较重要的研究成果在 2006 年之后开始形成系列专利，申请量较大的年份集中在 2015—2018 年。相关专利可根据前文定义的分类分为两大类别，即针对多集束喷射本身所进行的改进（下称为单单元微混燃烧器）和针对带多集束燃烧的多喷嘴燃烧器的改进（下称为多喷嘴微混燃烧器）。如图 8-49 中单单元微混燃烧器显示，可以看出三菱公司在该领域的投入相对较多，从第一项关于多集束燃烧技术的专利（JP2006189252A）开始，至 2020 年总计申请了 17 项针对单单元微混燃烧器的专利，而多喷嘴微混燃烧器专利数量仅 8 项，二者的比例超过 2：1。具体来看，针对单单元微混燃烧器，在第一阶段（2006—2014 年），其中的两项专利（JP2006189252A 和 JP2012154588A）针对多集束燃烧技术进行了初步探索，使用的技术手段能够看出是在成熟的单喷嘴燃烧器上的初步微型化，并不涉及喷嘴具体几何特征、喷嘴旋流结构以及喷嘴燃料供给方式等细分领域的改进。

专利布局：本节还分析了三菱重工在该领域的专利布局情况。通常来说，专利布局可以从该公司在该领域的重点专利和外围专利获得。判断一个专利是否是该领域的重点专利，可以从多个角度入手研究，常规的研究思路可以分析专利的同族数量、被引用频次以及获得的授权数量，考虑到该领域的技术较新（2006 年起始），被引用频次需要经历更多的时间才能体现出该项指标的价值，在该领域的适用程度不够高，本节仍以传统的同族数量来分析其重点专利和外围专利，统计了同族数量超过 5 项的专利（5 项及以下认定为外围专利，未纳入统计表格），并结合国家和授权状态来确定是否是重点专利，如表 8-6 所示。

表 8-6 中共计 15 项专利，其中经分析重点专利 12 项，最多的同族数量有 38 项，该项专利为三菱公司该领域的第一项专利，成为重点专利是显而易见的。布局最多的专利为 EP3263990A1，申请国家/地区数量为 7 个，涉及欧、美、日、韩、中、俄、印，燃气轮机领域主要国家均包含于其中，授权国家也有 5 个。

表 8-6 重点专利

公开号	发明名称	扩展同族数量（项）	申请国家	授权国家	是否为重点专利
JP2003148734A	燃气轮机燃烧器及其操作方法	38	CN、 DE、 EP、 JP、 US	CN、 DE、 EP、 JP、 US	是
WO2015056337A1	燃料喷射器	16	CN、 EP、 JP、 KR、 US	CN、 EP、 JP、 KR、 US	是
EP3263990A1	燃气轮机燃烧器的燃料喷嘴及其制造方法、燃气轮机燃烧器	13	CN、 EP、 IN、 JP、 KR、 RU、 US	CN、 EP、 JP、 KR、 RU	是

续表

公开号	发明名称	扩展同族数量（项）	申请国家	授权国家	是否为重点专利
EP3168536A1	燃气轮机燃烧器	11	CN, EP, IN, JP, KR, US	CN, EP, JP, KR, US	是
EP3141817A1	燃气轮机燃烧器	10	CN, EP, IN, JP, KR, US	CN, EP, JP, KR	是
WO2014141397A1	燃气涡轮燃烧器	10	CN, EP, JP, US	CN, EP, JP, US	是
WO2015068212A1	燃气涡轮燃烧器	10	CN, EP, JP, US	CN, EP, JP, US	是
WO2018199289A1	燃料喷射器及燃气轮机	10	CN, DE, JP, KR, US	CN, JP, KR, US	是
WO2019107369A1	燃料喷射器、燃烧器，以及燃气轮机	9	CN, DE, JP, KR, US	CN, JP, US	是
EP2711628A1	燃气轮机燃烧器	8	CN, EP, JP, US	CN, EP, JP, US	是
EP2873922A1	燃气轮机燃烧器	8	CN, EP, JP, US	CN, EP, JP, US	是
US20150128601A1	燃气轮机燃烧器	8	CN, EP, JP, US	CN, EP, JP, US	是
WO2019187559A1	燃烧器以及具备该燃烧器的燃气轮机	8	CN, DE, JP, KR, US	JP	否
EP2163819A2	燃气轮机燃烧器	7	EP, JP, US	EP, JP, US	否
EP2345847A2	燃气轮机燃烧器	6	EP, JP, US	EP, JP	否

此外，表8-6中申请国家数量与授权国家数量呈一致相等的专利数量为8项，占比超过50%，也从另一角度反映了专利的质量相对较高。

如图8-50所示，三菱重工在该领域的专利申请均在日本进行了布局，且占比近三成的专利仅在日本申请（即图8-50中的仅有日本同族）。可见，三菱重工作为日本企业，其市场策略多年来一直延续以本国市场为主。

而在全部对外申请（即图8-50中除了日本申请还包含其他同族的申请）中，经统计，该类专利申请下的布局国家或地区多达八个，向美国提出的专利申请相对占比最高，达到了24%，向中国和欧洲专利局提出的专利申请分列二、三位，相对占比为 23% 和 18%。由此可见，美中欧市场是除了日本市场，三菱重工在该领域专利布局时最为看重的市场。美欧市场因具有如美国通用电气、德国西门子、法国阿尔斯通等燃气轮机领域具有主导竞争力的企业，这些企业的存在对三菱重工开发欧美市场产生了比较大的压力，因而三菱重工希望通过在该领域的专利布局来增加企业在低排放燃烧新技术方面的筹码。而在亚洲市场，中国现在具有巨大的市场潜力，而且近年来以中联重燃、中科院热物理研究所以及华北电力大学为代表的企业和大学科研院所等申请人相继在该技术领域开始有所突破，为了给中国企业制造专利壁垒，为其产品形成有效的知识产权保护体系，三菱重工在该领域形成了在中国的专利布局。

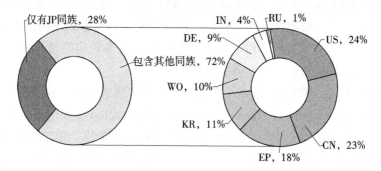

图 8-50　三菱重工多集束燃烧技术专利申请布局情况

（2）通用电气

经检索确认通用电气公司在多集束燃烧技术领域具有专利 58 项。图 8-51 示出了 2008—2020 年通用电气多集束（微混）燃烧技术相关的专利申请数量，可以看出，从 2010 年开始通用电气公司首次申请了多集束燃烧技术相关的专利，并于 2013 年达到了高峰，申请量为 23 项，其后申请量有所降低，并于 2017 年达到了第二个小高峰，申请量为 17 项。

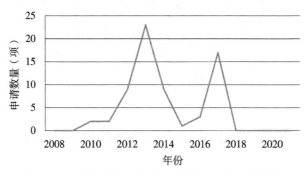

图 8-51　通用电气多集束（微混）专利申请趋势

通用电气公司多集束燃烧技术领域的专利申请中，大部分是通过设计和改进多集束燃烧喷嘴的结构，以达到增强燃料和空气的混合，减小氮氧化物、一氧化碳等的排放量的目的。其中的改进涉及预混合管中燃料/空气位置的设置、预混合管出口面积的改变、采用不同长度的预混合管、旋流/非旋流喷嘴混合、扰流组件、气体均匀器、诱导回流燃烧器、可变容积喷嘴、分段环形燃烧器等，如 US20110000215A1、CN102061997A、CN102374535A、EP2484975A2 等。也有多篇专利申请通过导入冷却气体降低燃烧温度以达到降低排放的目的，如 EP2634489A1 和 EP2669580A2 在混合管下部设置冷却流体室，引入冷却流体降温，US20180156462A1、US20170276358A1 通过设置微冷却通道降温。此外，也有涉及多集束燃烧器的多管混合器的装配结构、密封结构、噪声/振动减轻结构和适应热膨胀的结构的相关专利。另有将多集束燃烧技术与分级燃烧结合以实现更高效燃烧的专利申请。

发明人排名：图 8-52 给出了通用电气公司多集束燃烧技术发明人排名前十名，其中 Jonathan Dwight Berry 和 Michael John Hughes 涉及的申请量分别为15 项和 14 项，两人的主要研究方向均为分段环形燃烧室。第二梯队的 Heath Michael Ostebee 等四人申请量为 7～9 项，主要研究方向为可变容积燃烧室以及微混燃烧器的结构改进。第三梯队的 Gregory Allen Boardman 等四人涉及的申请量均为 4 项。

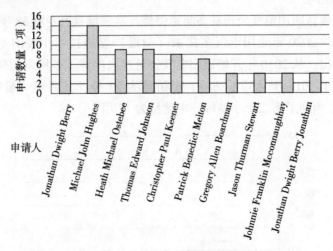

图 8-52　通用电气公司多集束燃烧技术发明人排名

技术路线分析：针对前述的 58 项专利申请逐篇阅读和分析，得到了如图 8-53 所示的通用电气公司多集束燃烧技术整体技术演进路线。

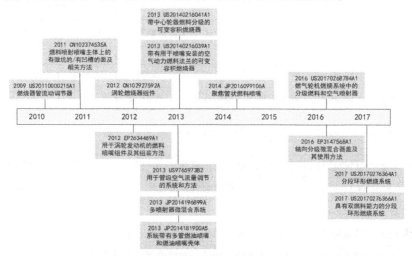

图 8-53　通用电气公司多集束燃烧技术整体技术演进路线

专利许可和重点专利分析：通用电气公司在多集束燃烧技术领域的 58 项专利中，共有 16 项发生许可，详见表 8-7。16 项专利的被许可人均为美国能源部，其中，涉及可变容积燃烧器的专利共有 5 项，涉及分段环形燃烧器的专利共有 8 项，另有 3 项专利涉及微混燃烧器的混合管和喷嘴结构，如图 8-54 所示。可以看出可变容积燃烧器和分段环形燃烧器作为通用电气公司在多集束燃烧技术领域的研究重点，具有较强的经济价值，多篇专利发生许可。

另有 1 项涉及带有空气动力支撑杆的可变容积燃烧器的专利 US20140216054A1 发生权利转移，受让人为美国能源部，转让时间为 2014 年 10 月 28 日。

表 8-7　通用电气公司多集束专利许可情况

序号	公开号	专利内容	许可次数	许可时间
1	US20140216048A1	可变容积燃烧器	1	2016-08-24
2	US20140216040A1	具有锥形衬里组件的可变容积燃烧器	2	2021-12-14
				2017-04-19

续表

序号	公开号	专利内容	许可次数	许可时间
3	US20140216039A1	带有用于喷嘴安装的空气动力燃料法兰的可变容积燃烧器	1	2016-08-24
4	US20140216041A1	带中心轮毂燃料分级的可变容积燃烧器	1	2016-08-24
5	US20140216049A1	带预喷嘴燃油喷射系统的可变容积燃烧器	1	2013-12-04
6	US20140367495A1	具有喷油器的混合管结构	2	2017-08-15
				2017-11-08
7	US20150176841A1	密封性能增强的微混喷嘴	1	2020-01-31
8	US20160033133A1	具有特殊轮廓的混合管外壁结构	1	2018-06-07
9	US20170276364A1	分段环形燃烧器	1	2017-09-11
10	US20170276366A1	具有双燃料能力的分段环形燃烧系统	1	2017-12-04
11	US20170276361A1	分段环形燃烧系统的径向堆叠燃料喷射模块	1	2017-12-04
12	US20170276359A1	分段环形燃烧系统的运行和调节	1	2017-12-04
13	US20170276357A1	分段环形燃烧系统集成燃烧器喷嘴的冷却	1	2017-12-04
14	US20170276358A1	分段环形燃烧系统集成燃烧器喷嘴的微通道冷却	1	2017-12-04
15	US20170276360A1	分段环形燃烧系统的燃油喷射模块	1	2017-12-04
16	US20170299187A1	用于分段环形燃烧系统的集成燃烧器喷嘴	1	2017-12-04

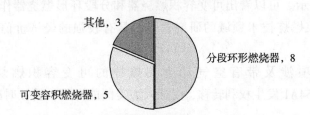

图 8-54 许可专利技术领域分布（单位：项）

由于该领域的技术较新，采用传统的同族数量来分析其重点专利，表 8-8 给出了扩展同族排名前十位的专利情况。其中扩展同族数量最多的为 US20170276364A1，具有 32 项扩展同族，其内容涉及分段环形燃烧器，同族涉及欧、美、中、日、韩。其余专利分别涉及多集束燃烧器结构、冷却方面等的改进，并进一步涉及德国、俄罗斯等国家。

表 8-8 通用电气公司多集束重点专利

序号	公开号	扩展同族数量（项）	同族国家	专利内容
1	US20170276364A1	32	US，JP，EP，CN，KR	分段环形燃烧器
2	US20170299187A1	12	US，JP，EP，CN，KR，DE	分段环形燃烧器
3	CN103322593A	12	RU，JP，EP，CN，US	具有谐振器的微混合器
4	EP2669580A2	11	RU，JP，EP，CN，US	具有冷却腔的多管喷射器
5	CN103322592A	10	RU，JP，EP，CN，US	分段式微混合器
6	US20170276360A1	10	US，JP，EP，CN，KR	分段环形燃烧器
7	EP2613090A2	10	RU，JP，EP，CN，US	混合管喷嘴结构
8	CN102374535A	9	US，DE，CH，CN，JP	混合管燃料喷头结构
9	CN101943421A	8	DE，CH，JP，CN，US	微混燃烧器
10	US20140216054A1	8	DE，CH，JP，CN，US	可变容积燃烧器

下面针对扩展同族最多的代表性专利 US20170276364A1 进行分析。针对分段环形燃烧器技术，通用电气公司于 2016 年申请了第一篇专利 US62313232，在此基础上于 2017 年提交了 6 项系列申请，分别要求保护分段环形燃烧器的喷嘴、冷却结构、燃油喷射模块、运行和调节方法、径向堆叠燃料喷射模块等内容。在这七项专利的基础上于 2017 年进一步在日本、韩国、中国、欧洲等地申请了专利以获得保护。除了在欧洲申请的两项专利在审中，在其余国家的专利申请均已获得授权，表明该项技术质量较高。

通过技术功效图分析，可以看出当前混氢燃气轮机相关技术研究热点和技术空白点，从当前混氢燃气轮机的重点技术分支来看，通用电气和三菱均在多集束燃烧方面进行了重点布局。

为了分析多集束燃烧器领域中所采用的技术手段和其所达到的技术效果，从而找出该领域中专利申请的关键技术点和在不同技术需求上的集中度，确定技术的研究热点和技术空白点，并找出技术可能的发展方向，对该领域中的 110 项专利文献从技术功效角度进行了分析。

图 8-55 所示为多集束燃烧器的技术功效图，其中通用电气的专利申请数量为 66 项，三菱重工的专利申请数量为 28 项，其他公司 16 项。在技术手段

划分选取时，考虑到多集束燃烧器是从多喷嘴燃烧器上发展而来，选取了能够体现二者技术相同点和不同点的划分方式，即单个燃烧器整体采用多集束燃烧技术（单单元多集束燃烧器）和针对现有多喷嘴燃烧器单个喷嘴实现微混多集束化（多单元多集束燃烧器），横坐标为技术效果，纵坐标为技术手段。除了共有的降低 NO_x 排放的技术功效，多集束燃烧技术还具有增强混合、提高燃烧稳定性、冷却喷射器等技术功效。其中有 27 项专利申请涉及提高燃烧稳定性，26 项专利申请涉及增强混合，其实质上是为了加强燃料—空气的掺混，保证燃烧均匀性以起到降低污染物排放的作用。此外，也有部分专利涉及微混喷嘴的加工制造、冷却、热应力的降低以及将微混燃烧技术与分级燃烧技术相结合等。

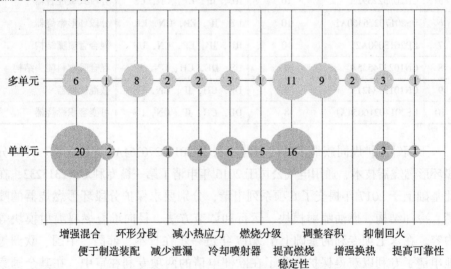

图 8-55 多集束燃烧器总体技术功效图

通过对比三菱和通用电气的多集束燃烧器技术功效图（见图 8-56）可以看出，三菱重工的多集束燃烧技术专利申请侧重于增强燃料—空气的掺混、提高燃烧稳定性以及抑制回火；通用电气公司的多集束燃烧技术专利申请中涉及增强混合的数量最多，其多为对微混喷射器的结构的改进，此外，通用电气公司还具有独有的环形分段微混燃烧技术和可变容积微混燃烧技术，其数量分别为 8 项和 9 项。

从技术功效对比图可以看出，两家公司技术关注重点各有不同，通用公司在多单元方面均有相关技术布局，研发实力相对均衡。在提高稳定性和增强混合方面，两家公司均进行了重点布局，在单单元调整容积和增强换热方面目前还是空白点，这为我们进行技术突破提供了信息指引。

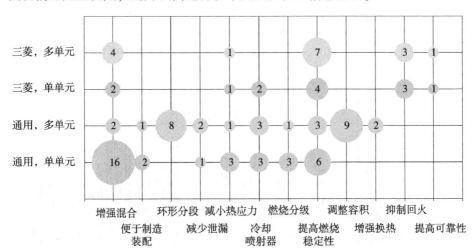

图 8-56 三菱重工和通用电气多集束燃烧器技术功效对比图

8.3 专利信息助力燃气轮机技术攻关

为了解决燃气轮机的"卡脖子"问题，本节试图从专利信息的角度入手，利用第二节燃气轮机专利态势分析得到的各项结论以及结合当前燃气轮机热点技术掺氢燃气轮机专利分析形势，采用本书第二章的方法进行进一步分析研究，借助专利分析帮助了解在燃气轮机领域如何破解"卡脖子"问题。

8.3.1 宏观产业政策引导

燃气轮机技术源于军用技术，脱胎于航空发动机，与航空发动机结构类似，原理相同，技术相通，是军转民用、军民融合的典型例子。作为高端装备业，其涉及空气动力学、材料学、机械电子等多学科多理论，技术复杂程度高，研发周期长，投资额度大，非一般的企业能够承受。从前述分析可以看到，无论是通用还是三菱重工，其燃气轮机的发展始终受到政府的资助和指导。以通用为例，其一直与美国能源部、美国军方等军政部门进行合作。

8.3.1.1 军民融合

早在 1970 年美国军方就与通用电气合作申请了 1 项专利，其申请号为 US5483973，该项专利主要涉及燃气涡轮发动机喷嘴的红外线辐射抑制器。

1970—1975 年专利申请量逐年递增，在 1975 年达到 32 项，之后申请量有所下降。1988—2010 年，年均申请量在 15 项左右。在 2016 年，申请量又达到一个峰值 25 件。其全球申请量趋势如图 8-57 所示。

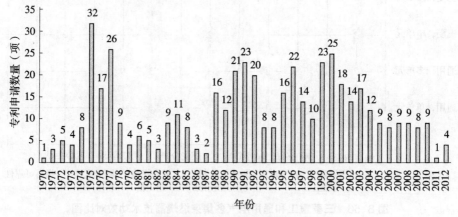

图 8-57　全球申请量趋势

与通用电气合作的军政部门共有 4 个，由图 8-58 可知，这些合作的部门中专利申请量排第一的是美国空军，共 315 项，占总量的 52%。接下来依次是美国海军 179 项、美国陆军 57 项和美国国防部 52 项，各占比 30%、9% 和 9%。

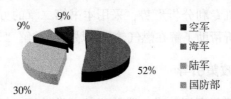

图 8-58　通用电气与各部门合作专利申请比例

8.3.1.2　产学研协同

为了提高燃气轮机的热气流道温度和热效率，需要先进的高温技术来提高热气流流道的温度，同时，氢气火焰温度（4000℉）高于天然气温度（3565℉）并且增加了 NO_x 排放量。从 2000 年起，美国能源部一直致力于资助实验室、学校等机构组织进行 CMC 相关研究，资助情况详见图 8-59。

项目名称	时间	参与单位	总目标	应用	经费（$）	信息来源
美国先进陶瓷发展计划	短期阶段（2000-2003） 中期阶段（2004-2010） 长期阶段（2011-2020）	美国先进陶瓷协会（USACA） 美国国家能源部（DOE） 陶瓷领域50多家相关单位	到2020年，先进陶瓷以其优越的高温性能、 可靠性以及其他独特性能， 成为一种经济适用的首选材料	工业制造、航天、能源、交通、军事以及消费品制造		网络
一期小企业创新研究（SBIR）奖： 涡轮发动机增材制造3100°F纳米层胶基质	2020.7.1-2021.3.28	美国国家能源部（DOE） 爱达荷州爱达荷福尔斯-先进陶瓷纤维有限责任公司（ACF）	开发和展示具有超高温（UHT）能力、抗氧化的陶瓷基复合材料和增材制造工艺， 实现CMC能够3100°F工作的解决方案	用于制造作为航空涡轮发动机热端面中关键部件的硬件，特别适用于具有3100°F功能的固定式动力涡轮机	25万	USACA官网
融资机会公告（FOA） ·通过预测建模对CMC性能进行基准测试 ·改善CMC材料的温度性能	2022.4.7	美国能源部（DOE）化石能源和碳管理办公室（FECM）	比当前CMC技术高150°C和比现有碳基材料高450°C的温度下运行， 同时减少所需的冷却空气量，这些改进将提高涡轮机效率，最终降低电力成本	氢涡轮机的CMC组件	400万	DOE官网

图 8-59　美国能源部资助情况

1. 美国能源部 DE-FC26-05NT42643 项目技术构成（2005—2012 年）

陶瓷复合材料（CMC）共 51 篇专利文献，占比 20%，主要用于热端部件：燃烧室内衬套、涡轮叶片、护罩、蜗轮壳环等。

DE-FC26-05NT42643 项目技术构成如图 8-60 所示。

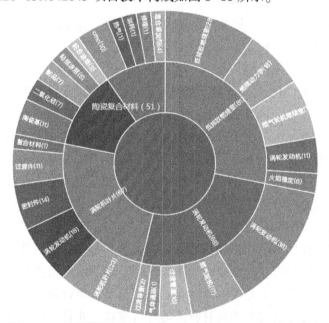

图 8-60　美国能源部 DE-FC26-05NT42643 项目技术构成

2. 技术路线

①叶片损坏控制

a. 通过涡轮叶片 CMC 各层条、层板布置，从而阻止裂纹沿叶片扩散

（US20180363474A1）。

b. 在内部叶片腔设置增压通道，使其保持恒压，使得即使叶片损坏，也能保持叶片结构；防止水蒸气进入叶片内部加速叶片劣化，CMC 水蒸气敏感（CN103362559A）。

c. 硅颗粒与空气引入高压区与 CMC 解除并粘附，修复损坏区（US9175402B2）。

②涂层

a. 由下到上依次为叶片、含纤维网的粘结层、TGO（含纤维网的黏性流体层）、EBC（环境屏障涂层），用于抗叶片蠕变（CN103206205A）。

b. 在 CMC 与金属的附着界面插入摩擦系数小的金属层用于减少 CMC 与金属层之间的磨损（US9500083B2）。

③制造工艺

利用 3D 打印制造具有冷却孔的积液板（Effusion Plate）（US20140202163A1）。

3. 重点专利分析（US20140199174A1）

该专利引证 8 篇专利文献，被引证 24 次，是在合同号 DE - FC26 - 05NT42643 下关于 CMC 材料被引用最多的专利文献。

（1）面对的技术问题

用腔体形成 CMC 组件包括，使用预成型件，尖端盖可以由具有多个层的 CMC 层压部件形成，并且成形为开放的尖端区域以填充 CMC 预成型件的开放的尖端区域。通过将 CMC 层切成期望的形状并以期望的几何形状铺层来形成 CMC 层压件顶盖是费时费力的。将具有许多层的 CMC 层压板放置到开放尖端区域中也带来了挑战。另外，由于 CMC 层压板和预成型刀片在致密化之前都是易碎的，因此在组装过程中很容易损坏这些组件。

（2）技术方案和效果

陶瓷基复合材料组件包括具有第一端、第二端和腔的组件预成型件，该腔具有预定形状和第一接合表面。陶瓷基质复合部件包括由预固结的复合材料形成的尖端构件，该尖端构件具有大体上与第一接合表面一致的第二接合表面。陶瓷基复合材料组件具有所需的几何形状，并且在陶瓷基复合材料组件的操作过程中，尖端构件保持在腔体中的适当位置。

（3）CMC 在 GE 上的商业应用

先进材料是美国军方资助的关键技术，引发了先进通用发动机技术（AD-VENT）和高效嵌入式涡轮发动机计划。

2007 年，在 F136 涡扇发动机上应用 CMC 涡轮导向器。

2009 年，在 LEAP 商用发动机内采用 CMC 静子部件。

2010 年 11 月 10 日，GE 在 F414 改进型发动机上进行了 CMC 涡轮转子叶片的关键性试验，标志着 CMC 材料第一次应用于发动机旋转部件。

2019 年，GE9X 商业航空发动机的高温静子和转子部件均采用 CMC，CMC 零件包括燃烧室内外衬套、I 级高压涡轮罩环、I 级和 II 级喷嘴，低压涡轮转子叶片。

2005—2006 年，燃烧室内衬套（combustion liner）：12855h，45cy。

2006 年，（Shroud）耐久性试验阶段 I：2930h，552cy。

2011—2014 年，（Shroud）耐久性试验阶段 II：21740h，126cy。

2015 年，CMC Shroud 用于 GE 7F 级中型燃气轮机。

8.3.2　创新主体协同合作

1. 通用电气（GE）

企业兼并是企业壮大完善自身、实现技术突破等的一种重要方式。通过大量收购并完成自己的全球化是 GE 公司的核心企业文化之一。在燃气轮机领域，GE 的大规模兼并收购早在 20 世纪八九十年代就开始了，通过兼并收购，其生产重型燃气轮机的工厂主要有格林维尔工厂、欧洲燃气轮机公司（原阿尔斯通燃气轮机部分）、新比隆工厂。在世界范围内生产重型燃气轮机的合作伙伴有日本东芝、印度 BHEL、韩国重工、南京汽轮机公司等。这使得1990—1995 年，GE 及其合作伙伴的产品在全世界燃气轮机的市场份额约占50%。近年来，GE 公司也没有停下在燃气轮机领域继续扩张的脚步。2015年，GE 被允许收购阿尔斯通能源业务，虽然包括阿尔斯通的 GT26 型（F级）产品线，以及阿尔斯通的 GT26 型技术开发项目在内的一部分资产被剥离，但大部分阿尔斯通燃气轮机的机组服务合同仍被保留在 GE。2016 年 GE公司完成对 Metem 公司的收购，该公司提供精密冷却孔制造技术以促使燃气涡轮机更有效工作，可节约成本，提高操作时间和降低排放量，因而能够大大提高燃气轮机的效率，进一步增强 GE 公司在燃气轮机领域的竞争力。

2. 西门子

西门子燃气轮机一直处在世界顶尖水平，但近 30 年来仍然不断地进行并购。纵观其燃气轮机的并购历史（见图 8-61），可以发现西门子通过不断并购取长补短、做大、做全燃气轮机的产品线，完善产品的市场需求，积极进行全球布局。

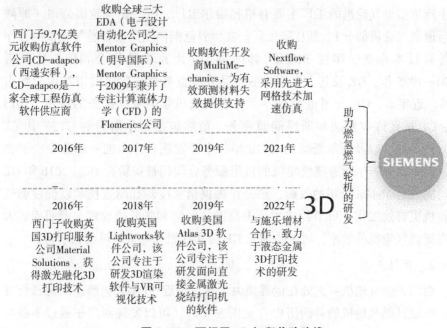

收购西屋公司火电部，获得美国市场，以及西屋的 60Hz 燃气轮机制作网络	收购德马格-德拉瓦涡轮机公司，各类压缩机及透平技术	收购阿尔斯通公司的工业透平业务，获得诸多小型燃气轮机的制作技术，基本统一了欧洲的燃气轮机技术	收购罗罗公司的航改型燃气轮机和压缩机业务，弥补了航改型燃气轮机技术方面的不足
1998年	2001年	2003年	2014年

图 8-61　西门子收购路线

为建立 3D 打印帝国，西门子除了开展自身研发，还通过并购或合作的方式吸收了诸多先进的 3D 打印技术（见图 8-62）。2016 年，西门子收购英国 3D 打印服务公司 Materials Solutions 的 85% 股份，其余的 15% 的股份留在创始人 Carl Brancher 手上。Materials Solutions 在选择性激光融化 3D 打印的应用领域富有经验。

西门子9.7亿美元收购仿真软件公司CD-adapco（西递安科），CD-adapco是一家全球工程仿真软件供应商	收购全球三大EDA（电子设计自动化公司之一Mentor Graphics（明导国际），Mentor Graphics于2009年兼并了专注计算流体力学（CFD）的Flomerics公司	收购软件开发商MultiMechanics，为有效预测材料失效提供支持	收购Nextflow Software，采用先进无网格技术加速仿真	
2016年	2017年	2019年	2021年	助力燃氢燃气轮机的研发
2016年	2018年	2019年	2022年	3D
西门子收购英国3D打印服务公司Material Solutions，获得激光融化3D打印技术	收购英国Lightworks软件公司，该公司专注于研发3D渲染软件与VR可视化技术	收购美国Atlas 3D软件公司，该公司专注于研发面向直接金属激光烧结打印机的软件	与施乐增材合作，致力于液态金属3D打印技术的研发	

图 8-62　西门子 3D 打印收购路线

2018 年，西门子收购英国 VR 设计公司 Lightworks，将其纳入西门子工业软件的版图中。Lightworks 公司是一家专注于研发 3D 渲染软件与 VR 可视化技术的计算机软件与技术许可公司。通过此次收购，西门子工业软件通过产品生命周期管理 3D 应用为顾客提供强化的 3D 数据可视化技术、高端渲染和 VR 功能。Lightworks 的技术已经与西门子 NX 软件结合，后者是西门子研发的一项集产品设计、工程与制造为一体的解决方案，之后西门子将 Lightworks 的技术应用在其他产品中。利用该 3D 渲染软件等技术，可以大大缩短增材制造的研发设计时间。

2019 年，西门子收购 Atlas 3D, Inc. 公司。Atlas 3D, Inc. 公司总部位于美国印第安纳州普利茅斯，专注于研发面向直接金属激光烧结（DMLS）打印机的软件，能够实时自动为设计工程师提供增材制造零件的最优打印方向和必要的支撑结构。Atlas 3D 加入西门子数字化工业软件大家庭，通过其解决方案进一步扩大 Xcelerator 软件组合的增材制造能力。

2022 年 4 月，西门子公司与施乐增材（Xerox Elem Additive Solutions）开展新的合作，未来将加强两家企业在 3D 打印技术上的能力，推进工业 3D 打印。目前，西门子购买了一台 ElemX 金属 3D 打印机，部署到夏洛特高级 3D 打印技术协作中心。该中心专注于增材制造的工业化，与机器制造商、材料供应商和最终客户紧密合作。ElemX 采用施乐的液态金属增材制造和经济高效的铝线，未来将结合西门子先进的 SINUMERIK 840D sl 控制平台及其嵌入式数字孪生技术来优化打印过程。

西门子关于燃气轮机 3D 打印的首件专利申请于 1998 年提出，而就总申请趋势而言，2012 年之前全球申请量一直处在较低水平，其间全球年申请量最高仅为 9 项，此时间段为萌芽期。自 2013 年起进入发展期，在 2013—2017 年，总申请量开始呈现稳步上升的趋势，2017 年达到最高值 86 项。在发展期整体申请量达到了 292 项，而该领域检索专利总量为 490 项，占比达到了近 60%。一方面体现了西门子对 3D 打印技术的重视，另一方面也体现了通过一系列收购，西门子实现了 3D 打印技术上的突破。2018 年以后开始进入回暖期，在此期间总申请量逐年递减，到 2020 年总申请量为 29 项。其专利申请趋势如图 8-63 所示。

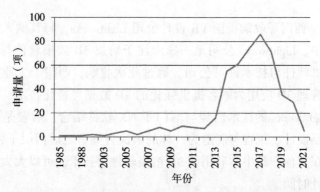

图 8-63　西门子燃气轮机 3D 打印技术专利总量申请趋势

3. 三菱重工

三菱重工以燃气轮机联合循环发电厂为核心，具备一些关键的前沿技术，通过对燃气轮机的多年开发，并集成在空气动力学的最新进展，散热设计和材料技术创造了各种各样高效率和高可靠性的产品。其最先进的 J 系列燃气轮机一直走在世界前列。

2013 年 5 月，三菱重工从美国飞机发动机制造公司普惠手中，收购了其小型燃气轮机业务部分 PWPS（Pratt & Whitney Power System），PWPS 并入三菱重工旗下后，更名为 PW Power System 公司。三菱重工一直在以高效大容量设备为中心开展燃气轮机业务，产品线中增加了 PWPS 的中小型发动机专用型燃气轮机后，就具备了和欧美企业抗衡的产品阵容，建立了可灵活应对多种需求的体制。PWPS 拥有意大利涡轮机企业 Turboden 公司，此次收购后，也一同并入三菱重工旗下。Turboden 的涡轮机可利用地热、工厂废热等低温热源发电。此外，三菱重工还于 2014 年 1 月与日立制作所整合了火力发电部门。

8.3.3　人才体系建立完善

1. 关注重点发明人和重点发明团队

技术创新需要参与人员拥有专业化的知识和技术，与其他价值创新的资产不同，人力资本具有不稳定性，随着信息流动的加快，人才流动相应加快，促进了知识和技能的转移，对接收组织的技术创新绩效将产生正向的影响。而专利文献包含丰富的数据信息，可为探析发明人流动奠定研究基础。通过对燃气轮机重点企业进行分析，我们可以发现在通用和西门子公司研发过程中，有许多华裔科学家参与其中。这对我们引进燃气轮机相关核心人才提供了指引。

以通用电气的重要发明人排名为例（见图 8-64），李经邦博士是申请量排名第一的发明人。李经邦博士于 1978 年博士毕业后即进入通用电气工作，1983 年开始专利申请，是 GE 航空集团总部商用发动机首席工程师，专利申请有 400 多项。其多次参与美国政府资助的研究项目，涉及美国空军和国防部。2009 年李博士从通用退休以后，依然有 3 项他个人的申请受到美国能源部的资助，其间他还担任西门子能源技术顾问。李经邦博士加入西门子公司后，继续参与了 40 多项专利申请，直到 2019 年。科研周期达到 35 年，可见其是一位科研生命较长的工程师，且参与了多项重要燃气轮机项目，具有丰富的燃气轮机研发经验。

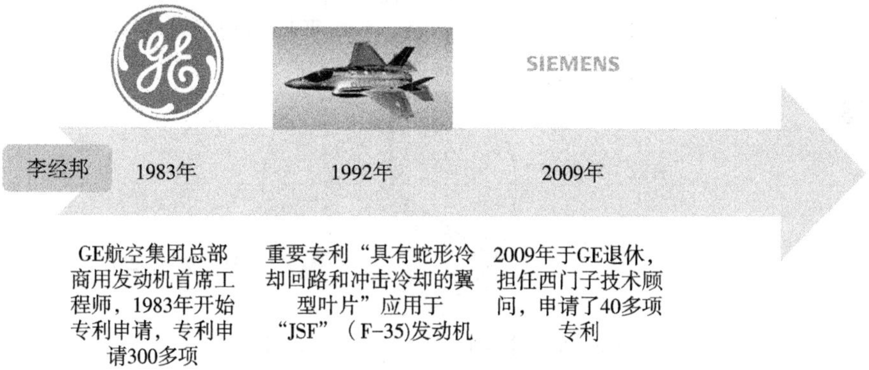

李经邦	1983年	1992年	2009年
	GE航空集团总部商用发动机首席工程师，1983年开始专利申请，专利申请300多项	重要专利"具有蛇形冷却回路和冲击冷却的翼型叶片"应用于"JSF"（F-35)发动机	2009年于GE退休，担任西门子技术顾问，申请了40多项专利

图 8-64　李经邦工作历程

从李经邦博士的专利申请技术构成来看（见图 8-65），其主要研发重点集中于叶片领域 F01D，占据其专利申请的 50%。其重要专利"具有蛇形冷却回路和冲击冷却的翼型叶片"应用于"JSF"（F-35）发动机。而叶片作为燃气轮机的重要部件，一直是我国燃气轮机领域重要的"卡脖子"技术分支。鉴于李经邦博士的科研经历和华裔身份，以及当前的退休状态，其可以作为技术顾问为我国燃气轮机提供技术咨询。

参见图 8-66，目前李经邦所涉及的有效专利 131 件，失效 252 件，可见，李经邦在燃气轮机领域仍具有较强的研发活力，其丰富的经验为通用以及西门子在解决叶片冷却方面做出了重要贡献。

从图 8-67 其专利的引用情况来看，无论是其个人还是其在所服务的公司的专利申请均达到了数百次或数千次的引用次数，足见其专利质量之高。

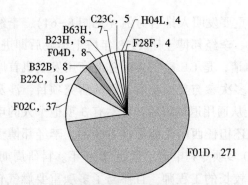

图8-65 李经邦专利申请技术构成（单位：件）

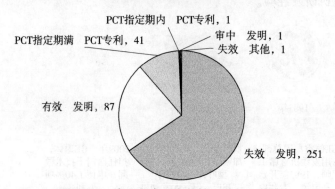

图8-66 李经邦专利有效性（单位：件）

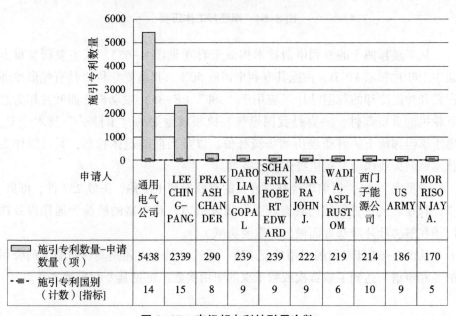

申请人	通用电气公司	LEE CHING-PANG	PRAK ASH CHAN DER	DARO LIA RAM GOPA L	SCHA FRIK ROBE RT EDW ARD	MAR RA JOHN J.	WADI A, ASPI, RUST OM	西门子能源公司	US ARMY	MOR RISO N JAY A.
施引专利数量-申请数量（项）	5438	2339	290	239	239	222	219	214	186	170
施引专利国别（计数）[指标]	14	15	8	9	9	9	6	10	9	5

图8-67 李经邦专利被引用次数

2. 重点发明人流动促进技术创新

采取积极措施吸引海外人才是世界主要发达国家和新兴发展中国家壮大本国人才队伍的通行做法，也是在较短时间内突破技术瓶颈、提升科研水平的一条宝贵经验。

发明者流动扩散具有区域性，相似的文化和社会制度对于发明者的流动具有较大的吸引力，有助于发明者在新雇用企业建立社会联系。分析 GE 在氢燃气轮机领域全球共有专利数据，其中 GE 与美国能源部合作的"2005—2012年氢燃气轮机未来发电项目"占比 GE 氢燃气轮机领域全球专利的 36%，其专利发明人核心团队中（见图 8-68），以韩国裔美国人 Jong Ho Uhm 为例，其毕业于伦敦帝国理工大学，获得燃气轮机燃烧方向博士学位，于 2006 年 10月至 2013 年 4 月在 GE 能源部门燃烧室团队担任团队首席气动热工程师，其在 GE 职业生涯贯穿整个氢燃气轮机未来发电项目，项目结束后，Jong Ho Uhm 入职韩国斗山重工位于美国的分公司，担任燃气轮机技术风险评估主管。这与斗山重工在该时间段内布局重型燃气轮机、招募全球人才的人才政策相吻合。

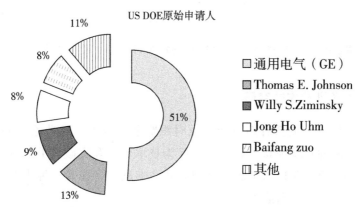

图 8-68　GE 与美国能源部合作项目发明人

人才流动带走了部分知识和技能，提高了企业知识溢出的风险，限制了企业的竞争优势。对接收组织而言，雇用新的发明人有助于组织获得个体流动带来的新知识和技能，构建组织竞争优势，流入个体拥有不同于雇用企业的技术知识，能促进企业之间的知识转移。同样以韩国裔美国人 Jong Ho Uhm 为例，其在 GE 氢燃气轮机未来发电项目期间，其申请所在领域主要集中在F02C/F23R，分类号相对集中，申请技术方案重点突出，主要集中在通过改进喷嘴和管路，从而实现低排放。该领域中，以 GE 为申请人、Jong Ho Uhm 为第一发明人的一件专利 US10415479B2（申请日为 2016 年 3 月），公开了一种燃料喷嘴中具有旋流叶片的旋流器，该旋流叶片具有发散的出口以改善燃料和空气的混合和均匀性。Jong Ho Uhm 加入斗山重工以后，于 2019 年 8 月以其个人为第一发明人、斗山重工为申请人申请了 US11204167B2 等发明专利，其中对于旋流器和燃料室进行了进一步的改进，可用于多种燃料类型，提高空气、燃料均匀性，体现了该燃气轮机喷嘴技术领域知识的有效吸收和整合，具有技术流动性和传承性，提升了斗山重工在该领域的技术创新绩效。两项专利如图 8-69 所示。

通过上述发明人分析，可以为我国在燃气轮机发展人才引进提供重要的信息，解决"需要什么人""去哪里挖掘人才"的问题。

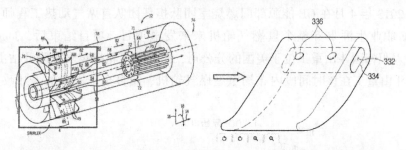

图 8-69　从 US10415479B2 到 US11204167B2 的旋流器技术改进

8.3.4　技术研发攻关突破

当今世界技术更新日新月异，及时跟踪前沿技术，通过挖掘科技情报，分析前沿技术的发展现状和趋势，从而为技术攻关和突破打下基础，是现今科研院所和企业实现技术突破的常规方式。专利信息作为一种重要的科技情报，蕴含了丰富的技术信息。

1. 从专利分析来看燃气轮机的发展方向

从前述分析可知，随着全球"双碳"目标任务的提出，目前掺氢燃气轮机是各燃气轮机巨头目前最关注的技术，通用电气、西门子、三菱重工纷纷推出"混氢燃气轮机发展白皮书"，已经有部分产品投入商用，并制定了相应的技术发展路线图，预计在 2030 年实现 100% 的掺氢燃气轮机。这表明掺氢燃气轮机已经是燃气轮机领域热点技术，各燃气轮机巨头企业很早之前已经开始投入研发，并积极完成全球专利布局。

2. 燃气轮机重点申请人的专利保护策略

技术创新需要知识产权保驾护航，创造保护运用应协同一体，从而不断促进技术进步。从前述的分析可知，燃气轮机的巨头们不仅是行业巨头、市场赢家、技术领先者，也是专利大家。从专利申请排名（参见图8-9）可以看出，通用、西门子、三菱均高居专利申请排名前列，体现出他们对创新保护的超强意识。

技术创新需要"快保护"。专利具有一定时效性，市场更是瞬息万变，时不我待，通过专利先申请，抢得先机，是企业赢得市场的重要手段。结合其他相关信息和专利分析可以了解到，通用、西门子、三菱在新产品推出市场之前，即已经积极进行专利申请，甚至充分利用专利制度不断完善其专利申请和布局。

技术创新需要"大保护"。全球化的今天，产品和技术都是全球化流通。因此，在专利布局过程中，不光要注重本国专利申请，更要有全球视野，积极布局全球重要市场和区域。通过前述分析（参见图8-29）我们可以看到，通用、阿尔斯通等行业巨头通过多边申请积极在全球进行专利布局。

技术创新也需要"强保护"。技术创新可能是某些点，但是其可能影响和辐射到某些面，因而在专利申请时，不光要注意保护某些技术点，还要扩展延伸至相关的产业链上下游，也可以是不同的技术角度，从而让自己的技术创新得到全面充分的保护。以劳斯莱斯的轴向分级燃烧室为例，劳斯莱斯率先提出轴向分级燃烧室，此后，围绕该核心技术，劳斯莱斯从控制方法、不同结构组成的改进相继提出了10多项专利申请，从而进行"层层圈地"，使得其核心技术得到全面周密的保护。其技术路线如图8-70所示。

当前我们仍处在燃气轮机领域"追赶者"的角色，但在创新过程中形成的一系列创新成果也需要进行积极保护，并形成一定的专利布局，发挥知识产权"矛"和"盾"的作用，通过不同的布局方式，形成"你中有我，我中有你，人无我有，人有我优"的包绕式布局方式，以为后续技术合作等打下坚实基础，增强底气。

以多集束燃烧器为例（参见图8-55），在单单元分支、环形分段和增强换热以及调整容积等方向，目前尚有技术空白，我国企业可以在此方向上进行技术研发和布局，填补通用和三菱的技术空白。此外，由于专利保护具有地域性，专利布局除了在技术开发上要积极进攻和防守，还要针对重点市场进行积极布局，遍地开花，以形成有效的专利保护圈。

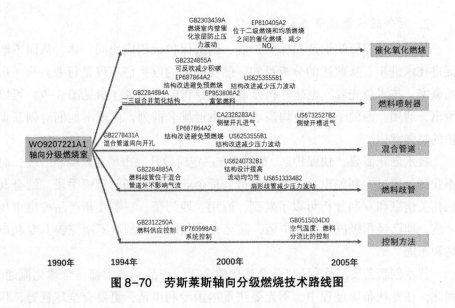

图8-70 劳斯莱斯轴向分级燃烧技术路线图

8.4 小结

1.燃气轮机领域"三超"的格局依然牢固

无论是从产品和市场，还是从专利分析的角度来看，目前通用、西门子、三菱重工3家公司仍然是全球燃气轮机领域最重要的供应商和关键核心技术的掌握者，并且掌握了最多核心专利。从整体技术来看，美国仍然掌握全球最先进的燃气轮机技术，且通过军民融合等的方式，不断取得技术突破。在重型燃气轮机领域，我国虽然取得了一定突破，但我们在燃气轮机核心技术掌握和专利布局上还明显不足，未来随着美国可能进一步加快与中国"科技脱钩"和技术封锁，我国可能面临燃气轮机技术"卡脖子"和专利壁垒。

2.燃气轮机技术正积极与新兴产业技术相融合

从前述分析可知，西门子早就通过企业兼并等方式积极将增材制造技术等新兴产业技术融入重型燃气轮机设计制造一体化过程，以抢得技术先机。从而为燃气轮机行业提供新的生产方式，降低设计与生产成本，不断缩短产品研发周期，大幅提高生产效率。通用也在积极布局陶瓷基复合材料。我国也应积极行动，既要追赶，也要抢先，在突破中创新，在创新中突破。

3.燃气轮机技术向低排放和绿色方向发展

从前述分析可知，低碳绿色目前是燃气轮机领域的重要发展方向，三大重点企业很早就在积极布局掺氢燃气轮机以及低 NO_x 排放燃烧技术，目前已经掌握了大量核心专利。随着我国"双碳"战略的提出，未来我们也应积极加强掺氢燃气轮机和低 NO_x 排放燃烧技术的研发和攻关。

4.政府引导是燃气轮机技术攻关的重要方式

美国通过政府引导和军民融合等方式，不断引领燃气轮机技术的创新和突破。我国也应加强政府引导，集中力量高质量、高效率地推进实施燃气轮机国家重大项目攻关。

5."产学研用"协同创新，可以促进重型燃气轮机技术攻关

从国内专利申请排名来看，我国科研院所具有一定的科研实力和知识产权基础，相关制造企业已经具有一定的生产制造能力。根据各自优势，通过加强国内高校院所、制造企业和行业用户等燃气轮机"产学研用"核心单位协同构建项目攻关团队，形成协同高效、密切配合的工作机制，打好关键核心技术攻坚战，形成研发、设计、制造、试验、维修和应用相结合的重型燃气轮机产业协同攻关体系。

6.持续加强国际合作，善借"他山之石"

美国通用电气、日本三菱重工、德国西门子等国际巨头掌握燃气轮机最先进的技术，我们仍要继续加强与美国通用电气、日本三菱重工、德国西门子等国际一流企业的合作，防止中国重型燃气轮机企业与国际"脱钩"。尽管重型燃气轮机技术被国际少数企业垄断，但这些头部企业也并非铁板一块，各自具有竞争优势，且还有新的企业蠢蠢欲动期望分一杯羹，因此中国燃气轮机企业存在诸多有利契机，仍然可以继续与国际先进企业保持密切合作，利用市场优势把合作的主动权掌握在自己手里。同时，也可以积极加强与全球其他企业开展合作，甚至通过并购等方式，获得燃气轮机的新技术。如上海电气通过收购安萨尔多，获得了大功率燃气轮机的生产技术。

7.积极引进国际尖端人才，促进重型燃气轮机技术突破

从前述分析我们可知，包括西门子、三菱等巨头十分重视人才引进，积极挖掘燃气轮机领域的关键核心人才，比如西门子就通过挖掘通用的重要发明人李经邦实现了叶片冷却领域的相关技术突破，韩国斗山重工通过积极从海外引进韩裔科学家，实现了本国重型燃气轮机的突破。

第九章　"十二招"助力关键核心技术攻关

基于本书前文中分析的各个典型领域案例，已得出各个领域专利信息助力攻关的信息情报。本章从中总结出专利信息助力"卡脖子"关键核心技术攻关的十二个有效手段，分为政策引导、协同创新、人才聚集、技术攻关四个方面。在政策引导方面，通过专利信息明确"卡脖子"清单，找准主流技术方向，研判可能的突破路径；在协同创新方面，通过专利信息寻找潜在合作对象，培育产业链条集群，推动产学研用协同；在人才聚集方面，通过专利信息分析结果，培养潜在骨干人才，挖掘企业高端人才，引进海外领军人才；在技术攻关方面，通过专利信息跟踪科技前沿动态，利用现有专利资源，开展创新成果保护运用。四个方面形成一个有机的体系，根据技术攻关的不同领域或不同阶段，可以选用其中一个或者几个分析方法，用足用好专利信息，助力"卡脖子"关键核心技术攻关。

9.1　始计篇：政策引导

"卡脖子"技术问题的攻克，离不开国家战略科技力量的支撑，要进行整体规划，以系统思维进行"卡脖子"问题的整体设计和统筹谋划。要加强国家科技创新资源的统筹协调，形成各主体、各环节的有机互动，形成高效协同的国家创新体系。国内外实践表明，关键核心技术的突破都是在国家重大战略布局下取得的。如美国的"曼哈顿计划""国家纳米技术计划""阿波罗计划""半导体研发计划"以及日本的"超大规模集成电路研究联合体"，都是在国家重大战略背景下布局和实施的，并在突破关键核心技术方面取得了巨大成功。首先要加强系统设计，加强战略规划，确保我国科技创新的主动性和产业发展的安全。通过对前瞻性科技发展路径和方向进行技术识别，以国家重大战略需求为导向，同时兼顾技术的商业化应用导向，为创新主体技术研发提供正确的战略指向，把高新技术发展的需要和现实的能力、长远目标和近期工作统筹起来考虑，提出切合实际的工作重点，制定"卡脖子"技术问题的攻关路线图，进行科学的引导和分级推进。

确定国家战略布局方向、制定宏观产业政策引导，需要摸清目前产业专利技术在国际上的发展方向是什么、主流技术是什么、主要掌握在哪些国家手中，以及国内的主流技术是什么、发展趋向有何异同、与国外的技术差距大小、攻关的难度大小、在产业链中是否处于核心位置、我国产业布局上有何问题等。

专利信息分析是辅助政府部门、科研机构、高新企业进行专利战略布局和关键技术研发路线的有效分析手段之一。利用专利信息，聚焦关键性产业创新和产业技术竞争力的形成规律，以全球开放视野分析战略性技术研发和知识扩散的特性，研究战略技术主航道和全球产业链结构的演变规律，研判关键性领域我国真实技术能力水平和对外技术依赖度，分析识别产业核心技术新的"变革临界点"和"突破切入点"，从而有助于为不同层面科技经济发展战略的制定与部署提供科学依据，为提升自主创新能力、优化实施效果、增强竞争优势提供重要的方向引导与决策辅助。从专利角度判断相关产业未来发展趋势、目前产业竞争态势和我国产业的竞争机会情况，能够有效发现专利优势、聚集区、空白点，指导产业后续的研发规划，进而以系统谋划、分步推进、培育提升、宣传推广的基本思路着力实现关键核心技术的突破与运用。由此，在政策引导方面，通过专利信息明确"卡脖子"清单，找准主流技术方向，研判可能突破路径，是专利信息分析可以提供助力的主要方面。

9.1.1 明确"卡脖子"清单

科技安全具有全方位、根本性影响，牢牢把握全球产业变革大趋势，及时有效地预测威胁产业健康发展的关键核心技术并评估科技创新生态系统的脆弱性，进而明确我们"缺什么""差在哪"等"卡脖子"问题，清楚掌握"谁在卡我们的脖子"，成为掌握更多关键技术和打造核心竞争力、抢占国际竞争有利位置的前提条件。因而需要明确"卡脖子"清单，统筹建立国家科技创新突破机制，梳理优势技术和"卡脖子"技术，建立重点企业和上下游核心关联企业清单、产学研用关键单位清单、联合攻关任务清单，通过清单的获取来加强对产业安全、产业"卡脖子"技术问题的动态研判，精准分析和分级管理。

9.1.1.1　案例分析

从前文中锂电池隔膜、先进封装的案例分析可以明确该领域的"卡脖子"清单。案例中综合运用了全球申请趋势、技术领域排序、技术领域+申请人排序、重点专利分析等信息。

1. 锂电池隔膜

通过图5-16所示锂电池隔膜领域全球专利申请趋势和图5-17所示技术分支构成，得知对于"隔膜材料体系"的研究是该领域主要的研发方向，再通过图5-18所示前五位技术来源国和图5-19所示全球前十五位申请人排序，厘清国家/地区和创新主体在各技术分支的研发实力和技术积累对比，可以看出虽然中国目前已经是锂电池隔膜领域最大的技术产出国，但全球领先的申请主体仍以日韩申请人为主，结合图5-20所示在中国专利布局的前五位海外申请人以及表5-5中上述海外申请人在中国所持有的有效专利数量，并对重要节点性专利作进一步梳理分析，可以定位日、韩、美等国家头部申请人对于早期基础技术和专利的控制以及在中国持续的专利布局行为，其对国内创新主体形成的锂电池隔膜技术领域的"卡脖子"点位，从而确定在制定锂电池产业引导政策时，"隔膜材料"仍是需要纳入重点考量的任务清单之一。

2. 先进封装

中国在先进封装产业方面起步较晚，以美国为首的西方发达国家视中国为"巨大威胁"，近年来不断强化对中国的技术、设备和人才的封锁，并在知识产权等领域加大对中国产业主体的打压。这就导致中国在先进封装产业的未来发展模式无法与世界其他国家/地区完全趋同。通过前文分析可知，先进封装未来存在"卡脖子"风险，由此可以明确先进封装领域"卡脖子"清单。从混合键合、先进封装材料、TSV技术三个分支来看，结合专利分布的国家、重点申请人的趋势、重点专利来明确是否应列入"卡脖子"清单。

（1）混合键合

台积电是先进封装中混合键合分支领域的重点申请人。根据台积电混合键合全球专利申请趋势图，台积电在2006年提出了混合键合的基础专利（US20070296073A1，3D集成电路及其制造方法）。在之后的几年时间，受限于当时的工艺水平和市场需求，台积电并未针对混合键合进行更多的研究。2008年年底，台积电成立集成互连与封装技术整合部门，2009年开始战略布局3D IC系统整合平台，2012年开始在混合键合领域进行专利布局，专利申请量逐年稳步增长。2018 年,台积电宣布正在研究一种叫作集成芯片系统(SoIC)的技术,SoIC 是一种创新的多芯片堆叠技术,是一种将带有 TSV 的芯片通过无凸点混合键合实现三维堆叠,可以将多个小芯片(Chiplet)整合成一个面积更小和轮廓更薄的系统单芯片,因此从 2018 年开始,台积电在混合键合领域的专利申请量迅速增长。与此同时,中国大陆封装厂商只有零星混合键合工艺专利申请,未系统地掌握关键的混合键合工艺,在制裁背景下,容易被"卡脖子"。

(2)先进封装材料

从全球申请量来看,1994 年之前先进封装高分子材料发展处于萌芽阶段,1995—2005 年是先进封装高分子材料技术储备时期,也是快速发展时期。究其原因,1995 年,德国弗劳恩霍夫 IZM 学院牵头对再分配技术进行不同应用和探索,先进封装高分子材料逐渐应用于芯片封装实际产业中。在此期间,美国倒装芯片国际公司和 Amork 公司建立了再分配技术标准,晶圆级封装出货量达数百万片,并且出现不同的先进封装工艺,如 2.5D、3D 堆叠、SiP 封装,极大地促进了先进封装高分子材料的发展,其专利申请量呈现爆发式增长。2006 年之后,出现相对平稳的申请趋势,技术进入成熟期。芯片的集成度快速提高,芯片体积逐渐缩小,相应地对封装材料各方面性能的匹配也不断地提出更高的要求。在这一阶段,先进封装高分子材料的开发并未出现明显的突破,这是导致申请量趋于平稳的一部分原因。

同时对比我国的申请数据,国内关于先进封装高分子材料的专利申请量比较小,1995 年之前没有相关的专利申请,直到 1995 年之后申请量才逐渐增加。2000 年,我国发布"18 号文件"(又称《鼓励软件产业和集成电路产业发展的若干政策》),通过扶持政策来支持国内厂商开展研发,相应的先进封装高分子材料的专利申请量开始增加。但受国外专利布局的制约,我国先进封装高分子材料申请量一直未能突破性地上升。国内的先进封装高分子材料基本集中在研发阶段,能够量产的材料寥寥无几。2006 年至今,特别是最近几年,在我国整体申请量居全球前列的情况下,先进封装材料领域专利申请随之也快速增长。但从我国与全球数量对比来看,尚有较大差距。因此,我国在先进封装材料领域容易被"卡脖子"。

具体地,从主要申请人来看,在先进封装材料领域,排名前十的申请人当中,仅三星株式会社一家为韩国企业,其他申请人均是日本企业,显示了日本在先进封装材料方面的领先优势。其中,富士胶片株式会社、日立化成工业株式会社、旭化成株式会社、日本东丽和 JSR 株式会社排在前五位。

从各国申请的专利数量上看，在先进封装技术产业链条上，先进封装材料国内厂商专利申请占比小于全球数量的 3%，美、日、韩在先进封装材料领域专利申请量合计占比超过 95%。

这与产业现状也相符。先进封装材料严重依赖进口，美国联合日本、韩国对我国开展制裁措施，导致先进封装材料被"卡脖子"。

（3）TSV 技术

制作互联结构的 TSV 技术（垂直硅通孔互联技术）方面，美国的专利申请量占全部申请量的比例超过 1/3，日本紧随其后，位居第二，中国位列第三，韩国和欧洲各国居后，可见美国和日本是该领域的主要技术力量。

从 TSV 技术全球重点申请人也可以看出，日本和美国公司的电镀产品分布较广泛，围绕集成电路或其他电镀、电解领域形成较完整的技术闭环，虽然中国的申请总量较大，但是单独申请主体的申请量并不突出，没有形成完备的专利保护体系。我国 TSV 工艺所需电镀液材料和电镀设备严重依赖进口，在制裁背景下，TSV 领域容易被"卡脖子"。

至此可以得出如下结论：结合相关专利信息分析，先进封装领域至少有混合键合、先进封装材料、TSV 技术三个技术点应被列入"卡脖子"任务清单。

9.1.1.2 招式总结

产业上被"卡脖子"的原因有多种，通过专利技术信息来分析梳理，并与产业、技术发展结合分析，可以准确定位"卡脖子"的技术清单。通过以上案例，我们结合其中的专利信息图，总结如下方式来助力明确"卡脖子"技术清单。

1. 分析中外专利申请趋势对比

申请趋势分析是指针对申请量随时间变化趋势的分析，通常以申请量年度分布的形式呈现，将所研究领域的申请总量沿着时间展开，以便了解增长速度的快慢，判断当前申请量与既往申请量相比的趋势，从而将专利技术数量的变化趋势划分为低速或高速增长、低速或高速下跌、低水平或高水平平稳发展等不同情况，进而根据经济学模型，将所研究领域的技术发展划分成不同的时期，判断当前所处时期，预期该领域未来发展走向。

对中国和外国在指定领域的专利申请趋势进行对比分析，得出该领域的申请量的变化，进而掌握中国和外国对该领域技术的研发投入、研发热度和掌握技术数量的情况。

中国近年来在知识产权保护上取得了巨大进步，从专利总量上看，迅速崛起成为年申请量和授权量居世界第一的专利大国。在这样的背景下，结合产业分析，在指定的高技术领域，通常专利数量也应该比较多。通过中国与全球专利申请趋势对比，如果在该领域中国专利在数量上不占据优势，则说明该领域被"卡脖子"的可能性很大。从上述案例中，结合先进封装材料领域可以看出，在技术密集领域，我国申请总量落后于世界主要国家，在产业上明显属于被"卡脖子"的领域。

2. 分析不同技术分支的专利来源国

技术来源国是率先完成某项技术创新的国家，即技术创新国，能较为稳定地保有技术创新带来的技术差距比较优势。由于技术成果本身是获得巨额利润的源泉，因此在完成某项技术创新以后，技术创新国通常通过专利来实现垄断巨额利润的目的。为了快速获得专利权以获得较好的专利保护，通常技术创新主体会在本国进行第一次专利申请，那么所在国家通常为技术来源国。

在专利信息中通常用优先权信息表示专利来源。采用专利权获得并保持技术垄断地位是通常手段。在指定技术领域，通过大量专利信息体现技术来源的国家在某个或者某几个技术分支上的整体研发、掌握情况。

从不同技术分支的申请量找到技术差距大的分支，针对不同技术分支，对比专利技术来源国的数量差距。由此，可以了解在具体技术分支上，哪些国家掌握了关键的技术分支，以及具体技术分支上的强弱对比。他国较为强项的技术分支，同时又是本国较为弱项的技术分支，则应该属于"卡脖子"技术。例如前述案例中，先进封装材料领域专利来源于美、日等国家，在制裁背景下，属于"卡脖子"技术。

3. 分析不同技术分支的申请人排名

在指定技术领域，确定多个不同技术分支，各个技术分支上对申请人按照申请专利数量进行排名，并且以时间为序列，由此可以明确哪些申请人掌握关键技术分支，以及这些申请人在什么时间掌握了这些技术分支。

对申请人在该技术分支上的技术进行排名，结合产业经济信息，明确在技术分支上排名靠前的申请人是否友好，这些申请人是否处于不友好的国家。只要是不友好或处于不友好国家的申请人掌握关键技术分支，就可以确定这些技术分支属于"卡脖子"的领域。

4. 分析中外申请人专利集中度变化趋势

专利集中度是指，某个申请人的专利申请量占该领域专利申请总量的比例。在多个申请人之间对比专利集中度可以了解互相之间的竞争态势。例如，列出指定技术领域或者技术分支中的中国排名前十申请人，全球排名前十申请人，计算每个申请人的专利申请量在中国或者在全球该领域总量中的占比。

通过专利集中度分析，可知关键申请人对该领域技术的影响力。如果在某个技术分支出现龙头申请人占据大部分专利申请的情况，就可以知道该技术分支下这个龙头申请人具有垄断、掌控该技术分支的能力。

在某些技术领域，中国迅速崛起成为年申请量和授权量居世界第一的专利大国。由于中国体量大、申请人多，导致申请总量多，但技术实力到底够不够强，可以通过对中外企业在某个技术分支的专利集中度来分析。在一些技术领域，国外头部申请人技术密集，专利集中度高，在局部技术领域形成技术优势，而集中度高的申请人体现出更加容易具有"卡脖子"的能力，从而找到"卡脖子"的技术分支并将其列入"卡脖子"清单。例如在锂电池隔膜领域，国外申请人研发时间较早，在基础技术和核心专利方面的集中度较高，其专利技术控制力对国内创新主体的影响不可忽视。因此，对比中外申请人专利集中度在确定"卡脖子"技术清单过程中很有参考价值。

5. 分析专利持有人，定位各技术分支重点专利归属

技术分支的重点专利一般是指，在指定技术分支内被引用次数较多的专利。此外，从技术路线图上看属于关键节点的专利也是重点专利。专利归属，就是找出专利持有人。持有人主要包括技术的原产方，还包括技术的受让方，可以通过对专利申请人或专利权人进行统计而获知。

分析重点专利和"找人"都是专利技术分析中重要的分析手段，通过对技术持有人和技术分支的交叉综合分析，结合重点专利申请人排名、重点申请人的专利地图、技术路线图、技术脉络，从而锁定拥有重点专利、掌握技术节点专利的专利权人。

专利持有人以专利转让费或专利许可费的形式获得专利收益，技术成果的价格既包括研制过程中的全部现实投入和风险投资及其回报，又包括该项技术成果转让后在剩余的使用年限内继续为其所有者创造利润能力的一定比例。因此，以专利转让费或专利许可费的形式出现的技术成果的转让价格一般相当昂贵，可能作为一种限制竞争对手的壁垒。从专利的重要性和专利持

有人是否友好，可以分析外国申请人用重点专利组合是否构筑起"卡脖子"堡垒。

6. 分析国外重点申请人在华专利有效情况

选定技术分支，根据其法律状态，可以对国外重点申请人在华有效专利数量进行排名，列出每件在华专利申请的保护期限。

作为专利拥有人，首先充分地享受该项专利技术的创利效益，直到该项专利技术从某种意义上来说已经成为一种相对成熟的技术，专利拥有人才有可能愿意考虑该项技术成果的转让或者许可。

根据外国申请人申请的在华专利数量及其保护期限相关信息，可以分析外国申请人用有效中国专利"卡脖子"的年限，可以了解"卡脖子"的可能年限。如果一项"卡脖子"的专利技术，其保护年限快要到期，可知该项技术已经相对成熟，"卡脖子"程度不严重，可以在未来无偿利用相关专利。当专利保护年限较短，价格也降低到适当范围时，通过购买或者许可突破"卡脖子"也存在可能性。如果相关"卡脖子"技术专利保护期限还很长，还处于较领先的位置，专利权人更倾向自己掌握相关技术，而不是许可或转让，则该相关技术"卡脖子"概率较大，应将相关技术分支列入"卡脖子"清单。

9.1.2 找准主流技术方向

技术在不断地发展变化，不同技术路线兴起的时间不同，发展的情况不同，目前所处的技术发展阶段也不同。分析主流技术的全球发展态势、不同技术兴起的驱动力量，能够发现不同技术的发展走向、预测一段时间内的发展趋势。一般来说，技术处在萌芽初期和成长期，研发突破的机会较大，而若技术处在衰退期，则该项技术已趋于过时，再进行创新改进难度巨大，且市场前景不容乐观。技术领域结合地域排序能够反映某个国家/地区在某项技术方面的研发成果。排名前几位的国家的申请量与该领域的申请总量的比值可以反映出地域的集中程度，掌握该项技术的国家企业越少，集中度越高，说明该项技术的攻关突破难度越高。因此，分析主流技术在各个国家技术发展中的占比和表现，有利于找准主流技术方向。

9.1.2.1 案例分析

以下通过工业软件、燃气轮机、轴承钢领域举例，结合技术分支全球趋势、技术生命周期图、技术功效研发热度、重点申请人分析如何找准技术方向。

1. 工业软件

根据使用场景、功能和用途，工业软件通常分为研发设计类、生产制造类、运维服务类和经营管理类四大类。参见图 4-4 所示的专利申请量技术分支占比，全球各主要经济体的工业软件的研发方向第一占比为生产制造领域的工业软件，其次是研发设计类和经营管理类工业软件。中国作为世界上最重要、门类最齐全的制造业大国，生产制造类工业软件的专利申请量也处于第一的位置。

根据《中国工业软件产业白皮书（2020）》显示，中国企业 95% 的研发设计类工业软件依赖进口，国内企业的相关产品主要应用于工业机理简单、系统功能行业复杂度低的领域。生产制造类工业软件国内企业的市场占有率相对好一些，但在高端市场中与国外企业的差距明显。

总体而言，研发设计类工业软件在工业制造中的重要性程度高，但国内核心技术薄弱、市场占有率低、进口依赖度大，受到技术封锁的风险性高，因此研发设计类工业软件是四类工业软件中最急需攻关突破核心关键技术的门类。

对于研发设计类工业软件，可以通过申请总量的情况、申请趋势变化、所处技术生命周期阶段、主流国家的申请情况、行业领头企业在中国的申请情况、技术功效趋势等综合判断出主流的技术方向。

首先，从申请总量的情况看，CAD、CAE、PDM、PLM、EDA 的申请量排在前五位。

参见第四章可知，CAD、CAE 和 PDM 的申请趋势一直处于上升的势头，CAD 的申请量大部分时间处于领先的位置，CAE 从 2010 年开始增长速度快于其他三类软件，并在 2017 年申请量首次超过 CAD。相较而言，EDA 较为平稳，每年申请量保持在 100 件左右。目前，CAD、CAE 处于研发软件的前两位，难分伯仲。

从技术生命周期来看，CAD 的研发人数和申请量在 2019 年均处于上升的阶段，之后申请量有所减少，但研发人数保持稳定，总体处于上升期和成熟期。CAE 的情况与 CAD 大体相同。

重点申请人中，排名第一的西门子在 PDM、CAE、CAD 和 EDA 四个领域的申请量都较多，其他几位重点申请人的布局也在四个领域都有所涉猎。而

CAD 的研发人员数量一直处于领先的位置，CAE 的研发人数则在快速追赶中，在 2020 年接近 CAD 的研发人数。

综合分析上述各项数据和发展趋势，从全球申请量变化、所处技术生命周期、重点申请人的研发方向趋势、不同技术分支的研发人员数量变化可以看出，CAD、CAE、PDM 和 EDA 属于研发设计类工业软件的主流技术方向。

2. 燃气轮机

找准主流技术方向，是实现技术突破的基础。以燃气轮机为例，经过了 80 多年的发展，燃气轮机除了在不断实现自身领域的技术发展，也在不断融合新技术，从这些纷繁复杂的技术方向中，找到适合国内燃气轮机的发展路径，无论对国家还是企业制定燃气轮机发展规划都至关重要。

专利信息囊括了全球燃气轮机技术的重要信息。通过分析燃气轮机及其分支的专利申请趋势（参见图 8-15、图 8-26、图 8-29、图 8-39），可以帮助我们了解燃气轮机的发展是处于活跃状态还是低谷状态。通过分析相关技术分支的生命周期，可以帮助我们了解该技术分支的发展前景。从全球申请的燃气轮机专利技术构成来看，F02C、F01D、F23R 分别占据申请量的前三位，上述分类号分别涉及燃烧室、压气机和叶片相关技术，也表明了燃烧室、压气机和叶片是燃气轮机的关键核心技术，对它们的改进属于主流技术方向。从燃烧室和透平的申请趋势来看，作为燃气轮机的重要分支，两者趋势与燃气轮机的申请趋势总体一致，表明这两条技术分支是燃气轮机的研究热点和主流技术方向。而从掺氢燃气轮机和低 NO_x 排放燃烧技术两项重点技术的申请趋势来看，均在 2015 年前后形成一个高峰，此后有下降趋势，联系近几年全球环保意识的兴起以及"双碳"战略目标实现来看，掺氢燃气轮机和低 NO_x 排放燃烧技术仍然是燃气轮机未来的主要发展方向。此外，通用、西门子、三菱重工三大巨头在 2020—2021 年相继发布了掺氢燃气轮机的白皮书，我们可以进一步分析三巨头在该领域的申请趋势以及技术分支情况，进一步厘清燃气轮机领域的发展主流方向。

总而言之，借助专利信息分析，可以了解当前燃气轮机的发展态势，通过进一步梳理相关技术分支和分析重点申请人的专利申请方向，可以帮助我们定位燃气轮机的发展主流方向，从而为快速实现技术突破打下坚实基础。

3. 轴承钢

轴承钢具有高的热稳定性、高的硬度值、好的抗热耐磨损性和抗塑性变形性，用来制造轴承。同样，由于轴承钢具有好的耐磨性和抗塑性变形性，也可用于制造相关工具等。因此，轴承钢的性能表现是重要的本质属性和重要的技术体现。

通过第七章分析可知，关于轴承钢的技术手段中，申请量最高的是涉及添加合金元素的专利申请，其次是涉及处理工艺的专利申请，上述两项技术手段的申请量明显高于涉及其他技术手段的专利申请量，并且申请量呈稳定增长的趋势。同时，参照各种性能改进的专利申请量随时间变化的分布可以看出，强度增高方面的专利申请保持平稳的增速，这也说明一直在对轴承钢进行强度改进以适应相关工艺要求的不断提高，保证了轴承钢在轴承领域的优势地位。

进一步结合轴承钢技术功效趋势分布来看，涉及技术功效改进的专利申请分布中排名第一位的是降低成本的专利申请，可见经济因素的考量依然是轴承钢技术改进的主要功效目标之一。性能改进和经济因素相互制约，因此上述两方面的平衡也是未来技术发展的重要方向。

9.1.2.2　招式总结

通过以上案例中的专利信息，总结确定"卡脖子"技术中找准主流技术方向的方法。

1. 分析不同技术分支全球申请量

选取一个技术领域，进行技术分支全球申请量和申请趋势的分析。技术分支的申请量大小一定程度上反映出技术的研发热点，申请量排名靠前的技术分支，说明全球对该技术的研发投入和产出较大，该技术分支对于技术领域整体的发展起着关键的推动作用，可以总体上初步判断出该技术属于热门的技术方向。申请总量的分析可以使用柱状图，横坐标代表技术分支，纵坐标代表申请量，通过柱状体的高低能够直观地看出哪个技术分支的申请量大。

2. 分析不同技术分支全球申请趋势

仅靠申请总量的多少还不能完全得出主流技术方向。例如，有的技术分支申请总量大，但是大多数申请是早期的申请，在近几年，申请量已出现明显的下滑，说明这个技术分支只是曾经属于重要的研发方向，但现在情况发生了变化，出于某些原因，如技术瓶颈始终无法解决，或者被更为先进的技术逐步代替，导致多数创新主体改变了研发策略和方向，不再将其作为重点研发方向。因此，找准主流技术方向，不仅需要分析全球申请总量的排名，也要分析申请量随着时间的变化趋势，才能较为客观准确地分析出目前的主流技术方向。申请趋势图可以采用折线图，横坐标代表时间（通常为申请年份），纵坐标代表申请量，每个技术分支用一条折线表示，将多个技术分支放到一个趋势图里方便对比分析。为了区分不同的技术分支，可以用颜色或者圆形、三角形等不同的图形加入折线以示区别。

3. 分析不同技术分支的技术生命周期

技术生命周期图示法其实就是利用某一技术领域的专利申请量与专利申请人数量随时间的推移而变化来分析某一领域的技术生命周期。在技术生命周期的不同阶段，申请人数量与申请量的关系会呈现不同的特征。

萌芽期：在技术萌芽阶段，仅有少数几个申请人参与技术研发，申请人和申请的专利数量较少；成长期：介入的申请人增多，专利申请的数量急剧上升；成熟期：介入的申请人数量趋于稳定，申请量逐渐减少，技术集中度变高；衰退期：每年的申请量和申请人数量都呈负增长。

从技术生命周期图可以看到主流技术本身所处的阶段，一般认为，处于成长期的技术，是最有研发价值和潜力的，其次是处于成熟期的技术。在成长期，新技术发展呈现快速增长的趋势，集中度低，技术分布的范围大，且未被大企业垄断，因此存在大量的市场进入机会，可以围绕基本专利进行优化，发展核心技术的相关应用技术。

在技术进入成熟期后，新技术开始占据主导地位，部分企业开始壮大，并形成了一定的垄断和技术壁垒，专利增长速度变慢并趋于稳定。这一阶段以产品改良设计为主，企业可通过工艺创新和实用新型类的改进来创造技术机会。而在萌芽期或衰退期，由于技术的市场前景不明或者技术已濒临落后淘汰，因此不具有研发的价值。如前所述，在工业软件领域通过技术生命周期图对多个技术分支进行梳理，可以看出 CAD 的研发人数和申请量在 2019 年均处于上升的阶段，之后申请量有所减少，但研发人数保持稳定，总体处于成长期和成熟期，是产业界主流技术方向。

4. 分析重点国家和地区的不同技术分支申请趋势

通常，发达国家如美国、德国、日本、韩国等具有领先的技术优势。对发达国家重点投入的研发方向可以认为是该技术的主流方向。通过不同分支的申请数量能够看出发达国家在不同技术分支的技术积累，数量多的分支则为重点投入的技术，申请数量的变化则反映研发的前景，即该项技术是否具有继续改进提升性能、保持技术竞争力的价值和潜力。具体分析中，可以先通过专利申请量在不同国家和地区的分布情况确定重点的国家和地区，然后在这些重点的国家和地区中，再进一步分析它们在哪些技术分支的申请量较大，在哪些技术分支的申请趋势在持续增长，从而确定重点国家和地区的主流技术方向。

5. 分析不同重点申请人的技术分支专利申请趋势

选取重点申请人进行分析是专利分析中常见的分析思路，其目的是从市场主体或者研发主体的角度，识别和了解重点申请人在技术分支上的技术研发情况。每个行业都有几家龙头企业率先掌握先进的技术，龙头企业对技术发展的方向感知也最敏锐，因此关注行业内重点企业的研发方向，可以获知主流的技术分支。具体分析中，首先需找出哪些企业是重点企业，通常可以通过申请人的申请数量或者专利数量或者有效专利数量的排名获得，将排名前几位的申请人作为行业重点申请人。再分析重点申请人在不同技术分支上的申请趋势，从申请趋势的变化可以判断重点申请人在某个技术分支上是否有持续投入和产出，从而判断该技术分支是否属于该企业的重点技术方向。

例如在工业软件领域，重点申请人在 CAD、CAE、PDM 分支的专利申请都是排在各自研发的前列，由此可以找准主流技术方向。

6. 分析不同技术分支的申请人数量变化趋势

某项技术的活跃程度也可以通过参与研发的申请人数量来反映，参与的人数多，表明该项技术在产业中具有重要的应用价值，大多数企业都愿意在该分支中寻找技术机会。而申请人数量的变化则进一步反映该项技术的发展前景和趋势。如果申请人数量在持续增多，说明该技术的垄断性不强，且整个行业都持续看好该技术的应用前景；如果申请人数量保持稳定，说明该技术的研发仍在稳定产出；如果申请人的数量在减少，说明已有企业陆续退出该技术的研发，需要进一步分析减少的原因，是技术本身处于下坡路，还是企业自身竞争研发实力不够而被迫退出，从而能够得出客观的结论。总体认为，申请人数量多且保持稳定或增长的技术领域可以被认为是研发活跃度高的主流的技术方向。

7. 分析不同技术分支的技术功效趋势

技术功效趋势图，是以技术功效为纵轴、时间为横轴绘制成网格，通常以气泡图的形式来表现。技术功效趋势图反映了各个技术分支随着时间变化的研发热度。技术功效研发热度分析中，主流技术功效矩阵反映的是专利技术所取得的技术效果，而技术效果也可理解成为解决现有技术中存在的技术问题而作出的改进，即技术功效对应着技术问题。将技术功效结合申请趋势来分析，若某技术功效涉及的专利申请集中出现在前几年而近几年相关的申请量下降明显，则该项技术功效对应的技术问题已经解决，该功效属于该技术的优势项。若某技术功效涉及的专利申请在最近几年集中出现或者相关的申请量从未出现明显下降，则表明对应的技术问题尚未完全解决，该功效属于该技术的劣势项，对该技术问题的研究还处于主流研究方向，是需要持续解决的技术问题。

9.1.3 研判可能突破路径

分析攻关突破"卡脖子"技术的可能路径时应当注意，过大的技术差距会导致技术壁垒突破难度加大，准确地评估国家间的技术差距有助于认清与技术发达国家在特定技术领域的差距大小，从而准确判断攻关突破的难易程度。技术攻克的难度大小意味着该项技术是否具备攻克的可行性，这对于产业政策引导有着直接的影响。而对外依赖程度高、技术垄断性强的"卡脖子"技术，若其又处于产业价值链的核心位置，不加以攻克将对我国经济发展造成巨大冲击，则此类核心技术又存在攻克的必要性。因此，可以综合国际主流技术方向的发展态势、主流技术的垄断情况、国内外主流技术的差距大小，以及产业链布局情况，最终确定"卡脖子"技术的攻关方向。

对攻关突破的可能路径需要通过技术差距的大小来分析，也可以从广度、深度和动态趋势三个维度来考察。所谓差距，比较的是我国同技术发达国家之间的差距，因此可以通过国内外相关数据的差值来衡量，这些差值包括数量上的差距和时间上的差距。

9.1.3.1 案例分析

下面以工业软件、轴承钢领域为例来分析寻找可能的突破路径。

1. 工业软件

在确定 CAD、CAE、PDM、EDA 四个主流研发设计类技术方向的基础上，通过比较中外专利申请数量趋势、技术和人员储备情况、中国的研发趋势、产业链的集群度和完整性等确定可行的突破路径。

参见图 4-10 展示的 CAD 领域主要国家的专利申请趋势，中国在 CAD 领域的专利申请总体呈逐年增长趋势，先后超过日本和美国，并在 2016 年后进入快速增长期，申请量现已高居世界第一。

从技术储备和研发趋势来看，参见图 4-31，CAD 的申请量一直处于领先位置，并且保持了稳定的增长率。研发机构数量方面，参见图4-30，CAD领域中国研发机构数量比美国多800家，是四个领域中机构数量领先美国最多的。以上说明CAD的市场需求大，中美之间的差距小，中国的技术储备充足，中国机构研发热情高，并且CAD的研发势头一直处于最前列。

技术功效趋势图中，每年的技术改进专利申请量呈连续不间断状态，或者呈增长趋势，说明该技术的研发一直处于持续攻关中，这样的技术改进点专利申请数量越多，表明该领域的关注度越高。

从国内外申请人在华有效专利数量对比来看，参见图4-32，四个领域的外国申请人的在华数量占比均低于35%，表明国外申请人的在华技术集中度还没有形成绝对的壁垒，中国仍有突破的空间。

产业链完整性方面，中国在CAD、CAE和EDA领域的研发重点主要集中在G06分类号领域，该分类号涉及的技术也是领域核心技术。在其他的应用领域如A61、H04、G01、H01等也有所涉猎，上述三个领域的产业链较为完整。

产业集群度方面，在CAD领域，江苏、北京、广东和上海的申请量大且连续，技术分布涵盖广泛，因此上述四个省市的产业集群度较好。

综合判断，CAD技术整体上处于上升期到成熟期阶段，在工业制造中具有举足轻重的作用，市场需求度高。中国在CAD领域的技术储备和人才储备相对较好，与美国的技术差距相对较小，产业链完整性和集群度方面有优势，实现攻关突破的难度相对较低，突破的可行性较大。因此，在研发设计类四个主流分支中，在CAD领域开展技术攻关具备一定的研发基础和攻关可行性。

2. 轴承钢

从轴承钢领域全球的专利申请趋势上来看，中国的相关申请量处于稳步上升阶段，下面通过对专利申请来源国、重点技术布局的分析来确定我国现状以及可能突破的路径。

首先，找寻先进技术来源。从之前轴承钢技术来源国分析中可知，在中国申请的专利技术来源中最多的是本国企业，其次是日本企业。一般而言，中国的专利申请技术来源中必然是中国相关企业较多，但是要了解国外技术，还是要关注技术来源中的国外企业或者外资企业。日本是传统的钢铁强国，作为全球最为先进的特殊钢生产国家之一，其钢铁产量连年攀升，在汽车用钢、电工钢方面的研发技术一直处于领先。尤其是一些著名的日本传统钢铁企业，其背后强大的技术支撑必然会引导一些技术发展方向。全球高端金属结构材料专利申请排名前20位的机构中，日本就有13个，可谓居全球之首。

因此，在对轴承钢进行研发时，必然需要借鉴日本企业的技术。

其次，挖掘重点专利关键技术。按照重点专利的筛选方法，从现有技术中挖掘，因此矛头要对准日本的相关企业，如新日铁，从龙头企业的专利布局中进行技术挖掘，确定技术改进的方向。相关的技术在企业布局中存在一定的连续性或者方向性，专利技术的引证就是非常有效的挖掘方式，通过引证关系以及频次，确定相关的重点专利，挖掘技术核心点以及发展脉络，从而确定核心技术方案。例如第七章提到的重点专利，其公开了对轴承钢合金成分进行调节从而提高性能的核心方案，技术要点是提升轴承钢强韧性，技术手段的研究主要集中在优化钢成分配比及改善钢中显微组织结构的工艺方面。因此，确定优势企业轴承钢的技术布局路线为高强韧轴承钢的研发重点，从最初合金成分的优化逐渐往钢微观组织优化的方面发展；结合之前的主流技术方向，进一步可以得出，采用特殊的冶炼和热处理工艺来控制钢中金属相的生成，以及获得晶粒尺寸更细、偏析度更小的微观组织，使轴承钢的力学性能得到进一步的提升与改善，构成了该领域可能突破的技术路径。

9.1.3.2 招式总结

结合上述案例，可能突破路径的方式总结如下：

1. 分析对比各技术分支的中外申请数量

已有的专利申请数量代表了一定的技术储备情况，但在某些情况下单纯的申请数量不一定能准确反映技术实力，而重点专利的数量或者有效专利的数量相对更为准确地反映实际。通过分析选定技术领域中在中国的技术功效和不同分支方面中外申请数量，中国申请数量占优势的技术分支，则表明中国有相对优势，中国数量不占优势，则需进一步判断差距的大小。如果数量差距过大，说明技术实力差距过大，追赶攻克的难度则过大。通过确定多个技术分支中中国的相对优势技术分支，明确中国的相对优势和一定的技术储备情况，便于在中国具有基础储备的技术分支上，相对容易地开展攻关，实现技术突破。技术分支的申请数量对比，可以通过柱状图展示，将国内和国外的数据放在一起直观比对。

2. 分析对比各技术分支的中外申请数量趋势

数量的对比反映技术储备的差距情况，数量趋势的对比则反映技术差距的变化，对于技术储备差距大的技术分支，对比数量趋势变化，可以判断差距是在不断拉大还是在逐渐缩小。差距不断拉大的分支，追赶难度大；而差距逐渐缩小，则说明是有望取得突破的领域，假以时日定能取得一定的成果。中外申请数量趋势的对比可以采用双折线图表示，时间作为横坐标，申请数量作为纵坐标，两条折线分别代表中国和外国的申请数量随着时间的变化，两条折线随着时间变化相互靠近，表明差距在缩小；相反，两条折线随着时间变化相互远离，表明差距在拉大。

3. 分析对比各技术分支国内申请人排名

人多力量大，众人拾柴火焰高，技术攻关需要靠研发机构实现，靠人才实现，每个人贡献一点智慧汇集起来就能形成汪洋大海。因此，技术分支申请人的数量能够部分反映相关领域的技术研发实力，申请人数量大，参与的研发机构多，则该技术分支攻关的成功概率大。申请人数量排名对比可以采用与申请量对比相同的图。

4. 分析对比各技术分支国内申请人数量变化趋势

同申请数量变化趋势类似，申请人数量变化趋势反映研发力量的变化情况，若申请人数量不断增加，则研发力量不断增强，此趋势有利于技术的攻关。相反，若申请人数量在减少，则研发力量在萎缩，此趋势不利于技术的攻关。申请人数量变化的趋势用折线图表示，横坐标为时间（年份），纵坐标为申请人数量，折线上升表示申请人数量在增加，折线下降表示申请人数量在减少。

5. 分析对比各技术分支国内申请人的地域分布

申请人的地域分布反映产业集中度情况，产业集中、上下游协同配合更利于技术的研发突破。通过分析地域分布，支持各地综合各种资源，确定中国具有相对地域优势的技术分支。技术分支涉及的上下游配套情况越齐备，联合攻关的成功率越大，越适于开展技术攻关。地域分布通常统计到省市一级，利用地图展示，对省市区域通过颜色深浅表示相关技术分支的申请量多少，颜色越深，申请量越大。通过对比选定技术领域专利申请技术分支国内申请人排名、在国内地域上的分布、申请人数量趋势，把研发力量集中在这些地域和头部申请人，开展攻关，该技术分支相对容易实现技术突破。

6. 分析对比各技术分支申请人类型占比

申请人类型包括研究类和产业类申请人，研究类申请人如高校、科研院所等，产业类申请人又可以划分为国有企业、私有企业，或者军工企业、民用企业等。不同的技术需由不同类型的创新主体主导研发，如高校、科研院所等研究类申请人擅长对基础科学的研究，国有企业在我国高铁、大飞机、航天航空、核工业等具有重要国家战略意义的产业技术中具有聚集创新资源的优势，以及人才优势和组织优势，能够集中力量实现重大创新突破私有企业在新一代数字信息技术、智能装备技术等进行颠覆性技术创新时具备独特的组织优势与动态能力优势。根据技术分支的具体情况，分析申请人类型占比，能够简单判断是否具备相关的研发能力。申请人类型占比可以采用饼状图展示，占比大的类型在饼状图中占的面积大。

7. 分析对比各技术分支外国申请人在华有效专利数量

技术研发既要避免重复研发也要防范知识产权侵权风险，分析外国申请人在中国的专利布局情况可以得到国外申请人在中国布局薄弱的点，明确外国申请人在华薄弱点的技术分支。查找在华薄弱点，可以通过比较各技术分支的在华有效专利数量来判断，技术分支的在华有效专利数量大，说明外国企业在中国的技术布局广泛、围堵严重，我国在研发中可能难以绕开诸多的专利技术壁垒，研发攻关的难度较大；而在华有效专利数量小的技术分支，属于外国对我国的封堵不太严密、存在布局薄弱点的技术分支，我国有充分的研发改进空间，不会受外国企业太多的限制和掣肘。技术分支的在华有效专利数量小，对我国还有一个有利情况是，这些外国企业在华有效专利少，但可能在世界其他国家有完备的专利布局，公开了较多的专利技术信息，这些在华已失效专利和仅在外国申请保护的专利技术由于没有在我国获得保护，因此可以为我所用，走出一条消化、吸收再创新的攻关之路。对比技术分支在华的有效专利数量可以采用柱状图。

8. 分析对比各技术分支外国申请人在华有效专利的集中度

外国申请人在华有效专利的集中度表示的是有效专利被少数企业垄断的情况，表达方法为排名前几位的申请人的有效专利数量占全部有效专利数量的比重。比重大则集中度高，表明有效专利掌握在少数几个寡头企业手里；比重小则集中度低，表明有效专利分散地掌握在多个企业手里。如果某个技术分支的在华有效专利主要掌握在少数几个寡头企业手里，则垄断程度高，表明该技术难度较大，只有极少数企业才能掌握，攻关突破不易；而集中度低的技术分支则相对容易攻关。反映集中度的图可以是柱状图，每个柱状体代表一个技术分支，纵坐标为集中度数据，通过柱状体高低比较集中度大小。

9. 分析对比各技术分支在华有效专利的外国申请人占比

技术分支的在华有效专利数量可能为中国申请人拥有，也可能为外国申请人拥有。通过外国申请人在华有效专利中的占比可以衡量相应技术分支的研发优劣势，对于外国申请人占比高的技术分支，我国就不具有研发优势；对于外国申请人占比低的技术分支，我国则占有优势。专利地图能非常直观地展示各个技术分支在华有效专利的外国申请人的占比情况，地图上的凹凸特征或者颜色深浅表示占比大小。通过分析外国申请人在华有效专利数量、集中度、占比等，分析国外申请人的研究重点，国内企业进而开展填补国内空白的研发，实现在布局薄弱之处的专利技术突破。

研判可能的突破路径，不能只分析一个方面就得出结论，需要综合分析判断，以自己的相对优势领域，结合外国企业专利布局的薄弱点开展技术攻关，可以形成可能突破的攻关路径。

9.2 合纵篇：协同创新

"卡脖子"技术不同于一般性的关键核心技术，其涉及产业链、供应链的安全性，兼具技术性、公共性、社会性与安全性等多维特征。解决"卡脖子"技术非一朝一夕之事，也非一人之力可以解决，必须要依靠产学研用协作攻关，依靠产业链上中下游合作集群创新。因此，谁是我们的合作伙伴，谁是我们的竞争对手，这是合作技术攻关所要搞清楚的首要问题。而专利作为技术信息最有效的载体，囊括了全球90%以上的最新技术情报，其内容翔实准确，涵盖了申请人、申请区域、技术领域、法律状态等技术信息和法律信息，通过对某一行业内或某一技术分支内的专利文献进行专利分析，能够客观掌握专利总体态势、技术发展路线、区域内专利情况、合作申请、专利申请量排名和主要竞争主体的研发动向等，从而为"卡脖子"技术合作研究、协同攻关提供有力的信息支撑。

9.2.1 寻找潜在合作对象

谁是我们的合作伙伴？谁有可能成为我们的合作伙伴？专利信息可以助力我们寻找潜在的合作对象。不同企业都有各自的技术优势，整合自己的技术优势进行技术攻关、创新研发合作已成为许多企业普遍采用的手段。研发合作产生的专利等知识产权，通常由合作参与者共同所有，所以逐渐出现了多个申请主体联合起来共同申请某件或某组专利的情况。因此，专利共同申请可视为创新主体间合作创新成果的直接体现。通过分析专利共同申请数量、时间、技术领域、申请主体等特点，不仅可以了解行业的合作群和研发合作的趋势，而且能够更清楚地认识企业的技术研发方向和合作策略，寻找技术研发的合作伙伴以及探索实现自主创新的机制。

9.2.1.1 案例分析

下面以燃气轮机和先进封装领域为例，结合技术构成分析、重点申请人分析、技术市场竞争分析说明如何寻找潜在的合作对象。

1. 燃气轮机

燃气轮机是一种复杂而先进的成套动力机械设备，研发周期长，投资比重大，仅依靠自身力量很难在短期内突破相关技术。为了快速获得相关技术，合作研发或并购等方式不失为一种技术突破或攻关的途径。那么，如何选择具有实力的合作对象呢？前述的重点申请人排名及其技术分支申请人排名情况，可以帮助我们了解相关申请人的燃气轮机技术总体实力以及相关技术分支的技术实力，再结合我国技术实际，从而可以选择合作对象。从申请人排名可知，目前重型燃气轮机领域已基本形成以通用、西门子、三菱重工等公司为主导的格局，然而这些燃气轮机巨头不会轻易转让相关核心技术，它们希望锁定中国市场，利用技术优势牢牢占据中国市场。进入中国以来，它们一直牢牢把控着核心技术，防范中国企业。因此，一方面，要继续加强与这些巨头的合作，保持对最新燃气轮机技术的了解；另一方面，还要坚持独立自主的研发道路，加强与其他第二梯队的燃气轮机企业的合作，甚至通过并购的方式来获取燃气轮机先进技术。从前述分析可知，除了通用、西门子、三菱重工三巨头，联合技术、阿尔斯通、安萨尔多等企业也都具有较强的专利积累，这为我们选择合作对象提供了更多的选项。例如，2014年，上海电气实现了与安萨尔多的合作，取得了生产重型燃气轮机的生产经验并开展了进一步的合作研发。

此外，当前国际形势变化多端，美国为了遏制中国发展势头，在科技领域实现与中国"脱钩"，试图阻止中国获得高新技术，这也使得中国企业想要获得美国技术非常艰难。因此，中国企业要从国际上获得燃气轮机相关技术或开展合作，还要注意关注相关技术的来源，尤其是与美国的关联程度。对于这一点，我们也可以通过专利分析判断专利技术来源，在选择合作对象时做好风险预判。

2. 先进封装

在先进封装领域，我们将目光投向参与制裁措施较少的欧洲，欧洲部分研究机构存在合作的可能。可以从欧洲研究机构的技术出发，对专利数据、重点技术进行分析，寻找可以合作的对象。

分析欧洲在先进封装领域的重点申请人及其技术构成。Fraunhofer 是德国也是欧洲最大的应用科学研究机构，其成立于 1949 年，是公助、公益、非营利的科研机构，为企业特别是中小企业开发新技术、新产品、新工艺。Fraunhofer 涉及半导体封装的专利族共 56 项，其技术主要集中在 H01L23（半导体或其他固态器件的零部件）、H01L2924（用于断开或连接半导体或固态体的方法或部件）、H01L2224（半导体或固体的连接或分离装置及其相应的方法）。

其中，Fraunhofer 在 2012 年申请的专利涉及其垂直系统集成（vertial system integration）技术 3D-SoC，其具有 SLID（Solid-liquid inter diffusion）重点技术专利。

Fraunhofer 的主要研究成果为：①垂直系统集成；②芯片堆叠；③3D 集成技术。

Tyndall 国立研究所开发的 NW-ACF 技术，其优点在于无凸点连接结构，也无底部填充需求。另外，相对于其他键合技术，其具有尺寸较小、温度较低、低阻抗、无需特殊制备环境的优点，具有比较好的低温键合性能。

此外，IMEC 与 Fraunhofer 情况类似，共同参加了欧洲 e-CUBES 和 e-BRAINS 共同体，在 2.5D/3D 技术中取得了相应的成果。为了提高器件集成度，IMEC 提供了一种减少了 TSV 使用的方案。

通过对 IMEC 逐年关于直接键合和混合键合技术专利的分析对比，可知其近年来一直对 3D 集成技术中的直接键合和混合键合技术有深入的研究。

通过分析 Fraunhofer 的研发成果和专利申请情况，可以看出，该研究机构开发出了 W-TSV、TSV-SLID 等具有一定优点的 2.5D/3D 集成技术。

IMEC 研究中心近几年来在 2.5D/3D 集成技术研发中获得了比较好的研究成果，并且还在对该项技术进行持续性的改进。另外，该中心的与 SiCN 相关的直接键合、混合键合技术在近几年也有较好的研究成果及一定的专利布局，具有一定的发展前景。

欧洲上述研究机构一直致力于新一代封装技术的研究，且有一定数量的研究成果，对于国内相关技术的科研院所来说，欧洲的部分研究机构有较大的合作交流的价值，可以将其作为潜在的合作对象。

9.2.1.2 招式总结

突破"卡脖子"技术不能光靠单打独斗,技术合作或技术并购,也是企业获取所需知识、信息、技术等资源,维持并提高创新能力的重要途径。通过以上案例分析,本节总结运用专利信息从合作对象挖掘和识别、合作对象能力评估等方面寻找潜在合作对象的招式。

1. 分析重点专利申请人排名

通过选定领域的技术构成,分析某个技术分支的重点专利申请人排名指的是通过排名、类型、态势和合作关系等统计,对该技术领域不同申请人各自的基本状态和相互之间的联系进行初步的梳理。由此,可以从总体上获知该行业中有哪些参与竞争的市场主体,了解哪些申请人拥有较强的专利成果研发实力,挖掘出新近崛起的小而美的"独角兽"企业,也可以进一步结合申请人类型,对各类型申请人在研发主体中的占比以及其在总排名中的位置进行分析。

通过选定领域的重点申请人排名,分析可能合作的对象。从技术分支的壁垒角度分析可得到专利布局的互补性。从专利互补的领域中,分析在华有效专利持有人排名,从中选择可能开展专利交易、专利许可等商务合作的合作对象。

例如前文中对燃气轮机领域重点申请人排名进行分析,得出可以与排名第八的安萨尔多开展合作。

2. 分析重点申请人的地域

重点申请人的技术来源地域分析,即通过优先权分析重点申请人的技术来源地,综合重点申请人排名以及重点申请人来源国分析合作的可能性。

重点申请人背后代表的是国家利益和企业利益,国与国之间不可避免地存在竞争关系。尤其近年来,以美国为首的西方国家加紧与中国"技术脱钩",我国从西方国家获得新技术的难度大大增加。因此,通过对重点申请人的地域进行分析,可以甄别该重点申请人是否可以成为合作对象。例如,与和我国关系友好的国家或地区的申请人合作研发或对其兼并收购的可能性更大。在燃气轮机领域,以美国通用、德国西门子、日本三菱重工为第一梯队的重点申请人掌握了重型燃气轮机的最新技术,而意大利安萨尔多等申请人也具备重型燃气轮机设计制造能力和不俗的实力,属于燃气轮机第二梯队企业。安萨尔多所属国家意大利近来与中国关系发展良好,这也为我国企业能够收购安萨尔多打下了基础，最终在2014年上海电气通过竞争收购了安萨尔多大部分股权，提升了我国重型燃气轮机的生产制造能力。

3. 分析重点申请人的专利技术构成趋势

技术构成趋势，以专利重点申请人的专利分类号为纵轴、时间为横轴来表示。可以分析某个重点申请人的申请趋势，分析其研发活跃度，配合对该重点申请人的技术构成分析，进而了解是否具有开展合作的价值。

例如在前文中，对先进封装领域德国研发机构的专利技术构成趋势进行分析，可以看出其具备较高合作价值。

4. 分析重点申请人的合作历史行为

重点申请人的合作历史行为分析，是分析其合作申请的历史行为，是否有多个合作申请的对象，有没有和在华企业合作、许可、转让相关信息，从而判断合作的可能性。

重点申请人也是市场主体，寻找合作对象应该结合市场主体进行分析。重要市场主体各技术的专利申请量发展变化能够更具体地反映市场主体技术的发展水平和发展趋势；通过分析各重要市场主体在各技术分支上的申请情况，能够确定市场主体的优势领域，从而比较各重要市场主体之间的技术研发重点和研发方向的异同，并由此厘清各重要市场主体之间的竞争态势和合作可能性。结合市场占有率，判断开展合作的代价。通常市场越弱、技术越强的申请人，越想要进入中国市场，我们与其开展技术合作的可能性越大。

5. 分析重点申请人的专利申请趋势

以重点申请人为视角的专利申请趋势分析包括全球专利申请数据和中国专利申请数据。全球专利申请趋势在一定程度上反映出申请人技术实力强弱和专利布局策略，不同技术领域的全球专利申请趋势在一定程度上反映出申请人的技术研发热点，由此可以预测未来的技术发展动向；不同地域的专利申请趋势可以反映出申请人对不同地域的市场关注程度，由此可以预测未来市场发展动向；不同专利类型的专利申请趋势可以反映出申请人技术创新变换情况，从侧面也反映出创新的技术含量情况；核心发明人的全球专利申请趋势则可以在一定程度上反映出申请人的技术研发动向，由此可以从侧面推断技术领域是否出现了重大技术突破。同理，中国专利申请趋势可以在一定程度上反映出申请人对中国市场的关注和布局。

合作研发或技术兼并的目的是"巧借东风"助力实现技术突破，既然是"借力"，定然希望能够有针对性和目标性，合作对象和兼并对象应当具备一定实力或具有己方所需的技术。因此，在前述通过专利分析挖掘和识别相关重点申请人之后，还需要从不同的角度和维度对相关合作对象或兼并对象进行能力评估，从而判断是否可以实现助力和合力。而申请人与技术领域、地域、专利类型等组合的专利申请趋势图则可以从宏观上反映申请人研发能力和研发活跃度等。

6. 分析重点申请人的专利法律状态

专利法律状态可以衡量申请人的技术研发实力和专利技术含量高低，在进行专利法律状态构成分析时，通常会将法律状态信息进行整理归类，如按照专利存活情况可分为"有效""失效"两类，按照审查情况可分为"公开""实质审查""有效"和"失效"四种。在法律状态构成分析图中，除了专利数量和比例，还可以从专利授权率（用于从整体上测算专利申请的技术质量）和专利存活率（用测算法律状态有效的专利占比情况）两方面进行分析。考虑到专利的地域性，在核查专利法律状态时，不光要核查中国专利法律状态情况，还可以核查全球专利布局地区的专利法律状态情况。

有效专利数量是衡量合作对象技术实力的重要指标，同时也可以在一定程度上反映合作对象在市场中的话语权。在合作研发时，如果双方都具有一定的有效专利，则具有良好的合作基础，双方可以通过相互专利许可等方式实现优势互补，从而更利于促进合作。专利受让是企业获得相关技术的重要途径，在企业兼并时，专利是一项重要的无形资产，因此对专利法律状态进行核查是必不可少的。

7. 分析重点申请人的专利布局

专利申请地域布局分析用于直观展示专利申请的地域构成及其变化情况，统计数据主要依据专利文献中的公开地域等。

专利布局体现了申请人对相关地区市场的关注和专利策略。多边申请是专利布局的一个重要指标，多边申请的专利数量和多边申请地域的数量可以在一定程度上反映申请人的专利价值及其在相关领域的技术实力。通常而言，申请人均希望在全球主要市场进行专利布局，从而占据有利市场地位，因此多边布局地域或国家越多，表明该专利的价值越高。此外，多边申请的数量越多，也从一个侧面反映了该申请人整体实力越强。综上，通过对申请人专利布局进行分析可以从另一个角度帮助评估合作对象的技术实力。

8. 分析重点申请人的重点专利

重点专利通常相对一般专利而言，是属于取得技术突破或重大改进的关键技术节点的专利，或是行业内重点关注的涉及技术标准以及诉讼的专利。重点专利评价指标通常包括权利要求数量、引用文献情况、被引证次数、专利同族、专利维持年限，以及异议、无效及诉讼等方面。因此，重点专利的数量和质量反映了申请主体的研发能力。

通过分析申请人的某一技术分支的重点专利情况，可以在一定程度上反映申请人在该技术分支的原创能力。例如，某重点专利的引用文献技术领域越宽，表明该专利蕴含了更加多样化的知识，即其更具有原创性；如果一件专利被引用次数越多，则一定程度上反映该专利对后来的技术发展影响越大。在选择合作对象或进行企业兼并时，对申请人重点专利进行分析，可以帮助从更精细的角度对其研发能力进行评价。

9. 分析重点申请人专利申请的发明人

人才是创新第一资源，从专利分析角度而言，发明人则是体现申请人创新能力的一项重要指标。发明人分析可分析发明人数量、重点发明人、发明人申请趋势、发明团队等情况。某一技术分支发明人和发明团队数量越多，表明该领域申请人研发实力越强；某一技术分支重点发明人越多，可在一定程度上表明申请人在该领域原创能力越强。发明人申请趋势可以反映发明人在该领域的研发周期和深耕程度，如结合专利数量分析，也可以在一定程度上反映发明人的研发效率。以通用电气的重要发明人排名为例，李经邦博士是申请量排名第一的发明人，李经邦博士1983年开始专利申请，一直到2019年仍然在申请专利，一共申请专利400多项，其研发活跃周期长达36年，是透平冷却领域的顶尖人物。

综上，通过对合作对象的发明人情况进行分析，可以进一步了解合作对象的人才储备情况，从而有助于客观正确评价合作对象的研发能力。

9.2.2 培育产业链条集群

在找到合作伙伴的基础上，可以在一个地区、一个产业形成产业生态圈，形成产业链集群，建设产业生态圈。

产业链是产业经济学的一个基本概念。1958年，美国经济学家赫希曼在《经济发展战略》一书中首次提出了"产业链"的概念。经济学家普遍认为，产业链是基于企业价值增值、分工协作、产业发展的需要，企业之间根据特定的逻辑关系和时空布局形成上下关联、动态链接的链式中间组织，产业链上下游企业之间以要素的供给与需求关系为纽带。链主及龙头企业是产业

"建圈强链" 的主引擎。

产业生态圈，是指某种或某些产业在确定的地域空间范围内已经形成，或按规划将要形成的以主导产业为核心的、具有较强市场竞争力和产业可持续发展特征的地域产业多维网络体系。产业链，是指各个产业部门之间基于一定的技术经济关联，并依据特定的逻辑关系和时空布局关系客观形成的链条式关联关系形态。"建圈"，建的是生态圈，实质是产业生态体系，是 "链主企业+领军人才+产业基金+中介机构+公共平台" 产业生态体系，是 "产业共同体"。"强链"，强的是产业链，实质是稳定供应链、配置要素链、培育创新链、提升价值链，是推动产业基础高级化、产业链现代化。产业建圈强链，重点要聚焦优生态、提能级、强供给，坚持产业链建构与生态圈融通同向发力，推动资源高效集成、产业协作配套、主体融合共生、市场开放共享，不断提高城市产业链供应链的稳定性和竞争力❶。

9.2.2.1 案例分析

以工业软件、光刻胶领域为例，结合重点企业的技术分支申请趋势、技术地域分布，说明如何培育产业链条。

1. 工业软件

国内申请人的排名，前十位中高校有 8 家，体现出高校在 CAD 的研发热度大于国内企业。分析前十位国内申请人的技术分布可以看出，研发重点主要集中在 CAD 技术最核心的技术领域 G06F17 和 G06F30。

除去高校和科研院所，企业的申请情况是国家电网独占鳌头，行业内技术实力较强的数码大方、广联达、华大九天等也在按申请量排名的企业前十名单中。

工业软件的研发离不开企业的应用试验及数据的积累反馈，以此形成不断的迭代、改进和优化，因此还需要与各行业的制造企业协同合作，获取相关的有实用价值的数据，如与中航工业、中国船舶集团等合作，使得 CAD 软件更好地应用于航空航天、船舶运输等方面的设计，参见表 4-3。

从地域集中度来看，江苏、北京、广东、上海和山东是在 CAD 领域技术上最活跃的地区。这几个地区既有行业内的技术领先企业，也有上下游的配套协同的企业，还有能够进行基础研究的高校和科研院所。基于产业链集中

---

❶ 中共成都市委政研室课题组. 三个维度详解成都产业建圈强链 [N]. 成都日报, 2022-02-23 (6).

发展的思路，工业制造各领域的龙头企业、专注于 CAD 领域的工业软件设计企业，以及产业链的上下游协同合作企业，可以在上述地区形成聚集，协同合作，从核心技术研发、工业数据积累或者产业链的角度实现优势互补。

2. 光刻胶

通过光刻胶技术专利信息中中国申请人的来源省市的申请量排名情况可以看出，专利申请数量排名前几位的省市——江苏、广东、上海、北京以及浙江是光刻胶技术的研发热点区域；再结合申请量发展趋势可以发现一直以来申请量处于领先地位的省市，江苏和广东是具有技术储备的领先省市；再发掘出近几年申请量增长较快的省市，浙江可以作为后起之秀予以关注。

再进一步结合中国申请人中前十位申请人的申请量发展趋势及其技术构成情况，可以看出：江苏是具有"建圈强链"——建成产业集群基础条件的省份，其创新主体中包括企业申请人昆山西迪、江苏汉拓、江苏集萃、苏州瑞红等，以及高校申请人江南大学；从研发热点上看，江苏各个申请人的主要技术方向涉及 G03F（图纹面的照相制版工艺）、C08F（仅用碳-碳不饱和键反应得到的高分子化合物）、C08G（用碳-碳不饱和键以外的反应得到的高分子化合物），技术方向集中在不同材料成分中，可以形成优势互补。

9.2.2.2 招式总结

突破"卡脖子"技术，要有产业链思维。下面结合前述案例，总结专利信息助力培育产业链条集群的方式。

1. 分析重点技术申请区域分布

专利信息中包括申请主体及申请主体来源地等信息，区域分析是在对专利进行定量分析或定性分析的基础上，制作与国家或地区相关的专利分析图表，对图表进行解读得出相关结论。区域分析可以反映出一个国家或地区的技术研发实力、技术发展趋势、重点发展技术领域、主要市场主体等，也可以反映国际上对该区域的关注程度等，甚至可以反映一个国家或者地区的产业技术规划。

例如，光刻胶领域江苏、浙江两省具有"建圈强链"建成光刻胶产业集群的基础条件。

2. 分析重点技术申请人排名从而遴选链主企业

通过专利申请人排名，结合产业背景，可以分析遴选出链主企业。根据遴选出的链主企业，结合产业规划，并结合专利申请人排名分析链主企业联合申请人、链主企业专利运营对象。围绕链主企业的产业链条不同技术分支申请人排名，寻找配套的相关目标企业。

例如，如前所述，通过单独分析企业，得到申请情况如下：国家电网独占鳌头，因此其可以是产业链的链主企业，同时行业内技术实力较强的数码大方、广联达、华大九天等也在申请量排名前十名单中，可以协同构建产业链。

3. 分析重点技术目标企业专利申请趋势及状态

结合目标企业主要技术分支申请趋势图，验证目标企业开展研发的活跃度、技术匹配度。分析目标企业的重点专利、有效专利所处技术分支、有效专利趋势，确定目标企业的技术研发能力。分析目标企业的技术路线、重点技术点上有效专利分布情况，获得目标企业补强链主的技术专利分布的集中度，以及分析目标企业持有专利的法律状态。企业的申请趋势，在某种程度上映射了该企业或者行业对应技术的发展趋势，因此在合适的节点构建产业链也是非常关键的。一般而言，在技术发展初期建立产业链相对于技术发展成熟度较高或者饱和的阶段，产业链发挥的作用更大，其产生的协同效率也更高。

4. 分析重点技术分支并结合产业规划制作产业图谱

结合专利信息中所涉及的技术分支相关分析结论，可以制作产业图谱。利用专利信息对"卡脖子"核心关键技术的上下游、左右岸技术的识别划分，可以识别出上下游、左右岸技术紧缺和相关程度，方便招商引资中作出决策判断，综合分析的结论可以为"建圈强链"培育产业集群等提供参考依据。通过专利信息分析，有助于快速确定龙头企业技术区域分布情况；有助于从技术分支优选上下游、左右岸技术的相关企业，从而共同组成产业集群。目前，地方政府从产业生态圈出发，基于已经具有的产业数据，包括基础设施、资源禀赋、人才环境等，开展招商引资，在对相关企业和项目的选择中，借助专利信息来辨别是否为产业链所需企业，判断引入企业的技术实力。根据各个分支梳理掌握专利技术情况，有利于判断哪些领域属于国内自主发展较快的领域，哪些是属于需要攻克的"卡脖子"分支。通过技术分解表，能厘清产业链条上各个分支关键企业互相之间的配合和依存。进一步根据这些分支对应的国内企业，了解有产业发展潜力的创新主体，发掘自身优势。在"建圈强链"的过程中，要注重选择培养各个分支上的国内企业，避免在某个分支上被"卡脖子"。

5. 分析重点技术分支申请人，聚拢"链属"企业

如前所述，产业生态圈由一个或若干个头部企业通过利益联结、关联配套而形成。因此，链主及龙头企业是产业"建圈强链"的主引擎，链主企业凝聚链属企业，构建完整的产业链。通过专利分析不仅可以确定相关的龙头企业，而且通过重点技术分支的申请人申请量以及相关的技术分布，还可以挖掘出近几年比较活跃的新兴企业，并且可以在一定程度上知晓其重点的研发技术和专利技术布局。因此，上述企业可以在龙头企业或者链主的引导下，在"建圈强链"中围绕重点产业链中下游、左右岸实现技术引进和产业链的构建，从而构建一个以龙头企业为主、其他企业加入补足的优良的产业生态圈，使得技术的扩展度和完整性更具优势。

例如，就光刻胶技术而言，浙江自立高分子、新东方油墨、浙江福特新材料、台州新韩电子等，这些创新主体均具有地域集中性，重点技术分支分布相对匹配，有望成为链属企业，壮大产业生态圈。

9.2.3 推动产学研用协同

关键核心技术协同创新，不仅仅建立在大学、科研院所及企业静态合作关系的基础上，还需要创新过程协同实现知识转移、技术转化的无缝衔接。不同的创新过程，其创新导向、主导者及创新成果的属性均存在差异。

知识创新及传播过程对应于创新链的基础研究阶段，该过程创新的主导者是大学，科研院所及企业是重要的参与者，创新的导向主要是科学导向。大学通过与企业、科研院所协同创新，能够促进基础知识的创新及传播。

技术孵化及转移过程对应于创新链的应用研究阶段，该过程的主导者是科研院所，大学及企业是重要的参与者，创新导向主要以愿景导向为主。科研院所在知识创新的基础上往后一步进入技术孵化阶段，将包裹在物理形式里的知识与市场结合，进而互动、融合，能够实现学术能力快速突破和转化。

产品创新及推广过程对应于创新链的产品开发与试制、商品化及产业化三个阶段。该过程创新的主导者是企业，大学及科研院所是重要的参与者，创新导向主要是市场导向。企业通过产学研用协同，从大学中获取产品创新所需的基础知识及创新人才，从科研院所通过技术转移获取相关技术知识，通过开发与试制、专用资产投资及市场开拓，最终实现关键核心技术的市场应用，获取创新价值。

9.2.3.1　案例分析

下面以工业软件、燃气轮机、先进封装领域为例，探讨专利信息助力产学研用协同的方式。

1. 工业软件

在 CAD 的攻关合作中离不开高校的基础研究作为支撑。单独分析高校的排名，可以获得在 CAD 领域研究成果较多的高校。

分析各高校的重点专利的技术方案，总结高校团队在 CAD 领域的主要研究方向，可以为产学研用协同发展提供指引。参见表 4-5，部分主要高校的研究方向包括：北京航空航天大学赵罡团队主要研究方向包括数字化设计与制造技术，重点研究曲线曲面几何造型新方法、CAD/CAM、智能数控编程技术、分布式网络数控技术；西北工业大学张卫红团队长期从事航空航天结构轻量化高性能设计、薄壁构件切削制造工艺优化研究；大连理工大学王胜法团队研究方向为基于学习的三维点云分析与处理（大数据、机器学习）、3D 模型分析和结构优化、计算机图形学、3D 打印及功能性应用研究。

2. 燃气轮机

燃气轮机技术属于多学科复合集成产品，涉及材料学、空气动力学、燃烧学、传热学、工程热力学、自动控制技术、先进制造技术等多种基础学科。目前，我国重型燃气轮机整体质量与效能尚处落后状态，要实现燃气轮机关键核心技术的突破，离不开产学研用的协同作用。

从国内申请人排名前十来看（参见图 8-13），前十位申请人中我国申请人有 3 家，但除了华清燃气轮机公司，其余均为科研院所，而我国几大燃气轮机公司均未上榜。由此也可以看出，我国燃气轮机在基础研究方面具有一定积累，像中科院和 703 研究所均是国内燃气轮机重要的研发机构，国内燃气轮机生产厂家可以加强与这些科研机构的合作。

产学研用合作的基础，关键在于了解各方的需求和实力。借助专利信息分析，我们可以通过申请人排名，了解产学研用各方的技术实力；通过技术构成分析，可以了解产学研用各方的优势方向；通过有效专利和专利布局情况，可以了解各方的知识产权情况，从而为下一步合作打下基础。

3. 先进封装

先进封装高分子材料中，美国、日本、韩国是主要的封锁对手，排除这些国家申请的专利，统计分析其他主要创新主体。对其中创新主体进行分析，并查找相应创新主体是否具有用于先进封装高分子材料的市售产品。在先进封装材料领域研究类申请人包括较多高校和企业，从中可以分析产学研用协同的方式。

通过对先进封装高分子材料专利申请总数据的分析，发现一些非美国、日本、韩国的创新主体在先进封装高分子材料方面存在一定量的技术储备，如德国的巴斯夫、西门子、赫彻斯特均有先进封装高分子材料的专利，中国大陆的容大感光科技、北京科华、厦门恒坤、江苏艾森、江苏汉拓和潍坊星泰克均有用于先进封装的光刻胶材料，中国台湾也有用于先进封装材料的系列产品，如正负光刻胶和聚酰亚胺。这些创新主体可提供先进封装的替代材料和技术，与这些对象开展合作，可以避开美国、日本、韩国的技术封锁。

在先进材料使用方面，可以整合对先进封装材料的相关技术需求，并提供给国内相关企业和高校，积极开展多方合作研发，引导相关上游企业加大研发投入，共同攻关，夯实基础技术。国内的大学在先进封装高分子材料领域专利数量较多，与相关企业可以开展关联合作，取长补短。

9.2.3.2　招式总结

关键核心技术属于竞争前技术，技术路线不明朗，经济指标不确定，企业参与产学研用协同创新的风险比较大。由于信息不对称和资源不对称，容易导致产学研用协同创新过程中的利益分配及知识产权冲突，影响创新链的稳定性和持续性。此外，科研院所的成果一般为实验室产品，不具有产业化条件，需要企业进行二次开发实现产业化，所以需要挖掘具备一定产业基础的企业。对于相关企业来说，需要先挖掘企业的短板，再挖掘相关短板领域的科研院所并评估其实力。产学研用协同关键在于发挥各自优势，补齐短板，形成合力。下面通过案例总结利用专利信息推动产学研用协同的方法。

1. 分析重点领域申请主体和重点申请人排名

一般而言，高校和科研院所强调科学知识成果化，忽视创新的市场导向，从而使得基础研究缺少市场价值，不利于成果的最终转化；而企业通常更加关注技术的市场价值，参与基础研究的积极性不高。基础研究突破又是关键核心技术攻关的重要前提。因此，需要通过产学研用协同，发挥各自优势，促进关键核心技术的突破。

产学研用协同，首先需要解决合作对象的问题，即与谁合作？谁更具有合作优势？下面从专利分析的角度出发，利用专利信息的特点，从多个不同的维度来阐述如何查找产学研用合作对象。

申请主体分析通常是对某一技术分支中申请人的类型进行分析，从而了解该技术分支的技术发展概况。如果某一技术分支专利申请主体中企业多，表明技术成熟度和产业化高；高校、科研院所多，表明该领域目前产业化程度不高。以燃气轮机领域为例，中国专利申请人中排名前十的申请人主要为科研院所，这表明我国在燃气轮机领域具备一定的技术研发能力，但产业化程度还不够成熟，这也从一个侧面说明了我国企业在该领域存在较大短板。而这一现状的存在，也正好反映出在燃气轮机领域推动产学研用协同的必要性。

通过对技术分支下重点高校、科研院所以及企业申请人排名进行分析，了解在某一个技术分支下，高校、科研院所、企业都开展了专利申请，他们有共同的研发目标，且通过排名分析有利于梳理产学研用各自在产业链中的位置，是否具有开展合作的技术基础。

2. 分析高校、科研院所的有效专利

产学研用协同攻关的关键在于发挥各自优势，聚人聚力聚物共同攻关。通过对高校、科研院所和企业进行有效专利分析，可以掌握高校、科研院所和企业各自的专利法律状态，从而为开展合作奠定法律基础。

在产学研用合作技术攻关过程中，通过对相关领域的专利信息进行技术发展路线分析，可以了解高校、科研院所和企业的专利技术实力，从而为合作双方消除信息不对称。

3. 分析重点技术分支的技术路线

技术路线分析是基于专利文献信息分析描绘某一技术领域的主要技术发展路径和关键技术节点，是一种重要的战略规划和决策工具。技术路线能够从技术链的完整视野提供较为全面的决策信息。技术路线分析图通常需要结合专利引证频次、引证关系以及申请人/发明人等筛选代表关键技术节点的重要专利。

技术路线分析图可以帮助梳理高校、科研院所和企业的技术发展脉络和技术演进，从而为企业实现某一技术分支产业化提供技术指引；反之，高校、科研院所可以依据企业技术路线图，为企业优化改善技术发展提供智力支持。

综上，技术路线图可以从技术的角度更精确地为推动产学研用提供指引。

4. 分析高校、科研院所重点发明人

对高校和科研院所的重点发明人进行分析，还可以结合发明人数量、年龄、技术团队的职称等进行分析，帮助我们了解高校和科研院所研发团队的研发实力和研发活力。一般而言，平均年龄越年轻、数量越多、职称越高，则科研团队研发活力和研发实力越强。

5. 分析高校、科研院所与企业合作申请情况

合作研发是一种重要的创新方式，研发合作产生的专利等知识产权通常由合作参与者共同所有，所以通过分析专利申请中合作申请的数量、时间、技术领域、申请主体等特点，可以了解行业的合作群和研发合作的趋势，而且有助于更清楚地认识企业技术研发方向和合作策略。

分析高校、科研院所与企业合作申请的数量、时间，可以帮助了解相关高校、科研院所与企业合作的深度；分析高校、科研院所与企业合作申请的技术领域，可以帮助了解相关高校、科研院所与企业合作的广度。

通过分析高校、科研院所与企业合作申请情况，可以挖掘和识别具有一定合作活跃度的高校、科研院所与企业，了解相关领域产学研用协同发展情况，了解高校、科研院所与企业协同创新的合作意愿，从而为进一步推动产学研用协同打下基础。

6. 分析高校、科研院所专利许可和转让情况

专利作为一项重要的无形资产，受到专利法的保护。通过专利运营带来收益可以更好地激励申请人投入研发，最终促进技术进步。因此，通过专利许可和转让促进产学研的联合，是加快科研成果产业化的重要手段。

专利许可和转让分析主要是从专利运营的角度，分析申请人的专利许可和转让频次、许可和转让趋势、许可和转让技术领域等，进而分析了解高校、科研院所对专利资产的运用策略，以及技术转让的意愿，从而可以帮助企业了解高校、科研院所的技术转让活跃度，为推动产学研用协同合作、加快实现技术成果的产业化落地打下基础。

综合上述信息，通过专利分析，可以解决产学研用各环节的信息不对称，整合国内相关技术需求，在市场调节下，通过需求的产品拉动研发。在需求侧，根据企业技术需求，寻找有相应技术能力和潜力的高校为企业研发。通过评估专利技术先进性、权属争议，协助开展科技成果转移被侵权和侵权风险评估，共同促进产学研用协同创新。

9.3 移花篇：人才聚集

《专利法实施细则》第十三条规定：发明人是指对发明创造的实质性特点作出创造性贡献的人。可见，专利申请的发明人是潜在的高科技人才。专利信息承载着技术、法律、经济等多方面的情报，在人才体系的构建中，专利信息可以在人才培养、人才挖掘、人才评价以及人才引进等方面给予助力，为全方位培养、引进、用好人才提供支撑。

9.3.1 培养潜在骨干人才

"十年树木，百年树人"，人才培养是一项长期而艰巨的工程。从突破"卡脖子"技术领域的人才培养起点看，专利信息可以在发现哪些技术领域缺乏相关高科技人才方面给予信息支撑；从人才培养的基础，如人才培养的潜在场所角度看，专利信息可以在挖掘哪些机构具备培养能力方面提供一定的参考；而在既没有现有高科技人才又缺乏适合培养高科技人才机构的情况下，专利信息可以在如何选择合适的具备技术、人才和市场的地域设立相关培养人才的机构方面，给出具有实际参考意义的启示。在人才培养方面，高校、科研院所具备不可比拟的优势，是培养创新人才的主力军，其科研水平程度的高低直接影响培养效果。其中，人才培养的重要影响因素是师资力量，高等院校是文化知识集聚的创新体系，而良好的导师能够形成具备极强战斗力的科研团队，为科技攻关提供源源不断的人才供给。因此，我们通过专利信息定位相关技术领域实力强的重点高校、科研院所，筛选其中作为佼佼者的科研团队，从而能够对优秀导师提供定向支持，使其能够在人才培养中更好地发挥作用，同时也能够筛选出优秀的学生，为业界输送所需的攻关人才。

9.3.1.1 案例分析

下面以锂电池隔膜、光刻胶领域为例分析专利信息，探讨专利信息助力培养潜在骨干人才的方式。

1. 锂电池隔膜

通过图 5-27 所示锂电池隔膜材料领域国内高校、科研院所申请量在各省的分布，意外发现福建省高校、科研院所跻身前五，且相关专利申请主要是由厦门大学、福建师范大学两所高校产出。进一步对两所高校的科研团队进行分析，通过表5-10和表5-11定位主要发明人团队及其研发方向。其中，团队中的研究生群体是在相应领域具有研发需求的市场主体可以重点关注和招揽的科研后备力量。

2. 光刻胶

大专院校和科研单位一直被视为培养科技骨干人才的基地。通过光刻胶技术专利信息中源自中国高校和科研单位的光刻胶技术专利申请中前十位申请人的排名情况可以看出：江南大学、中科院、黄埔材料等是光刻胶技术研发热点的主体，是潜在的光刻胶技术骨干人才培养基地。进一步分析，由源自中国高校和科研单位的光刻胶技术专利申请中前十位发明人的排名情况可以看出：刘仁、刘敬成、刘晓亚、穆启道、郑祥飞等是光刻胶技术研发热点发明人，是潜在的光刻胶技术骨干人才。再进一步分析，从源自中国高校和科研单位的光刻胶技术专利申请的前十位申请人及发明人等情况可以看出：江南大学与苏州瑞红存在合作申请，中科院和韶关技术创新与育成中心等存在合作申请，上海交大和日立存在合作申请。结合技术方向分析可以看出：目前在高分子化合物技术方向及其下属技术方向上有部分人才储备，但在半导体器件技术方向上人才缺口更为严重。

接下来，为了更准确地识别光刻胶技术的潜在骨干人才培养基地和潜在骨干人才，进一步分析源自中国高校和科研单位的光刻胶技术专利申请前十位申请人的申请量发展趋势情况。可以看出：申请数量最多的江南大学的申请时间主要分布在2013—2018年，而中科院的申请时间分布最为广泛，从2008—2022年陆续都有申请；黄埔材料的6项专利申请均为2021年申请。再分析源自中国高校和科研单位的光刻胶技术专利前十位发明人的申请量发展趋势情况，可以看出：来自申请人江南大学的发明人及其团队数量最多且较为稳定，排名前十位的发明人中唯一的一位非江南大学的发明人是黄埔材料的刘亚栋。

再进一步分析，从中国高校和科研单位的光刻胶技术专利申请的前十位申请人和前十位发明人的专利构成情况可以看出：申请数量较多的技术分支包括G03F（图纹面的照相制版工艺）、C08F（仅用碳-碳不饱和键反应得到的高分子化合物），以及C08G（用碳-碳不饱和键以外的反应得到的高分子化合物）。

接下来，为了进一步分析光刻胶技术的专利有效性，通过源自中国高校和科研单位的光刻胶技术专利申请的发明人及其专利法律状态情况可以看出：

发明人刘仁的有效专利数量最多，为 7 项，而孙小侠的有效专利最少，为 1 项；发明人刘亚栋的专利涉及转让，受让人是黄埔材料。进一步地，为了对具体的高校和科研单位是否适合作为培养科技骨干人才的基地作出评估，可以对具体的申请人再进行详细分析。对源自中国高校和科研单位的光刻胶技术专利申请中申请数量最多的江南大学作进一步分析，包括发明人排名情况、发明人专利申请量发展趋势情况，以及发明人专利技术构成情况，可以看出：江南大学的光刻胶技术的发明人团队较为集中，包括刘仁、刘敬成、刘晓亚、穆启道、郑祥飞等；专利申请时间集中在 2013—2018 年；研究的技术方向除了 G03F（图纹面的照相制版工艺）、C08F（仅用碳-碳不饱和键反应得到的高分子化合物）以及 C08G（用碳-碳不饱和键以外的反应得到的高分子化合物），刘仁和李治全研究方向还包括 C08L（高分子化合物的组合物）、C09D（涂料组合物）以及 C09J（黏合剂）。通过分析江南大学全部 14 项专利申请可以看出：刘仁教授是团队核心，且与苏州瑞红存在共同申请，共同申请中的另一位发明人穆启道则是苏州瑞红的总工程师。

除了高校和科研单位，由于发明人个人也可以同时作为申请人进行专利申请，因此个人申请的发明人同样也是潜在的科技骨干人才。对源自中国个人的光刻胶技术专利申请进行分析，包括申请量排名情况、申请量发展趋势，以及技术构成情况、法律状态情况等，可以看出：目前仍拥有有效专利的刘志明、孙安顺、宋芳、徐伟鹏等可以作为潜在的骨干人才。

9.3.1.2　招式总结

高校及科研院所既是人才培养专门组织，也是科技创新、传播和应用等环节的关键主体。人才培养与科技进步之间存在正反馈：一方面，大学以科学技术知识为起点，通过既定知识选择和传递开展人才培养活动，借助人才培养过程实现知识生产的传承；另一方面，人才培养过程具有知识生产属性，蕴含知识生产行为，新知识以特定形式被整合凝结成系统化成果，转换为人才再生产新的"培养基"，完成知识生产反哺人才培养的回馈机制。借助对高校及科研院所的分析，能够为"卡脖子"关键核心技术攻关提供源源不断的人才。

具体地，通过上述案例，我们可以从以下维度进行专利数据分析，为关键核心技术的攻关发掘培养潜在骨干人员。

1. 分析重点技术领域中重点高校、科研院所专利申请量排名

首先，人才培养需要特定的条件，科研院所是很好的培养人才基地，专

利信息中包含申请人为科研院所的数据，可以为此提供支撑。我们对一定技术领域中的各申请人的专利申请数量进行排名统计，可以得到该技术领域的申请人专利申请量排名情况。通过申请人排名分析，可以确定作为分析对象的主要申请人，进一步厘清该技术领域、该核心专利中的主要申请人情况，在其中挑选出科研院所为主的申请人，进一步发掘相关技术领域、相关核心专利的科研机构，这些科研机构能够成为相关技术领域输出潜在骨干人才的主力军。

如果所研究的技术领域以及核心专利中都没有相关的科研院所申请人，则可以在相近的技术领域以及一般的专利申请中继续对各申请人的专利申请数量进行排名统计和分析，以挖掘可以替代所研究的技术领域以及核心专利的、具有培养高科技人才能力的机构。这些机构将成为国内培养潜在骨干人才的基础、摇篮。

2. 分析重点技术领域中重点高校、科研院所专利申请趋势

当结合时间维度进行趋势分析时，能够进一步发掘关键核心技术领域中重点高校、科研院所的研发进展情况。通过重点高校、科研院所的排名变化情况，能够识别关键核心技术中重点高校、科研院所的研发投入热情，进而筛选出相关的关键核心技术中的重点高校、科研机构，以进一步在这些重点高校、科研院所中寻找重点研发团队。

3. 分析重点高校、科研院所不同技术分支中申请数量排名

对确定出的重点高校、科研院所的专利申请数据进一步分析，对上述关键核心技术进行技术分解，梳理第二级以及再下一级的技术子分支，再对梳理出的这些技术子分支的申请量进行分析。

根据各技术子分支的申请量分析，能够获知重点高校、科研院所在各自技术分支的科研技术实力，将其作为该技术子分支下的人才培养重点单位。

4. 分析重点高校、科研院所不同技术分支中专利申请趋势

当结合时间维度进行趋势分析时，能够进一步发掘技术研发子分支方向的热点转移情况、技术子分支的排名变化情况，识别重点高校、科研院所正在大力投入的热门分支，或者逐渐失去热度无人问津的子分支，进而筛选出该科研机构擅长的技术领域，在这些领域中寻找重点研发团队。

5. 分析技术聚类专利地图，锁定重点研发团队

完成上述分析后，可以绘制技术聚类专利地图，根据分析结果锁定重点

研发团队。对研发团队进行研究，也能够看出相关单位是否具备培养潜在骨干人才的能力。

6. 分析重点研发团队，挖掘其中人员构成

一个好的团队核心能够在人才培养工作中发挥巨大的作用，可结合网络检索结果确定团队核心（教授、导师等），分析团队核心成员的专利申请数据，绘制团队成员关系图，从而确定团队中人才类型。团队中的新生力量，如硕士和博士研究生，则是我们重点关注的潜在骨干人才。

7. 分析重点研发团队，研究其联合申请的其他发明人

分析重点研发团队在相关技术领域的联合申请情况，尤其是与企业的联合申请，再进一步分析相关技术领域中的所有发明人，这些人均是相关领域中的潜在骨干人才。

8. 分析重点研发团队，研究其发明人的流向情况

分析重点研发团队中发明人的变动，可以看出发明人在重点高校、科研院所之间，以及在重点高校、科研院所和企业之间的流向情况，再进一步分析其中的发明人，这些均是相关领域中的潜在骨干人才。

9. 分析研发团队中特定人员的重点专利

对团队核心成员以及新生力量人员的重点专利开展针对性分析，尤其重点关注其与企业间的合作研发申请，这也是其投身产业界进行关键核心技术攻关的良好基础。可重点关注与产业界如企业进行合作研发申请的发明人，通过对其重点专利的分析能够进一步确定该团队成员的科研能力及培养潜力，更加精准地定位潜在骨干人才。

综上所述，企业可以根据数据分析，与高校与科研院所展开深度合作，强化产教深度融合，构筑产学研用一体化的实践平台。高校能够推进"走出去"和"引进来"战略互通：一是结合国家重大科技与工程战略布局、科技革命态势、社会产业经济与市场需求结构，动态调整学科专业结构并革新人才培养模式，与社会企业和科研院所协同攻关核心科技工程和"卡脖子"技术，利用各方资源优势服务前沿和关键工程科技领域的科学研究和人才培养；二是拓展政校、校企、校院间的合作育人形式，加强现代产业学院和未来技术学院的内涵建设，吸纳各方利益主体参与新工科人才培养方案制订、学科专业设置与调整、课程建设与教学改革、质量标准研制与评价实施、核心技术和科研项目攻关等，联合政府、企业、科研院所和行业组织共建工程教学、

科研、实验、实习实训实践、创新创业和产品设计孵化等基地，引入资金、人才、技术、设备和平台深化协同合作关系。

9.3.2 挖掘国内高端人才

只有利用市场手段和资源加强专业技术人才的挖掘，以及寻找合适的优秀人才，充分发挥人才的能力，才能够助力"卡脖子"关键核心技术的攻关。

对一定技术领域、一定申请人、一定核心专利中的各发明人的专利申请数量进行排名统计，可以得到该技术领域、该申请人、该核心专利中的发明人专利申请量排名情况。通过发明人排名分析，可以确定作为分析对象的主要发明人，进一步厘清该技术领域、该申请人、该核心专利中的重要技术人才，为人才的挖掘和评价提供帮助。

9.3.2.1 案例分析

下面以燃气轮机领域、先进封装领域为例分析专利信息，通过重要发明人排名、重要发明人所属技术领域、发明人团队聚类，探讨专利信息如何在挖掘国内高端人才方面提供支撑。

1. 燃气轮机

燃气轮机燃烧室是燃气轮机核心部件之一，在整台燃气轮机中，它位于压气机与涡轮之间，在这里燃料中含有的化学能通过燃烧化学反应，转变成热能，形成高温（通常也是高压的）燃烧产物，推动涡轮做功，将热能转变为机械能。作为燃气轮机重要的热端部件，燃烧室也是我国燃气轮机技术的主要"卡点"之一。

解决燃气轮机的关键核心技术关键在于人，尤其在于挖掘国内高端人才。如何挖掘这些有技术实力的人才，首先需要了解国内主要有哪些研究人员扎根在燃气轮机领域。可以通过上述的重点发明人分析来了解当前国内燃气轮机的主要研究人员和研究团队。从分析可知，国内目前排名靠前的发明人主要来自北京华清燃气轮机与煤气联合化循环工程技术有限公司、永旭腾风新能源动力科技有限公司、北京航空航天大学、西安热工研究院以及西北工业大学等。其中，查筱晨、李珊珊、张珊珊、刘小龙、吕煊等均来自北京华清燃气轮机与煤气联合化循环工程技术有限公司，目前该公司已被整体并入中国重型燃气轮机有限公司，并且其专利权也已被一并转让。

挖掘国内高端人才需要判断相关研究人员的研究领域是否符合当前国家

需要和行业紧缺。我们可以通过分析发明人的技术领域来了解研究人员的研究方向。根据分析,当前国内主要发明人大部分集中在 F23R(燃气轮机燃烧室),靳普则主要集中在 F02C 领域(燃烧室装置),这与我国燃气轮机领域攻关方向比较一致。

挖掘国内高端人才还需要了解相关研究人员的技术实力。结合专利申请量排名、有效专利数量和主要发明人团队,可以进一步分析相关研究人员的专利引证情况、专利布局情况等,了解相关研究人员的技术实力。

总而言之,专利是判断技术研究能力的一项重要指标,通过对相关专利信息的分析可以多维度挖掘分析出所需的高端人才。

2. 先进封装

分析华天科技专利申请的主要发明团队,可以看出,华天科技的主要发明团队有于大全团队、谢建友团队以及慕蔚团队。选取于大全博士所涉及专利进行分析,可以看出他在 2015 年以来活跃在发明创造的第一线,其技术领域覆盖了主要属于 H01L23 分类号下封装的各个分支。于大全博士涉及的专利技术功效价值度大部分评价都在 9 分以上,价值较高。

另外以华进半导体为例,通过专利信息挖掘企业高端人才。华进半导体封装先导技术研发中心有限公司成立于 2012 年,作为国家级封测/系统集成先导技术研发中心,通过以企业为创新主体的产学研用结合新模式,开展系统级封装/集成先导技术研究,研发 2.5D/3D TSV 互连及集成关键技术(包括 TSV 制造、凸点制造、TSV 背露、芯片堆叠等),为产业界提供系统解决方案。华进半导体的全球专利申请量相对均衡,在 2016 年之前,以 3D 封装和倒装封装为主,先进晶圆级封装的申请量逐年增加。在 2016 年之后,华进半导体的封装技术有一定的调整,从以 3D 封装和倒装封装为主转变为以先进晶圆级封装为主。

分析华进半导体的主要发明团队,可以看出,华进半导体的主要发明团队有曹立强团队、于大全团队、张文奇团队。其中,于大全既是华天的主要发明人,也是华进半导体的主要发明人之一,是该领域高端人才。可见,通过专利信息识别确定重要发明人,是挖掘国内高端人才的有效手段。

9.3.2.2 招式总结

对于企业来讲,在"卡脖子"关键核心技术攻关中,具备所需的攻关人才是最基础的条件,而相应技术领域的国内高端人才构成了技术攻关的主体。

通过上述案例分析，我们可以从以下数据维度入手，助力企业为关键核心技术的攻关挖掘国内高端人才。

首先，我们对"卡脖子"关键核心技术分支里的国内申请人、发明人的专利申请数量、申请趋势进行分析，同时结合已确定的重点专利中对发明人的统计排名，筛选重要发明人名单。在筛选出发明人名单后，为了确定发明人的真实科研实力，还要进一步分析发明人名下专利的质量相关指标，包括专利申请技术价值、专利有效性、专利稳定性以及专利运营情况，来确定发明人的引进价值，从而以适当的资源投入挖掘最需要的国内高端人才。

1. 分析重点技术分支的国内申请人专利申请数量

技术创新资源投入首先是人力投入，因为专利大多都不是个人申请的，而是依托企业或者科研机构的创新资源作为研发基础，即使是个人申请，其质量也往往不如企业或者科研机构申请的质量高，因此机构通常代表了某个地区或领域的研发资源投入状况，其中，数量类指标是最直接、最宏观反映技术产出情况和增减趋势的指标。这里申请人排序分析的对象首先是国内申请，范围限定在关键核心技术分支的专利申请数据，排序的基准数据除了申请人对应的专利申请数量，还可以采用授权量、公开量等其他指标进行排序统计，从多个角度反映申请人的技术实力。

通过申请人排序分析，可以发掘出专利技术产出量排名靠前的重要申请人，一般是该关键核心技术分支下的先行者，旗下的发明人通常也构成了该领域的主要研发力量。在进行申请人排序分析时，通常需要对申请人进行标准化（归一化）处理，如基于主体之间的控股关系（可通过"天眼查"等渠道查询）对相应申请人进行合并，对因中英文翻译不一致或者企业名称变更导致的企业名称不一致等问题进行归一化，使统计结果更加准确。排序后的结果需要结合产业调研确认其合理性，如在排序分析中可能出现申请量排名较为靠前但在产业中并不为人所知的申请人，或者在产业中占据重要地位但并未上榜的市场主体，针对这些情况，在研究中需要重点关注，确认分析结果是否产生偏差，或者是否存在一些需要特别关注的情报。排名榜单上的申请人能够为我们提供高端人才的来源。

2. 分析重点技术分支的国内申请人专利申请趋势

当结合时间维度进行趋势分析时，可以通过对关键核心技术分支里的国内申请人专利申请数量时间序列分析得到专利申请趋势。具体地，将专利申请数量按照年份进行统计，以时间为横轴，以专利申请数量（或授权数量等指标)为纵轴,绘制按年份变化的趋势图。在了解申请人历年专利申请数量变化的同时,能够进一步发掘申请人的研发实力及研发方向的变化情况,识别申请人正在大力投入的热门分支,或者逐渐失去热度不再投入的子分支,进而筛选出该申请人擅长的技术领域,在这些领域中寻找重点发明人。

3. 分析重点技术分支的国内发明人专利申请数量

通过发明人排序分析,可以发掘出专利技术产出量排名靠前的重要发明人,一般是该关键核心技术分支下的先行者,构成了该领域的主要研发力量。此外,也要考虑发明人的申请数量仅代表普遍意义上的数量产出,只能从宏观和整体上说明人才投入的大体情况。而现实当中,关键技术往往被少数发明人掌握,这部分发明人才是高质量技术主要的产出人员,也可以称为关键发明人。对关键发明人可以结合申请数量与申请质量综合确定,申请质量通常可以由专利申请技术价值、专利有效性、专利稳定性以及专利运营情况来体现,接下来我们会对这些指标进行分析。排名榜单上的关键发明人即为我们挖掘高端人才的重要关注对象。

4. 分析重点技术分支的国内发明人专利申请趋势

当结合时间维度进行趋势分析时,能够进一步发掘发明人的研发实力及研发方向的变化情况,识别发明人正在大力投入的热门分支,或者逐渐失去热度不再投入的研发方向,进而筛选出该发明人擅长的技术领域,在这些技术领域有针对性地储备专业人才。

5. 分析已确定的重点专利中的发明人专利申请数量排名

结合申请人专利数量排名及专利申请趋势,以及在已确定的重点专利中对发明人的统计排名,我们就能够筛选出重要发明人名单。通过重点专利中发明人申请量排序分析,能够找出相关领域科技研发中最活跃的技术人才,为企业引进人才提供重要参考。

6. 分析重点发明人申请的各技术分支专利申请数量、申请趋势、申请活跃度

通过对发明人各技术分支的申请数量和趋势、活跃度分析,我们可以对该发明人技术研发的历史能力以及近期能力变化方向有所判断,结合时间维度可以获取申请人、发明人的研发工作持续时间,结合申请人信息还可以发掘发明人之间的组织关系、合作方式,从而确定重要研发团队,分析其技术广度、技术构成、研发团队规模等,了解团队人员构成、工作模式和人员交替等情况。在比较主要申请人、发明人的技术实力,综合多名发明人分析数

据后，我们可以梳理清楚目标技术分支下的先行者、跟随者、持续者、退出者、新晋者等处于不同研发阶段的研发人员身份，进一步确定该技术分支下各个阶段的主导者。这些数据能够为挖掘高端人才提供重要参考。持续关注重点发明人的技术研发动态，还能够帮助我们了解前沿技术的发展趋势，把握产业机遇。

以上指标分析中，数量类指标虽然是最直接、最宏观反映技术产出情况和增减趋势的指标，从中我们能够筛选出具备较强技术研发实力的申请人以及能够作为候选挖掘人才的重要发明人，但是，一项专利申请本身还有多种能够反映其质量的属性，能够帮助我们筛选出高价值专利，排除低质劣质专利对技术创新能力评价的反向影响，从海量专利中筛选出关键技术情报，提取技术精华，发现真实的创新能力，定位最终的引进人才。

7. 分析重点发明人申请的专利技术价值

专利的技术价值反映了专利本身的技术水平，通过对专利的技术领先程度进行评价，包括技术的独到程度、可替代性、侵权产品的识别难度、技术实施是否依赖其他技术许可、获奖情况等多个维度都可以作为评价基础。通过专利申请技术价值的评估，可以明晰该发明人的真实研发能力。

8. 分析重点发明人的专利有效性、稳定性

专利的有效性、稳定性反映了专利的法律价值，如专利所处的阶段（申请、审查、授权、驳回、无效、维持有效、失效等）、专利有效期、被无效次数、覆盖的目标市场范围、权利要求的保护范围等。通过专利有效性、专利稳定性的分析能够排除发明人为了凑数而申请大量无用专利的情况，使分析结果更具可信性。

9. 分析重点发明人申请的专利运营情况

专利的运营情况体现了专利的市场价值，包括专利许可、质押、转让、诉讼等情况。以上指标都能从不同角度反映发明人的技术实力，为高端人才的引进提供决策依据。

通过专利申请的技术价值分析和对专利有效性、稳定性及专利运营情况的了解，能够对发明人的技术实力产生更深入的认识，避免盲目引进人才的资源浪费。

9.3.3 引进海外领军人才

"聚天下英才而用之"是做好人才工作的基本要求。高层次人才引进是实

现国家富强及国家发展战略的重要保障。

中美贸易战以来，美国调整面向中国留学生的有关政策，攻读机器人、航空航天和高科技制造等专业的中国留学生签证有效期受到限制。美国FBI开始自动关注加入中国"千人计划"的旅美华裔科学家。美国在挥舞"贸易关税"大棒的同时，正在以国家安全、知识产权保护的名义，对中国科技发展关键领域的人才供应施以"卡脖子"❶。但是，在经济全球化、信息网络化、人才国际化的今天，人才全球流动是一个不可阻挡的趋势，据统计，中国留学人才的加速回流已形成态势。海归科学家作为知识技术转移的人才力量，正逐渐成为科技创新与学术发展的生力军、高新技术应用的推动者、创新创业发展的领跑者。但是，我们在人才引进上还存在诸多问题，国内用人单位对国际人才的信息掌握程度有限，导致供需信息不均衡，提高了海外引才的成本与风险，降低了用人单位的引才积极性；中国的国际人才市场基本被国际猎头公司瓜分，本土猎头公司难以开展国际业务，国际化进程受阻。高层次人才引进的政府主导色彩鲜明，市场的主体作用发挥有限，传统引智模式难以适应国际人才流动的新形势。中国的高层次人才引进计划和工程多为国家相关部门组织实施，更多地凸显了国家意志，这也是西方国家打压中国人才引进所针对的核心所在；另外，用人单位获得海外人才信息渠道狭窄，难以寻求自身急需的专业人才、领军人才，更多依赖政府部门，并且政府对企业引进海外高层次人才主体需求激励不足，导致企业缺乏引才、用才意识。

用人单位要引进高质量的科技人才，更为精准的方式是由"招"改为"挖"。以发明人为研究对象进行专利信息分析，在宏观层面可以挖掘研发团队，辨析国外发明人在研发团队中的地位，筛选核心技术人员，由此获得适合的人才引进对象；在微观方面可以明确发明人擅长的主要研究技术领域，分析发明人的成长性及其专利技术价值，从而判断引进对象的创新能力及发展前景❷。引进人才要以价值创造、社会贡献为导向，破除"唯论文、唯职称、唯学历、唯奖项"的"四唯"评价标准。引进人才要结合实际需求，要因地制宜。在寻找哪些技术领域缺乏相关人才、哪些人才可以作为引进人才的潜在对象方面，专利信息可以提供支撑。

---

❶ 任采文. 更加积极主动地应对中美"人才战"[J]. 中国人才, 2018 (10): 2-3.
❷ 刘熙东. 发明人分析及其在人才引进中的应用探讨 [J]. 农业图书情报学刊, 2017, 29 (7): 203-208.

9.3.3.1 案例分析

下面以燃气轮机领域、锂电池隔膜领域、光刻胶领域为例，通过发明人排序、国外发明人专利申请趋势、国外申请人重点专利分析，介绍专利信息在引进海外领军人才方面如何提供支撑。

1. 燃气轮机

除了充分发挥本国人才的力量，积极吸引海外人才，壮大本国人才队伍也是突破技术瓶颈、提升科研水平的一条宝贵经验。

引进海外人才，首先需要了解哪些海外人才可以引进。当前我国经济蒸蒸日上，国家实力大幅提升，这对于海外华人回国效力具有较大的吸引力。那么在燃气轮机领域有哪些海外人才可以引进呢？通过对燃气轮机领域的发明人进行分析，我们可以了解到，目前有很多海外华人在通用、西门子等国际巨头公司中工作，他们长期在国际大公司工作，在燃气轮机领域具有不俗的实力。以上述分析的李经邦为例，李经邦博士是 GE 申请量排名第一的发明人，其多次参与美国政府资助的研究项目，涉及美国空军和国防部。2009 年他从通用退休以后，依然有 3 项个人申请受到美国能源部的资助，在此期间他还担任西门子能源技术顾问。李经邦博士加入西门子公司后，继续参与了40 多项专利申请，直到 2019 年。李经邦博士的科研周期持续达到 35 年，可见其是一位科研生命较长的工程师，且参与了多项重要燃气轮机项目，具有丰富的燃气轮机研发经验。

引进海外人才，还需要了解海外人才的技术实力和研发方向是否符合国内需求。借助专利分析，我们可以通过分析其专利有效性、专利引证情况、专利布局情况等，进一步了解海外人才的技术实力。从专利有效性来看，李经邦所涉及的有效专利 131 件，表明其仍具有较强的研发活力；从专利申请技术构成来看，其研发重点集中于叶片领域 F01D，这正是国内燃气轮机的短板；从专利的引用情况来看，无论是其个人还是其在所服务的公司的专利申请均达到了数百次或数千次的引用次数，可见专利质量之高。

此外，除了海外华人，一切有助于国内实现燃气轮机领域技术突破的人才都可以作为我们的引进和合作对象。如与李经邦长期合作的团队人员，也是值得我们关注的重要发明人。

2. 锂电池隔膜

业内企业的研发团队相比高校、科研院所来说更加"即插即用"。首先通过图 5-31 梳理锂电池隔膜材料领域主要美国申请人，其中排名第一的思凯德公司掌握着早期锂电池隔膜核心技术，但在 2013 年后其发展空间被显著压缩，于 2015 年被日本旭化成株式会社收购，其发明人团队成为业内其他企业的潜在招引对象。接下来通过图 5-32 对思凯德公司主要发明人进行了排序，重点关注位于榜首的发明人张正铭博士（目前是日本旭化成隔膜公司资深技术执行官），图 5-33 显示其近 20 年一直保持着在锂电池隔膜材料领域的研发注意力，具有很高的研发水平和深厚的技术积累，加之其国内学术背景，可以考虑将其作为国内企业招引的重点关注对象。

3. 光刻胶

通过光刻胶技术专利信息中的光刻胶技术全球专利申请前十位发明人的申请量发展趋势和技术构成情况，再结合其所属的申请人情况可以看出：申请数量最多的市川幸司可以作为海外人才引进的潜在目标，其次是畠山潤、佐藤健一郎等。

为了全面衡量发明人的实际科研水平，除了参考专利申请数量这一单一信息，还可以进一步对光刻胶技术中的全球重点专利进行筛选和深入分析。从光刻胶技术全球重点专利的发明人排名情况、申请量发展趋势情况、技术构成情况、专利布局情况以及法律状态情况等信息可以看出：拥有光刻胶技术全球重点专利数量较多的为来自日本的发明人畠山潤、市川幸司、長谷川幸士等；渡辺武、金生剛以及荻原勤虽然拥有重点专利较多，但其申请均在 2019 年之前；相对而言，发展前景较为看好、申请较新的发明人是市川幸司。这些发明人的技术方向较为集中，包括 G03F（图纹面的照相制版工艺）以及 H01L（半导体器件）；部分企业的重点专利是与其他企业的联合共同申请，此外，专利的布局国家和地区也各有不同。以上这些信息均可在引进海外高端人才时作为参考。

如果存在多个潜在的作为海外高端人才引进的发明人的情况，可以进一步进行发明人之间的对比分析。通过对光刻胶技术全球重点专利申请拥有量最多的前两位发明人畠山潤和市川幸司的技术构成趋势、专利布局趋势等作进一步的分析和比对可以看出：两者的技术构成大体相同，但是申请趋势存在不同，畠山潤在 2002 年便开始各个技术分支的重点专利申请，而市川幸司在 2006 年才开始涉及，但是市川幸司发展势头更为迅猛。在专利布局趋势中，畠山潤及其所在的信越更为看重日本、美国以及韩国市场，而市川幸司及其所在的住友则更为看重日本、中国台湾、韩国，以及最近几年才有布局的比利时市场。

进一步地，可以通过光刻胶技术中国专利申请中来自国外的发明人情况来挖掘海外高端人才。通过分析光刻胶技术中国专利申请中来自国外发明人的排名情况、技术构成情况以及专利法律状态情况，可以看出：坂本力丸、越后雅敏、远藤贵文等发明人在中国拥有较多的光刻胶技术相关专利申请；发明人的研发重点各有不同，在人才引进时可以结合实际研发需求来选取合适人选；郑载昌和白基镐已无有效专利，在人才引进时，应予以适当规避。

9.3.3.2 招式总结

对于企业来讲，在"卡脖子"关键核心技术攻关中，国内外创新主体通常存在较大的技术差距，如果能够直接引入国外相应领域的领军人才，将会对我们的研发攻关产生不可估量的推动作用，有助于取得事半功倍的效果。通过上述案例分析，我们可以从以下数据维度入手，助力企业为关键核心技术的攻关引进海外领军人才。

与挖掘国内高端人才方式类似，首先，我们对"卡脖子"关键核心技术分支中全球申请的国外申请人、发明人的专利申请数量、申请趋势进行分析，同时在已确定的重点专利中对发明人排名，筛选重要国外发明人名单。

1. 分析重点技术分支全球申请的国外申请人的专利申请数量

这里的申请人排序分析的是全球申请，范围限定在关键核心技术分支全球申请国外申请人的专利申请数据，排序的基准数据除了申请人对应的专利申请数量，还可以采用授权量、公开量等其他指标进行排序统计，从多个角度反映申请人的技术实力。

通过申请人排序分析，可以发掘专利技术产出量排名靠前的国外重要申请人（一般是该关键核心技术分支下全球范围内的先行者），旗下的发明人通常也构成了该领域的主要研发力量。通过全球申请的国外申请人排序分析，可以发掘专利技术产出量排名靠前的全球申请人，这也代表了该关键核心技术分支下全球范围内的先行者，其旗下的发明人通常也构成了该领域的海外研发力量主体。在进行海外申请人排序分析时，申请人名称的表述方式可能更加多样，如英文全称、简称，很多跨国公司在不同国家的子公司也经常有不同的名称，因此还需要对申请人进行标准化（归一化）处理，如基于主体之间的控股关系对相应申请人进行合并、对因外文表述不一致或者企业名称变更导致的企业名称不一致等问题进行归一化，使统计结果更加准确。排名榜单上的申请人能够为我们提供海外领军人才的来源。

2. 分析重点技术分支全球申请的国外申请人的专利申请趋势

当结合时间维度进行趋势分析时，可以通过对关键核心技术分支里的海外申请人专利申请数量时间序列分析得到专利申请趋势，能够进一步发掘国外申请人的研发实力及研发方向的变化情况，识别申请人正在大力投入的热门分支，或者逐渐失去热度不再投入的子分支。从申请趋势上可以看出该关键核心技术分支的专利在不同创新主体间的分布情况及演变趋势，企业可以通过专利权人分布图了解目标技术领域的主要研究机构、主要竞争对手，筛选出该申请人擅长的技术领域，进而制定相应的战略决策，在这些领域中寻找重点国外发明人。

3. 分析重点技术分支全球申请的国外发明人的专利申请数量

通过国外发明人排序分析，可以发掘专利技术产出量排名靠前的海外重要发明人，一般是该关键核心技术分支下的先行者，其构成了该领域的全球范围内的主要研发力量。在筛选海外发明人时，不能只关注数量指标，还需要结合申请数量与申请质量综合确定关键发明人，申请质量通常可以由专利申请技术价值、专利有效性、专利稳定性以及专利运营情况来体现。此外，海外人才的引进难度要大于国内人才，在确定人才引进对象后，我们还需要尽可能评估这些人才的引进难度，投入资源时能够有的放矢，从而降低人才引进成本并提高人才引进的成功率。排名榜单上的关键发明人即为我们引进海外领军人才的重要关注对象。

4. 分析重点技术分支全球申请的国外发明人的专利申请趋势

当结合时间维度进行趋势分析时，能够进一步发掘国外发明人的研发实力及研发方向的变化情况，识别发明人正在大力投入的热门分支，或者逐渐失去热度不再投入的研发方向。对发明人的技术发展情况统计分析，能够快速了解发明人的技术基础、研发广度以及实力演变，进而筛选出该发明人擅长的技术领域，在这些技术领域有针对性地储备专业人才。

5. 分析已确定的重点专利中的国外发明人专利申请数量排名

结合海外申请人专利数量排名及专利申请趋势，以及在已确定的重点专利中对海外发明人的统计排名，我们就能够筛选出重要海外发明人名单。通过发明人申请量排序分析，能够找出科技研发中最活跃的技术人才，为企业引进海外人才提供重要参考。

6. 分析重点海外发明人申请的各技术分支专利申请数量、申请趋势、申请活跃度

通过对海外发明人各技术分支的申请数量和趋势、活跃度进行分析，我们可以对该海外发明人技术研发的历史能力以及近期能力变化及方向有所判断，结合时间维度可以获取申请人、发明人的研发工作持续时间及特点，结合申请人信息还可以发掘发明人之间的组织关系、合作方式，从而确定重要研发团队，分析其技术广度、技术构成、研发团队规模等，了解团队人员构成、工作模式和人员交替等情况。在比较主要申请人、发明人的技术实力，综合多名发明人分析数据后，可以梳理清楚目标技术分支下的先行者、跟随者、持续者、退出者、新晋者等处于不同研发阶段的研发人员身份，进一步确定该技术分支下各个阶段的主导者。这些数据能够为引进海外人才提供重要参考。持续关注重点发明人的技术研发动态，还能够了解全球范围内前沿技术发展的趋势，把握产业机遇。

7. 分析重点海外发明人申请的专利技术价值

专利的技术价值反映了专利本身的技术水平，可以对专利的技术领先程度进行评价，包括技术的独到程度、可替代性、侵权产品的识别难度、技术实施是否依赖其他技术许可、获奖情况等在内的多个维度都可以作为评价基础。还可以对专利引用情况进行分析，被频繁引用的专利（即原始专利）通常意味着新的重大技术突破，某一专利被后续专利引用的次数可以反映此专利的重要程度。重要专利引用族谱图揭示了相关专利之间的联系，从中可以了解技术发展的脉络。分析专利引用情况时可以采用当前影响指数、最具影响力的专利和技术影响力指标。通过专利申请技术价值的评估，可以明晰该发明人的真实研发能力。

8. 分析重点海外发明人申请的专利有效性、稳定性

专利的有效性、稳定性反映了专利的法律价值，如专利所处的阶段（申请、审查、授权、驳回、无效、维持有效、失效等）、专利有效期、被无效次数、覆盖的目标市场范围、权利要求的保护范围等。通过专利有效性、稳定性的分析能够排除发明人为了凑数而申请大量无用专利的情况，使分析结果更具可信性。专利的效力与稳定性情况也体现了创新主体对该发明人申请的专利价值的认可程度，因为对于价值高的专利，创新主体更愿意投入资金维护，根据市场经济法则，只有当专利权人对专利的维持成本低于其收益时，他才会付出成本维持专利有效，获取更大受益，如在缴费年限长，遭遇诉讼、

无效等情况时会投入更大的人力物力保护其不被无效等，这也体现了发明人的研发实力与研发地位，有助于我们锁定价值最大的引进对象。

9. 分析重点海外发明人申请的专利运营情况

专利的运营情况体现了专利的市场价值，包括专利许可、质押、转让、诉讼等情况。以上指标都能从不同角度反映发明人的技术实力，为高端人才的引进提供决策依据。

通过专利申请的技术价值分析和对专利有效性、稳定性及专利运营情况的了解，能够对发明人的技术实力产生更深入的认识，避免盲目引进人才的资源浪费。

引进海外领军人才的具体分析手段与挖掘国内高端人才的分析手段基本相同，差别在于分析的数据范围不同。在挖掘国内高端人才时，分析的是国内专利申请，申请人、发明人均为国内申请的中国申请人及发明人；而在引进海外领军人才时，分析对象则是全球专利申请（也包含国内申请），定位的是国外的申请人及发明人，其余分析步骤二者是相同的。

10. 分析国外发明人的专利申请优先权国别分布及时间变化

相对于挖掘国内高端人才时分析的指标，在引进海外领军人才时我们增加了两个数据指标，即发明人申请专利的优先权国别分布及时间变化，以及专利申请所属申请人的变化。通过发明人专利申请的优先权国别分布及时间变化，能够看出发明人在研发工作中是否变更过工作地，是否在不同国家、地区之间发生过流动。一般而言，工作地在不同国家、地区之间变动过的发明人相对而言更容易抛开地域因素对其择业的影响，有利于人才引进工作的开展。

11. 分析国外发明人的专利申请所属申请人变化

类似地，发明人如果在不同时间段申请的专利属于不同的申请人，往往意味着该发明人有过离职后加入其他公司的经历，也说明发明人本身愿意寻求更好的雇主，在有更加合适的研发环境、职位待遇的情况下，发明人更有可能被打动。因此，我们可以为其提供更加优越的工作环境与条件，吸引其来国内工作。

此外，企业在引进海外领军人才时，还需注意知识产权风险。例如，需要对其所拥有的专利权的真实性、稳定性、可执行性和完整性进行分析，需要了解涉及其专利权的有效状态、专利的实施是否包含对其他专利的依赖等。

9.4 谋攻篇：技术攻关

9.4.1 跟踪科技前沿动态

从技术发展阶段来看，在技术发展初期，特别是处于导入期的时候，技术没有特定的针对市场，市场前景尚未明确。这个时候的技术研发通常是在研究所和大学的实验室里，企业投入意愿较低，仅有少数几个企业参与技术研发，并且可能来自不同领域或行业，专利权人数、申请的专利数都较少。

在成长期的时候，新技术发展呈现快速增长的趋势，除了研究所和大学机构，企业开始介入研发，但是发展方向仍然是未知的，呈现发散性，其市场前景也处于未知状态，因而孕育着技术进入机会。从市场竞争状况上来说，技术的吸引力凸显，使得介入的企业增多，专利申请的数量急剧上升，集中度降低，技术分布的范围扩大，且主要围绕产业化的技术路线形成核心专利。

在技术进入成熟期后，新技术开始占据主导地位，原有技术开始退出市场。这时候随着高新企业竞争"洗牌"后，部分企业开始壮大，并形成了一定的垄断和技术壁垒。由于市场有限，进入的企业数量增长趋缓，且技术已经相对成熟，只有少数企业继续从事相关研究，专利增长速度变慢并趋于稳定。

当技术进入衰退期后，其技术已不再显示出稀缺性，开始变成一项通用技术或者过时的技术。此时，通常会开始出现新的替代技术。当某项技术老化或出现更为先进的替代技术时，企业在此项技术上的收益减少，选择退出市场的企业增多。相关领域的专利技术申请量几乎不再增加，每年申请的专利数和企业数都呈下降趋势。

因此，突破"卡脖子"技术需要开展跟踪研究，监测科技动向趋势。只有瞄准全球领先创新主体的最新动向，保持对专利申请趋势、重点专利、最前沿技术的关注，才能保证研究方向正确。

9.4.1.1 案例分析

下面以光刻胶领域、先进封装领域为例，结合重点申请人、重点技术分支、技术构成与时间趋势、技术功效等专利信息，阐述如何跟踪科技前沿动态。

1. 光刻胶

从光刻胶技术专利信息中的光刻胶技术全球专利申请前十位申请人的申请量发展趋势、光刻胶技术全球专利申请前十种技术方向的申请量发展趋势情况可以看出：光刻胶技术的前沿技术仍掌握在日本申请人手中，主要包括日本企业——日产、富士胶片以及东京应化等；其中，住友、JSR、信越的专利申请量储备仍具备一定实力，而富士通和日立则几乎不再涉猎光刻胶技术领域的专利申请。全球具有绝对领先优势的主要技术方向包括 G03F（图纹面的照相制版工艺）、H01L（半导体器件）以及 C08F（仅用碳-碳不饱和键反应得到的高分子化合物）。

进一步分析光刻胶技术全球专利申请前十位申请人的技术构成情况和光刻胶技术全球专利申请前十位发明人的技术构成情况，可以看出：技术方向均集中在 G03F（图纹面的照相制版工艺）以及 C08F（仅用碳-碳不饱和键反应得到的高分子化合物）；相对于上述两个技术方向，H01L（半导体器件）方向的发明人专利产出量较为分散。

接下来，为进一步深入把握技术发展情况，着重分析光刻胶技术全球重点专利申请的技术功效趋势热力图，从中可以看出：最突出的是耐热性能的改进，其次是稳定性能、图案质量、适合性能、感光性能等的改进。

为跟踪最新的科技发展情况，可以参考光刻胶技术全球重点专利申请中最新公开的专利信息。光刻胶主要生产厂商代表着市场的主流产品，而其作为申请人开展的专利布局，一定程度上表征了其技术发展的重点及方向。通过分析光刻胶技术全球重点专利申请前十位申请人的具体情况可以看出：光刻胶技术申请量较多的申请人中除了日本企业富士胶片、信越、东京应化等，还包括美国企业希普利和陶氏杜邦以及韩国企业三星。

在研究多位申请人的时候，可以通过对比分析不同申请人的专利情况，发现其不同的研发和市场侧重点。通过对光刻胶技术全球重点专利申请拥有量最多的前两位申请人富士胶片和信越的技术构成趋势、专利布局趋势，以及技术功效情况作进一步的分析和比对，可以看出：两者技术构成大体相同，但是申请量发展趋势有所不同。以技术分支 G03F 为例，富士胶片的申请峰值仅出现在 2012 年前后，但是信越在 2011—2016 年的申请量一直保持高位，二者均有充足的专利储备；富士胶片更看重中国、日本、韩国以及美国市场，而信越则更为看重日本、美国、中国台湾以及韩国市场；富士胶片关注的技术功效较为丰富一些，而信越则较为集中。

专利信息的法律状态包括权属变化、有效性变化、许可等情况，也可以提供很多有价值的信息。专利的不同法律事件会带来不同的法律后果，进而导致专利处于不同的法律状态。而这些法律状态会给我们在进行前沿科技探索时以启迪。例如，通过分析光刻胶技术全球重点专利申请中的法律信息中的专利许可情况，可以了解申请人的技术转化、应用和推广的情况，也可以了解其技术运营和实施的热度情况。

2. 先进封装

在先进封装的混合键合这一技术分支，对重点申请人 Xperi 公司的全球专利申请量以及混合键合技术发展路线进行分析。结合 Xperi 公司的全球专利申请趋势图以及混合键合技术发展路线图可以看出，2003 年该公司开始对直接键合互连（DBI）进行专利布局，专利申请量较多；而之后的几年由于市场需求较低和工艺水平无法达到量产，关于该技术的研究进入了瓶颈期，专利申请量较少；2014 年，与 EVgroup 合作实现了亚微米键合对准精度从而能够将 DBI 技术用于 3D 集成电路封装，2015 年，授权索尼 DBI 技术用于图像传感器，彻底实现了 DBI 技术的量产，这意味着 DBI 技术作为新的高密度互连技术在图像传感器领域成功取代了硅通孔（TSV）互连；此后为了进一步优化 DBI 技术和增加 DBI 技术的应用范围，以将其应用到客户所需的 MEMS、存储器等产品中，Xperi 公司在设计、材料、工艺等各个方面进行了大量研究工作，并在 2015 年后提出了大量相关专利申请。

此外，从 Xperi 公司与索尼、中芯国际、三星、SK 海力士和高塔半导体等较大厂商的授权情况可以看出，DBI 技术目前的主要应用方向仍然为图像传感器，但是随着 3D 封装技术的发展，其未来应用趋势是用于制造高带宽存储（HBM）、3D 堆叠 DRAM 和 3D NAND 等存储器，从而使得存储器实现更低的电寄生效应、更低的热阻抗，在 JEDEC（电子器件工程联合委员会）高度限制内实现更多堆叠的芯片，以及与热压键合相比减少键合周期。

分析 Xperi 公司关于 DBI 技术的专利分布情况，其中将 DBI 技术从技术手段上分为界面设计改进、材料选择、工艺改进（激活、清洁、测试、转移）、工艺流程改进、集成无源器件，以及在 LED、RF、存储器中的应用这几个部分；技术效果上包括减少导体凹陷或空隙、降低键合温度、减少缺陷管芯、提高清洁度、避免测试损坏焊盘、防止金属扩散、增加粘合性、减少分层、减小互连间距、简化工艺、提高密封性、提高集成度和提高性能；最终解决的技术问题包括提高键合强度、提高良品率、提高可靠性、降低成本、减小封装尺寸、改进安全性。

可以看出,如何提高键合强度和提高良品率是混合键合领域目前面临的重要技术问题,Xperi 公司在 DBI 技术的基础上也针对这两个技术问题进行了大量研究并相应进行专利布局,其中键合强度主要通过减小平坦化工艺中产生的导体凹陷和空隙、增加键合界面的粘合性、降低键合温度来提高,而如何减少缺陷管芯、提高清洁度、工艺过程中避免损坏焊盘也是混合键合领域中为了提高良品率时需要进一步改进的。

此外,Xperi 公司还给出了一些为减小互连间距、降低封装尺寸而改进堆叠结构、集成无源器件的具体方案。在 DBI 技术的产品应用方面,除了已经将 DBI 技术大量应用到图像传感器中,Xperi 公司还针对 LED、RF、存储器等3D 封装技术中的重要领域进行了有关 DBI 技术的应用专利布局。

综上所述,通过专利信息分析,确定技术领域龙头企业,跟踪龙头企业的研发方向,便于在"卡脖子"攻关过程中"摸石头过河"。

9.4.1.2　招式总结

"卡脖子"关键核心技术即为重点技术分支,跟踪科技发展前沿,需要对重点技术分支开展如下分析。

1. 分析重点技术分支的专利申请量趋势

选定技术分支,分析其专利申请量随着时间的变化趋势,明晰这些重点技术分支下专利产出的数量变化趋势,判断技术分支发展的阶段特点,对不同时间段的专利申请量和变化趋势进行比较分析,如上升还是下降、上升/下降的幅度;分析各个分支间的强弱对比变化;找到申请趋势曲线上的拐点,如峰值、谷值,或者分支间的交叉点,这些拐点和交叉点很可能对应了技术发展阶段的重要事件。

针对这些数据变化,能够发现一些突破性技术的出现,相关技术、市场的变化等,能够根据技术分支的趋势,了解创新的节奏、整个技术分支的成熟程度,为跟随研发和技术攻关提供决策基础。

2. 分析各技术分支的技术热力

分析多个技术分支申请量随着时间变化的趋势,在某段时间内申请量多,则表明在该时间段内,该技术分支专利申请热度较高,由此产生多个技术分支的热力图。

热力图可以直观显示各个技术分支的研发热度随着时间的变化,体现技术研发投入和技术成果产出，体现在某个时间某个技术分支更容易取得突破，更容易取得效益。

在各技术分支的申请量趋势图基础上，配合技术热力图，能够根据颜色深浅直观地对各个技术分支的发展趋势进行统计分析和相互比较，使得对技术领域的趋势分析不仅仅停留在整体发展趋势上，而且能进一步摸清各技术分支为代表的方向变化，从而跟踪科技前沿的最新变化趋势。

3. 分析重点技术的技术路线

技术路线图是重点技术分支下基于专利文献信息分析描绘主要技术发展路径和关键技术节点的图形，是根据专利信息绘制技术发展历史脉络，从而厘清技术发展的历史规律，在关键时间节点会出现哪些重要专利，分析技术问题的提出和技术改进的发展趋势，从而判断出未来技术路线的走向，根据最新的技术走向，摸清技术前沿发展路径。

根据技术路线图，可关注关键核心技术问题的提出和解决方案，专利申请量变到一定程度，积累一段时间后，再提出新的技术问题，判断下一阶段的研发节奏和研发方向。

绘制技术路线图有助于我们将技术发展的主要路径和关键技术节点可视化地展现，聚焦于关键点，帮助创新主体抓住技术发展的主要矛盾，认清自身所处位置，优化研发资源配置，迅速进入技术发展的主要路径，同时对关键技术节点进行研究分析，使攻关突破成为可能。技术路线图相当于为创新主体的攻关提供了"作战地图"，使之能够朝向正确的研发路径向前推进，从而攻克关键核心技术这一战略要地。通过对技术发展的主要路径和关键技术节点的专利布局情况进行分析，能够较为准确地把握竞争对手的技术实力、研发动向和思路，帮助自身制定合适的研发策略。此外，利用技术路线图还可以对短期内的技术发展进行预测，帮助企业进行超前布局，实现技术攻关的跨越式发展。

4. 分析重点技术分支的技术功效趋势

技术功效趋势图是对专利文献所属的技术分支内容和主要功能效果之间的关系研究，再加上时间维度，主要从要解决的技术问题和想要达到的技术效果出发，获得产业界技术研发的趋势。

通过技术功效图，创新主体能够掌握相应分支下技术布局的情况和趋势。要解决的技术问题和想要达到的技术效果体现了产业的需求，产业需求就是研发的方向，是技术发展的方向。

在"卡脖子"技术攻关中，通过技术功效图，可以从产业需求方面准确获知技术发展的方向。一方面可以了解为了实现特定功能效果能够选择什么样的技术以及该技术的有效度，另一方面可以了解某种技术能够实现多大效果以及主要的功能效果，从而帮助研发人员寻找技术空白点、研发热点和突破点，发掘潜在研发方向。

5. 分析跟踪重点申请人的最新重点专利申请

对于有行业龙头的技术分支，对重点申请人和核心发明人及团队同样做技术分支申请趋势图、技术热力图、技术路线图、技术功效趋势图、最新公开重点专利分析。

对于有行业龙头的技术分支，直接对重点申请人和核心发明人开展科技前沿动态的全面跟踪，可以让我们学习的目标更加明确，学习的路径更加清晰，实践操作更加可行。

对申请人进行排序，可以看出技术领域的重点申请人。通过专利信息检索，展示重点申请人科技发展动向，以跟踪其研发方向。通过重点申请人在技术领域主要发明人的列表及其专利族发明数量，可以看出其中发明人及其团队的来源，以及相关研发团队的核心成员，在哪些技术领域及什么时间参与了研发，在哪些领域有核心专利。结合申请时间和技术分支分析，可以进一步分析其技术人员所在团队的变化情况，以及技术人员关注点的变化，了解技术团队研发方向的变化。通过阅读申请文件，对龙头企业专利技术路线进行分析，可以发现企业发展各个时期关注的重点技术分支。

围绕重点申请人开展发明人团队聚类，对发明人团队申请量进行排名，对各分支发明人团队申请总量进行排名；对排名前五（或前十）团队的历年申请总量趋势进行分析；针对每个团队在各分支的申请趋势、在华布局趋势、历年研发重心、技术路线、重点专利进行分析。根据发明人团队检索非专利，将专利信息与非专利文献结合，验证该团队历年研究重点的变化。根据重点申请人产品信息/型号/应用领域/更新换代等信息，可以找到对应时期的专利（技术路线图），分析产品与专利对应关系、技术构成与时间趋势、技术功效，从而搞清楚重点申请人研发动向和前沿动态。

最后，对有状态变化的重点专利状态进行跟踪监控，如权属变化、有效性变化、运营情况，掌握最新技术动向，发现是否存在引进机会，并且提前规避风险。

9.4.2　利用现有专利资源

研发都是基于现有技术，利用现有专利资源形成攻关基础。对现有专利信息加以利用，有助于高起点、高精准瞄准"卡脖子"技术攻关。即便前期该领域存在很多基础专利，作为追赶者，利用好现有的专利资源，也可通过工艺创新改良和实用新型类改进来创造突破"卡脖子"技术的机会。

9.4.2.1　案例分析

以光刻胶、先进封装材料领域为例，阐述如何利用好现有专利资源，形成开展"卡脖子"技术攻关的技术基础。

1. 光刻胶

专利具有地域性，只在授予其专利权的国家或地区有效，而在其他国家和地区原则上不发生效力。因此，没有进入中国的全球重点专利可以作为我国对相关技术开展技术研发攻关的重要参考。可以通过分析光刻胶技术全球重点授权专利中未进入中国的专利的信息，来获取有用的科技信息。

专利具有时间性，专利权受法律保护具有一定的时间期限，一旦有效期届满，权利自动终止。因此，全球以及中国已失效的重点专利均可以作为我国对相关技术开展技术研发攻关的重要参考。可以通过分析光刻胶技术全球失效重点专利，以及中国专利申请中的国外申请人失效重点专利，来获取有用的科技信息。

通过筛选出仍在有效期内的中国专利申请中的重点专利，一方面可以给予研发创新以启迪，同时，国内企业在运用时，也应当予以规避。可以通过分析光刻胶技术中国专利申请中的国外申请人的有效重点专利，来获取有用的科技信息。

2. 先进封装

在先进封装领域，先进封装材料与"精密制造、精细化工、精密材料"等密切相关，其参数众多，为此利用现有专利信息助力开展替代研究，显得尤为必要。通过分析对比国内外有效、失效、未授权专利，分析技术路线，找到核心"卡脖子"技术参数，根据技术参数检索国内申请人的专利申请，对比关键技术的参数差距。

可以从现有专利信息中判断出，绝缘性、光刻性能、耐热性、成型加工性和粘合性仍然是先进封装材料研究中关注最多的主要性能，相应性能的材料研发在近三年来的占比提升明显；富士胶片在自由基聚合物、聚苯并噁唑、聚酰亚胺、环氧树脂、有机硅等树脂上均有布局，其中以自由基聚合物为最，其他几种树脂布局较为均衡。日立化成、旭化成和日本东丽在聚酰亚胺上布局有较多的专利。

从以下三个方面看，利用好现有专利信息可以助力"卡脖子"技术攻关，开展关键材料的替代研究。

（1）通过对先进封装材料专利申请总数据的分析，发现一些非美国、日本、韩国的创新主体在先进封装高分子材料方面存在一定量的技术储备，这些创新主体可提供先进封装的替代材料，可以避开美国、日本、韩国的技术封锁。

（2）从专利布局上看，日本深谙专利布局的重要性，从聚酰亚胺、有机硅树脂、环氧树脂、自由基聚合物、聚苯并噁唑、聚苯并环丁烯、酚醛树脂等各个分支，到每个分支下的树脂种类及其性能等均有布局，形成了整个产业链完整的布局。而我国创新主体在先进封装高分子材料方面布局薄弱，缺乏核心技术，没有形成系统的专利网，应学习日本相关企业的专利布局方式。

（3）从专利申请体现的研发能力信息，筛选针对部分技术分支具有研发能力的企业和科研机构。它们虽然未形成产品，但属于具有研发能力的、攻克"卡脖子"的潜在创新主体。需要聚合国内对先进封装材料的需求，按照技术参数对接并聚合国内相关企业和科研机构，开展有目的性的替代研究。

9.4.2.2　招式总结

由于专利具有时间性和地域性，即专利权只在一定时间范围和一定地域范围内才具有法律效力，因此可以充分利用已有专利信息为关键核心技术的攻关提供助力。专利的申请、审查、授权或驳回、复审或无效、许可或转让，以及侵权诉讼等不同的法律状态也可以提供多方参考信息。利用现有专利资源可以从以下几个方面进行。

1. 分析筛选重点技术领域中保护期限届满的失效专利

中国《专利法》第四十二条规定：发明专利权的期限为20年，实用新型专利权的期限为10年，外观设计专利权的期限为15年，均自申请之日起计算。保护期限届满的前提是专利此前已被授权，即存在授权有效的法律状态阶段。专利授权，尤其是发明专利的授权，是对专利具有新颖性、创造性和实用性的肯定。上述专利的"三性"是指：专利即该技术相对于现有技术而言具有改进之处，且该改进是非显而易见的；更进一步地，能够在产业上制造和使用并产生积极效果。

当授权专利的保护期限届满之后，该专利技术便进入社会公众领域，成为海量的现有技术之一，社会公众均可以实施该项技术。筛选出的核心技术领域中保护期限届满的失效专利，尤其是其中的重点专利，无论其是国外专利还是中国专利，均可以供国内高校、科研院所以及企业等创新主体无偿使用、自由参考，为其研发提供基础和思路，给予技术启迪，助力国内相关领域的科研攻关。

2.分析筛选重点技术领域中未在中国布局的国外专利申请

专利的地域性，也称独立原则，是对专利权的一种空间限制。未在中国进行专利申请的国外专利，无法获得我国授予的专利权，自然无法在我国产生法律约束。筛选出的核心技术领域中未在中国开展专利布局的专利，尤其是其中的重点专利，无论其授权与否，均可以供国内高校、科研院所以及企业等创新主体无偿使用，助力国内相关领域的科研攻关。

3.分析筛选重点技术领域中审查阶段被驳回的专利申请

专利申请的驳回原因有很多，包括不属于专利保护的客体、不具备专利的"新颖性、实用性、创造性"、说明书公开不充分、权利要求不清楚等。被驳回且驳回生效的专利申请处于失效状态，不受法律保护。一方面，上述专利申请可以供公众无偿使用，其中有些专利申请虽被驳回，但是其中包括大量试验数据，可以从中获取情报，如从创新主体在部分技术参数上开展研发和试验的能力，可以挖掘针对该部分技术分支具备的研发能力等；另一方面，被驳回的专利申请中有一部分是因为不具备专利性，我们在开展研究时，可以适当绕过这些已过时淘汰、技术方案无法实现或者解决问题效果欠佳的技术，从而避免重复研究、资源浪费等。以上正、反两方面，均可以助力国内相关领域的科研攻关。

4.分析筛选重点技术领域中授权之后被无效的失效专利

专利申请被授权之后，任何单位或个人认为该专利权的授予不符合专利法有关规定的，可以向专利复审和无效审理部请求宣告该专利权无效。授权专利被宣告无效之后，其同样处于失效状态，不受法律保护。一方面上述专利可以供公众无偿使用；另一方面，涉及无效宣告的专利，很可能是市场上较为重要的技术；而宣告无效的请求人则很可能是其竞争对手，进一步分析相关专利的申请人、发明人、技术分支内容以及竞争对手的类似内容，可以挖掘此领域的重点技术。以上几方面均可以助力国内相关领域的科研攻关。

5.分析筛选关键核心技术领域中授权有效的中国专利

授权有效的专利申请受到法律的保护，专利权人对其受专利法保护的创造享有垄断的实施权。筛选关键核心技术领域中授权有效的中国专利，尤其是国外重点申请人的专利或是较为重点的专利，以提前知晓其专利布局情况，可以在国内的相关领域开展研究以及实际应用时合理规避侵权风险，助力技术攻关。

9.4.3 创新成果保护运用

对于技术攻关所获得的科研成果，应当以适合的保护方式及时转化为知识产权（例如专利或者技术秘密），尤其是针对关键核心技术节点所获得的突破性成果，更应当做好专利挖掘、布局、申请和管理工作，用一套高质量的专利组合来"表达"高技术价值的研发成果。

9.4.3.1 案例分析

对于参与"卡脖子"技术突破攻关的创新主体来说，建立起一套如图9-1所示的"专利闭环"流程是必要的。它包括从专利信息助力研发，到取得高质量的专利权组合，再到权利的管理和转化运用，获得正向反馈，构成可持续的关键核心技术攻关的闭环流程。

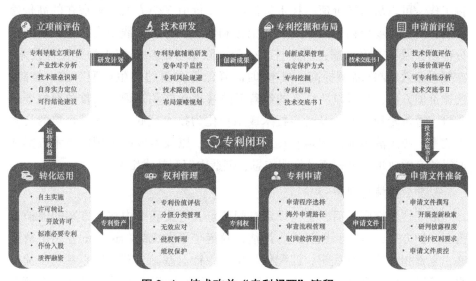

图9-1 技术攻关"专利闭环"流程

9.4.3.2 招式总结

从立项研发到成果转化，创新主体建立"专利闭环"，实现创新成果保护运用，做到关键核心技术可持续攻关，需要开展以下工作。

1. 立项前评估

在对一项关键核心技术进行研发立项之前，可以通过产业技术专利分析，了解技术发展趋势和热点，规避重复研发风险，还可以开展技术路线专利风险预警，合理选择研发路径，预判知识产权风险和威胁程度，并做好项目专利布局的预期性规划。

2. 专利导航辅助研发

在技术研发过程中，可以将技术效果、技术手段、目标性能参数等作为检索入口进行专利信息检索，寻找可行性路径及技术启示，解决研发中的技术障碍，以及开展技术壁垒识别及规避设计，确定是否已有他人对己方拟采用的技术路线在先申请了专利，并判断其布局壁垒高度/厚度和进行规避设计的必要性。

3. 专利挖掘和布局

伴随研发流程，聚焦研发计划中的重点、难点，以及研发中遇到的问题、解决的困难、取得的意想不到的技术效果，调整专利布局规划，开展专利挖掘工作。可以从市场价值、技术价值和法律价值三个方面挖掘潜在的高价值专利：对于市场价值，可以从创造销售利润、填补产品线空白、进入新的细分市场领域等方面考虑；对于技术价值，除了考虑从0到1的开创性技术，亦要考虑效率/良品率提高、成本/时间降低等方面的"生产型"技术贡献；法律价值方面，则可以从广义的经营风险管理功能和知识产权攻防对抗着手考量。通过专利挖掘，及时将技术成果转化为技术交底书。一份合格的技术交底书，应当清楚地描述现有技术及其缺点，以及本发明采用的技术方案和取得的有益效果，准确表达发明构思、创造内容和技术细节。

4. 专利申请前评估

形成技术交底书后，还应设定时间节点，对交底书中技术方案的保护价值、保护方式、可专利性等进行评估，确定与研发成果相适应的专利申请策略，完善相关技术交底书，匹配保护资源，针对基础专利、核心专利在撰写服务等级、申请文件撰写审核、海外布局等方面做好人力、资金等投入保障。

5.专利申请文件准备和检查

高质量撰写说明书和权利要求书，包括确定合理的保护范围（是否写入了非必要技术特征）、架构多层次的权利要求体系和类型、确保权利要求书得到说明书的充分支持（尤其在扩展保护主题时）、提前为审查意见答复埋下伏笔等。申请文件完成之后、正式递交专利申请之前，须引入申请文件质控环节，审视申请文件有没有达到预先设定的保护要求、力度或者其他目标，如申请文件是否与技术交底书相适应、是否准确表达了发明构思、权利要求是否表述清楚、是否写入了不必要的技术特征、说明书内容是否充分公开、从属权利要求的限定结构是否符合逻辑等。

6.专利申请与获权

选择提前公开、优先或延迟审查、预审等合适的申请程序提交专利申请。根据专利法相关规定，发明专利申请的审批程序包括受理、初审、公布、实审以及授权五个阶段；在此期间，申请人要监控各个环节的时间节点、满足各环节的启动手续要求，尤其要重视审查意见的答复处理，这直接关系到授权范围乃至授权与否的结果。通过专利审查后，研发成果固化为专利权。

7.专利权利管理

拿到专利授权并不是培育的终点，要让专利发挥出价值，权利人必须要在专利授权后进行持续的权利管理工作，除去按时缴纳年费、权利记录存档等常规的管理内容，更为重要的是权利人应建立起长期监控专利权所处的技术市场状态、与之相关联的竞争活动以及同类专利的价值变化等与自身权利运用密切相关的管理模块。其中，分级分类管理是框架基础，无效应对、侵权管理和维权保护是对于不同外在竞争环境的应对机制。

8.专利权转化与运用

最终，专利权人可以通过自主实施、许可转让、作价入股、质押融资等形式，将专利权的经济价值"货币化"，并分配一定比例的运营收益作为下一轮技术攻关的"再投入"，从而实现关键核心技术可持续攻关的"专利闭环"。

（1）自主实施是指专利权人自己制造、使用、销售其专利产品或使用其专利方法，通过自主实施将专利技术融入市场产品中实现其价值，既有效地保护了产品技术，也是专利权"公开换保护"的直接目的，又能抑制竞争对手进入相同市场领域竞争。

（2）专利权转让是指专利权人作为转让方，将其发明创造专利的所有权移转受让方，受让方支付约定价款的行为。根据《民法典》的规定，专利权转让合同属于技术转让合同的范围。专利权许可是指专利权人依专利许可合同允许他人实施其专利以获得收益的行为。转让和许可是专利价值货币化最为常见的形式，两者之间最大的区别在于让渡权利的内容不同，一种是所有权，一种是使用收益权。相较于专利转让，专利许可的应用场景要更加广泛和灵活，如为了推广专利技术、做大产品市场、降低产业总体成本等，主动将一些专利技术许可给同类市场主体；再如比较强势的上游供应商在向下游供应产品时，常常伴随着相应专利许可的发生；或者在专利侵权纠纷程序中，专利权人以许可专利的形式达成和解等。

（3）专利权作价入股，是指将专利技术作为财产作价后，以出资入股的形式与其他形式的财产（如货币、实物、土地使用权等）相结合，按法定程序组建公司的一种经营行为，其法律依据出自《公司法》第二十七条的规定，核心在于"权属清晰"加"评估作价"，即以专利出资入股。这种方式能促使各方紧密合作，共享收益、共担风险，有利于专利价值实现和专利技术成果转化。目前，以专利权作价入股实现专利价值的场景主要集中在高校、科研院所、技术型初创企业等的技术成果转移转化。

（4）专利权质押融资是指债务人或第三人将其所拥有的专利权中的财产权经评估作为质押物，从银行、其他金融机构或投资公司获得贷款的融资方式，当债务人不履行债务时，债权人有权依法以该专利权折价或拍卖、变卖的价款优先受偿。由于专利权具有无形性、专有性、地域性和时间性等特征，在实际操作中面临着估值风险、贬值风险、处置变现风险等诸多风险隐患，有效防控风险是专利权人（贷款人）和借款人达成专利权质押融资业务的关键。通过此种途径实现专利价值，专利权权属的合理处置和后续权责的清晰约定是需要重点关注的问题。首先，入股标的是专利权所有权，且出资人必须是专利的合法权利人；其次，评估作价数额要与协议拟出资额相匹配；最后，对专利权利和相关技术资料的移交、后续改进成果的权利归属、技术实践指导、专利权未来涉及纠纷的应对处理等权利义务都应清楚约定。

除了专利保护，对在硬件、软件开发过程中所形成的集成电路布图设计、软件程序和代码，可以分别登记获得集成电路布图设计专有权、计算机软件著作权保护；对于难以通过逆向工程破解的技术实现方法、特殊工艺方法、材料组成和配方等，可以采用严格的保密手段，通过技术秘密的形式加以保护。